高职高专电子信息类系列教材

Java Web 编程技术

主编　李　丹

参编　邓剑勋　刘川

西安电子科技大学出版社

内 容 简 介

Java Web 技术是指使用 Java 技术进行 Web 服务器端和客户端的业务逻辑处理，该技术在服务器端的应用非常广泛，比如 Servlet、JSP 等。本书主要介绍 Java Web 的常用技术。

本书共分为 7 章，包括 Web 技术概述、Java Web 开发环境的搭建、静态网页开发基础、JSP 语法基础、JSP 内置对象、JSP 访问数据库和 Servlet 技术，每章都提供了习题和上机实验，便于读者及时检验自己的学习效果。本书还提供了课程教学所需的全套教学资源(授课 PPT、每章习题及解答、示例及实验源代码、在线微课视频)，便于教师授课。

本书可作为高职高专计算机类相关专业的 Java Web 技术课程的教材，也适用于大中专院校老师及学生、IT 类培训机构学员、IT 从业者参考阅读。

图书在版编目(CIP)数据

Java Web 编程技术 / 李丹主编. — 西安：西安电子科技大学出版社，2021.1(2022.4 重印)
ISBN 978-7-5606-5959-6

Ⅰ. ①J…　Ⅱ. ①李…　Ⅲ. ①JAVA 语言—程序设计　Ⅳ. ① TP312.8

中国版本图书馆 CIP 数据核字(2020)第 254984 号

责任编辑　王芳子　吴祯娥
出版发行　西安电子科技大学出版社(西安市太白南路 2 号)
电　　话　(029)88202421　88201467　　邮　　编　710071
网　　址　www.xduph.com　　电子邮箱　xdupfxb001@163.com
经　　销　新华书店
印刷单位　陕西天意印务有限责任公司
版　　次　2021 年 1 月第 1 版　　2022 年 4 月第 2 次印刷
开　　本　787 毫米 × 1092 毫米　1/16　　印　张　24
字　　数　572 千字
印　　数　2001～4000 册
定　　价　58.00 元
ISBN 978-7-5606-5959-6 / TP

XDUP 6261001-2

前　言

网络时代，市场对以 Java Web 技术为核心的 Web 开发程序员的需求量非常大，为了适应现阶段软件市场对软件开发人员的需求，各普通高校、高职院校和中职学校的计算机相关专业都开设了 Java Web 相关的专业课程，并且很多院校都将其设置为专业必修课。本书就是为了满足 Java Web 相关课程的教学要求而编写的，书中充分考虑 Java Web 技术的特点以及市场对软件开发人员的技能要求。本书主编人员是重庆市移动应用开发骨干专业建设成员，承担了该专业 “动态网站编程技术”课程的建设工作，本书也是该建设成果的一个总结。

本书主编人员具有多年软件项目开发和 Java Web 课程教学经验，根据对现阶段市场需求和 Java Web 初学者的了解，精心挑选了 Java Web 开发中所需的核心知识技术进行全面、系统的讲解，并设计了大量简单而有针对性的实例，将实例融入到知识的讲解中去，着重介绍知识技术的实际应用，便于读者理解知识和应用所学技术实现 Web 网站的开发。

本书共分为 7 个章节，每章都提供了习题和上机实验，便于读者及时检验自己的学习效果，并提供课程教学所需的全套教学资源，便于教师授课。

第 1 章介绍了 C/S 和 B/S 两种网络程序开发体系结构，Web 的发展历程、工作流程和常用的开发技术，以及 JSP 的基本情况和工作流程。

第 2 章介绍了如何进行 Java Web 开发环境的搭建，包括对 JDK、Tomcat 和 Eclipse 的下载、安装和配置，以及如何在搭建好的 Java Web 开发环境中编写并运行 Java Web 程序。

第 3 章介绍了静态网页开发的基础知识，包括 HTML 的常用标签和网页布局方式，JavaScript 的基本语法、如何在网页上嵌入 JavaScript 代码以及如何使用 JavaScript 代码进行 HTML 事件处理，CSS 的基础语法、嵌入网页的方式以及 CSS 选择器的相关内容。

第 4 章介绍了 JSP 的语法基础，包括 JSP 的 3 类注释、3 种 JSP 的脚本元素、3 个 JSP 的指令以及 6 个常用的 JSP 动作的相关内容。

第 5 章介绍了 JSP 中的 9 个内置对象的常用方法和应用，以及 Cookie 技术。

第 6 章介绍了在 JSP 中访问数据库的过程和方法，包括 JDBC 的概念，JDBC 常用的 API 接口和类，如何使用 JDBC 访问数据库，以及 JDBC 事务和元数据的相关知识。

第 7 章介绍了 Servlet 技术，包括 Servlet 的基础知识、开发过程、常用操作以及 Servlet 过滤器的相关知识。

本书的第 1、2、4、5、7 章由李丹编写，第 3 章由邓剑勋和李丹合作编写，第 6 章由刘川和李丹合作编写。

感谢重庆电子工程职业学院的肖雪老师和孙香花老师在我们编写第 5 章和第 6 章时给予的帮助。感谢重庆思特信息技术有限公司、重庆九福轩科技有限公司、重庆龙太信息科技有限公司的余键总工、李志辉工程师、刘胜利总监的鼎力协助，是他们提供了企业第一手开发的素材及实训案例。

由于时间仓促及编者的水平有限，书中难免存在不妥之处，欢迎广大读者来函提供宝贵意见，我们将不胜感谢。

李丹

2020 年 9 月

目 录

第 1 章　Web 技术概述

【学习导航】

本章介绍了 C/S 和 B/S 两种网络程序开发体系结构、Web 以及 JSP 的基本情况，通过学习，可以初步认识和了解 Java Web 程序的特点、工作流程等，为后续的学习打下基础。

【学习目标】

知 识 目 标	能 力 目 标
1. 了解网络程序开发的两种体系结构，以及它们各自的特点 2. 了解 Web 工作流程和常用的 Web 开发技术 3. 理解 JSP 的工作流程	1. 能根据实际的软硬件情况及需求选择合适的网络程序开发结构 2. 能阐述 Web 的工作流程 3. 能阐述 JSP 的工作流程

1.1　网络程序开发体系结构

1. C/S(Client/Server，客户机/服务器)结构

C/S 结构在 20 世纪 80 年代末被提出，其网络体系结构如图 1-1-1 所示。在该结构的系统中，应用程序分为客户端和服务器端两大部分。客户端为每个用户所专有，通常负责执行一些频繁与用户打交道的前台功能，而服务器端则由多个用户共享，主要执行较复杂的计算和管理任务，这样，系统能将任务合理分配到客户端和服务器端，既充分利用了两端硬件环境的优势，又实现了网络信息资源的共享。

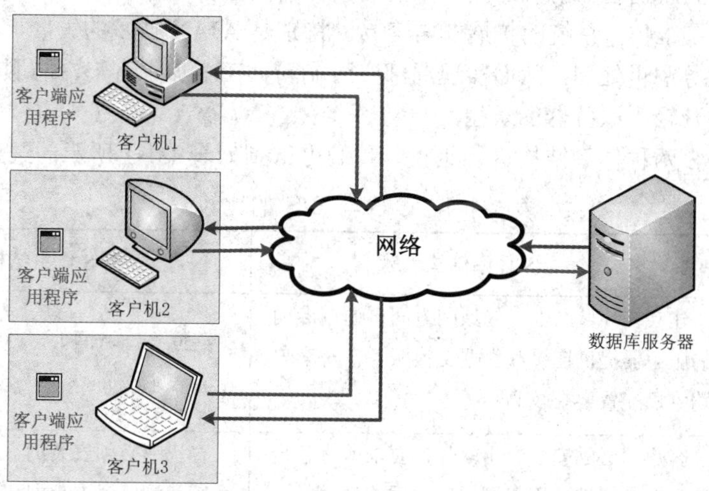

图 1-1-1　C/S 网络体系结构示意图

传统的 C/S 结构比较适合于在小规模、用户数较少(不多于 100)、单一数据库且有安全性和快速性保障的局域网环境下运行。其优点是能充分发挥客户端 PC 的处理能力，很多工作可以在客户端处理后再提交给服务器，减小服务器的负载压力，从而加快服务器对客户端的响应速度，但这种系统结构的缺点也非常明显：

(1) 只适用于局域网，远程访问需要专门的技术，同时要对系统进行专门的设计来处理分布式的数据，实现过程较复杂，扩展性较差。

(2) 客户端需要安装专用的客户端软件，其维护和升级成本非常高。

(3) 需要针对不同的操作系统开发不同版本的客户端软件，开发成本过高。

2. B/S(Browser/Server，浏览器/服务器)结构

B/S 结构伴随着 Internet 的兴起，是对 C/S 结构的一种改进，其网络体系结构如图 1-1-2 所示。B/S 结构利用不断成熟的 Web 浏览器技术，结合浏览器的多种脚本语言和 ActiveX 技术，将软件应用的业务逻辑完全放在应用服务器端实现，客户端只需要浏览器即可进行业务处理，从而统一了客户端。从本质上说，B/S 结构也是一种 C/S 结构。

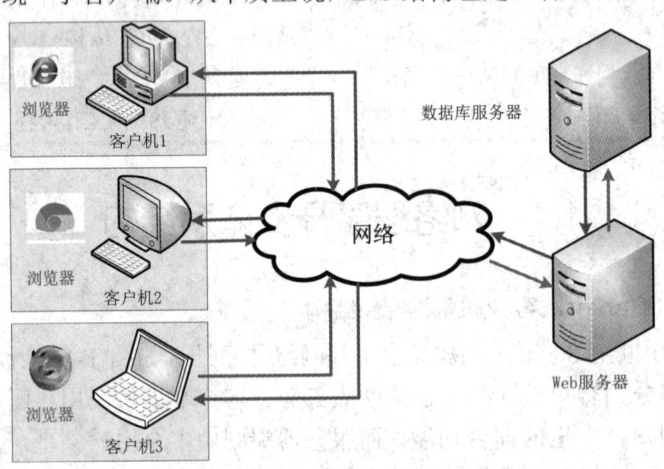

图 1-1-2　B/S 网络体系结构示意图

B/S 最大的优点就是不用安装任何专门的软件，只要有一台能上网的电脑就能使用，客户端零安装、零维护，系统的扩展非常容易。特别是 AJAX 技术的发展，使客户端电脑也能进行部分业务逻辑处理，从而实现局部实时刷新，在增加了客户端与服务器的交互性的同时也大大地减轻了服务器的负担。

将 B/S 和 C/S 两种体系结构进行比较，我们可得到如表 1-1-1 所示的结果。

表 1-1-1　C/S 与 B/S 的比较

	C/S 体系结构	B/S 体系结构
硬件环境	建立在局域网上，局域网之间再通过专门的服务器提供连接和数据交换服务，对客户端主机配置要求较高	建立在广域网上，对服务器端主机配置要求较高
软件环境	客户端必须安装专用软件，要求所有客户端和服务器端使用相同的操作系统	客户端必须安装浏览器，但对操作系统和浏览器无类型和版本限制

续表

	C/S 体系结构	B/S 体系结构
安全性	面向相对固定的用户群，对信息安全的控制能力很强，安全性高	面向不可知的用户，对信息安全的控制能力相对较弱，安全性低
用户接口	不同的操作系统平台采用不同的接口，因此需要根据不同的操作系统编写不同的客户端软件，对程序员普遍要求较高	客户端功能实现建立在浏览器上，与客户端操作系统无关，因此接口统一，对程序员要求较低
软件重用	需要将客户端和服务器视为整体进行考虑，构件的重用性相对较低	大多数构件具有相对独立的功能，从而能够相对较好地重用
负载分布	事务处理逻辑分布在客户端和服务器上，客户端负责和用户的交互，收集用户信息，以及通过网络向服务器发出请求，负载较大	把事务处理逻辑部分交给了服务器，导致服务器负载较大，客户端只是负责显示，负载较小
系统维护	客户端与服务器为一个整体，维护时需全局考虑，软件安装、调试和升级都需在所有客户端及服务器上进行，开销较大	构件组成，更换方便，只需要对服务器上的软件版本进行升级维护，开销较小

由表 1-1-1 可看出，虽然 B/S 结构存在如数据安全性问题、对服务器要求过高、数据传输速度慢等缺点，但与 C/S 结构对比仍然存在巨大的优势，因此，现在大多选择 B/S 结构作为网络程序开发的体系结构。

1.2　Web 简介

Web(World Wide Web)即全球广域网，也称为万维网，它是一种基于超文本和 HTTP 的、全球性的、动态交互的、跨平台的分布式图形信息系统。Web 是建立在 Internet 上的一种网络服务，为浏览者在 Internet 上查找和浏览信息提供了图形化的、易于访问的直观界面，其中的文档及超级链接将 Internet 上的信息节点组织成一个互为关联的网状结构。

Web 的表现形式包括两种：

(1) 超文本(Hyper Text)。这是一种用户接口方式，用以显示文本及与文本相关的内容，其中的文字包含可以链接到其他字段或者文档的超文本链接，允许从当前阅读位置直接切换到超文本链接所指向的文字。超文本的格式有很多，目前最常使用的是超文本标记语言(Hyper Text Markup Language，HTML)及富文本格式 (Rich Text Format，RTF)。

(2) 超媒体(Hyper Media)。这种形式是超文本(Hyper Text)和多媒体在信息浏览环境下的结合。用户不仅能从一个文本切换到另一个文本，而且可以激活一段声音，显示一个图形，甚至可以播放一段动画。

Web 的设计初衷是一个静态信息资源发布媒介，其核心体系结构包括三个部分：

(1) 超文本标记语言(HTML)。这是标准通用标记语言下的一个应用，也是一种规范和标准，它通过标记符号来标记要显示的网页中的各个部分。

(2) 统一资源标识符(URI)。这是一个用于标识某一互联网资源名称的字符串，该标识允许用户对本地和互联网上的任何资源通过特定的协议进行交互操作。

(3) 超文本转移协议(HTTP)。这是互联网上应用最为广泛的一种网络协议，其功能是提供一种发布和接收 HTML 页面的方法。

1.2.1 Web 的发展历程

1. Web 1.0

Web 1.0 时代开始于 1994 年，其主要特征是大量使用静态的 HTML 网页来发布信息，并开始使用浏览器来获取信息，这个时候主要是单向的信息传递。Web、Internet 上的资源，可以在一个网页里比较直观地表示出来，而且资源之间也可以在网页上任意链接。Web1.0 的本质是聚合、联合、搜索，其聚合的对象是巨量、无序的网络信息。

2. Web 2.0

Web1.0 只解决了人对信息搜索、聚合的需求，而没有解决人与人之间沟通、互动和参与的需求，于是 Web 2.0 应运而生。Web 2.0 时代开始于 2004 年。在 Web 2.0 中，软件被当成一种服务，Internet 从一系列网站演化成一个成熟的、为最终用户提供网络应用的服务平台，强调用户的参与、在线的网络协作、数据储存的网络化、社会关系网络、RSS 应用以及文件的共享等成为了 Web 2.0 发展的主要支撑和表现。Web 2.0 模式大大激发了创造的积极性，使 Internet 重新变得生机勃勃。Web 2.0 的典型应用包括 Blog、Wiki、RSS、Tag、SNS、P2P、IM 等。

3. Web 3.0

Web 3.0 是由业内人员提出的概念，是 Internet 发展的必然趋势。Web 3.0 在 Web 2.0 的基础上，将杂乱的微内容进行最小单位的继续拆分，同时进行词义标准化、结构化，实现微信息之间的互动和微内容之间基于语义的链接。Web 3.0 能够进一步深度挖掘信息，使其直接在底层数据库上进行互通，并把散布在 Internet 上的各种信息点以及用户的需求点聚合和对接起来，通过在网页上添加元数据，使机器能够理解网页内容，从而提供基于语义的检索与匹配，使用户的检索更加个性化、精准化和智能化。Web 3.0 使网站内的信息可以直接和其他网站相关信息进行交互，能通过第三方信息平台同时对多家网站的信息进行整合使用，使用户在 Internet 上拥有直接的数据，并能在不同网站上使用。Web 3.0 浏览器将网络当成一个可以满足任何查询需求的大型信息库，用户使用浏览器即可实现复杂的系统程序才具有的功能。Web 3.0 的本质是深度参与、生命体验以及体现网民参与的价值。

1.2.2 Web 工作流程

在 Web 程序结构中，客户端与 Web 服务器采用请求/响应模式进行交互，其基本流程如图 1-2-1 所示，包括如下步骤：

(1) 用户打开客户端浏览器，在浏览器中输入数据信息或要执行的操作。

(2) 客户端浏览器将用户的输入信息封装成 HTTP 请求报文，并通过网络发往指定的 Web 服务器。

(3) Web 服务器接收到请求报文后按要求完成相应的逻辑业务处理工作，若业务处理无需进行数据库的访问操作，则直接将处理结果返回客户端；若业务处理还需对数据库进行操作，则访问数据库服务器。

(4) Web 服务器根据业务处理需要访问指定数据库服务器。

(5) 数据库服务器根据接收到的操作命令执行相应的增、删、查、改操作。

(6) 数据库服务器将执行结果返回给 Web 服务器。

(7) Web 服务器根据数据库服务器返回的执行结果进行后续的业务处理。

(8) Web 服务器将业务处理的结果封装成 HTTP 响应报文返回给客户端。

(9) 客户端浏览器解析服务器返回的响应报文，将解析结果显示在浏览器中。

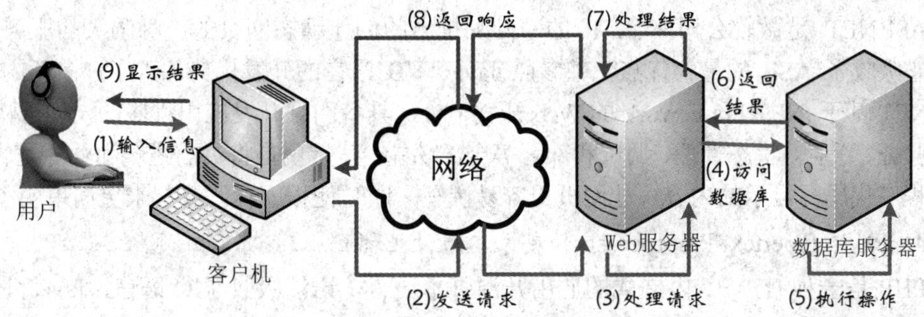

图 1-2-1 Web 工作流程示意图

1.2.3 Web 开发技术

1. 客户端应用技术

1) HTML(Hyper Text Markup Language，超文本标记语言)

HTML 是标准通用标记语言下的一个应用，它通过标记符号来标记要显示的网页中的各个部分，浏览器按顺序阅读网页文件，然后根据标记符来解释和显示其标记的内容。该语言最新的标准规范为 HTML 5。

2) CSS(Cascading Style Sheets，层叠样式表)

CSS 是一种用来表现 HTML 或 XML 等文件样式(如字体、颜色、位置等)的计算机语言，它不仅可以静态地修饰网页，还可以配合各种脚本语言动态地对网页各元素进行格式化。CSS 样式可以直接存储于 HTML 网页或者单独的样式单文件中。

3) JS(JavaScript)

JS 是一种直译式脚本语言，广泛用于客户端，最早用来给 HTML 网页增加动态功能，从而更好地实现用户与计算机的交互，它的解释器被称为 JavaScript 引擎，为浏览器的一部分。JS 是一种解释性脚本语言，可以直接嵌入 HTML 页面，也可以写成单独的 JS 文件，它具有跨平台特性，可以在多种平台下运行。

2. 服务器端应用技术

1) JSP(Java Server Pages，Java 服务器页面)

JSP 是由 Sun Microsystems 公司倡导、多家公司参与建立的一种动态网页技术标准，具备了 Java 技术的简单易用、完全面向对象、平台无关性且安全可靠的特点。JSP 通过在传统的网页 HTML 文件中插入 Java 程序段和 JSP 标记来封装产生动态网页的处理逻辑，从而将网页逻辑与网页设计的显示分离，使基于 Web 的应用程序的开发变得更加快捷。

2) ASP(Active Server Pages，动态服务器页面)

ASP 是微软公司开发的服务器端脚本环境，可用来创建动态交互式网页并建立强大的 Web 应用程序，它将使用 VBScript 或 JavaScrip 编写的服务器端脚本代码插入到传统的网页 HTML 文件中，从而实现动态网页。ASP 简单、易于维护，是小型页面应用程序的首选。

3) ASP.NET(Active Server Page .NET)

ASP.NET 是微软公司在 ASP 的基础上推出的创建动态网页的一种强大的服务器端技术，它吸收了 ASP 的最大优点，并参照 Java、VB 语言的开发优势加入了许多新的特色。ASP.NET 基于 .NET Framework 的 Web 开发平台，具备网站开发应用程序的一切解决方案，包括验证、缓存、状态管理、调试和部署等全部功能，其特色是将页面逻辑和业务逻辑分开，分离程序代码与显示的内容，让网页更容易撰写，同时使程序代码看起来更简单明了。

4) PHP(Hypertext Preprocessor，超文本预处理器)

PHP 是一种 HTML 内嵌式的通用开源脚本语言，语法吸收了 C 语言、Java 和 Perl 的特点，主要用于 Web 开发领域。它将程序嵌入到 HTML 文档中去执行，执行效率非常高，而且具有非常强大的功能，支持几乎所有流行的数据库以及操作系统，还可以用 C、C++ 进行程序的扩展。

1.3　JSP 概述

1.3.1　JSP 的概念

JSP 是由 Sun 公司倡导、多家公司共同参与建立的一种动态网页技术标准。JSP 具备 Java 技术简单易用、完全面向对象、具有平台无关性且安全可靠、主要面向 Internet 的所有特点，用 JSP 开发的 Web 应用是跨平台的，能在 Windows、Linux 等多种操作系统上运行。

JSP 源文件是在传统网页的 HTML 代码中插入 Java 脚本和 JSP 标记而构成的文件，其扩展名为 .jsp，JSP 源文件实现了在 HTML 语法中对 Java 的扩展。在系统中，所有的 Java 脚本和 JSP 标记都在服务器端执行，然后将执行结果结合 HTML 代码一起返回给客户端，客户端最终接收并解析的仅仅是一个 HTML 文本，只要有浏览器就能显示结果。

JSP 与 HTML 的区别在于 HTML 页面是静态页面，展现的信息都是事先由用户写好并放在服务器上的，再由 Web 服务器向客户端发送，因此，无论何时何地，同一个页面的执行结果总是相同的。而 JSP 页面则是在服务器上执行该页面的 Java 代码和 JSP 标记部分，然后将实时生成的 HTML 页面向客户端发送，因此，在不同时间或不同地点，同一个页面的执行结果可能并不相同，从而体现出动态页面的效果。

选择 JSP 进行跨平台的 Web 程序开发具有以下优势：

(1) 易于学习，开发简单。JSP 将很多常用功能封装起来，使用标记的形式提供调用，使用方式类似 HTML 的标签，且允许在 HTML 代码中插入 Java 代码片段，既使代码编写灵活，又不要求编程人员具有强大的 Java 编程能力，并且可以在 JSP 文件中直接编写 HTML 代码，因此页面显示部分的编写直接且表现力强。

(2) 开发的 Web 程序可跨平台运行。因为 JSP 使用 Java 作为脚本语言，而几乎所有平台都支持 Java，所以用 JSP 开发的 Web 程序可以在几乎所有平台下正常执行，甚至无需重新编译代码就能实现跨平台的移植。

(3) 支持对多种常规数据库的操作。Java 的 JDBC 技术可实现 JSP 对诸如 Oracle、Sybase、MS SQL Server 和 MS Access 等常规数据库的访问和操作。

(4) 开发环境搭建简单，有多种服务器软件和 IDE 软件可供选择。现阶段有很多支持 JSP 的服务器软件(如 Tomcat、Resin、Jboss、WebLogic、WebSphere 等)和开发工具软件(如 Jbuilder、Jcreator、NetBeans、Eclipse 和 MyEclipse 等)可供选择。众多优秀的开发工具还能大大提高 JSP 的开发效率，其中 JDK、Tomcat、Eclipse 等软件都可以免费使用。

1.3.2　JSP 的工作流程

当客户端通过浏览器向服务器发出 URL 请求后，Web 服务器将根据接收到的请求检查对应的 JSP 页面，根据客户端请求的 JSP 页面状态的不同，服务器对客户端请求的处理过程也有所不同，大致分成两种情况：

(1) 如果是第一次请求该页面(即通过检查，未见该 JSP 页面对应的.class 字节码文件)，或该页面虽然是再次请求，但源代码已经修改过，原有的字节码文件不再适用，则将请求的后缀为 .jsp 的 JSP 源文件转换成后缀为 .java 的 Servlet 文件，然后通过 Java 编译器编译成后缀为 .class 的字节码文件，最后，Java 虚拟机解释运行该字节码文件，并将运行的结果发送回客户端，客户端浏览器解析该响应结果并显示出来，其过程如图 1-3-1 所示。

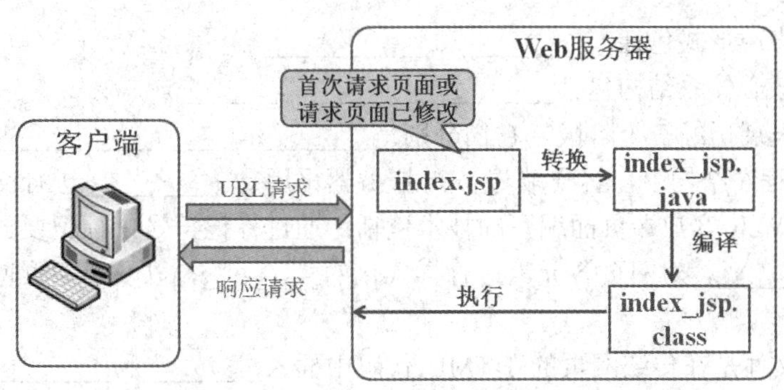

图 1-3-1　JSP 的工作流程(首次请求页面/请求页面已修改)

(2) 如果该页面是再次请求且源代码未被修改(即通过检查，找到该 JSP 页面对应的 .class 字节码文件，且该字节码文件仍然适用)，则由虚拟机直接运行该字节码文件，最后将运行的结果发送回客户端，通过客户端浏览器解析并显示结果，其过程如图 1-3-2 所示。

虽然客户端最终得到的响应结果是 Web 服务器对字节码文件的解释结果，但 JSP 文件转换成后缀为 .java 的 Servlet 文件，然后编译成后缀为 .class 的字节码文件的过程是 Web

服务器自动进行的(Servlet 文件和对应的字节码文件的存放路径为%Tomcat，安装路径为%\work\ Catalina\localhost\项目名称\org\apache\jsp\)，对用户而言是透明的。

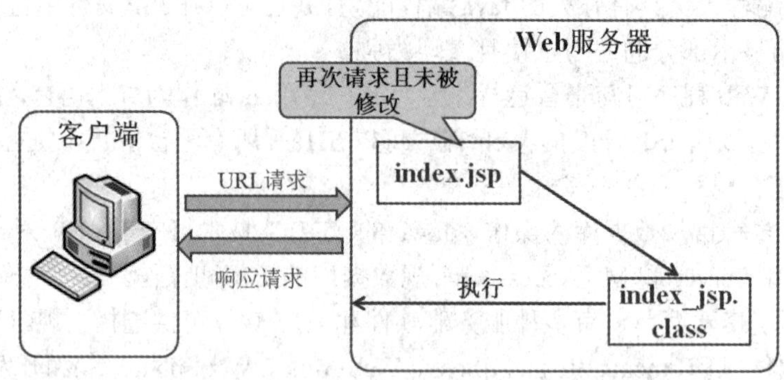

图 1-3-2　JSP 的工作流程(再次请求页面且页面未修改)

本 章 小 结

本章首先介绍了 C/S 和 B/S 两种网络程序的体系结构，并从七个方面对这两种体系结构进行了比较，然后介绍了 Web 的基本概念、发展历程、工作流程和常用的开发技术，其中对客户端与 Web 服务器所采用的请求/响应模式进行了重点介绍，最后介绍了 JSP 技术，详细阐述了在两种情况下 JSP 服务器处理客户端 URL 请求的工作流程。

课 后 习 题

一、填空题

1. Web 的表现形式包括__________和___________。

2. Web 的核心体系结构包括_______、________、_______。

3. Web 的发展历经三个阶段，它们分别是________、________、________。

4. 在 Web 程序结构中，客户端与 Web 服务器采用____________进行交互。

5. 常用于 Web 客户端页面编写的技术包括：通过标记符号来标记要显示的网页中的各个部分的________，对网页各元素进行样式化的________，以及为网页增加动态功能的脚本语言________。

6. JSP 源文件是在传统网页的 HTML 代码中插入________和__________而构成的文件，其扩展名为_______。

二、简答题

1. 网络程序体系结构有哪两种？它们有何区别和联系？

2. 使用 JSP 编写的程序与使用 HTML 编写的程序有什么区别？

3. 请阐述 JSP 的工作流程。

第 2 章　Java Web 开发环境的搭建

【学习导航】

编辑、编译和运行 Java Web 程序首先需要搭建 Java Web 的开发环境，本章将学习如何搭建 Java Web 开发环境，如何在 Java Web 开发环境中编写并运行一个 Java Web 的程序。

【学习目标】

知 识 目 标	能 力 目 标
1. 掌握 JDK 的下载、安装和配置过程 2. 掌握 Tomcat 的下载、安装和配置过程 3. 掌握 Eclipse 的下载和配置过程 4. 掌握开发 Java Web 程序的基本操作步骤	1. 能正确搭建 Java Web 的开发环境 2. 能熟练地在 Eclipse 中开发 Java Web 程序

要进行 Java Web 程序的开发，必须先保证能有一个安全稳定、易于使用的开发环境，这个开发环境必须保证能正确编译和运行 Java 的代码，能管理 Web 应用和提供 Web 应用程序需要的资源。除此之外，如果希望能快速高效地进行代码开发，还需要有一个集成开发工具。因此，Java Web 开发环境需要包括开发工具包(JDK)、Web 服务器和 IDE 这 3 个部分。在本书中 Java 开发工具包选择 JDK 8.0 版，Web 服务器选择 Tomcat 8.5，集成开发工具选择 Eclipse。

2.1　JDK 的下载、安装和配置

JDK 是 Java 开发工具包，包含 Java 运行环境 JRE 和开发 Java 程序所需的工具(Java 编译工具、运行工具和调试工具等)，是 Java 开发者必须安装的软件环境。

Java 平台包括 3 个版本：Java SE、Java EE 和 Java ME。其中 Java SE 是标准版，包含了标准 JDK、开发工具、运行时环境和类库，适合开发桌面应用程序和底层应用程序；Java EE 是企业版，采用标准化模块组件，为企业级应用提供了标准平台，简化了复杂的企业级编程；Java ME 是精简版，包含高度优化精简的 Java 运行环境，专门针对一些小型的消费电子产品，如手机和 PDA 等。本书选择 Java SE 标准版进行讲解。

2.1.1　JDK 的下载

官方网站可以下载免费的 JDK 安装文件，步骤如下：

(1) 通过链接 http://www.oracle.com/technetwork/java/javase/downloads/index.html 打开官方网站，界面如图 2-1-1 所示，目前最新的 JDK 版本是 JDK 10.0。

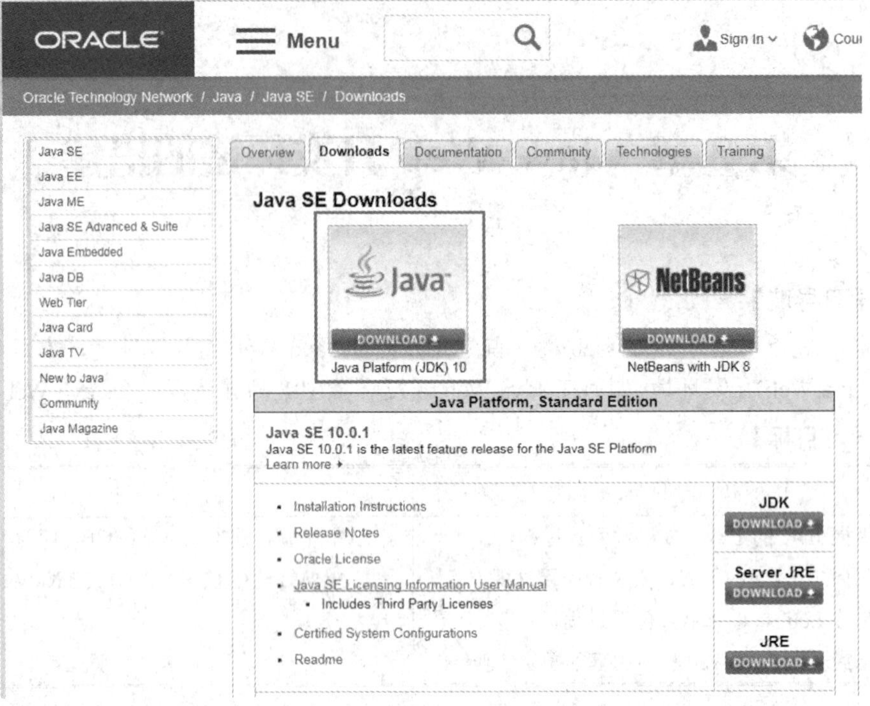

图 2-1-1　JDK 官方下载主页

(2) 单击图 2-1-1 中线框部分，打开 JDK 的下载列表，如图 2-1-2 所示。大家可以根据自己的操作系统类型选择对应的 JDK 安装文件。在下载 JDK 安装文件前一定不要忘记选中“Accept License Agreement”选项，否则无法完成下载工作。

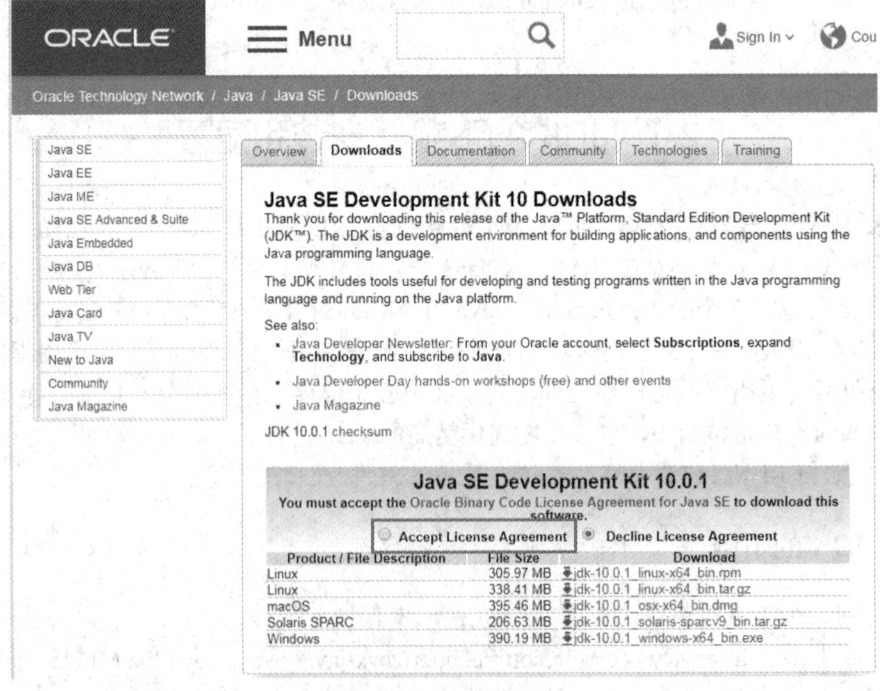

图 2-1-2　JDK 下载列表

(3) 单击图 2-1-2 中所选安装资源的超链接即可完成安装文件的下载。

> **注意：**
>
> ① 如果要安装 JDK 9.0 及以前的 JDK 版本，一定要根据操作系统的状况，选择下载 32 位或 64 位的 JDK 安装文件。32 位的操作系统只能安装 32 位版的 JDK，64 位的操作系统可以安装 32 位版的 JDK，但选择 64 位版更为恰当。
>
> ② JDK 官方网站仅提供 64 位的 JDK 10.0 安装文件，如果是 32 位的操作系统则不能安装这个版本的 JDK。

2.1.2　JDK 的安装

JDK 安装文件下载完成以后就可以进行 JDK 的安装了，本节以 JDK 8.0 版本为例介绍 JDK 的安装过程，其他版本的 JDK 安装过程与之类似。

(1) 双击 JDK 安装文件，打开如图 2-1-3 所示的“安装程序”界面。

(2) 在图 2-1-3 中单击“下一步”按钮即可打开如图 2-1-4 所示的“定制安装”界面。在这个界面中可以单击图标，选择或取消安装某一 JDK 功能，也可以单击“更改”按钮选择将 JDK 安装到其他路径。

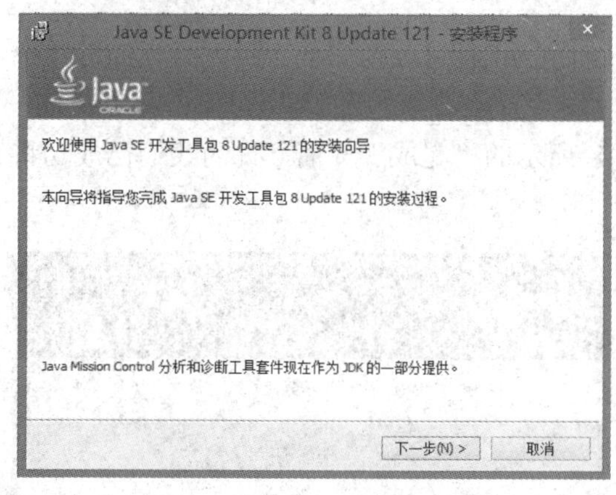

图 2-1-3　“安装程序”界面

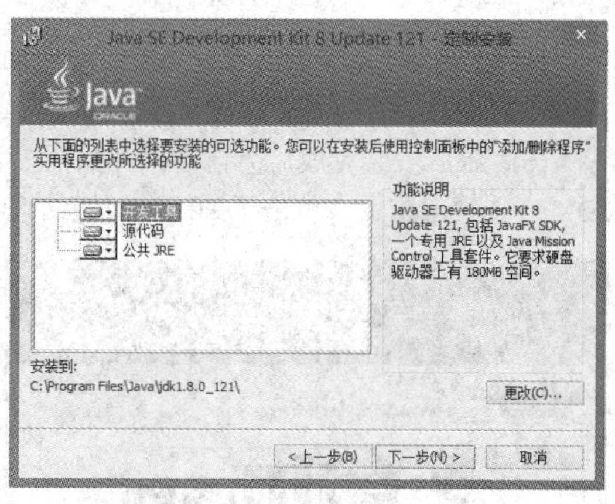

图 2-1-4　“定制安装”界面

> **提示：**
>
> ① 建议初学者保持“定制安装”界面的默认设置不做修改，以免因为设置错误而导致 JDK 的部分功能不能使用。
>
> ② 请一定记住“定制安装”界面中选择的安装路径，便于在安装 JRE 时设置匹配的安装路径，以及在环境变量配置中能准确设置变量值。

(3) 在图 2-1-4 中单击“下一步”按钮即可打开如图 2-1-5 所示的“进度”界面。这个界面不可操作，仅仅展示 JDK 的安装进度。

(4) JDK 安装完毕后会自动打开如图 2-1-6 所示的“目标文件夹”界面，这个界面的功能是设置 JRE(Java 运行环境，包含了 Java 虚拟机标准实现及 Java 核心类库)的安装路径。

在当前界面中可以单击“更改”按钮，选择将 JRE 安装在指定的文件夹中。

> **注意**：在“目标文件夹”界面中选择的 JRE 的安装路径一定要与“定制安装”界面中选择的 JDK 的安装路径属于同一个父文件夹。例如，JDK 和 JRE 的默认安装路径分别为 C:\Program Files\Java\jdk1.8.0_121 和 C:\Program Files\Java\jre1.8.0_121，它们就属于同一父文件夹 C:\Program Files\Java。

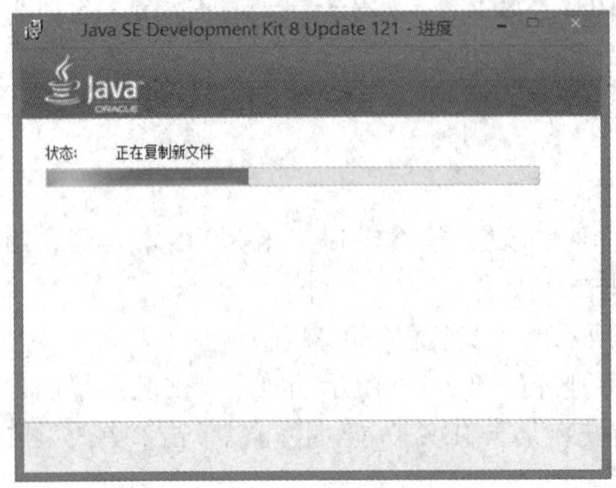

图 2-1-5　“进度”(JDK)界面

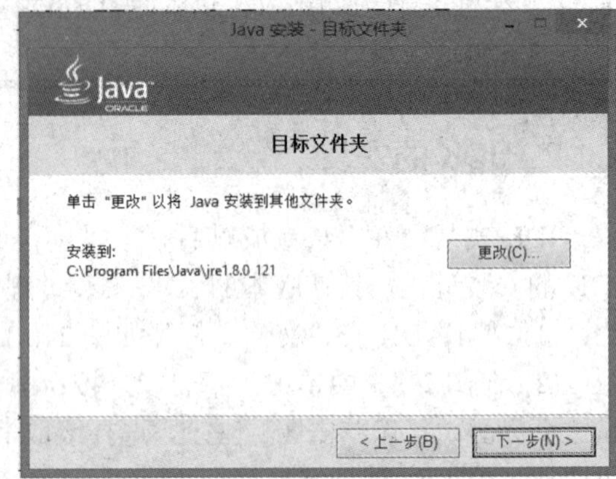

图 2-1-6　“目标文件夹”界面

(5) 在图 2-1-6 中单击“下一步”按钮即可打开如图 2-1-7 所示的“进度”界面。这个界面不可操作，仅仅展示 JRE 的安装进度。

(6) JRE 安装完成后会自动打开如图 2-1-8 所示的“完成”界面，说明我们已成功将 JDK 安装到电脑上，单击“关闭”按钮结束安装。

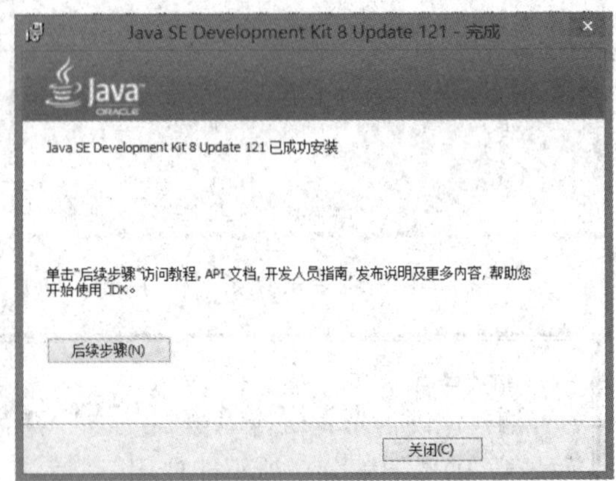

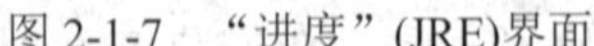

图 2-1-7　“进度”(JRE)界面　　　　图 2-1-8　“完成”界面

2.1.3　JDK 环境变量的配置

完成 JDK 的安装后，为了使计算机在编译和运行 Java 程序时能正确找到 JDK 的编译器、解释器以及 Java 程序中引用的类和接口，需要进行如表 2-1-1 所示 3 个环境变量的配置。

表 2-1-1　JDK 的环境变量

变量名	变 量 值	功　能
JAVA_HOME	当前 JDK 的安装路径，如：C:\Program Files\Java\jdk1.8.0_121	说明 JDK 所在的父目录的路径
Path	%JAVA_HOME%\bin	说明 Java 可执行程序的位置
CLASSPATH	.;%JAVA_HOME%\lib\dt.jar;%JAVA_HOME%\lib\tools.jar;	说明类和包文件的搜索路径

环境变量的配置过程如下：

(1) 右键单击桌面“计算机”图标，在弹出的快捷菜单中选择“属性”，将打开如图 2-1-9 所示“系统”窗口。

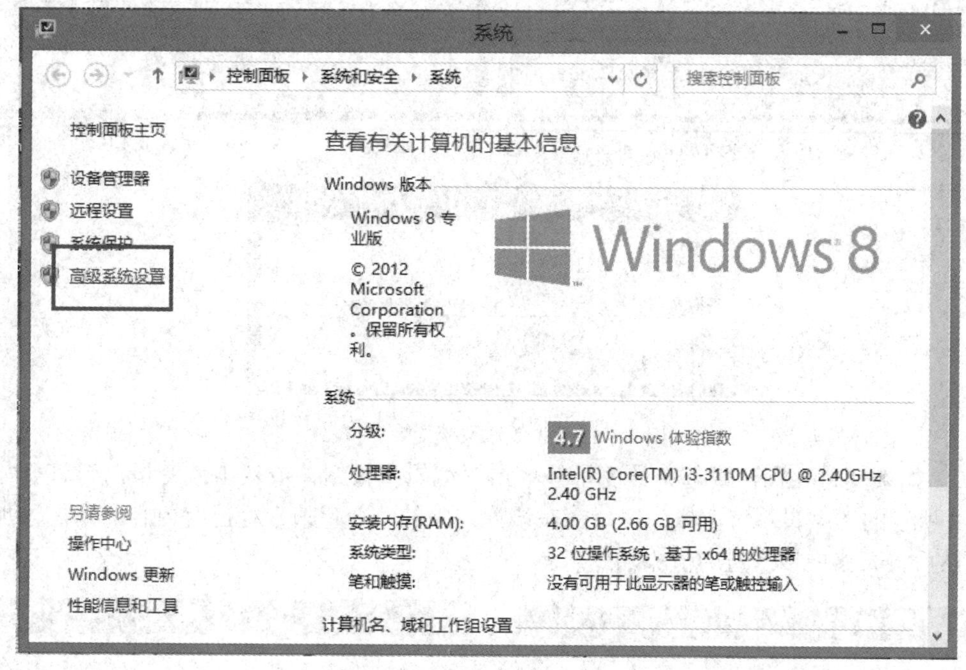

图 2-1-9　“系统”窗口

(2) 在图 2-1-9 中单击“高级系统设置”，将打开如图 2-1-10 所示的“系统属性”窗口。

(3) 在图 2-1-10 中单击“环境变量”按钮，将打开如图 2-1-11 所示的“环境变量”窗口。环境变量可根据其作用范围分为用户变量和系统变量两类，用户变量只能被当前登录系统的用户使用，而系统变量可以被所有系统用户使用，因此，将表 2-1-1 中的 3 个环境变量都设置为系统变量更恰当。

(4) 在图 2-1-11 中的“系统变量”部分查找是否存在 JAVA_HOME、Path 和 CLASSPATH 3 个变量：

① 如果变量不存在，则单击“新建”按钮，将打开如图 2-1-12 所示的“新建系统变量”窗口，在该窗口中的“变量名”栏和“变量值”栏分别按照表格内容添加对应的变量名称和路径值，然后单击“确定”完成该环境变量的创建。

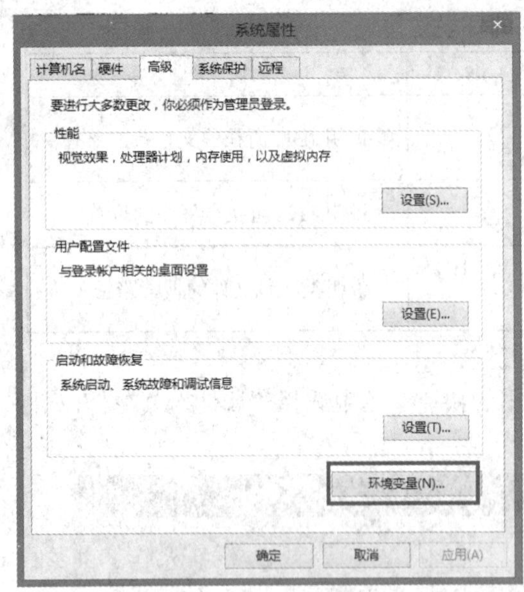
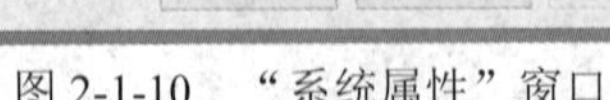

图 2-1-10　“系统属性”窗口

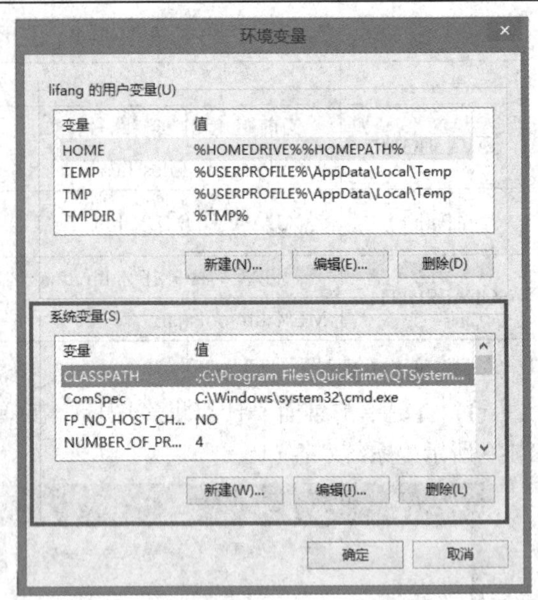

图 2-1-11　“环境变量”窗口

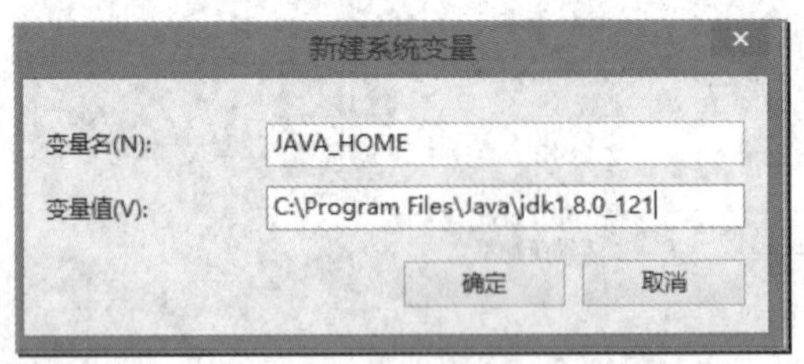

图 2-1-12　“新建系统变量”窗口

② 如果变量存在，则选中该变量并单击“编辑”按钮，或双击该变量，将打开如图 2-1-13 所示的“编辑系统变量”窗口，在该窗口中的“变量值”栏已有内容的末尾添加分号，然后将表格中该变量的值添加到末尾。

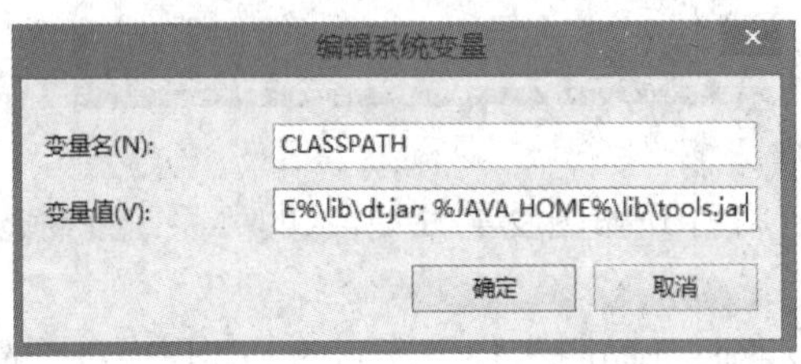

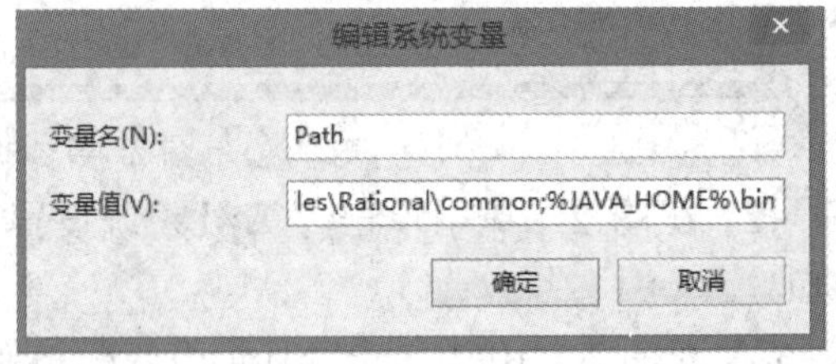

图 2-1-13　“编辑系统变量”窗口

(5) 依次在“环境变量”窗口、“系统属性”窗口中单击“确定”按钮，完成环境变量的配置。

注意：

① 环境变量的名称和值不区分大小写。

② 当环境变量存在时，只能在该变量值的末尾追加新值，而不能删除原有的变量值，以免导致其他软件不能正常运行。

> ③ 在 3 个环境变量中，JAVA_HOME 是被包含在另外 2 个环境变量中的，其值为 JDK 的安装路径，因此，如果 Path 和 CLASSPATH 的变量值已包含了完整详细的 JDK 安装路径信息，则 JAVA_HOME 可以不必设置。

2.1.4 JDK 安装配置的结果检验

完成了 JDK 的安装和环境变量的配置后，我们还需要检测一下 JDK 的安装和配置是否正确，以确保 JVM 能正常运行，操作步骤如下：

(1) 打开“运行”窗口，界面如图 2-1-14 所示。打开方式有两种，一种是通过单击“开始”菜单中的“运行”选项，一种是利用快捷键“Windows 窗口键+R”。

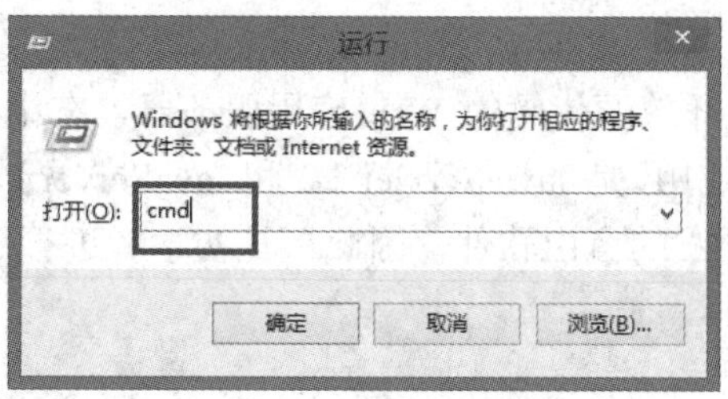

图 2-1-14　“运行”窗口

(2) 在“运行”窗口的文本框中输入字符串“cmd”并单击“确定”按钮，将打开如图 2-1-15 所示的“控制”窗口。

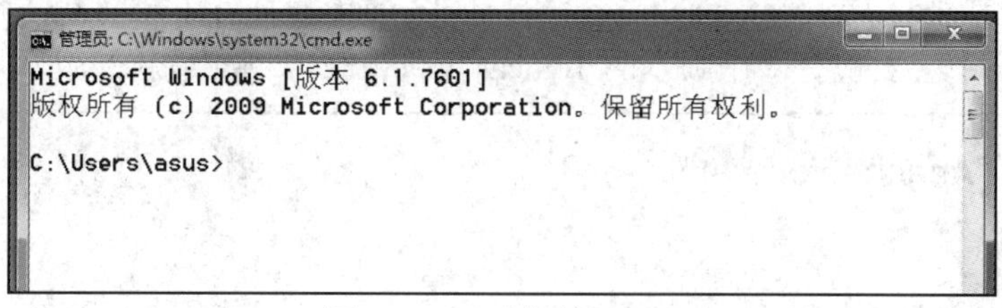

图 2-1-15　“控制”窗口

(3) 在图 2-1-15 所示的“控制”窗口中的光标提示符位置输入字符串“javac”并输入回车符，若出现如图 2-1-16 所示的文字说明，则说明 JDK 的安装和配置存在问题，若出现如图 2-1-17 所示的文字说明，则说明 JDK 的安装和配置成功。

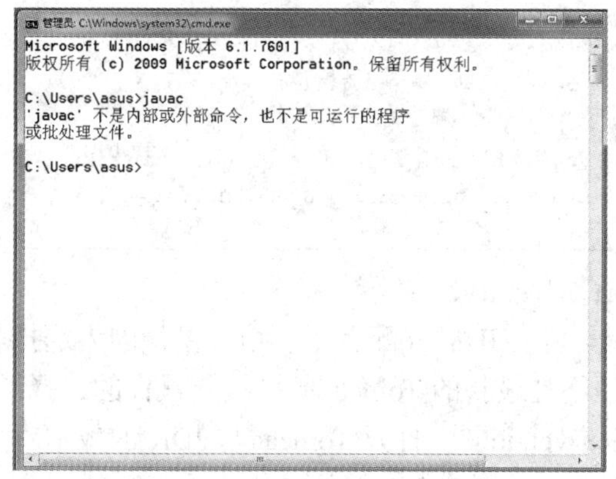

图 2-1-16　失败界面

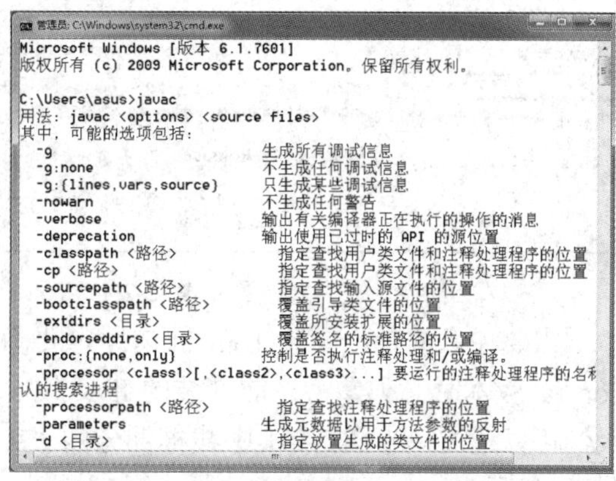

图 2-1-17　成功界面

> **注意**：在 JDK 安装配置完毕后需重新打开新的“控制”窗口，否则新的安装配置信息无法更新，导致即便安装配置正确，“控制”窗口的显示结果仍然是失败的界面。

2.2　Tomcat 的下载、安装和配置

Web 服务器驻留于 Internet 上，当客户端浏览器连接到 Web 服务器上并请求文件时，服务器将处理该请求并将文件反馈到该浏览器上。Web 服务器不仅能够存储信息，还能在用户通过 Web 浏览器提供的信息的基础上运行脚本和程序。目前，支持 Java 的 Web 服务器有很多，例如：Kangle、WebSphere、Tomcat、Jboss 等。

Tomcat 是一个免费的开放源代码的 Web 应用服务器，在中小型系统和并发访问用户不是很多的场合下被普遍使用，是 Java Servlet 2.2 和 JavaServer Pages 1.1 技术的标准实现，是基于 Apache 许可证下开发的自由软件，因此，是初学者进行 Java Web 程序开发和调试的首选。

2.2.1　Tomcat 的下载

我们可以在官方网站下载免费的 Tomcat 安装文件，步骤如下：

(1) 输入链接 http://tomcat.apache.org，打开 Tomcat 的官方下载网站，界面如图 2-2-1 所示，在该页面中会发现有多个版本的 Tomcat 可供下载，目前最新的版本是 Tomcat 9.0。

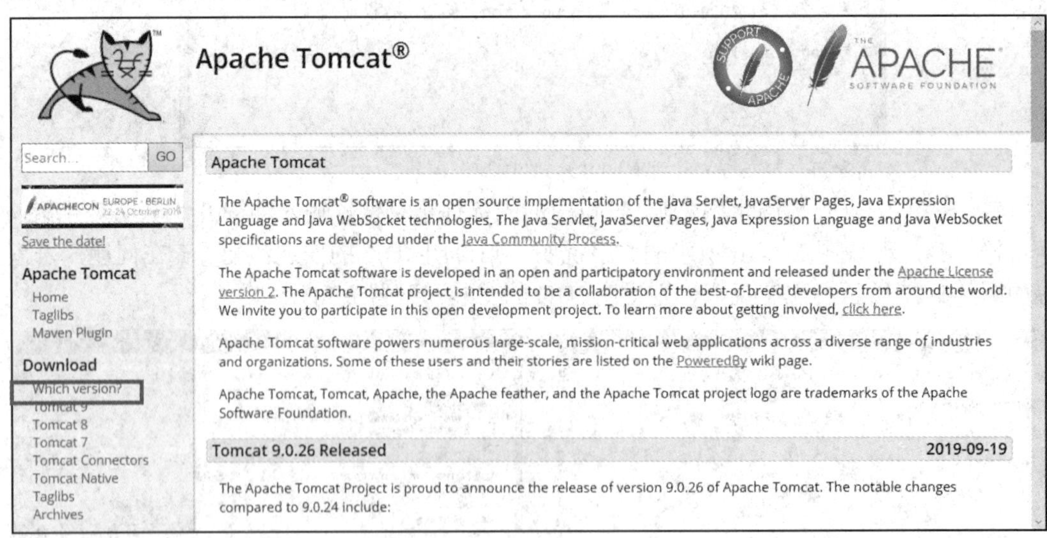

图 2-2-1　Tomcat 官方下载主页

需要注意的是，安装 Tomcat 前一定要确保安装了 JDK 并配置了环境变量，因为选择 Tomcat 版本时必须参考之前安装的 JDK 版本，并不是最新的 Tomcat 版本就是最优的选择。我们可以通过单击图 2-2-1 中线框部分的“Which version?”打开 Tomcat 与 JDK 的版本对照表，查看 Tomcat 与 JDK 的版本对应情况，对照表如图 2-2-2 所示。

Servlet Spec	JSP Spec	EL Spec	WebSocket Spec	JASPIC Spec	Apache Tomcat Versior	Tomcat 版本号	JDK 版本号
4.0	2.3	3.0	1.1	1.1	9.0.x		
3.1	2.3	3.0	1.1	1.1	8.5.x	8.5.46	7 and later
3.1	2.3	3.0	1.1	N/A	8.0.x (superseded)	8.0.53 (superseded)	7 and later
3.0	2.2	2.2	1.1	N/A	7.0.x	7.0.96	6 and later (7 and later for WebSocket)
2.5	2.1	2.1	N/A	N/A	6.0.x (archived)	6.0.53 (archived)	5 and later
2.4	2.0	N/A	N/A	N/A	5.5.x (archived)	5.5.36 (archived)	1.4 and later
2.3	1.2	N/A	N/A	N/A	4.1.x (archived)	4.1.40 (archived)	1.3 and later
2.2	1.1	N/A	N/A	N/A	3.3.x (archived)	3.3.2 (archived)	1.1 and later

图 2-2-2　Tomcat 与 JDK 的版本对照表

通过对照表我们可以发现，版本较新的 Tomcat 需要版本较新的 JDK 与之对应，之前我们安装的是 JDK8.0，这里我们选择下载 Tomcat 的 8.5.46 版。

(2) 单击图 2-2-1 左侧导航列表中 “Download”部分中的“Tomcat 8”，打开 Tomcat 8 的下载主页，找到 8.5.46 版下载区，区域界面如图 2-2-3 所示。

在图 2-2-3 所示的下载页面中，可以看出供下载的 Tomcat 资源有很多，而 Tomcat 的安装资源在 Core 部分。Tomcat 有解压缩版和安装版两类安装资源，如果选择解压缩版，虽然直接将压缩包解压后就可以使用，但配置过程稍显复杂，因此我们推荐选择安装版，相较于解压缩版，在安装界面的帮助下完成对 Tomcat 的配置更为简单。

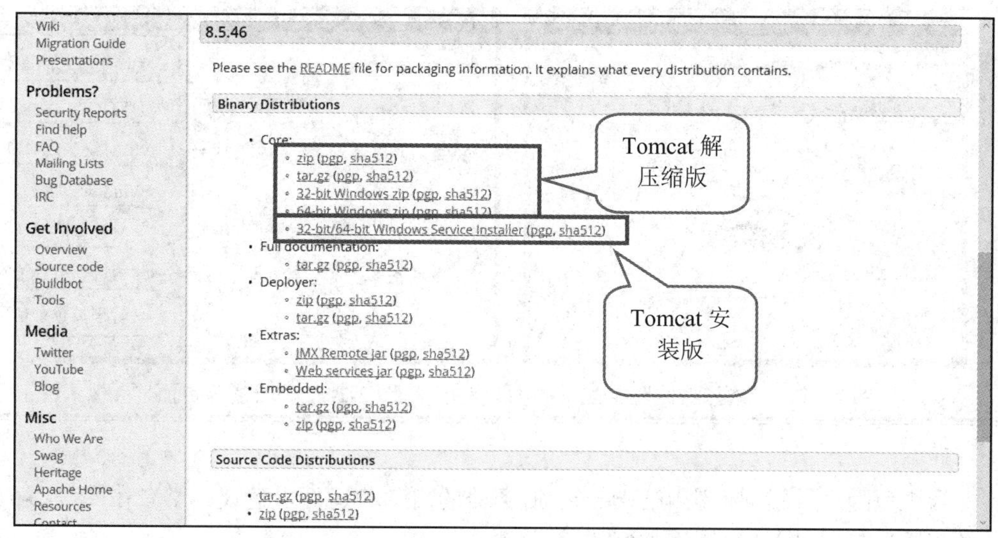

图 2-2-3　Tomcat 8.5.46 版下载界面

(3) 单击所选安装资源的超链接即可完成安装文件的下载。

2.2.2　Tomcat 的安装

Tomcat 安装文件下载后就可以进行安装了，本节以 Tomcat 8.5.46 版本为例介绍 Tomcat 的安装过程，其他版本的 Tomcat 安装过程与之类似。

(1) 运行下载的 Tomcat 的安装文件，打开如图 2-2-4 所示的“欢迎”界面。

(2) 在图 2-2-4 中单击“Next”按钮即可打开如图 2-2-5 所示的“许可协议”界面。

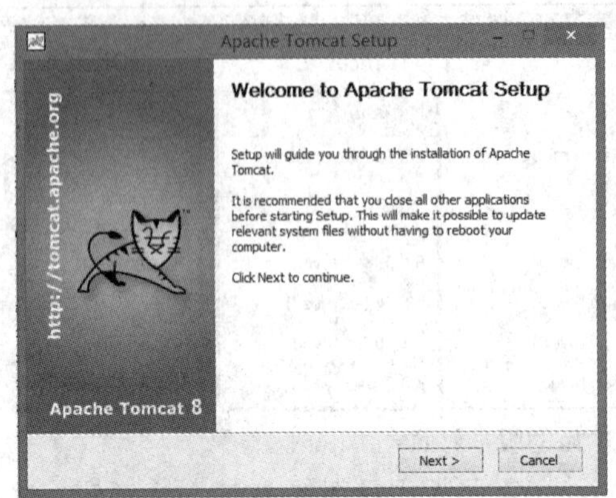

图 2-2-4　“欢迎”界面

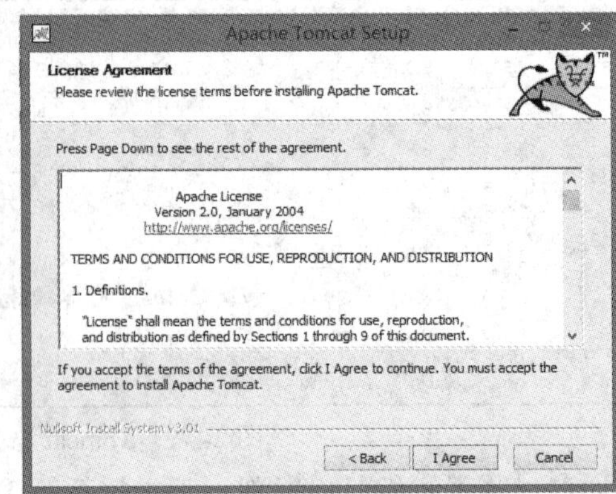

图 2-2-5　“许可协议”界面

(3) 在图 2-2-5 中单击“I Agree”按钮将进入如图 2-2-6 所示的“选择组件”界面，该界面用于设置需要安装的 Tomcat 服务器组件。我们可以通过下拉列表选择安装的类型，安装类型包括 Normal(默认)、Minimum、Full 和 Custom，选择不同的安装类型，组件选项列表框中选中的安装组件将随之增减。我们也可以直接在组件选项列表框中直接选择要安装的组件。

(4) 在图 2-2-6 中单击“Next”按钮将进入如图 2-2-7 所示的“配置”界面，该界面主要完成对 Tomcat 服务器的相关端口、名称及管理员账户和密码的设置。

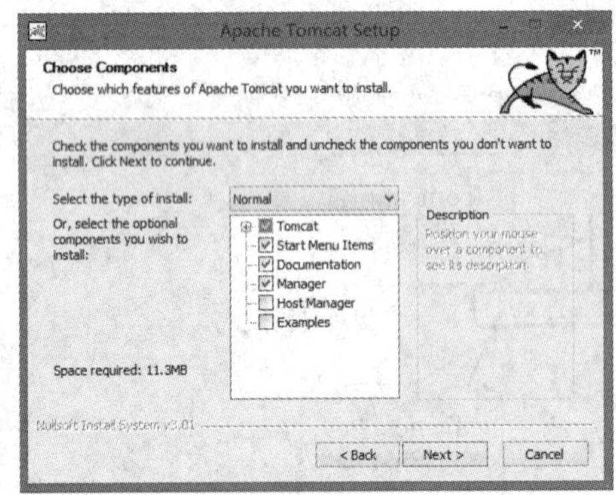

图 2-2-6　“选择组件”界面

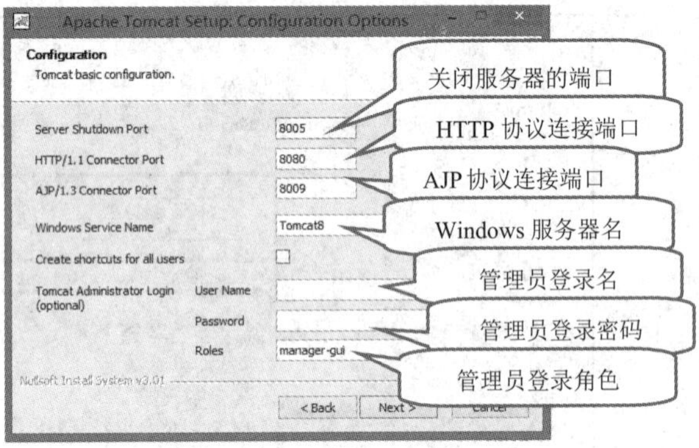

图 2-2-7　“配置”界面

> **提示：**
>
> 为避免因设置错误而影响 Tomcat 服务器的启动和运行，建议初学者在图 2-2-6 和图 2-2-7 中保持默认设置不做修改。

(5) 在图 2-2-7 中单击“Next”按钮将进入如图 2-2-8 所示的“Java 虚拟机”界面，该界面用于设置 Tomcat 的 Java 虚拟机运行环境。Tomcat 的安装程序会自动寻找与本 Tomcat 版本号匹配的最高版本号的 JRE，并将其作为默认的 Java 虚拟机运行环境。如果本机还安装了其他版本的 JRE，也可以通过单击 ... 按钮来选择其他版本的运行环境，但要注意的是，由于现在安装的是 Tomcat 8.5 版本，因此与其匹配的 JRE 版本至少应该是 Java SE 7.0 及以上版本，若 JRE 版本选择错误，Tomcat 则无法正确安装。

(6) 在图 2-2-8 中单击“Next”按钮将进入如图 2-2-9 所示的“选择安装路径”界面，该界面用于设置 Tomcat 的安装位置。安装程序会自动生成一个默认的安装路径，也可以通过单击“Browser”按钮选择将 Tomcat 安装到其他路径。

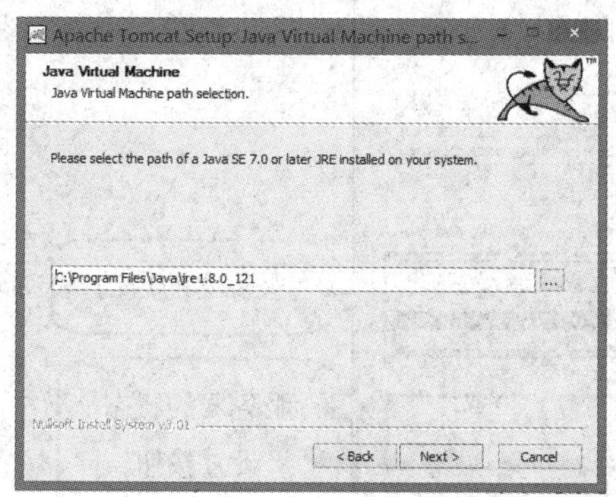

图 2-2-8　“Java 虚拟机”界面

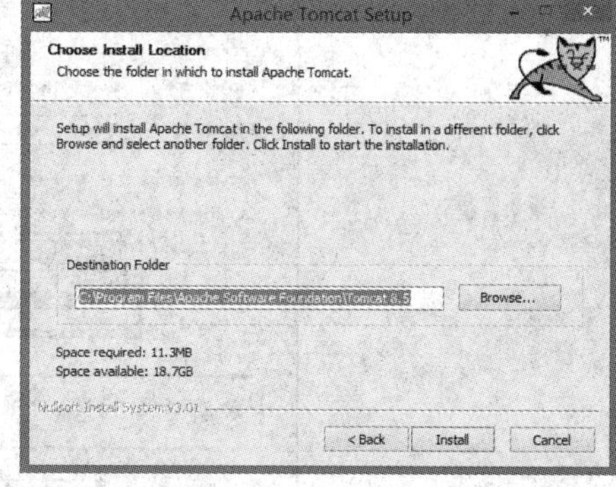

图 2-2-9　“选择安装路径”界面

(7) 在图 2-2-9 中单击“Install”按钮将进入如图 2-2-10 所示的“安装中”界面，该界面不可操作，仅展现 Tomcat 的安装状态和安装进度。

(8) Tomcat 安装完成后会自动打开如图 2-2-11 所示的“安装完成”界面，该界面中包括两个多选项：“运行 Apache Tomcat”和“打开自述文件”。我们可以根据需要进行勾选，然后单击“Finish”按钮，结束整个 Tomcat 的安装。

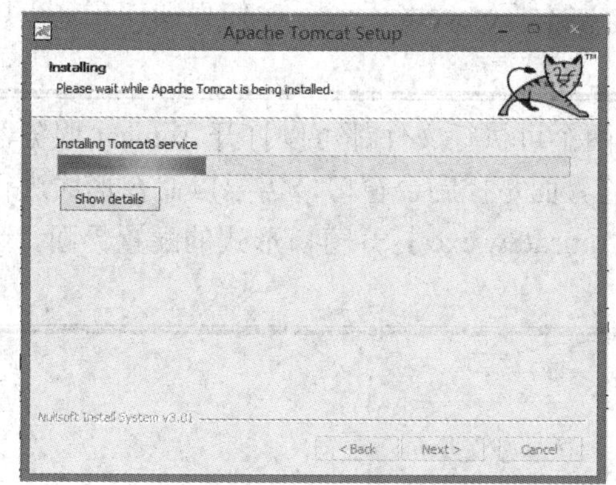

图 2-2-10　“安装中”界面

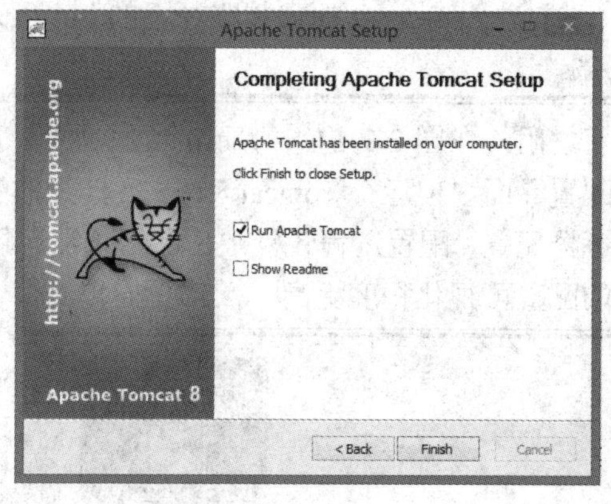

图 2-2-11　“安装完成”界面

2.2.3　Tomcat 的启动

Tomcat 安装完毕后为了验证服务器是否可以使用，首先需要检查 Tomcat 服务器是否可以正常启动。如果在安装 Tomcat 的最后一个界面——“安装完成”界面中勾选了“Run Apache Tomcat”，那么在结束安装后会自动启动 Tomcat 服务器，并在电脑任务栏出现 Tomcat 服务器的图标，表示服务器处于启动状态，如果服务器处于关闭状态，则图标显示为。

当我们双击任务栏中的 Tomcat 服务器的图标，将打开如图 2-2-12 所示的 Tomcat 服务器“属性”界面，我们可以在当前界面中通过下拉列表选择 Tomcat 服务器的启动方式：Automatic(自动启动)、Manual(手动启动，默认)、Disabled(不启动)，也可以通过单击“Start”“Stop”“Pause”“Restart”等按钮，启动、停止、暂停和重启 Tomcat 服务器，在设置完成后，需单击“确定”按钮才会生效。

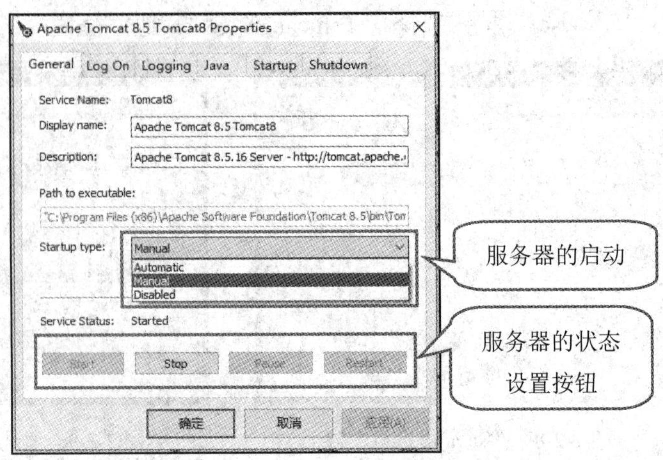

图 2-2-12　Tomcat 服务器“属性”界面

当任务栏未显示 Tomcat 服务器图标时，可以通过以下两种方式打开如图 2-2-12 所示的 Tomcat 服务器的“属性”界面，进行服务器的配置：

(1) 打开开始菜单，选择“Apache Tomcat 8.5 Tomcat 8”下的“Configure Tomcat”，操作界面如图 2-2-13 所示。

(2) 进入 Tomcat 的安装路径下的 bin 目录，运行 Tomcat8w.exe，操作界面如图 2-2-14 所示。

说明：在图 2-2-14 中所示的文件夹中，有两个可执行文件都可以打开 Tomcat 服务器的配置界面，但运行 Tomcat 8.exe 后打开的配置界面是控制台窗口，需要以命令形式进行服务器配置，配置过程较复杂，因此通常运行 Tomcat8w.exe 打开窗口形式的配置界面，这样的配置可视化程度更高，操作更简单。

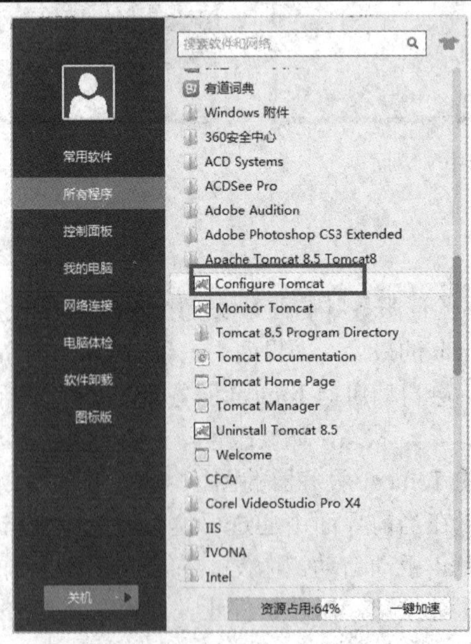

图 2-2-13　在开始菜单中打开配置窗口

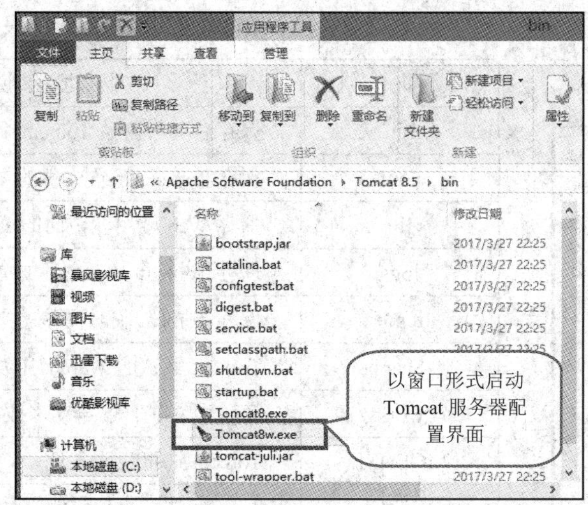

图 2-2-14　在 Tomcat 安装路径中打开配置窗口

2.2.4　Tomcat 安装结果检验

当我们打开浏览器并在地址栏输入链接 http://localhost:8080 时，如果能打开如图 2-2-15 所示的 Tomcat 服务器默认“欢迎”页面时，就说明 Tomcat 已经安装成功并能正常运行。

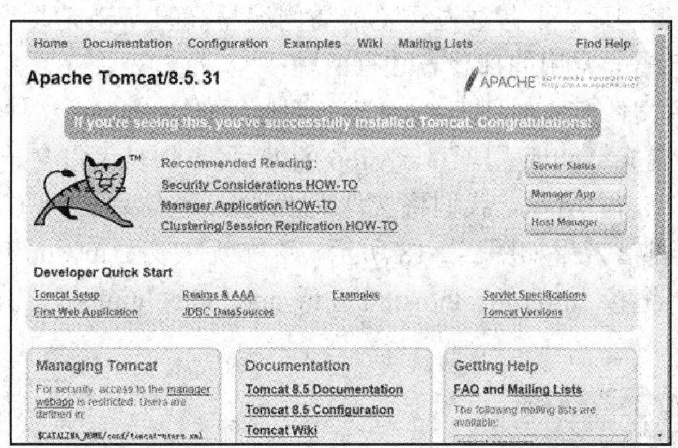

图 2-2-15　Tomcat 服务器默认“欢迎”页面

说明：

在打开 Tomcat 服务器欢迎页面的 URL 地址 http://localhost:8080 时，http 是进行 Web 访问必须使用的网络协议名称；localhost 表明访问的 Web 站点在本机，也可以用 Web 服务器所在主机的 IP 地址来替换；8080 是使用 http 协议访问 Tomcat 服务器的默认端口号，这个端口号可在安装 Tomcat 服务器时(图 2-2-7 所示界面)设置。

2.2.5　Tomcat 的目录结构

打开 Tomcat 的安装目录，可看到如图 2-2-16 所示的文件夹和文件，各文件夹和文件功能如表 2-2-1 所示。

表 2-2-1　Tomcat 安装目录文件夹和文件功能说明

文件夹/文件	功 能 说 明
bin	保存启动与监控 Tomcat 命令文件的文件夹
conf	保存 Tomcat 配置文件的文件夹，如 servlet.xml
lib	保存 Web 应用能访问的 JAR 包文件的文件夹
logs	保存 Tomcat 日志文件的文件夹
temp	保存 Tomcat 临时文件的文件夹
webapps	Tomcat 默认的 Web 应用发布目录
work	各种由 JSP 容器自动生成的 Servlet 文件的文件夹
LICENSE	Tomcat 许可说明文件
NOTICE	Tomcat 注意事项说明文件
tomcat.ico	Tomcat 图标文件
Uninstall.exe	Tomcat 卸载程序文件

bin
conf
lib
logs
temp
webapps
work
LICENSE
NOTICE
tomcat.ico
Uninstall.exe

图 2-2-16　Tomcat 安装目录

2.2.6　在 Tomcat 中部署 Web 应用

完成 Tomcat 的安装后，要想通过浏览器访问编写好的 Web 应用文件，还需要对这些 Web 应用文件进行部署。常用的部署方法有两种：

(1) 将 Web 应用文件夹复制到 Tomcat 安装目录下的 webapps 文件夹中。

例如：我们已经完成 Web 应用项目 myapp 的编写，该项目仅包含一个 index.html 文件，该文件源代码如图 2-2-17 所示，我们将文件夹 myapp 整体复制到 Tomcat 安装目录下的 webapps 文件夹中，部署效果如图 2-2-18 所示，这样就完成了 myapp 项目的部署，当我们在浏览器地址栏输入链接 http://localhost:8080/myapp/index.html 时，就能得到如图 2-2-19 所示的执行结果了。

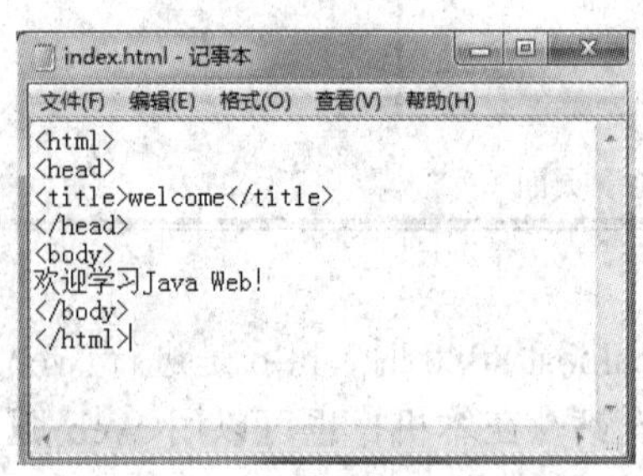

图 2-2-17　index.html 源代码图

图 2-2-18　Web 应用项目 myapp 的部署

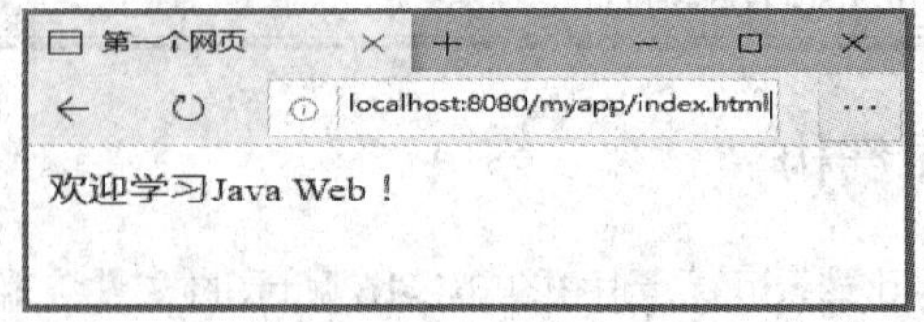

图 2-2-19　访问 index.html 的显示结果

> **注意**：按照这种方式部署项目时，项目文件的访问 URL 为 http://服务器 IP:8080/Web 应用项目文件夹名/文件名。

(2) 在%Tomcat 安装目录%\Conf\server.xml 文件中进行配置。采用这种方式部署 Web 应用时，Web 应用文件夹可放在服务器的任意物理路径下，只需要在%Tomcat 安装目录%\Conf\server.xml 文件中按下列格式添加标签，便可按设置的访问 URL 打开应用项目。

```
<Host name="localhost"    appBase="webapps" unpackWARs="true" autoDeploy="true">
……
<Context path="访问项目的 URL" docBase="Web 应用文件夹物理路径"/>
</Host>
```

> **注意**：按照这种方式部署项目时，项目的访问 URL 为 http://服务器 IP:8080path 属性值。

例如，在 server.xml 文件中添加如下标签，便可以通过链接 http://localhost:8080/test 访问路径为 F:\myapp 的 Web 项目 myapp 了，此时，myapp 文件夹存放在 F 盘而非 Tomcat 安装目录下的 webapps 文件夹中，访问 URL 只与 path 属性值相关，与 Web 应用文件夹名称无关。

```
<Host name="localhost"    appBase="webapps" unpackWARs="true" autoDeploy="true">
……
<Context path="/test" docBase="F:\myapp"/>
</Host>
```

2.2.7　Tomcat 的配置

1. 修改 Tomcat 服务器的 HTTP 协议访问端口

使用 HTTP 协议访问 Web 站点时需要通过指定的端口，Tomcat 提供的默认端口是 8080，但有时 8080 端口会被其他应用程序占用，从而导致无法通过这个端口去访问指定的 Web 站点，这时就需要修改端口号，修改步骤如下：

(1) 打开 Tomcat 安装路径下 conf 文件夹中 的 server.xml 文件。

(2) 将 server.xml 文件中的标签<Connector port="8080" protocol="HTTP/1.1" connection Timeout="20000" redirectPort="8443" />的 port 属性值修改为新的端口号。

例如：找到 server.xml 文件中 protocol 属性为 "HTTP/1.1" 的 Connector 标签，将其修改为 <Connector port = "8888" protocol = "HTTP/1.1" connectionTimeout = "20000" redirectPort = "8443" />，这就将 HTTP 协议访问端口改为了 8888，这时需要通过链接 http://localhost:8888 才能打开 Tomcat 的默认欢迎页。

注意：

① 尽量不要修改 Tomcat 的默认端口号，除非该端口号不能正常使用。

② Tomcat 服务器通过多个端口向外界提供不同的服务，因此在 server.xml 文件中存在多个针对不同服务协议的 Connector 标签，protocol 属性为"HTTP/1.1"的 Connector 标签才是针对 HTTP 协议访问服务的，修改该标签的 port 属性值才能修改 HTTP 协议访问端口。

③ 修改 server.xml 文件后，需要重启 Tomcat 服务器才能使修改生效。

2. 设置 Web 应用的默认首页

访问部署好的 Web 应用实际上是访问 Web 应用文件夹中的某个文件，需要在地址栏输入准确的包含 Web 应用文件完整访问路径的 URL 才能打开指定的应用文件，但如果访问的是 Web 应用项目中业务逻辑上的第一个页面文件，我们就可以将该页面文件配置为 Web 应用的默认首页从而简化该页面的访问地址，使用户在输入访问 URL 时仅需指明要访问的 Web 应用项目名称即可打开首页。

Web 应用默认首页的设置方法如下：

(1) 打开 Tomcat 安装路径下 conf 文件夹中的 web.xml 文件。

(2) 在 web.xml 文件中添加如下标签，即可为 Web 应用设定指定默认的首页。

```
<welcome-file-list>
    <welcome-file>首页文件名</welcome-file>
</welcome-file-list>
```

实际上，我们打开%Tomcat 安装目录%\conf\web.xml 文件时可看到文件中包含如图 2-2-20 所示的默认配置内容，说明 Tomcat 服务器安装成功后会默认配置 3 个默认首页 index.html、index.htm、index.jsp。因此，我们在输入访问地址时即使省略 index.html 文件的名称，仅使用链接 http://localhost:8080/myapp 也能访问到应用项目 myapp 中的 index.html 文件。

```
  <!-- ==================== Default Welcome File List ===================== -->
  <!-- When a request URI refers to a directory, the default servlet looks  -->
  <!-- for a "welcome file" within that directory and, if present, to the   -->
  <!-- corresponding resource URI for display.                              -->
  <!-- If no welcome files are present, the default servlet either serves a -->
  <!-- directory listing (see default servlet configuration on how to       -->
  <!-- customize) or returns a 404 status, depending on the value of the    -->
  <!-- listings setting.                                                    -->
  <!--                                                                      -->
  <!-- If you define welcome files in your own application's web.xml        -->
  <!-- deployment descriptor, that list *replaces* the list configured      -->
  <!-- here, so be sure to include any of the default values that you wish  -->
  <!-- to use within your application.                                       -->

    <welcome-file-list>
        <welcome-file>index.html</welcome-file>
        <welcome-file>index.htm</welcome-file>
        <welcome-file>index.jsp</welcome-file>
    </welcome-file-list>

</web-app>
```

图 2-2-20　web.xml 文件内容(局部)

如果在 2.2.6 小节中部署的 Web 应用项目 myapp 中再添加一个 welcome.html 文件，那么通过浏览器访问该文件可以有两种方式：

(1) 使用完整的文件访问链接 http://localhost:8080/myapp/welcome.html 访问该文件，运行结果如图 2-2-21 所示。

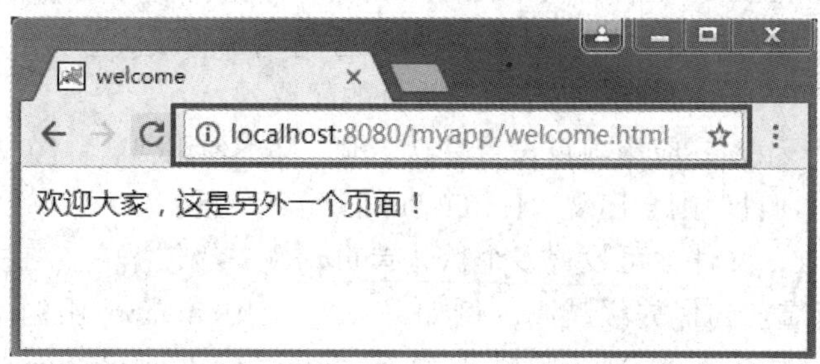

图 2-2-21　通过完整 URL 访问 welcome.html

(2) 将 welcome.html 文件设置为默认首页，设置结果如图 2-2-22 所示，再通过仅包含 Web 应用项目名称的访问链接 http://localhost:8080/myapp 访问该文件，运行结果如图 2-2-23 所示。

```
  <!-- ==================== Default Welcome File List ===================== -->
  <!-- When a request URI refers to a directory, the default servlet looks  -->
  <!-- for a "welcome file" within that directory and, if present, to the   -->
  <!-- corresponding resource URI for display.                               -->
  <!-- If no welcome files are present, the default servlet either serves a -->
  <!-- directory listing (see default servlet configuration on how to       -->
  <!-- customize) or returns a 404 status, depending on the value of the    -->
  <!-- listings setting.                                                     -->
  <!--                                                                       -->
  <!-- If you define welcome files in your own application's web.xml        -->
  <!-- deployment descriptor, that list *replaces* the list configured      -->
  <!-- here, so be sure to include any of the default values that you wish  -->
  <!-- to use within your application.                                        -->

    <welcome-file-list>
        <welcome-file>welcome.html</welcome-file>
        <welcome-file>index.html</welcome-file>
        <welcome-file>index.htm</welcome-file>
        <welcome-file>index.jsp</welcome-file>
    </welcome-file-list>

</web-app>
```

图 2-2-22　在 web.xml 中配置 welcome.html 为默认首页

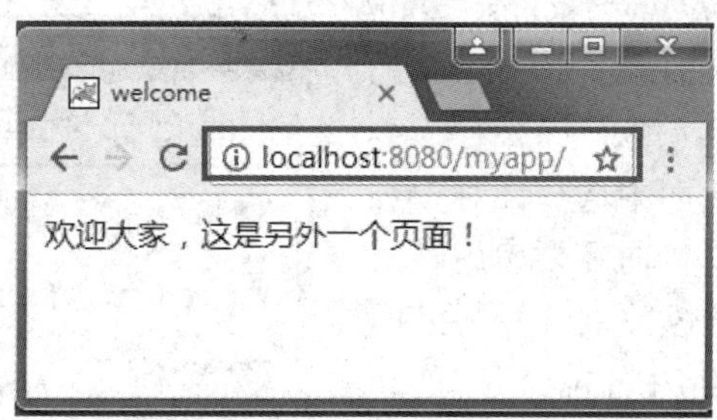

图 2-2-23　通过仅包含 Web 应用项目名称的 URL 访问 welcome.html

注意：

① 修改了%Tomcat 安装目录%\conf\web.xml 文件的内容后，需要重新启动 Tomcat 服务器才能使修改生效。

② 修改%Tomcat 安装目录%\conf\web.xml 文件的默认首页将影响 Tomcat 服务器下所有 Web 应用项目，若只想设置某个 Web 应用项目的默认首页，可对%web 应用项目%\WEB-INF \web.xml 文件进行默认首页的配置。

③ 如果没有为 Web 应用项目设置默认首页，又不使用包含完整文件名称的 URL 来访问 Web 应用项目，则会出现“HTTP Status 404”错误。

④ 在 web.xml 文件中可设置多个默认首页，优先级依据它们在文件首页列表中的前后顺序，越靠前的优先级越高。例如，Web 应用 myapp 中的两个文件名都在 web.xml 文件的默认首页列表中，但链接 http://localhost:8080/myapp 访问的是 welcome.html 而不是 index.html，因为在 web.xml 文件的默认首页列表中 welcome.html 在 index.html 的前面。

2.3 Eclipse 的下载和配置

俗话说：“工要善其事，必先利其器”。要想简单快速地进行软件开发，一款优秀的 IDE 必不可少，IDE(Integrated Development Environment，集成开发环境)是提供程序开发环境的应用程序，一般包括代码编辑器、编译器、调试器和图形用户界面等工具。Java 系列的常用 IDE 包括 Jbuilder、Jcreator、NetBeans、Eclipse 和 MyEclipse 等。其中，Eclipse 是一个基于 Java 的、开放源码的、可扩展的应用开发平台，其本身并不提供大量的功能，而是通过插件来实现程序的快速开发。其官方网站提供适用于 Java EE 的 Eclipse IDE，使其无需安装其他插件就可以创建动态 Web 项目。因为 Eclipse 提供免费下载，无需安装，操作方便，因此常常作为 Java Web 开发的首选工具。

2.3.1 Eclipse 的下载

我们可以在官方网站下载免费的 Eclipse 压缩包，步骤如下：

(1) 通过链接 http://www. eclipse. org/ downloads/packages/打开官方网站中 Eclipse 的下载列表页，界面如图 2-3-1 所示。

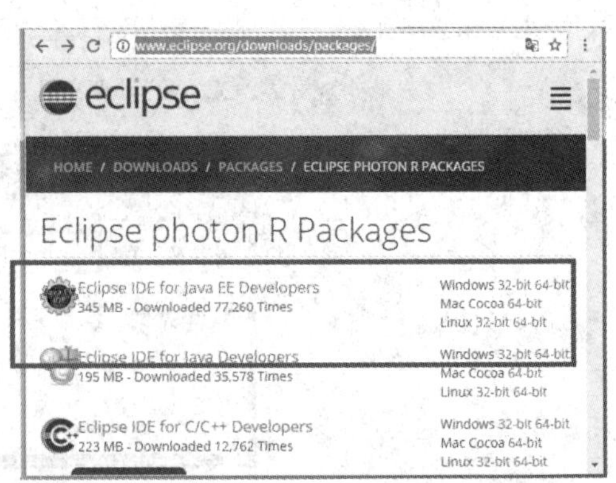

图 2-3-1 Eclipse 的下载列表页

(2) 在图 2-3-1 所示页面中选择针对 Java EE 开发者专用的 Eclipse，同时还要考虑开发计算机的操作系统类型及位数，选择与之匹配的 Eclipse 版本，点击相应 Eclipse 版本的超链接将打开对应版本的 Eclipse 的下载页面。例如，图 2-3-2 所示的就是适用于 Windows 64

位操作系统的 Eclipse 的下载页面。

(3) 在图 2-3-2 所示页面中单击“Download”按钮即可开始 Eclipse 压缩包的下载。

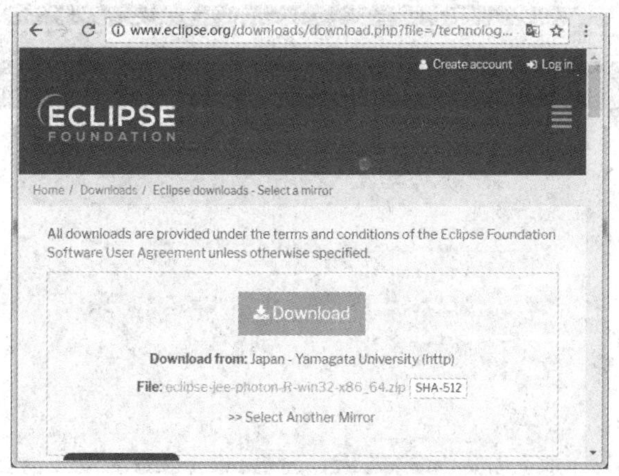

图 2-3-2　64 位 Eclipse 的下载页

注意：Eclipse 的版本位数必须与计算机上已安装的 JDK 版本位数一致，否则无法运行。例如， 如果在 64 位 Windows 操作系统中安装的是 32 位的 JDK，那么 Eclipse 也只能选择 32 位版，而不能选择 64 位版。

2.3.2　Eclipse 的启动

Eclipse 是绿色软件，无需安装，只需要将下载的 Eclipse 压缩包解压到指定位置，然后打开解压后的 Eclipse 文件夹，并运行其中的 eclipse.exe 文件，即可打开如图 2-3-3 所示的“选择工作空间”界面。Eclipse 的工作空间本质上是一个用来存放在 Eclipse 中创建的项目及其所有文件的文件夹。

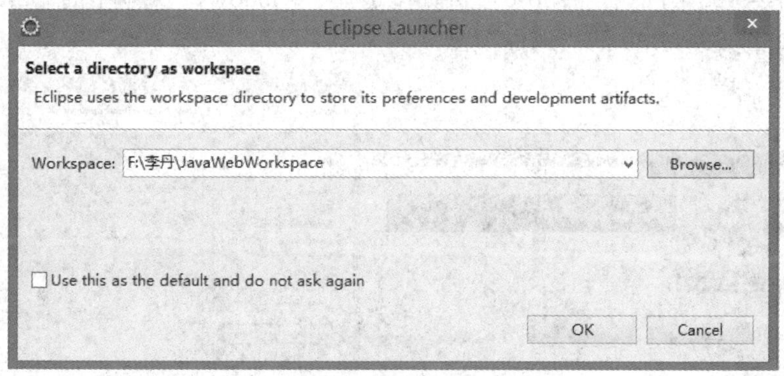

图 2-3-3　“选择工作空间”界面

我们可以在图 2-3-3 所示界面中保留默认的工作空间，也可以单击“Browser”按钮，打开路径选择窗口，选择将 Eclipse 工作空间设置在电脑的其他位置。我们还可以勾选窗口中的多选框，这样就可以将当前工作空间设置为默认工作空间，以后启动 Eclipse 时都将使用本次设置的工作空间，从而在下次启动 Eclipse 时跳过“选择工作空间”界面。

完成工作空间的路径设置后，单击“OK”按钮即可打开如图 2-3-4 所示的 Eclipse 的主界面了。

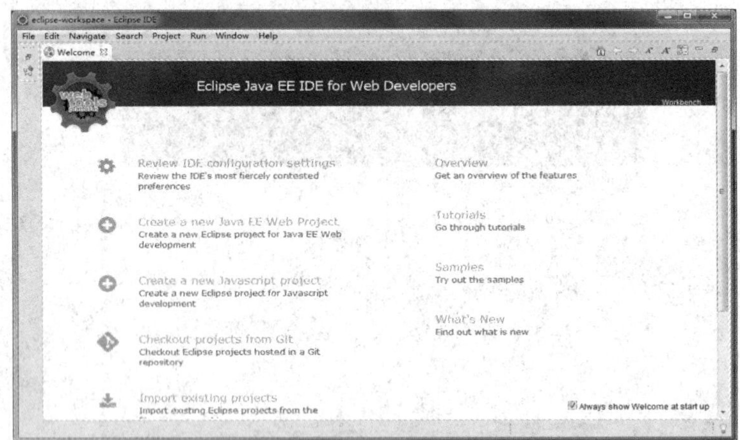

图 2-3-4　Eclipse 的主界面

> **注意**：要启动 Eclipse 必须保证计算机已安装与其匹配的 JDK 版本，越新的 Eclipse 版本需要的 JDK 版本也越高，如果计算机上已安装的 JDK 版本达不到 Eclipse 运行的最低要求将无法启动 Eclipse。例如：2018 年 6 月发布的 photon 版的 Eclipse 就要求安装 JDK 8.0 及以上版本才能运行。

2.3.3　Eclipse 的配置

1. Eclipse 中 Web 服务器的配置

完成 Eclipse 的启动后，要想使用 Eclipse 开发 Java Web 的应用程序，必须已安装 Web 服务器，并在 Eclipse 中完成对 Web 服务器的配置，配置步骤如下：

(1) 按图 2-3-5 所示，在 Eclipse 主界面中选择“Windows”菜单中的“Preference”命令，将打开如图 2-3-6 所示的“属性”窗口。

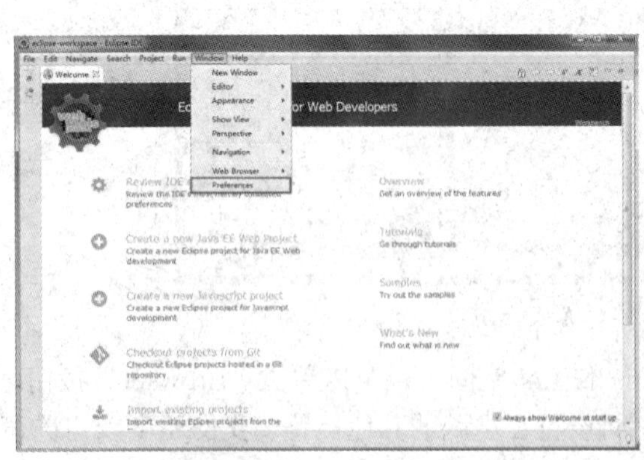

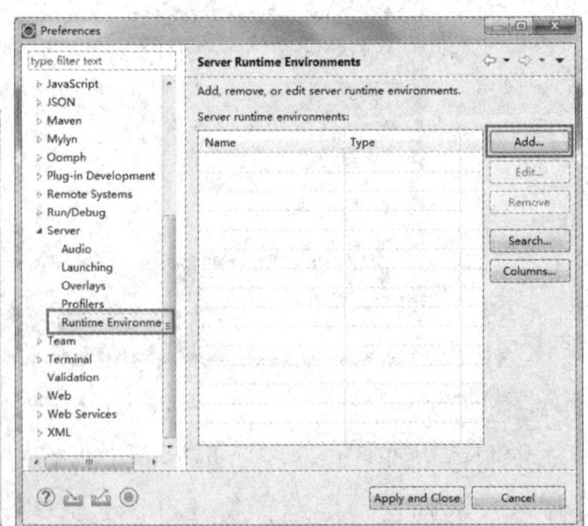

图 2-3-5　选择“Windows”菜单中的“Preference”命令　　图 2-3-6　“属性”窗口(server 组)

(2) 在图 2-3-6 所示的“属性”窗口中选择“Server”组的“Runtime Environment”选项，然后单击“Add”按钮，将打开如图 2-3-7 所示的“新建服务器运行环境”窗口。

(3) 在图 2-3-7 所示的“新建服务器运行环境”窗口的列表框中显示了当前 Eclipse 版本支持的运行环境类型(实际上就是多种 Web 服务器的不同版本，Eclipse 的版本越新，则此处显示的可选项越多)。我们需要选择与之前安装的 Web 服务器版本一致的运行环境类型，例如，在 2.2 小节中我们安装的是 Tomcat 8.5，那么这里我们就必须选择“Apache Tomcat v 8.5”。然后勾选“Create a new local server”，以实现在服务器运行环境配置完成后，创建一个本地的 Tomcat 服务器。最后单击“Next”按钮，将打开如图 2-3-8 所示“Tomcat 服务器”窗口。

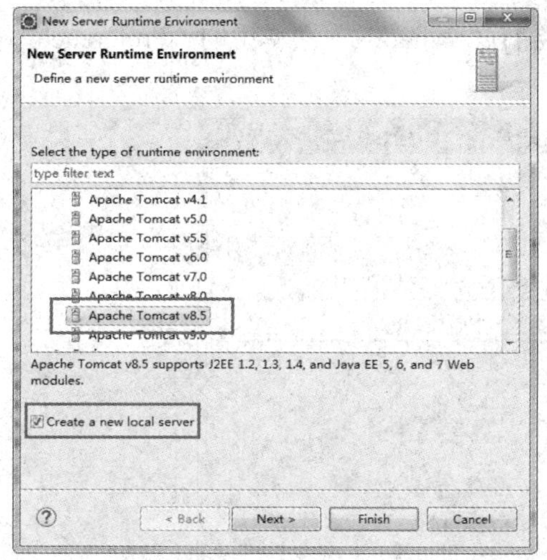

图 2-3-7　“新建服务器运行环境”窗口

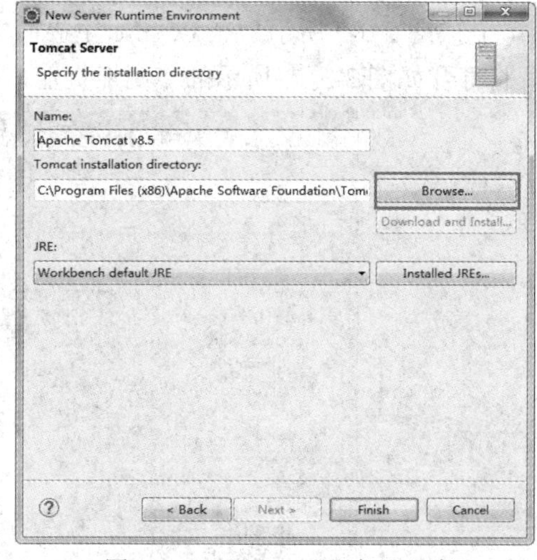

图 2-3-8　“Tomcat 服务器”窗口

(4) 在图 2-3-8 所示窗口中，单击“Browser”按钮，选择 Tomcat 服务器的安装路径，然后单击“Finish”按钮，将关闭当前窗口并回到如图 2-3-9 所示的“属性”窗口，在此窗口中可看到刚刚配置的服务器运行时环境记录出现列表中，最后单击“Apply and Close”按钮结束配置操作。此时，若如图 2-3-10 所示，在主界面的“Server”窗口中出现相应的服务器图标，则表示 Web 服务器配置成功。

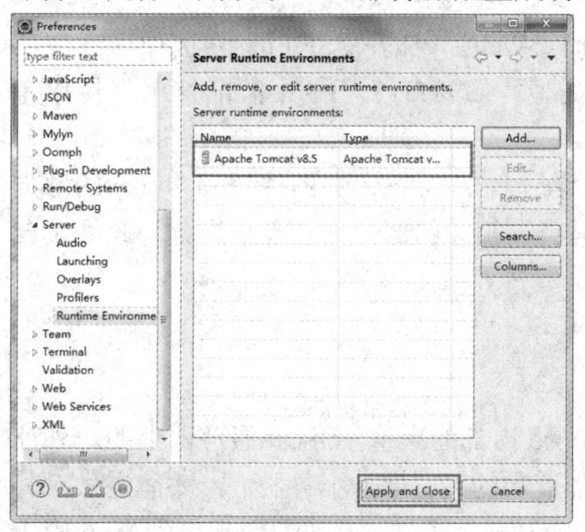

图 2-3-9　“属性”窗口(含服务器运行时环境记录)

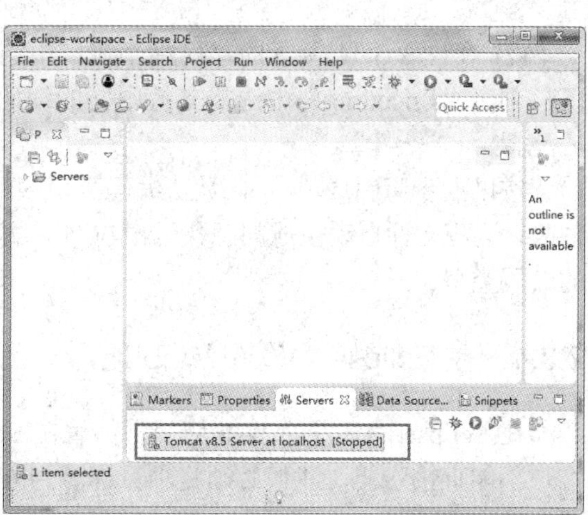

图 2-3-10　主界面(含服务器图标)

> **注意**：此处配置的 Tomcat 服务器只是在 Eclipse 环境下的一个虚拟服务器，即是真实 Tomcat 服务器的一个映射，因此对该服务器的任何操作不会对真实的 Tomcat 服务器产生任何影响。

2. Eclipse 中编码类型的配置

在 Eclipse 中创建的.html 和.jsp 的源文件默认使用的是“ISO-8859-1”编码类型，该编码类型不支持中文，会使网页中的中文显示为乱码，虽然我们可以在源文件中将此编码类型修改为支持中文的编码类型，但每次都要修改多处代码，所以，为了便于在 Eclipse 中开发支持中文显示的 Web 应用，建议进行编码类型的配置，配置步骤如下：

(1) 按图 2-3-5 所示，在 Eclipse 主界面中选择“Windows”菜单中的“Preference”命令，将打开如图 2-3-11 所示的“属性”窗口。

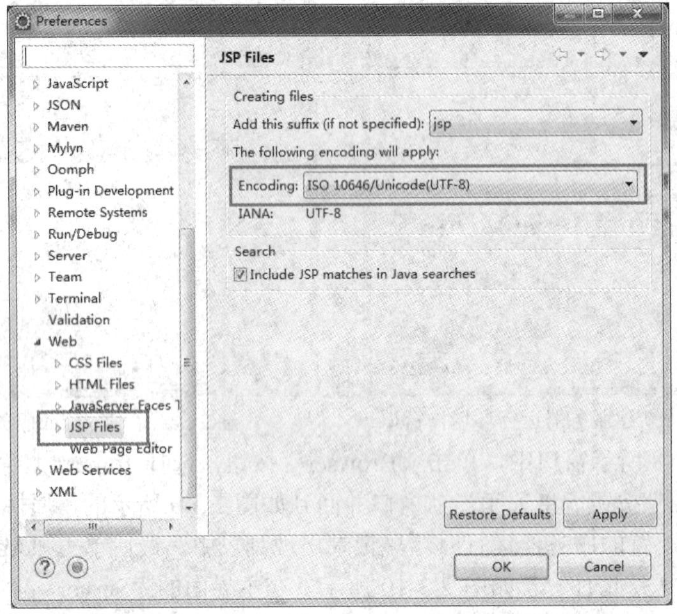

图 2-3-11　“属性”窗口(Web 组)

(2) 在图 2-3-11 所示的“属性”窗口中选择“Web”组的“JSP Files”选项，然后在下拉列表“Encoding”中选择支持中文的编码类型，如 UTF-8，最后单击“OK”按钮完成配置。

按以上步骤完成 Eclipse 默认编码类型的配置后，在 Eclipse 中创建.html 和.jsp 的源文件时，这些文件自动生成的源代码中与网页编码类型相关的部分均会自动设置为此处设置的编码类型。

2.3.4　在 Eclipse 中发布 Web 项目

在 Eclipse 中开发的 Web 应用是部署在 Eclipse 内部的虚拟 Tomcat 服务器上的，外部客户不能直接访问，我们必须将项目部署到外部真实的 Tomcat 服务器上，才能提供对外的 Web 应用服务。无论采用 2.2.6 小节中介绍的哪种部署方法，首先都必须得到 Web 应用文件夹，但存放在工作空间中的 Eclipse 项目文件夹与能在 Tomcat 服务器上运行的 Web 应用文件夹的内容存在不同，因此，我们需要对 Eclipse 的内部 Tomcat 服务器进行项目发布配置，这样，我们在 Eclipse 中开发的项目每次在 Eclipse 内部的 Tomcat 服务器上运行时，服务器就会提取该项目与 Web 应用相关的所有文件并同步到指定的文件夹中，此时得到的同步结果文件夹就可以进行 Web 应用的部署了。

配置过程如下：

(1) 在图 2-3-10 所示主界面中双击“Server”窗口中的 Tomcat 服务器图标，将打开如图 2-3-12 所示的界面。

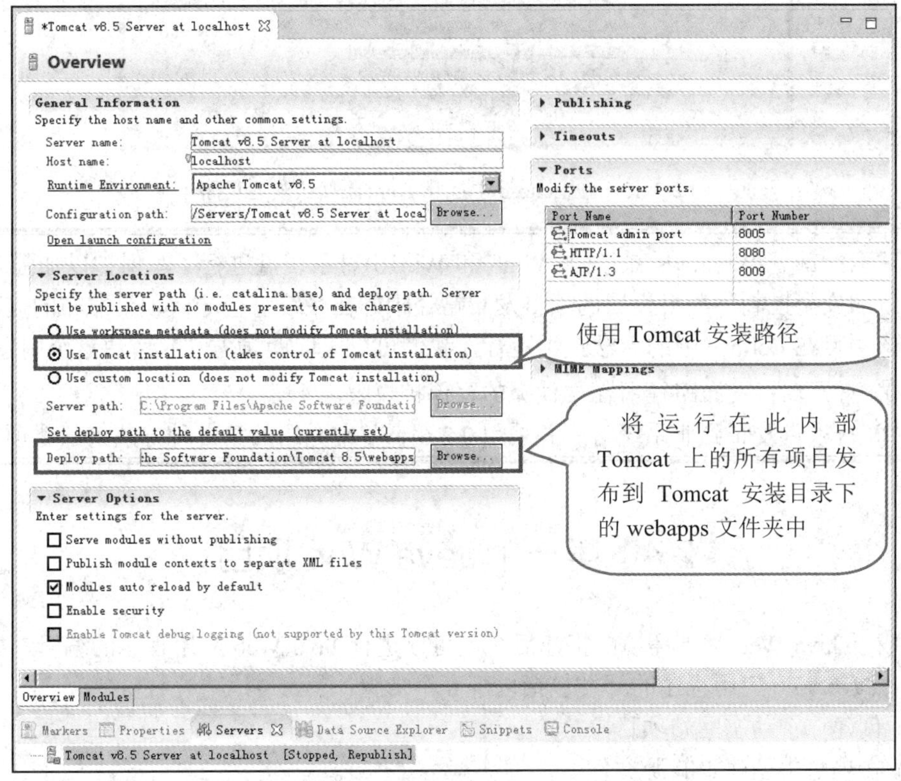

图 2-3-12　Eclipse 内部 Tomcat 服务器配置界面

(2) 在图 2-3-12 所示配置界面中将“Server Locations”组设置为“Use Tomcat installation (takes control of Tomcat installation)”选项，这样对 Eclipse 内部 Tomcat 服务器做的所有修改将同时作用于外部实际的 Tomcat 服务器。

(3) 在图 2-3-12 所示配置界面中将“Deploy path”选项值设置为 Tomcat 安装目录下的 webapps 文件夹，这样凡是在 Eclipse 内部的 Tomcat 服务器上运行的项目都会自动发布到 Tomcat 安装目录下的 webapps 文件夹中，外部就能通过浏览器直接访问它们了。当然，也可以将“Deploy path”选项值设置为其他路径，但是这样就需要对发布的项目进行部署，不如直接发布到 webapps 文件夹中那么方便。

完成 Eclipse 内部 Tomcat 服务器的项目发布配置后，我们可以单击 Eclipse 主页工具栏的 图标打开 Eclipse 的内部浏览器，并在地址栏输入 http://localhost:8080，如果打开如图 2-3-13 所示页面，则表示配置成功。

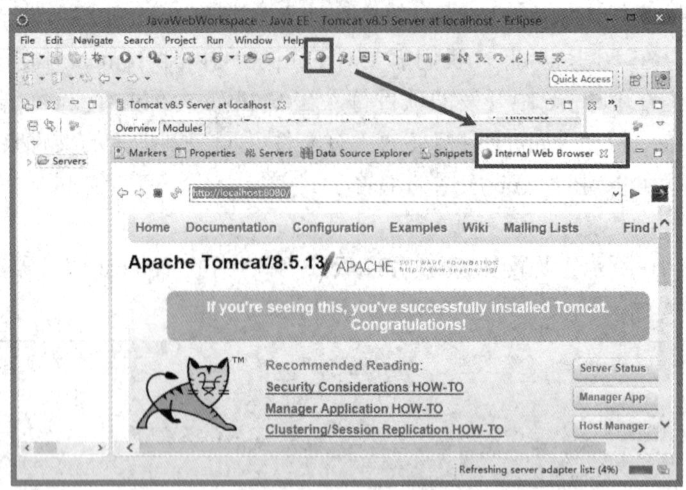

图 2-3-13　在 Eclipse 中打开 Tomcat 默认欢迎页面

> **注意**：部分 Windows 系统(如 Win8 和 Win10)对系统盘进行了写保护以加强对操作系统的安全控制，如果设置的项目发布路径刚好在系统盘会导致项目发布的失败，并使该项目在 Eclipse 中的无法正常运行，我们可以采取两种方法来解决这个问题：
>
> ① 打开项目发布路径所在文件夹的写保护权限。
>
> ② 将项目发布到非系统盘，并采用 2.2.6 小节中介绍的第 2 种方法来部署项目。

2.4　第一个 Java Web 项目

完成了 Java Web 基础环境的搭建后，就可以进行 Java Web 应用程序的编辑、编译和运行了，Java Web 应用程序的开发包括以下 6 个步骤：

(1) 创建一个动态网站项目。

(2) 在项目中创建 JSP 源文件。

(3) 编写源代码。

(4) 将项目部署到 Tomcat 服务器上。

(5) 启动 Tomcat 服务器。

(6) 运行源代码文件查看页面效果。

接下来，我们就学习一下这 6 个步骤的详细过程。

2.4.1　创建动态网站项目

Eclipse 是以项目为单位对 Web 站点进行管理的，所以开发 Java Web 应用程序时需要为每个 Web 站点创建项目，其创建步骤如下：

(1) 启动 Eclipse 进入主界面，按照如图 2-4-1 所示的操作，选择“File”菜单中的“New”子菜单中的“Dynamic Web Project”命令，将会打开如图 2-4-2 所示的“新建动态 Web 项目”界面。

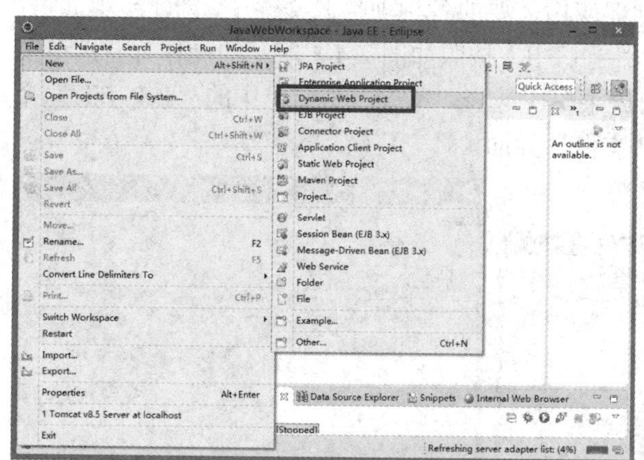

图 2-4-1　在 Eclipse 中新建动态 Web 项目操作

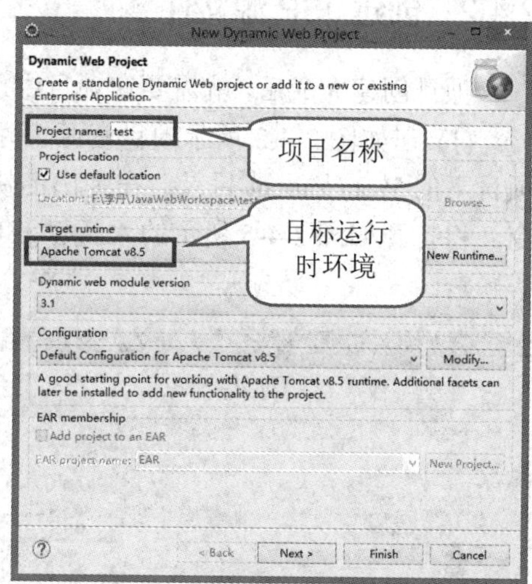

图 2-4-2　“新建动态 Web 项目”界面

(2) 在如图 2-4-2 所示的“新建动态 Web 项目”界面中，输入项目名称，保持其他设置项的默认值不变，然后单击“Finish”按钮，就完成了一个动态网站项目的创建。项目创建后，将在 Eclipse 主界面左边的项目资源管理器窗口中显示出来，效果如图 2-4-3 所示。

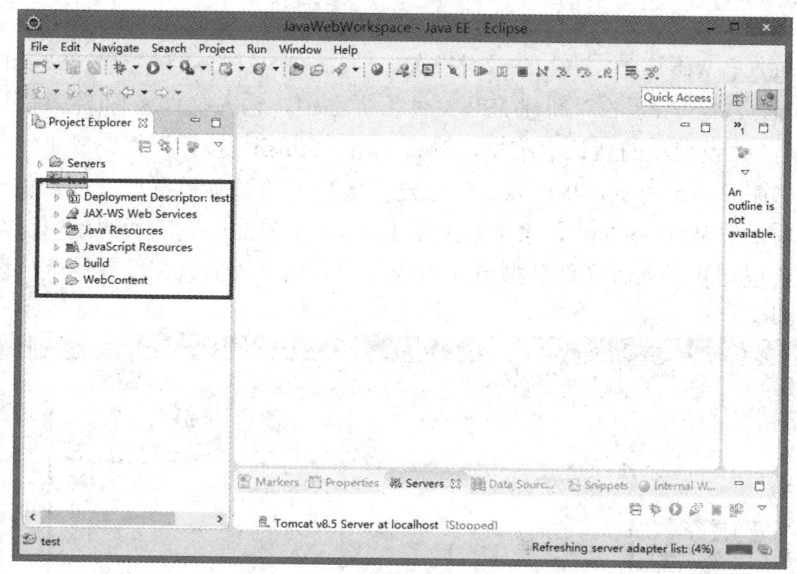

图 2-4-3　在项目资源管理器窗口中显示的动态 Web 项目

注意：

① 创建动态网站项目前一定要保证已在 Eclipse 中配置了至少一个内部 Web 服务器。

② 创建的动态网站项目必须设置其运行环境，即在如图 2-4-2 所示的“新建动态 Web 项目”界面中“Target runtime”选项不能为空，否则即便在 Eclipse 中部署了该项目，但该项目中的 Web 文件也会因缺少运行环境而无法运行。

2.4.2　创建 JSP 源文件

项目创建完成后，就需要在项目中创建应用需要的各种项目源文件了，创建步骤如下：

(1) 在如图 2-4-3 所示项目资源管理器窗口中，按照如图 2-4-4 所示的操作，右键单击项目下的 WebContent 目录，在弹出的快捷菜单中选择“New”子菜单中的“JSP File”命令，将打开如图 2-4-5 所示的“新建 JSP 文件”界面。

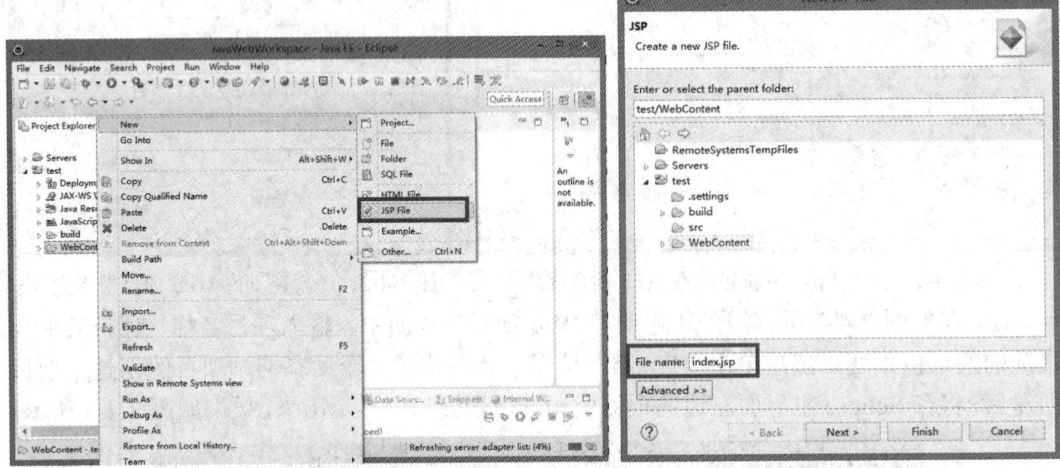

图 2-4-4　在动态 Web 项目中新建 JSP 文件操作　　图 2-4-5　“新建 JSP 文件”界面

(2) 在如图 2-4-5 所示的“新建 JSP 文件”界面中，输入文件名称(注意保证文件后缀为.jsp)，保持其他设置项的默认值不变，然后单击“Finish”按钮，就完成了一个 JSP 源文件的创建。如图 2-4-6 所示，JSP 源文件创建完成后，将在项目资源管理器窗口中显示出来，位置在项目的 WebContent 目录下，并在 Eclipse 主界面中间的代码编辑区显示出源代码，Eclipse 会根据新建的源文件类型自动生成部分代码，我们只需要在此代码基础上添加自己的代码即可。

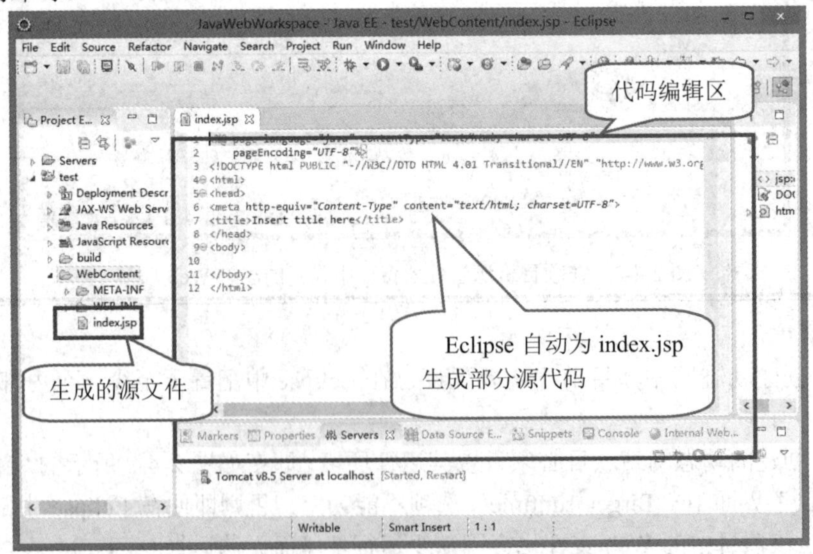

图 2-4-6　在 Eclipse 中显示新建的 JSP 源文件

注意：

① 在 Eclipse 中创建的所有 JSP、HTML 等源文件都必须放置在项目中的 WebContent 根目录下，该目录是 JSP 源文件的存放目录，存放在该目录以外或该目录的子目录 WEB-INF 和 META-INF 之中的文件无法对外发布，也无法通过浏览器访问。

② 可以在 WebContent 根目录中创建自定义的二级子目录，并将 JSP、HTML 等源文件放置其中，以方便对项目源文件的管理，这种操作并不会影响这些文件的对外发布和访问。

2.4.3　编写源代码

我们可以在 2.4.2 小节中创建的 index.jsp 文件的默认代码基础上做局部的修改和添加，代码如下：

index.jsp

```
1  <%@ page language="java" contentType="text/html; charset=UTF-8" pageEncoding="UTF-8"%>
2  <!DOCTYPE html PUBLIC "-//W3C//DTD HTML 4.01 Transitional//EN"
3  "http://www.w3.org/TR/html4/loose.dtd">
4  <html>
5  <head>
6  <meta http-equiv="Content-Type" content="text/html; charset=UTF-8">
7  <title>第一个 JSP 页面</title>
8  </head>
9  <body>
10 <%out.print("欢迎学习 Java Web！"); %>
11 <br><br>
12 </body>
13 </html>
```

在以上源代码中，我们使用了 HTML 的若干标签以及 JSP 的指令和脚本，其中：

(1) 第 1 行是 JSP 的 page 指令，运行在服务器端，它的作用是设置当前页面的脚本语言、内容类型和编码格式，我们将在 4.4 小节中详细地学习如何使用它和其他的 JSP 指令。

(2) 第 10 行是 JSP 的脚本，它是插入 JSP 文件中的 Java 代码，运行在服务器端，通过<%%>来定义，它的作用是设置网页页面的显示内容为“欢迎学习 Java Web！”，我们将在 4.3 小节中详细地学习如何编写功能更丰富的 JSP 脚本。

(3) 其余各行均为 HTML 的标签，它们设置了一个包含头部和身体两部分的网页，其中第 7 行设置了网页标题的显示内容为“第一个 JSP 页面”，我们将在 3.1 小节中介绍更多的 HTML 标签的使用。

完成 JSP 源代码编写后，单击 Eclipse 主界面工具栏中的图标，即可保存当前源文件。

2.4.4　部署项目

完成了 JSP 源文件的编写后，接下来我们需要将项目部署到 Eclipse 内部的 Tomcat 服务器上，操作步骤如下：

(1) 按照如图 2-4-7 所示的操作步骤，点开主界面下方的“Server”窗口，右键单击窗口中的某个 Tomcat 服务器，在弹出的快捷菜单中选择“Add and Remove”命令，将打开如图 2-4-8 所示的“添加和删除项目”界面。

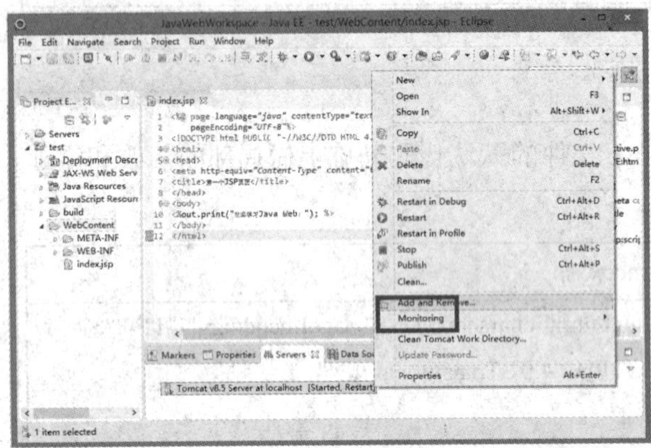

图 2-4-7　在 Tomcat 服务器上添加项目

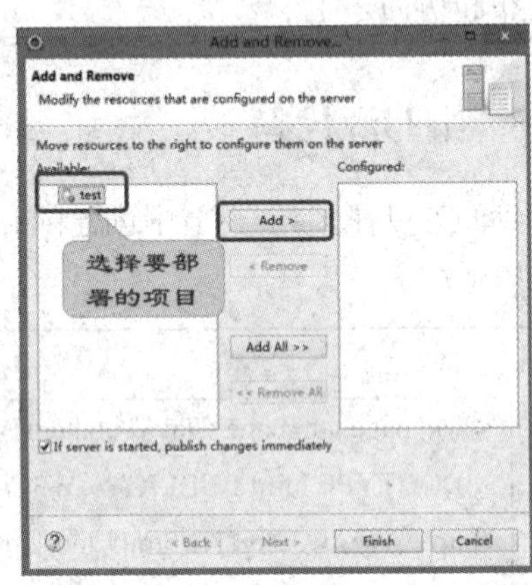

图 2-4-8　“添加和删除项目”界面(项目添加前)

(2) 在如图 2-4-8 所示的“添加和删除项目”界面中选择左边列表框中的某个要部署的项目，并单击“Add”按钮，选中的项目将显示在右边列表框中，结果如图 2-4-9 所示。当然，如果要取消某一项目的部署，可选择右边列表框中的项目并单击“Remove”按钮。

(3) 在如图 2-4-9 所示的界面中单击“Finish”按钮，完成部署操作，部署成功的项目将显示在“Server”窗口的 Tomcat 服务器下，结果如图 2-4-10 所示。

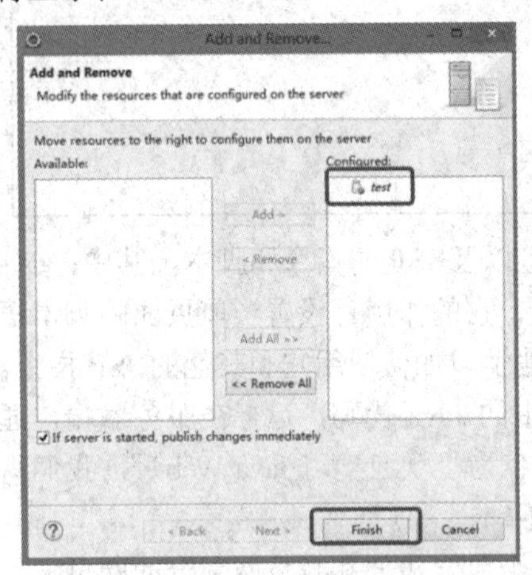

图 2-4-9　“添加和删除项目”界面(项目添加后)

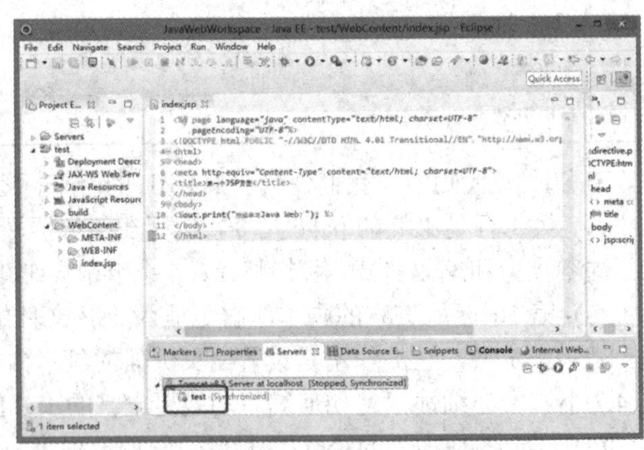

图 2-4-10　部署成功界面

2.4.5　启动 Tomcat 服务器

完成了项目的部署后，我们就可以启动 Tomcat 服务器了，启动方法有两种：

(1) 右键单击“Server”窗口中的某一 Tomcat 服务器，在弹出的快捷菜单中选择“Start”命令，操作如图 2-4-11 所示。

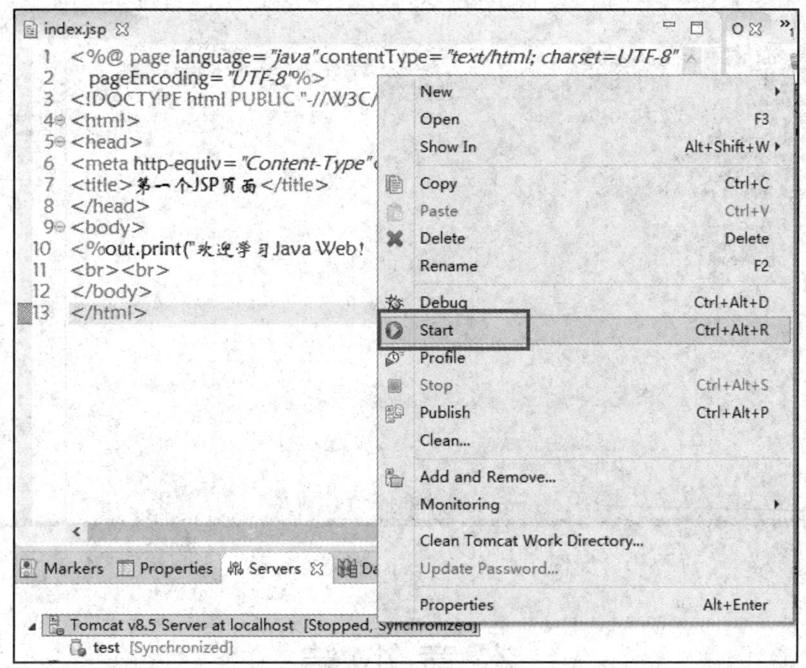

图 2-4-11　启动 Tomcat 服务器方法一

(2) 选中“Server”窗口中的某一 Tomcat 服务器，单击窗口右上角的 按钮，便可启动该服务器，操作如图 2-4-12 所示。

当如图 2-4-13 所示，在“Server”窗口中 Tomcat 服务器状态显示为“Started”时，表明当前服务器启动成功。

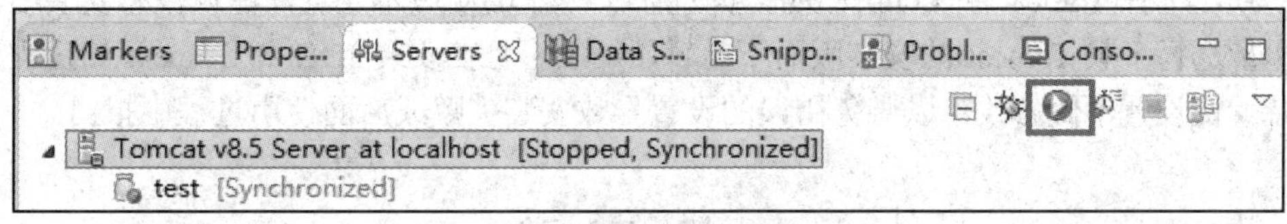

图 2-4-12　启动 Tomcat 服务器方法二

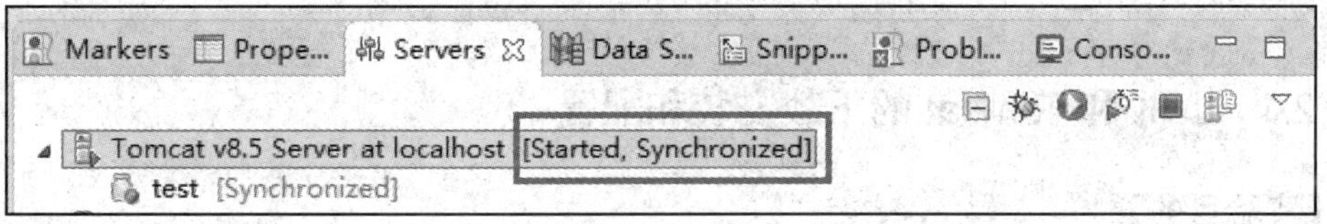

图 2-4-13　Tomcat 服务器启动成功

2.4.6　运行源代码文件

启动 Tomcat 服务器后，在 Eclipse 的代码编辑区选中要执行的 JSP 源文件，单击 Eclipse 主界面工具栏中的 按钮，便可运行当前的 JSP 源程序，运行结果页面将在 Eclipse 的内置浏览器中显示出来，效果如图 2-4-14 所示。

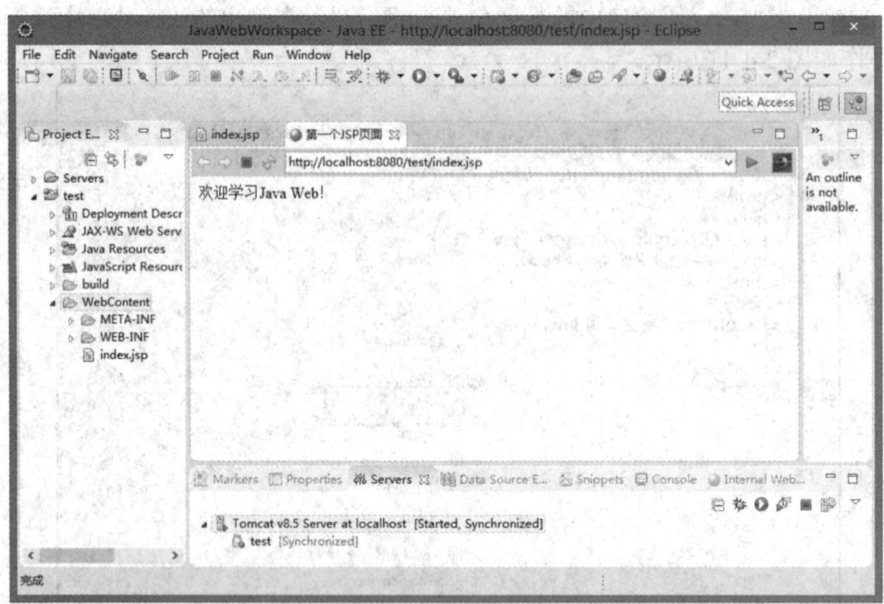

图 2-4-14　index.jsp 的运行结果

本章小结

本章首先介绍了如何搭建一个 Java Web 的开发环境，包括 JDK、Tomcat 和 Eclipse 的下载、安装和配置的整个操作过程，然后通过一个实例演示了如何在搭建好的开发环境中进行 Java Web 应用程序开发的完整流程。需要再次强调的是，选择 JDK 版本时尽量与操作系统需求一致，选择 Tomcat 和 Eclipse 的版本时则必须与 JDK 版本兼容，建议没有安装经验的新人尽量选择下载 Tomcat 的安装版而不是解压缩版，且在安装 JDK 和 Tomcat 的过程中尽量保持默认设置不做修改，以避免错误的设置导致安装失败或后面使用过程中报错。

上机实验

实验 2.1　JDK 和 Tomcat 的下载安装和配置

【实验目的】

1. 掌握正确下载、安装 JDK 及配置 3 个环境变量的方法和过程。
2. 掌握正确下载、安装、配置 Tomcat 的方法和过程。
3. 掌握在 Tomcat 中部署 Web 应用的方法和过程。

【实验内容】

在计算机上下载、安装 JDK 及配置 3 个环境变量；下载、安装 Tomcat，并修改 Tomcat 的 HTTP 访问端口号，添加 Tomcat 服务器的 Web 应用默认首页，以及在 Tomcat 服务器上部署一个 Web 项目。

【实验步骤】

1. 根据提供的 JDK 的下载链接，下载合适的 JDK 安装文件，将其安装在计算机上，配置环境变量，并检验 JDK 安装以及环境变量的配置是否成功。

2. 根据提供的 Tomcat 的下载链接，下载合适的 Tomcat 安装文件，并将其安装在计算机上，测试 Tomcat 的安装是否成功。

3. 创建文件夹 test，在该文件夹中创建一个记事本文件，将文件重命名为 welcome.jsp，以记事本方式打开 welcome.jsp 文件，在文件中添加以下代码：

```
<%@ page language="java" contentType="text/html; charset=UTF-8"    pageEncoding="UTF-8"%>
<html>
<head>
<meta http-equiv="Content-Type" content="text/html; charset=UTF-8">
<title>欢迎</title>
</head>
<body>
<%out.println("欢迎学习 Java Web！"); %>
</body>
</html>
```

(1) 将 test 文件夹复制到 Tomcat 安装目录下的 webapps 文件夹中，并测试部署效果。

(2) 在%Tomcat 安装目录%\Conf\server.xml 文件中添加<Context>标签，设置其 path 属性值为“/test1”，根据 test 文件夹存放位置设置 docBase 属性值，并测试部署效果。

4. 修改 Tomcat 的默认端口号为 8081，并测试修改效果。

5. 为 Tomcat 服务器的所有 Web 应用设置 welcome.jsp 为默认首页之一，并测试修改效果。

实验 2.2　Eclipse 的下载和配置

【实验目的】

1. 掌握 Eclipse 的下载和配置过程。

2. 掌握 Eclipse 编写、调试、运行 Java Web 程序的方法和流程。

【实验内容】

在计算机上下载并启动 Eclipse，在 Eclipse 中配置 Tomcat 服务器以及支持中文的编码类型，在 Eclipse 中发布 Web 项目，在 Eclipse 中编写、调试、运行 Java Web 程序。

【实验步骤】

1. 根据提供的 Eclipse 的下载链接，下载合适的 Eclipse 压缩包，并启动 Eclipse。

2. 在 Eclipse 中正确的配置 Tomcat 服务器以及支持中文的编码类型。

3. 在 Eclipse 中将运行在 Tomcat 服务器上的所有 Web 项目的发布路径设置为 Tomcat 安装目录下的 webapps 文件夹。

4. 在 Eclipse 中创建动态 Web 项目 test，在 test 中创建并编写 JSP 源文件 welcome.jsp，文件代码如下：

```
<%@ page language="java" contentType="text/html; charset=UTF-8"    pageEncoding="UTF-8"%>
<html>
<head>
<meta http-equiv="Content-Type" content="text/html; charset=UTF-8">
<title>欢迎</title>
</head>
<body>
<%out.println("欢迎学习 Java Web！"); %>
</body>
</html>
```

5. 在 Eclipse 中将项目 test 部署到 Tomcat 服务器上，启动服务器并运行 welcome.jsp，查看运行结果。

课后习题

一、填空题

1. Java 平台包括 3 个版本：________、________和________，若进行 Java Web 应用程序开发选择________标准版最为恰当。

2. 环境变量可根据其作用范围分为________和________两类，________只能被当前登录系统的用户使用，而________可以被所有系统用户使用。

3. 如果要保证 Tomcat 8.5 能正常安装和使用，则必须保证计算机中已安装________的________JDK 版本。

4. 在 Tomcat 的安装目录中________文件夹保存 Tomcat 所有配置文件，________文件夹则是 Tomcat 默认的 Web 应用发布目录。

5. 将项目文件夹 test 放置在 D 盘根目录下，若要部署该项目，可在%Tomcat 安装目录%\Conf__________文件中添加标签<Context path="______" docBase="______"/>，则可通过 URL http://localhost:8080/test 访问该项目的默认首页。

6. 假设本机已完成 Java Web 开发环境搭建，保持 Tomcat 服务器默认端口号不变，已将文件夹 exercise 复制到本机 Tomcat 安装目录下的 webapps 文件夹中，要访问该项目中的 login.htm 文件，若该文件不在服务器的默认首页清单上，则应在浏览器地址栏中输入的 URL 是________________________，若已将该文件设置为 Tomcat 服务器的默认首页，则在浏览器地址栏中输入的 URL 可简化为________________________。

7. 设置 Tomcat 服务器上 web 应用的默认首页需在对 Tomcat 安装路径下 conf 文件夹中的____________文件进行配置。

8. 在 Eclipse 的官方下载网站上提供针对不同开发者的下载文件，如果要进行 Java Web 开发，则需要选择针对________开发者专用的 Eclipse。

9. 在 Eclipse 中完成项目创建后，需在项目下的____________目录中创建 JSP 源文件。

二、选择题

1. 已安装 JDK7.0 版本，则下列不能安装的 Tomcat 版本是(　　)

A. 7.0　　B. 8.0　　C. 8.5　　D. 9.0

2. 可将 Web 应用文件夹复制到 Tomcat 安装目录下的(　　)文件夹中来实现该 Web 应用在 Tomcat 上的部署。

A. bin　　B. conf　　C. lib　　D. webapps

3. 若要将 Tomcat 服务器的 HTTP 协议访问端口修改为 8081，可将 server.xml 文件中的标签<Connector>修改为(　　)

A. <Connector port="8081" protocol="HTTP/1.1" connectionTimeout="20000" redirect Port="8443"/>

B. <Connector port="8081" protocol="AJP/1.3" redirectPort="8443" />

C. <Connector port="8081" protocol="org.apache.coyote.http11.Http11NioProtocol" max Threads="150" SSLEnabled="true">

D. <Connector port="8081" protocol="org.apache.coyote.http11.Http11AprProtocol" max Threads="150" SSLEnabled="true" >

4. 下列说法错误的是(　　)

A. 32 位的操作系统只能安装 32 位版的 JDK，64 位的操作系统只能安装 64 位版的 JDK。

B. 选择 Tomcat 版本时必须基于之前安装的 JDK 版本，二者必须兼容。

C. Eclipse 的版本位数必须与计算机上已安装的 JDK 版本位数一致，否则无法运行。

D. 开发 Java Web 的应用程序必须选择 Java EE 开发者专用的 Eclipse

5. 在 Eclipse 中创建动态网站项目时，需选择主界面中“File”菜单中的“New”子菜单中的(　　)命令。

A. JPA Project　　B. Java Project

C. Dynamic Web Project　　D. Static Web Project

三、简答题

1. 在安装 JDK 和 JRE 时，对它们的安装路径是否有要求？

2. 在设置环境变量时，Path、CLASSPATH 和 JAVA_HOME 是否是必需的？请说明理由。

3. 如何检验一台计算机上已成功安装了 Tomcat 服务器？

4. 请简述在 Eclipse 中开发 Java Web 应用程序的基本步骤。

四、实践操作题

在 Eclipse 中创建 Java Web 应用程序项目 test，在 test 项目中包含 hello.jsp 文件，编写 hello.jsp 实现如图 2-1 所示页面效果。

图 2-1　实践操作题的运行结果

第 3 章　静态网页开发基础

【学习导航】

通过前面的学习，我们已经学会如何去搭建 Java Web 的基础环境以及如何使用 Eclipse 开发工具，那么在这样的开发环境中如何去开发一个简单的静态网站项目呢？本章我们将学习静态网页开发的基础知识，包括 HTML、CSS 和 JavaScript 基础知识。

【学习目标】

知 识 目 标	能 力 目 标
1. 掌握 HTML 常用标签的使用 2. 掌握 JavaScript 的语法 3. 掌握 CSS 的语法	1. 能阅读使用 HTML、CSS 和 JavaScript 编写的静态网页源代码 2. 能灵活运用 HTML 的常用标签编写静态网页源代码 3. 能灵活使用 JavaScript 编写功能脚本 4. 能灵活使用 CSS 设计静态网页样式

3.1 HTML 基础

3.1.1 概述

HTML 是一种标记语言，使用 HTML 标签来描述网页。

HTML 标签是由尖括号包围的关键词，如<html>。大部分 HTM 标签是成对出现的，如<p>和</p>。标签对中的第一个标签是开始标签，第二个标签是结束标签，也有少部分是单个标签，如换行符
。

HTML 文档就是网页，它包含 HTML 标签和内容。HTML 标签不会显示在浏览器中，只在后台起到解释作用。

【例 3-1-1】 第一个静态网页源文件。

first.html

```
<html>
<head>
<title>我的第一个网页</title><!-- 网页标题 -->
</head>
<body>
<h1>My First Heading</h1>   <!-- 一级标题信息 -->
```

```
7    <p>My first paragraph.</p>    <!-- 段落信息 -->
8    </body>
9    </html>
```

源文件说明：

(1) 源代码第 1 行和第 9 行所示标签<html>与</html>为一个标签对，它们之间的代码用于描述网页信息。

(2) 源代码第 2 行和第 4 行所示标签<head>与</head>为一个标签对，它们是网页头部信息标签，必须放在<html>与</html>之中，它们之间的代码用于描述网页头部信息。

(3) 源代码第 3 行所示<title>与</title>为一个标签对，它们必须放在<head>与</head>之内，用来描述在网页左上角显示的标题信息。

(4) 源代码第 5 行和第 8 行所示<body>与</body>为一个标签对，必须放在<html>与</html>之中，<head>与</head>之外，它们之间的文本是可见的页面内容信息。

(5) 源代码第 6 行所示<h1>与</h1>为一个标签对，它们之间的文本以一级标题方式显示。

(6) 源代码第 7 行所示<p>与</p>为一个标签对，它们之间的文本显示为段落。

访问 first.html 文件可得到如图 3-1-1 所示的页面效果。

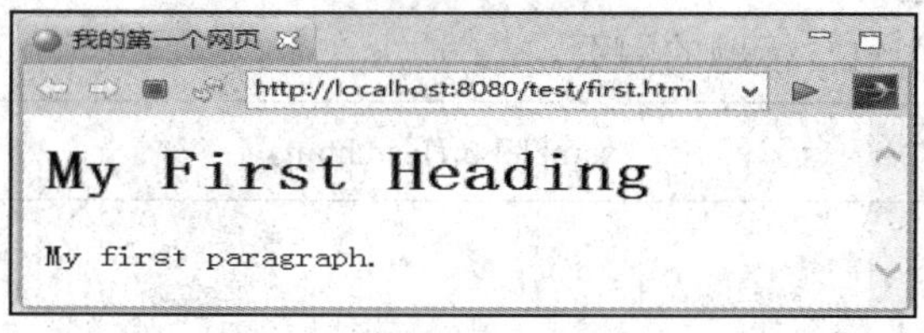

图 3-1-1　访问 first.html 的显示效果

3.1.2　常见标签元素

1. <html>元素

<html>元素定义整个 HTML 文档。元素拥有一个开始标签<html>及一个结束标签</html>。

2. <body>元素

<body>元素定义了 HTML 文档的主体。元素拥有一个开始标签<body>及一个结束标签</body>。该标签对必须位于<html>与</html>标签对中。

【例 3-1-2】 一个包含内容的网页。

exampleForBody.html

```
<html>
<body>
This is my body!    <!-- 网页内容 -->
</body>
</html>
```

访问 exampleForBody.html 文件可得到如图 3-1-2 所示的页面效果。

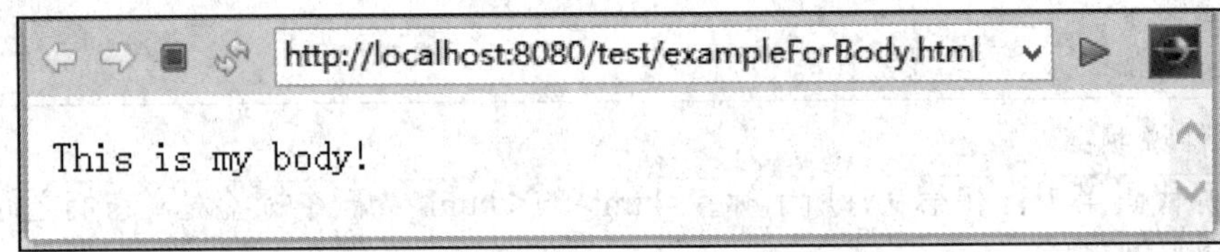

图 3-1-2　访问 exampleForBody.html 的显示效果

3. <head>元素

<head>元素是所有头部元素的容器。元素拥有一个开始标签<head>及一个结束标签</head>，该标签对内的元素可包含脚本，指示浏览器在何处可以找到样式表，提供元信息等等。在 html 文档中，<head>与<body>平级，二者都是<html>的下级，而<title>、<base>、<link>、<meta>、<script>以及<style>标签可以作为下级标签添加到 head 部分。

4. <title>元素

<title>元素拥有一个开始标签<title>及一个结束标签</title>，该标签对内的内容用于定义文档标题，包括浏览器工具栏中的标题、页面被添加到收藏夹时显示的标题以及在搜索引擎结果中的页面标题。

【例 3-1-3】 一个包含标题的网页。

exampleForHead.html

```
<html>
<head>
<title>Title of the document</title><!-- 网页标题 -->
</head>
<body>
This is my body!  <!-- 网页内容 -->
</body>
</html>
```

访问 exampleForHead.html 文件可得到如图 3-1-3 所示的页面效果。

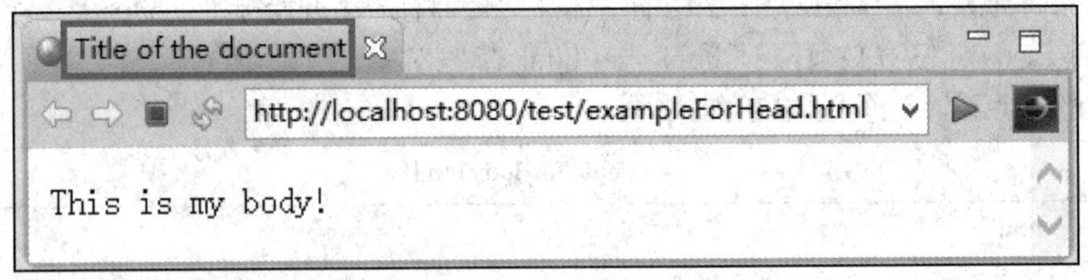

图 3-1-3　访问 exampleForHead.html 的显示效果

5. <p>元素

<p>元素拥有一个开始标签<p>以及一个结束标签</p>，用于定义 HTML 文档中的一

个段落。

【例 3-1-4】 一个包含段落的网页。

exampleForP.html

```
<html>
<head><title>段落示例</title></head>
<body>
This is my body!
<p>My first paragraph.</p> <!-- 段落信息 -->
</body>
</html>
```

访问 exampleForP.html 文件可得到如图 3-1-4 所示的页面效果。

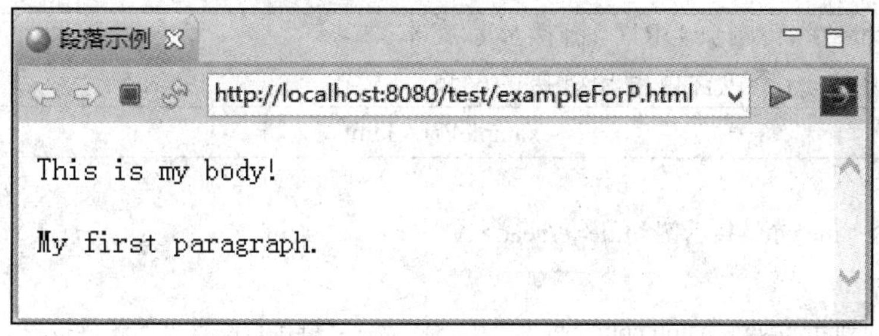

图 3-1-4　访问 exampleForP.html 的显示效果

6. <h1>～<h6>元素

<h1>～<h6>标签定义了一级标题到六级标题的文字大小和样式，这些元素都各自包含一个开始标签和一个结束标签。

【例 3-1-5】 一个 1～6 级标题的网页。

exampleForH.html

```
<html>
<head><title>1～6 级标题示例</title></head>
<body>
<h1>一级标题</h1>   <!-- 网页一级标题 -->
<h2>二级标题</h2>  <!-- 网页二级标题 -->
<h3>三级标题</h3>  <!-- 网页三级标题 -->
<h4>四级标题</h4>  <!-- 网页四级标题 -->
<h5>五级标题</h5>  <!-- 网页五级标题 -->
<h6>六级标题</h6>  <!-- 网页六级标题 -->
</body>
</html>
```

访问 exampleForH.html 文件可得到如图 3-1-5 所示的页面效果。

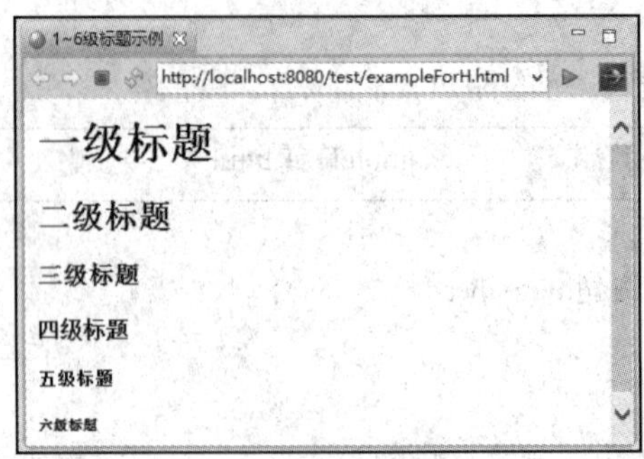

图 3-1-5　访问 exampleForH.html 的显示效果

7. <a>元素

<a>元素拥有一个开始标签<a>以及一个结束标签</a>，用于定义 HTML 文档中的一个超链接，其基本语法格式如下：

<a href="跳转网页 URL">链接显示文本</a>

【例 3-1-6】 一个包含百度超链接的网页。

exampleForA.html

```
<html>
<head><title>超链接示例</title></head>
<body>
<a href="http://www.baidu.com">百度搜索</a>   <!-- 链接百度首页的超链接 -->
</body>
</html>
```

访问 exampleForA.html 文件可得到如图 3-1-6 所示的页面效果，点击该超链接将打开百度网站首页。

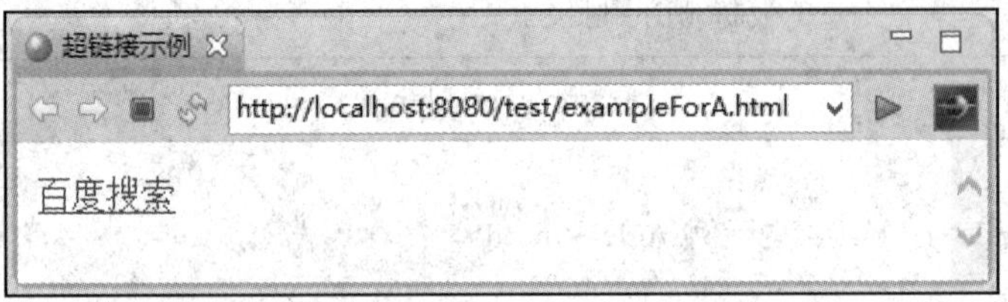

图 3-1-6　访问 exampleForA.html 的显示效果

8. <img>元素

<img>元素用于定义 HTML 文档中的图片信息，其基本语法格式如下：

<img src = "图片文件存放地址"　width = "宽度值"　height = "高度值" />

> **注意：**
>
> ① <img>标签中 src 属性值通常使用相对地址，以便项目在不同 Web 服务器上进行部署。
>
> ② <img>标签中 width 和 height 属性值为整数，单位是像素，若不设置则默认图片以源图片文件实际大小显示。

【例 3-1-7】 一个包含图片的网页。

exampleForImg.html

```html
<html>
<head><title>图片示例</title></head>
<body>
<img src="flower.jpg" width="100" height="150" /><!-- 一张图片，宽 100px，高 150px -->
</body>
</html>
```

访问 exampleForImg.html 文件可得到如图 3-1-7 所示的页面效果。

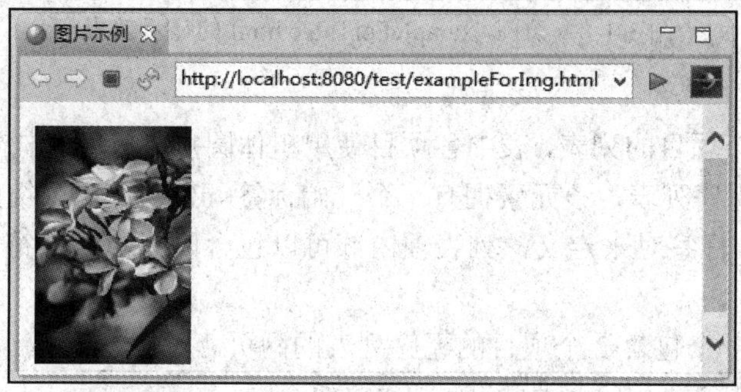

图 3-1-7　访问 exampleForImg.html 的显示效果

9. <table>元素

<table>元素拥有一个开始标签<table>以及一个结束标签</table>，用于定义表格。在表格中用<tr></tr>标签对定义表格内的行，行内的每个单元格由<td></td>标签对定义，单元格内容可以包含网页控件、文本、图片、列表、段落、表单、水平线、表格等各类数据信息。若是表头单元格则需要使用<th></th>标签对进行定义，大多数浏览器会把表头单元格中的文本以粗体居中的样式来显示。

【例 3-1-8】 一个包含 2 行 2 列表格的网页。

exampleForTable.html

```html
<html>
<head><title>表格示例</title></head>
<body>
<table border="1"  style="width:150">  <!-- 表格有边线，宽度为 150px -->
<tr>                    <!-- 第 1 行 -->
<th>学号</th>        <!-- 表头单元格 -->
<th>姓名</th>        <!-- 表头单元格 -->
</tr>
<tr>                    <!-- 第 2 行 -->
<td>1001</td>        <!-- 表内容单元格 -->
<td>王伟</td>        <!-- 表内容单元格 -->
</tr>
```

```
</table>
</body>
</html>
```

访问 exampleForTable.html 文件可得到如图 3-1-8 所示的页面效果。

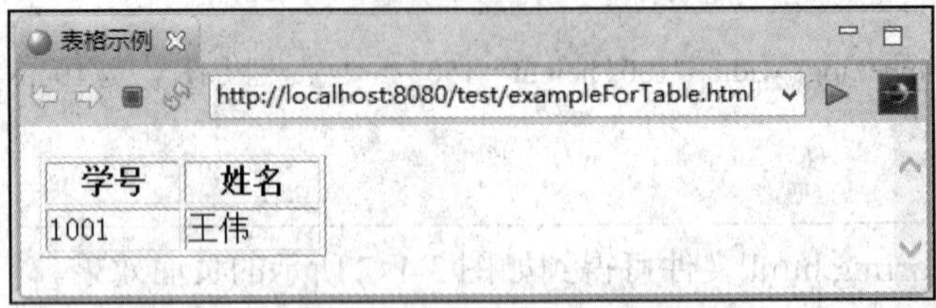

图 3-1-8　访问 exampleForTable.html 的显示效果

10. <ul>元素

无序列表是一个项目的列表，表中各项目使用粗体圆点进行标记。在 HTML 文档中使用<ul>元素来定义无序列表，该元素拥有一个开始标签<ul>以及一个结束标签</ul>，表中项目则使用<li></li>标签对来定义，列表项内部可以包含段落、换行符、图片、链接以及其他列表等。

【例 3-1-9】 一个包含 2 个项目的无序列表的网页。

exampleForUl.html

```
<html>
<head><title>无序列表示例</title></head>
<body>
专业列表
<ul>
<li>软件与信息服务</li> <!--  列表项  -->
<li>移动应用开发</li>
</ul>
</body>
</html>
```

访问 exampleForUl.html 文件可得到如图 3-1-9 所示的页面效果。

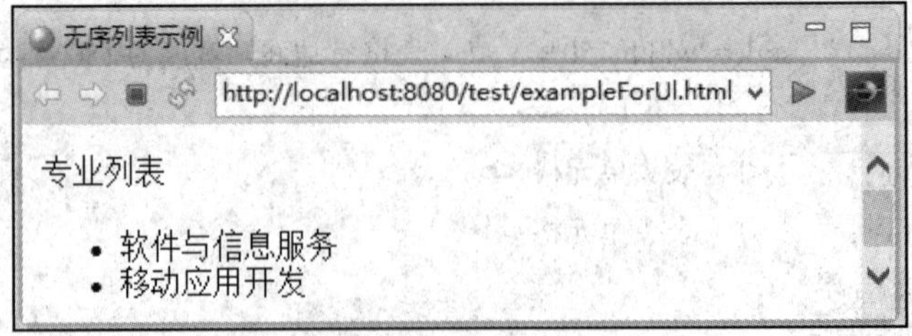

图 3-1-9　访问 exampleForUl.html 的显示效果

11. <ol>元素

有序列表也是一列项目，列表项目使用数字进行标记。在 HTML 文档中使用<ol>元素来定义有序列表，该元素拥有一个开始标签<ol>以及一个结束标签</ol>，表中项目则使用<li></li>标签对来定义。

【例 3-1-10】 一个包含 2 个项目的有序列表的网页。

exampleForOl.html

```
<html>
<head><title>有序列表示例</title></head>
<body>
学院列表
<ol>
<li>人工智能与大数据学院</li> <!-- 列表项 -->
<li>电子与物联网学院</li>
</ol>
</body>
</html>
```

访问 exampleForOl.html 文件可得到如图 3-1-10 所示的页面效果。

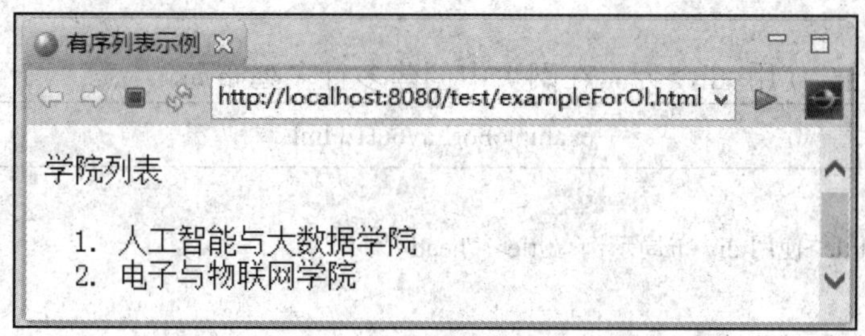

图 3-1-10　访问 exampleForOl.html 的显示效果

12. <dl>元素

自定义列表是项目及其定义的组合，其中自定义列表以<dl></dl>标签对定义，表中的每个列表项以<dt></dt>标签对定义，每个列表项的定义以<dd></dd>定义。

【例 3-1-11】 一个包含 2 个项目的自定义列表的网页。

exampleForDl.html

```
<html>
<head><title>自定义列表示例</title></head>
<body>
学院列表
<dl>
<dt>人工智能与大数据学院</dt>                              <!-- 列表项 -->
<dd>开设有移动应用开发、软件与信息服务等 8 个专业</dd>    <!-- 列表项定义 -->
<dt>电子与物联网学院</dt>
<dd>开设电子信息工程技术、应用电子技术等 7 个专业</dd>
</dl>
```

```
</body>
</html>
```

访问 exampleForDl.html 文件可得到如图 3-1-11 所示的页面效果。

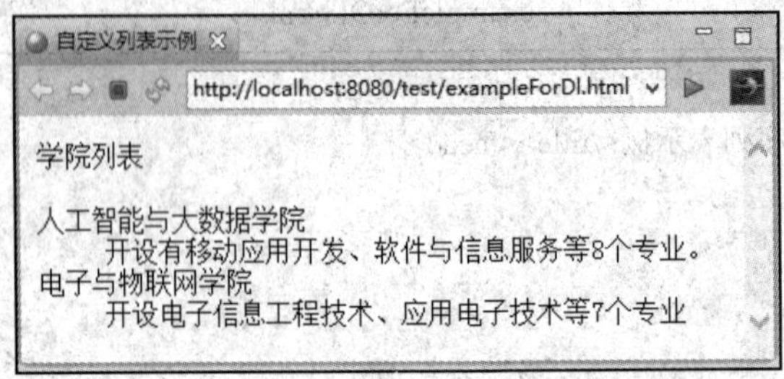

图 3-1-11　访问 exampleForDl.html 的显示效果

3.1.3　网页布局

1. 使用<div>元素进行网页布局

<div>元素元素拥有一个开始标签<div>以及一个结束标签</div>，是用于分组 HTML 元素的块级元素。

【例 3-1-12】 使用<div>元素在网页中创建多行多列布局。

exampleForLayout1.html

```
<html>
<head><title>使用 div 布局示例</title></head>
<body>
<div style="width:500px"><!-- 本块宽度 500 像素 -->
   <div style="background-color:#99bbbb"> <!-- 本块背景色编号为#99bbbb -->
         <h1 style="margin-bottom:0"> <!-- 本级标题的下外边距为 0 -->
               Main Title of Web Page
         </h1>
   </div>
   <div style="background-color:#ffff99; height:200px; width:100px; float:left;"><!-- 本块背景色编号为#ffff99，高 200 像素，宽 100 像素，靠左浮动 -->
         <h2>Menu</h2>
         <ul style="margin:0"> <!-- 本无序表的四周边距均为 0 -->
               <li>HTML</li>
               <li>CSS</li>
               <li>JavaScript</li>
         </ul>
   </div>
   <div   style="background-color:#EEEEEE; height:200px; width:400px; float:left;"><!-- 本块背景色编号为#EEEEEE，高 200 像素，宽 400 像素，靠左浮动 -->
```

```
            Content goes here
        </div>
    </div>
    </body>
    </html>
```

访问 exampleForLayout1.html 文件可得到如图 3-1-12 所示的页面效果。

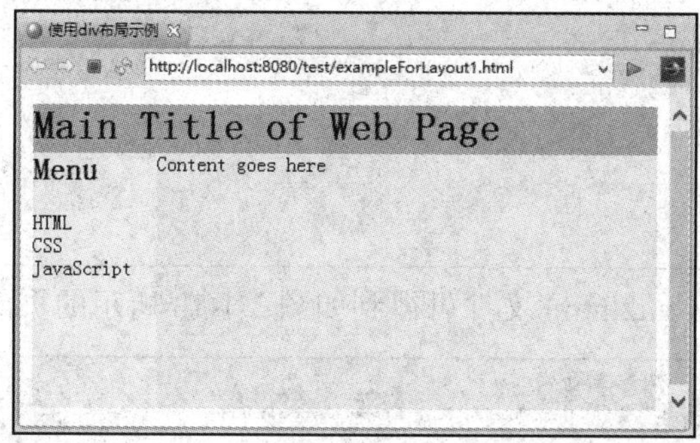

图 3-1-12　访问 exampleForLayout1.html 的显示效果

2. 使用表格进行布局

使用 HTML<table>标签是创建布局的一种简单的方式，我们可以在一个表格中根据布局需要创建多行多列，并通过<td>标签属性 rowspan 和 colspan 来实现多行或多列单元格的合并。

【例 3-1-13】 使用表格在网页中创建多行多列布局。

exampleForLayout2.html

```
<html>
<head><title>使用表格布局示例</title></head>
<body>
<table style="width:500" > <!-- 表格宽 500 像素，无边框 -->
    <tr><!-- 第 1 行 -->
        <td colspan="2" style="background-color:#99bbbb"><!-- 第 1 行 1～2 列，本单元格跨 2 列，背景色编号#99bbbb -->
            <h1>Main Title of Web Page</h1>
        </td>
    </tr>
    <tr valign="top"><!-- 第 2 行，本行所有元素内容垂直靠上 -->
        <td style="background-color:#ffff99;width:100px;text-align:top;"><!-- 第 2 行第 1 列，本单元格背景色编号#ffff99，宽 100 像素，文本内容靠上 -->
            <h2>Menu</h2>
            <ul style="margin:0"> <!-- 本无序表的四周边距均为 0 -->
                <li>HTML</li>
                <li>CSS</li>
```

```
                    <li>JavaScript</li>
                </ul>
            </td>
            <td style="background-color:#EEEEEE;height:200px;width:400px;text-align:top;"><!--
    第 2 行第 2 列，本单元格背景色编号#EEEEEE，高 200 像素，宽 400 像素，文本内容靠上 -->
                Content goes here
            </td>
        </tr>
    </table>
    </body>
    </html>
```

访问 exampleForLayout2.html 文件可得到如图 3-1-13 所示的页面效果。

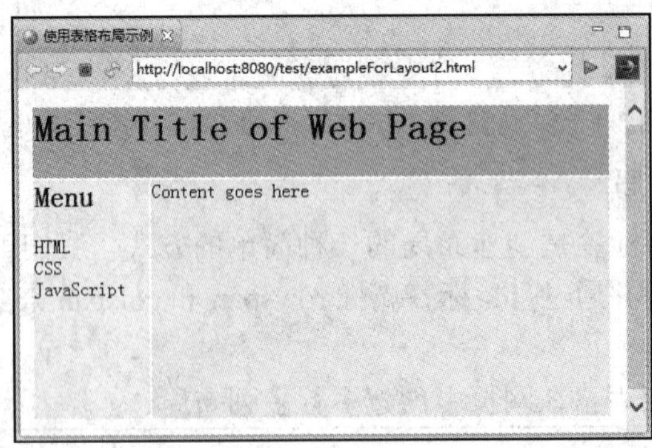

图 3-1-13　访问 exampleForLayout2.html 的显示效果

3.1.4　表单

表单是一个包含表单元素的区域，允许用户在表单中输入信息，输入信息的方式可以是文本域、下拉列表、单选框、复选框等。表单以标签<form>开始，以标签</form>结束，所有的表单元素都位于<form></form>标签对之中，基本格式如下：

```
<form name="表单名称"  action="数据提交目的页 URL"  method="get | post">
……
</form>
```

通常情况下，我们定义表单时需要在<form>标签中设置以下属性：

(1) name：设置表单元素名称，便于在 JavaScript 脚本中定位和操作表单及其元素。

(2) action：设置此表单数据提交目的页的 URL，可以是相对地址或绝对地址。

(3) method：设置表单以哪种方式提交数据，值可以是 get 或 post，若不设置则默认为 get 方式。两种提交方式最大的区别在于 get 方式提交数据时表单信息将以含参字符串形式附加在 URL 末尾传递给目的页，而 post 方式提交数据时表单信息将放在请求报文正文中传递给目的页。

包含在表单中的表单元素通常都以输入标签<input>定义，我们通过设置标签<input>

的类型属性 type 的值来使表单数据的输入方式呈现不同样式，<input>标签可以设置的类型包括：

(1) text：表单元素显示为文本框样式，用于输入单行文本信息，默认宽度为 20 个字符。

(2) password：表单元素显示为文本框样式，用于输入单行文本信息，但框中输入的信息将以密显字符样式显示。

(3) radio：表单元素显示为单选按钮样式。

(4) checkbox：表单元素显示为复选框样式。

(5) submit：表单元素显示为按钮样式，单击该按钮将提交表单数据到目的页。

(6) reset：表单元素显示为按钮样式，单击该按钮将恢复表单所有输入项为默认值。

(7) hidden：表单元素不显示，但表单信息提交时会将此输入项的内容一并提交到目的页，因此，当信息需要提交又无需显示时就可以使用这种输入类型。

【例 3-1-14】 在网页中使用表单提交数据信息。

exampleForForm.html

```
<html>
<head><title>表单示例</title></head>
<body>
  <form name="myForm"  action="formHandle.jsp" method="post"><!-- 表单名为 myForm，数据提交目的页为 formHandle.jsp，以 post 方式提交数据 -->
        姓名：<input type="text" name="name" /><!-- 文本框，名称为 name -->
        <p>
        密码：<input type="password" name="password" /><!-- 密码框，名称为 password -->
        <p>
        性别：<input type="radio" name="sex" value="male"  checked/>男<!-- 单选按钮，名称为 sex，值为“male”，默认选中 -->
              <input type="radio" name="sex" value="female"  />女
        <p>
        擅长：<input type="checkbox" name="course" value="JSP" />JSP<!-- 复选框，名称为 course，值为“JSP” -->
              <input type="checkbox" name="course" value="ASP.NET" />ASP.NET
              <input type="checkbox" name="course" value="PHP" />PHP
        <p>
        <input type="submit" value="提交" /> <!-- 提交按钮，按钮文字显示为“提交” -->
        <input type="reset"  value="重置" /> <!-- 重置按钮，按钮文字显示为“重置” -->
  </form>
  </body>
</html>
```

访问 exampleForForm.html 文件可得到如图 3-1-14 所示的页面效果。

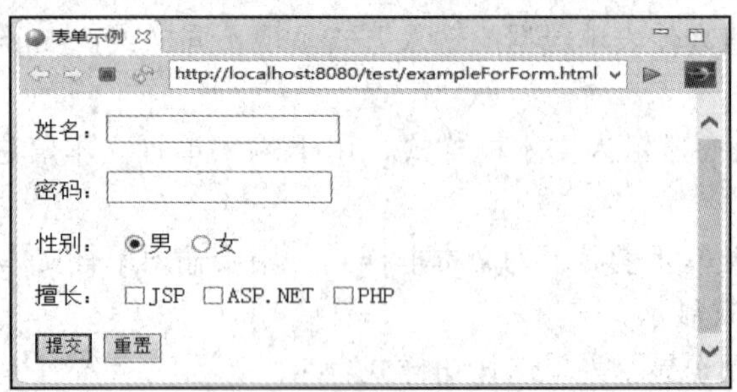

图 3-1-14　访问 exampleForForm.html 的显示效果

注意：

① 如果希望表单中同一组选项只能有一个被选中，则需要将这些<input>标签中 name 属性值设置为同一个值，如例 3-1-14 中性别组的两个单选按钮因为<input>标签中 name 属性值均为“sex”，因此为同组选项，用户在输入数据时，二者不能同时被选中。

② 当表单在提交数据时，只有单选按钮或复选框处于选中状态，其包含的信息(<input>标签的 value 属性值)才会被提交到目的页，因此，这两类<input>标签通常在编写时都需要设置 value 属性值。

③ 当表单在提交数据时，文本框和密码框中输入的文本信息会被提交到目的页，因此通常无须设置<input>标签的 value 属性值，但如果表单初始加载时，需要在文本框和密码框中显示默认的信息，也可以设置该标签的 value 属性值。

④ 提交按钮和重置按钮通常无需包含向目的页提交的信息，因此无须设置<input>标签的 name 属性值。

⑤ 表单是以请求参数名-值对儿的形式向目的页提交信息的，其中参数名即是各<input>标签中 name 属性的值，参数值即是各<input>标签中 value 属性的值，需要特别说明的是文本框和密码框的 value 属性值即是在文本框和密码框中输入的内容，若<input>标签中未设置 name 属性值则不会生成提交信息。

3.2　JavaScript 基础

3.2.1　JavaScript 基本语法

1. 变量

JavaScript 变量是用于存放信息的“容器”，为其命名必须遵循以下规则：

◇ 变量名由字母、下划线、$或数字组成；

◇ 变量名必须以字母、$和_开头；

◇ 变量名称对大小写敏感，例如 y 和 Y 就是不同的变量；

◇ 变量名不能以 JavaScript 系统关键字及保留字命名。

在 JavaScript 中创建变量通常使用 var 关键字，其基本语法如下：

var 变量名 [= 变量值];

变量声明之后默认值是空的，因此，可以在声明变量的同时使用赋值符号“=”为该变量赋值，也可以在声明变量后，再单独使用赋值语句为变量赋值。例如，示例 1 就在声明变量 name 的同时为变量赋值，而示例 2 则是先声明变量 name，然后再使用赋值语句单独为 name 赋值，两个示例得到的最终结果是相同的。

示例 1	var name = "Lily";　//声明变量 name 并赋值
示例 2	var name;　　　　//声明变量 name name = "Lily";　//为 name 赋值

2. 数据类型

JavaScript 变量有很多种类型，如字符串、数值、布尔、数组、对象、Null、Undefined 等，不同类型的数据表示方法不同。

1) 字符串类型

字符串是使用单引号或双引号括起来的字符序列，使用字符串为变量赋值，则该变量即为字符串类型。例如，在示例 3 中就分别使用双引号和单引号括起来的字符串为变量 name1 和 name2 赋值。

示例 3	var name1 = "Lily";　//使用双引号包含的字符串为变量赋值 var name2 = 'Lucy';　//使用单引号包含的字符串为变量赋值

根据需要，我们也可以在字符串常量中嵌套使用单、双引号，只要将字符串括起来的引号成对匹配即可，例如，在示例 4 中就使用了包含嵌套单、双引号的字符串为变量赋值。

示例 4	var answer1 = "My name is 'Lily'";　//在双引号中嵌套单引号 var answer12= 'My name is "Lucy"';　//在单引号中嵌套双引号

2) 数值类型

JavaScript 只有一种数值类型，不分整型或非整型，即数值可以带小数点，也可以不带。同时，在 JavaScript 中也支持使用科学计数法表示数值。例如，在示例 5 中定义了三个变量，并使用数值类型的常量为它们赋值，需要特别说明的是在对变量 z 赋值时使用了科学计数法，2.5e3 等价于 2.5×10^3，也就是 2500。

示例 5	var x = 1;　　　//声明变量 x 并赋值为 1 var y = 2.5;　　//声明变量 y 并赋值为 2.5 var z = 2.5e3;　//声明变量 z 并赋值为 2500

3) 布尔类型

在 JavaScript 中可以使用布尔类型表示逻辑上的真和假，因此布尔类型的数据只能有两个值：true 或 false。例如，在示例 6 中就声明了一个变量并使用布尔类型的常量为其赋值。

示例 6	var flag = true;　//声明变量 flag 并赋值为 true

4) 数组

在 JavaScript 中可以使用数组来存储多个数据信息，其创建方法有 3 种：

① 先创建数组，再对每个数组元素一一赋值。

例如，在示例 7 中，首先声明并创建了一个数组 names，然后分别使用赋值语句为数组的第一个和第二个元素赋值。

示例 7	var names=new Array();　//声明并创建一个数组 names names[0]="Lily";　//为数组 names 的第一个元素赋值 names[1]="Lucy";　//为数组 names 的第二个元素赋值

② 在创建数组对象的时候赋值。

例如，在示例 8 中，在声明并创建数组 names 的同时为数组的第一个和第二个两个元素赋值。

示例 8	var names=new Array("Lily","Lucy");//声明并创建一个数组 names，并为数组头两个元素赋值

③ 不创建变量，直接赋值。

例如，在示例 9 中，在声明数组 names 的同时为数组的第一个和第二个两个元素赋值。

示例 9	var names=["Lily","Lucy"];//声明一个数组 names，并为数组头两个元素赋值

与其他高级程序语言不同的是，在 JavaScript 中，数组元素的类型并不要求必须相同，也就是说，我们可以在同一数组的各数组元素中存入不同类型的数据。例如，在示例 10 中，声明了一个数组 informations，并使用三种不同数据类型的数据为其前三个数组元素赋值。

示例 10	//声明一个数组 informations 并为其赋值，数组的前三个元素分别为字符串、数值和布尔类型 var informations=["Lily",18,true];

> **注意**：在 JavaScript 中无论采用什么方法创建数组时，数组的元素个数从理论上而言是无限的，因此不会出现数组访问越界的问题，也就是说可以访问任意下标的数组元素，只是访问那些未赋值的数组元素没有意义而已。

5) 对象

JavaScript 对象是拥有属性和方法的数据。我们也可以将对象视为一个可存放信息的特殊变量，因为一个对象可以包含多个属性，每个属性可视为一个单独的变量。对象的定义语法格式如下：

var 对象名= {属性名 1:属性值 1, 属性名 2:属性值 2,……};

例如，在示例 11 中，定义了一个顾客对象 customer，在语句中为该对象设置了三个属性及对应的属性值：姓名属性 name，值为“Lily”，年龄属性 age，值为 18，是否会员属性 vip，值为 true。

示例 11	//顾客对象，包含三个属性：name、age 和 vip，属性值分别为“Lily”、18 和 true var customer={name:"Lily",age:18,vip:true};

定义对象后就可以读取对象指定的属性值了，对象属性的寻址方式有 2 种：

方式 1：对象名.属性名

方式 2：对象名["属性名"]

例如，在示例 12 中，首先定义了一个顾客对象 customer，然后分别读取对象属性 name 和 age 的值赋值给变量 name 和 age。

示例 12	var customer={name:"Lily",age:18,vip:true};//定义顾客对象
	var name=customer.name; //读取对象 customer 的 name 属性的值赋值给变量 name
	var age=customer["age"];　//读取对象 customer 的 age 属性的值赋值给变量 age

3. 结构语句

编写 JavaScript 的代码需要按照一定的流程控制结构来控制程序执行的流程，这些结构包括顺序结构、分支结构和循环结构三种，其中，分支结构的实现可以使用 if 或 switch 语句，循环结构的实现可以使用 while、do-while 或 for 语句，除此以外，我们还可以在三种基本流程控制结构中使用 break 或 continue 语句来实现语句的跳转。

1) if 语句

if 语句的基本语法格式如文本框中所示。当我们的程序依次执行到该 if 语句时，首先计算 if 关键字后小括号中表达式的值，如果表达式的值为真，则执行语句块 1；如果表达式的值为假，则执行语句块 2，其执行流程如图 3-2-1 所示。

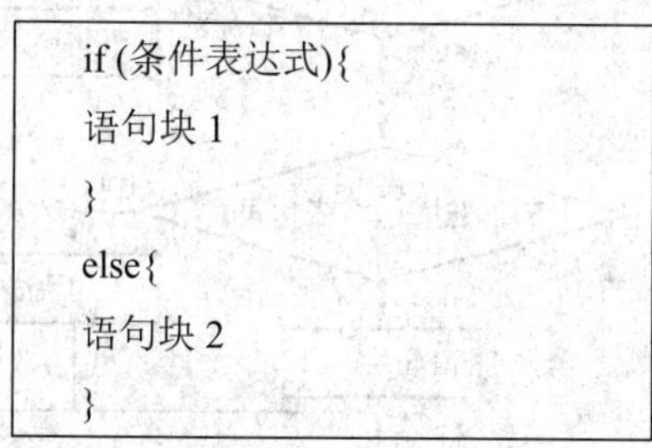

```
if (条件表达式){
语句块 1
}
else{
语句块 2
}
```

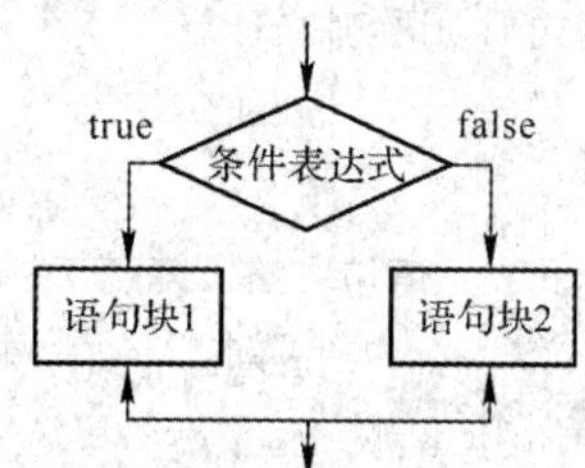

图 3-2-1　if 语句执行流程图

根据功能需要，我们也可以省略 if 语句中的 else 分支，使双分支的 if 语句简化为单分支 if 语句，或在 else 分支中嵌套 if 语句，将双分支 if 语句扩展为多分支的 if 语句。

例如，示例 13 为一个双分支 if 语句，实现对 x 绝对值的求取，示例 14 为一个单分支 if 语句，当 x<0 时在客户端弹出提示框显示指定信息，示例 15 为一个多分支 if 语句，当 x 的值分别大于 0、等于 0 或小于 0 时，在客户端弹出提示框显示指定信息。

示例 13	if(x>=0){
	　y=x;　//y 值为 x 的值
	}
	else{
	　y=-x;　//y 值为 x 的相反数
	}

示例 14	if(x<0){
	　alert("x 不能为负数！"); //弹出提示框，显示信息"x 不能为负数！"
	}

示例 15	if(x>0){
	　alert("x 是正数！"); //弹出提示框，显示信息"x 是正数！"
	}

示例 15	else　if(x==0){
	　alert("x 是 0！");　//弹出提示框，显示信息"x 是 0！"
	}
	else{
	　alert("x 是负数"); //弹出提示框，显示信息"x 是负数！"
	}

2) switch 语句

switch 语句通常适用于条件表达式的取值为多个离散而不连续的值时的多分支选择，它的语法格式如文本框中所示。当程序执行到该语句时，首先计算 switch 关键字后条件表达式的值，如果该值与结构中的某个 case 关键字后的表达式的值相等，则该 case 分支中的代码块被执行，若该值与结构中所有 case 关键字后的表达式的值都不相等，则 default 分支中的代码块被执行，其执行流程如图 3-2-2 所示。

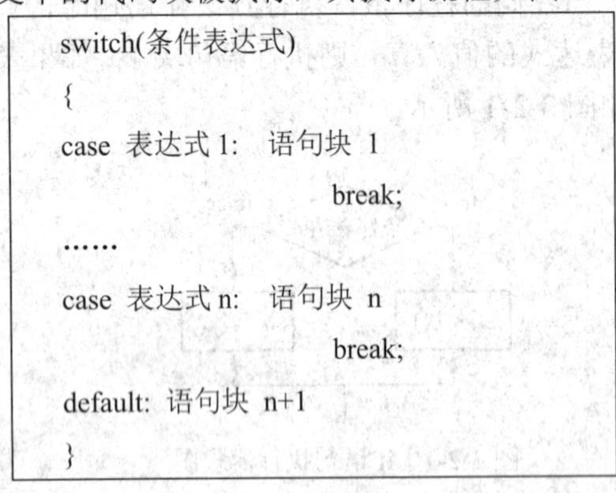

```
switch(条件表达式)
{
case 表达式 1:  语句块 1
                break;
……
case 表达式 n:  语句块 n
                break;
default: 语句块 n+1
}
```

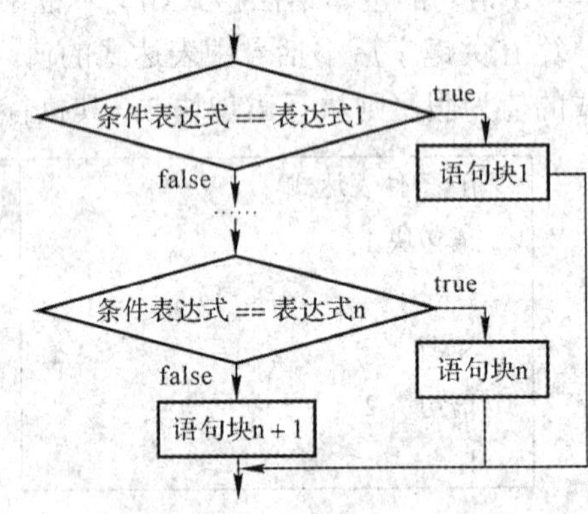

图 3-2-2　switch 语句执行流程图

注意：

① case 分支若包含语句块则最后必须使用 break 语句，这样才能在本 case 分支的语句块执行结束后跳出整个 switch 语句，从而阻止代码自动地向下一个 case 分支运行。

② 在一个 switch 语句中的所有 case 表达式的值必须互不相同，否则就会出现二义性。

③ case 分支中可以没有语句块，此时多个 case 分支共享同一语句块，没有语句的 case 分支可省略 break 语句。

例如，示例 16 中使用的 switch 语句根据变量 d 的值分类向客户端弹出提示框显示不同信息，示例 17 中使用的 switch 语句则出现了前 5 个分支共用同一语句块的情况。

示例 16	switch(d){
	　case 6:　alert("今天是星期六");　//弹出提示框，显示信息"今天是星期六"
	break;　　　　　//跳出当前 switch 语句
	　case 7:　alert("今天是星期日");　　break;
	　default:　　alert("今天是工作日");
	}

示例 17

```
switch(d){
    case 1:
    case 2:
    case 3:
    case 4:
    case 5:   alert("今天是工作日"); break;   //前 5 个分支共用一个语句块
    case 6:   alert("今天是星期六"); break;
    case 7:   alert("今天是星期日"); break;
    default:     alert("输入数据错误");
}
```

3) while 语句

while 语句的语法格式如文本框中所示。当程序执行到该语句时，首先计算小括号中表达式的值，如果表达式的值为真，则执行语句块，当语句块执行完成后，又再次计算表达式的值，如果表达式的值仍然为真则再次执行语句块，以此类推，直到表达式的计算结果为假才结束循环，然后执行该 while 语句的后续语句，其执行流程如图 3-2-3 所示。

```
while (表达式){
  语句块
}
```

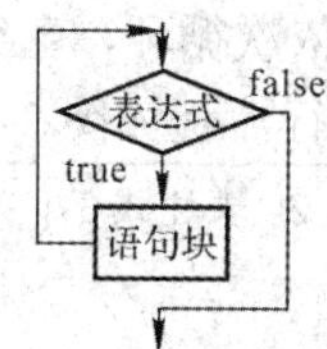

图 3-2-3　while 语句执行流程图

例如，在示例 18 中，使用 while 语句实现了 1～5 的累加求和。

示例 18

```
var i=1,sum=0;
while (i<=5){     //当 i<=5 时，执行循环体中的语句
   sum=sum+i;   //将 i 值累加到 sum 中
   i++;              //i 值加 1
}
```

4) do-while 语句

do-while 语句是 while 语句的变体，其语法格式如文本框中所示。当程序执行到该语句时，首先执行循环体语句块，然后计算表达式的值，如果表达式的值为真则再次执行语句块，以此类推，直到计算出表达式的值为假才结束循环，然后执行该语句的后续语句，其执行流程如图 3-2-4 所示。

```
do{
   语句块
}while (表达式);
```

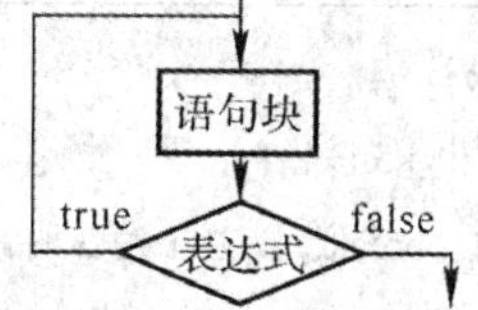

图 3-2-4　do-while 语句执行流程图

例如，在示例 19 中，使用 do-while 语句实现了 1～5 的累加求和。

示例 19	var i=1, sum=0;
	do{
	　sum=sum+i; //将 i 值累加到 sum 中
	　i++;　　　//i 值加 1
	}while (i<=5); //当 i<=5 时，执行循环体中的语句

在 do-while 语句中，循环体语句的执行将先于循环条件的判断，因此即便循环条件一开始就不成立，但循环体中的语句在循环条件第一次检查前至少会执行一次。

5) for 语句

for 语句的语法形式如文本框中所示，其中，表达式 1 给循环控制条件中的循环变量赋初值，表达式 2 是循环控制条件，表达式 3 改变循环变量的值，使循环控制条件随着循环的进行而趋于逻辑假，从而避免无限循环。

当程序执行到 for 语句时，首先执行表达式 1，完成循环变量的初始化，然后计算表达式 2 的值，如果表达式 2 的值为真，则执行循环体中的语句块，再执行表达式 3，然后再次计算表达式 2 的值，依次循环，直到计算出表达式 2 的值为假后结束循环，其执行流程如图 3-2-5 所示。

```
for (表达式 1; 表达式 2; 表达式 3){
  语句块
}
```

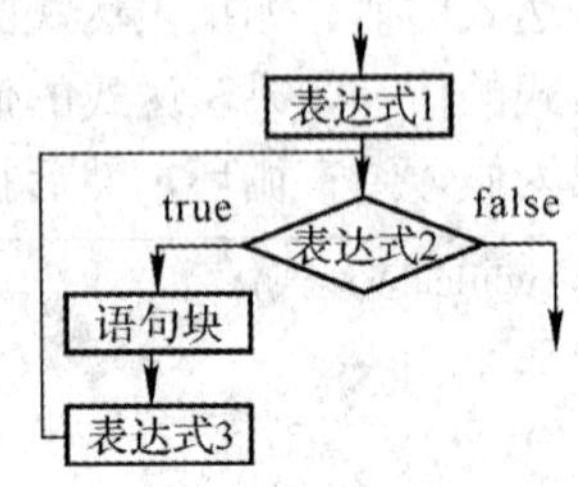

图 3-2-5　for 语句执行流程图

例如，在示例 20 中，使用 for 语句实现了 1～5 的累加求和。

示例 20	var sum=0;
	for(var i=1;i<=5;i++){
	　sum=sum+i;　//将 i 值累加到 sum 中
	}

6) break 语句

break 语句主要用于循环语句或 switch 语句中，其功能是终止其所在的循环语句或 switch 语句的执行，然后按顺序执行下面的后续语句，其语法格式如下：

```
break;
```

例如，示例 21 在 for 语句中使用 break 语句，使累加求和运算在 i 等于 3 时结束，也就是说循环体中的累加运算只累加了 1 和 2，求和的最终结果是 3。

示例 21	var sum=0;
	for(var i=1;i<=5;i++){
	　if(i==3)　break;　//当 i 为 3 时跳出循环
	　sum=sum+i;　　//将 i 值累加到 sum 中
	}

7) continue 语句

continue 语句是一种只能在循环语句中使用的转移语句，其功能是中断循环体语句的本次执行，然后开始下一次循环，其语法格式如下：

continue;

例如，示例 22 在 for 语句中使用 continue 语句，使累加求和运算在 i 等于 3 时不累加，也就是说循环体中的累加运算只累加了 1、2、4、5，求和的最终结果是 12。

示例 22	<pre>var sum=0;
	for(var i=1;i<=5;i++){
	  if(i==3) continue; //当 i 为 3 时结束本次循环，开始下一次循环
	  sum=sum+i; //将 i 值累加到 sum 中
	}</pre>

4. 函数

JavaScript 函数是执行特定任务的代码块。定义函数需要使用关键字 function，其语法格式如下：

```
function 函数名(参数名 1,参数名 2,……) {
  语句块
}
```

例如，示例 23 就定义了一个函数 multiple( )，该函数有两个形式参数 x 和 y，函数的功能是计算并返回 x 与 y 的乘积值。

示例 23	<pre>function multiple(x,y){
	  return x*y;
	}</pre>

函数定义完成后，如果要运行则需要对函数进行调用，调用函数的语法格式如下：

函数名(参数值 1, 参数值 2, ……);

例如，示例 24 定义了一个函数 myFunction( )，该函数调用了示例 23 中定义的函数 multiple，设置传入值分别为 2 和 3，并将函数调用后的返回值赋值给指定变量 mul，最后调用 document 对象的成员函数 write( )向客户端输出变量 mul 的值。

示例 24	<pre>function myFunction(){
	  var mul; //定义变量
	  mul=multiple(2,3); //调用函数 multiple 并设置传入值分别为 2 和 3
	  document.write("mul="+mul); //向客户端输出变量 mul 的值
	}</pre>

3.2.2　在页面上嵌入 JavaScript

需要在 HTML 页面中嵌入 JavaScript 的代码时，可以使用在网页文件中内嵌 JavaScript 脚本或导入外部 JavaScript 文件两种方式。

1. 在网页文件中内嵌 JavaScript 脚本

这种方式会将 JavaScript 代码直接放入当前 HTML 页面中，此时，所有的 Javascript 代码必须位于<script>与</script>标签之间，而<script>与</script>标签对必须放置在<html></html>标签对中。

【例 3-2-1】 在 HTML 页面中直接嵌入 JavaScript 代码。

exampleForJS1.html

```
1   <html>
2   <head>
3   <meta charset="UTF-8">
4   <title>JavaScript 内嵌示例</title>
5   </head>
6   <body></body>
7   <script type="text/javascript">
8   function multiple(x,y){
9       return x*y; //返回两数之积
10  }
11
12  function myFunction(){
13      var mul;                          //定义变量
14      mul=multiple(2,3);             //调用函数 multiple()并设置传入值分别为 2 和 3
15      document.write("mul="+mul);    //向客户端输出变量 mul 的值
16  }
17  myFunction();//调用函数 myFunction()
18  </script>
19  </html>
```

例 3-2-1 中包含一个静态网页文件 exampleForJS1.html，该文件在代码的第 7~18 行使用<script></script>标签对包含了一段内嵌的 JavaScript 代码。访问 exampleForJS1.html 文件可得到如图 3-2-6 所示的页面效果。

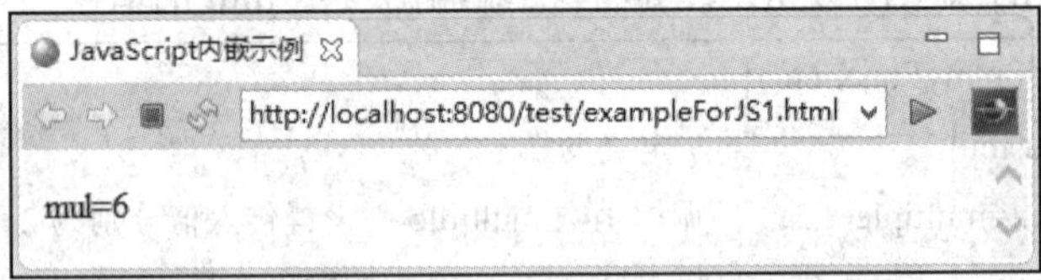

图 3-2-6　访问 exampleForJS1.html 的显示效果

2. 在网页文件中导入外部 JavaScript 文件

这种方式将 JavaScript 代码放在独立的文件(文件后缀为.js)中，然后在 HTML 页面中设置<script>标签属性，将 JavaScript 脚本文件包含在本页面中。

通常情况下，我们都是将多个 HTML 页面文件需要使用的 JavaScript 代码放在一个独立的 JavaScript 脚本文件中，然后在 HTML 页面文件中将该 JavaScript 脚本文件包含进去，从而便于 JavaScript 代码的复用和维护。在 Eclipse 中创建 JavaScript 脚本文件的过程如下：

(1) 按照如图 3-2-7 所示的操作，在 Web 项目中找到要放入 JavaScript 文件的文件夹，右键单击该文件夹，在弹出的快捷菜单中选择“New”子菜单中的“Other…”命令，将打开如图 3-2-8 所示的“新建”界面。

(2) 在如图 3-2-8 所示的“新建”界面中，选择 JavaScript 组中的“JavaScript Source File”选项，并单击“Next”按钮，将打开如图 3-2-9 所示的“新建 JavaScript 文件”界面。

(3) 在如图 3-2-9 所示的“新建 JavaScript 文件”界面中，输入文件名称(注意保证文件后缀为.js)，保持其他设置项的默认值不变，然后单击“Finish”按钮，完成 JavaScript 文件的创建。

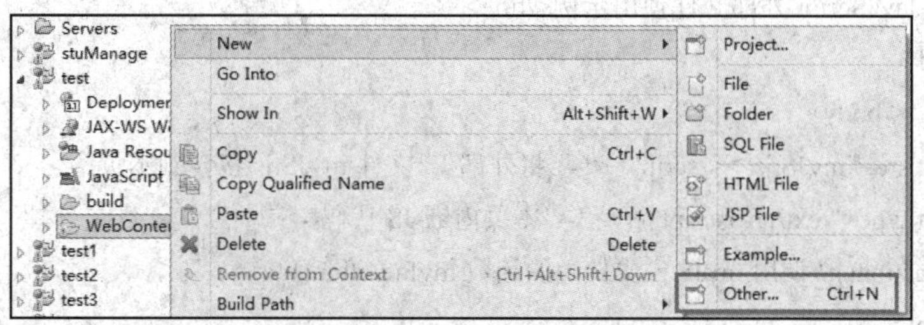

图 3-2-7　在动态 Web 项目中新建 JavaScript 文件操作

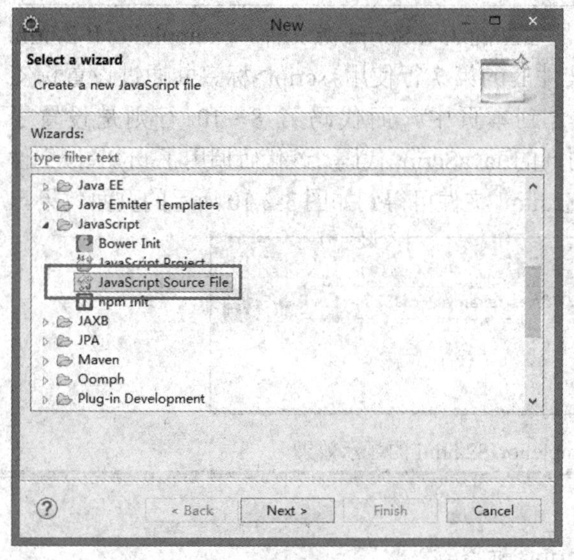

图 3-2-8　“新建”界面

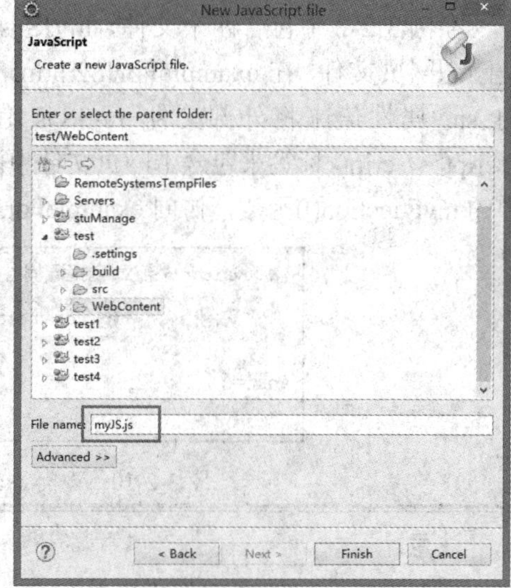

图 3-2-9　“新建 JavaScript 文件”界面

【例 3-2-2】 在 HTML 页面中使用外部 JavaScript 文件。

myJS.js

```
function multiple(x,y){
    return x*y;        //返回两数之积
}

function myFunction(){
```

```
    var mul;                //定义变量
    mul=multiple(2,3);  //调用函数 multiple()并设置传入值分别为 2 和 3
    document.write("mul="+mul);    //向客户端输出变量 mul 的值
}
```

exampleForJS2.html

```
1  <html>
2  <head>
3  <meta charset="UTF-8">
4  <title>JavaScript 外部文件使用示例</title>
5  </head>
6  <body></body>
7  <script src="myJS.js"></script> <!-- 将外部 JS 文件 myJS.js 包含到本页 -->
8  <script type="text/javascript">  <!-- 本页内嵌 JS 代码-->
9  myFunction();//调用 myJS.js 文件中的函数 myFunction()
10 </script>
11 </html>
```

在例 3-2-2 中包含两个文件，myJS.js 是独立的 JavaScript 源文件，exampleForJS2.html 是静态网页文件，在 exampleForJS2.html 文件的的第 7 行使用<script>标签并通过设置标签的 src 属性值来将外部文件 myJS.js 包含到本页中，而代码第 8～10 行则是设置了<script></script>标签来包含本网页文件中内嵌的 JavaScript 代码，该代码调用了 myJS.js 文件中的 myFunction( )函数，访问 exampleForJS2.html 文件可得到如图 3-2-10 所示的页面效果。

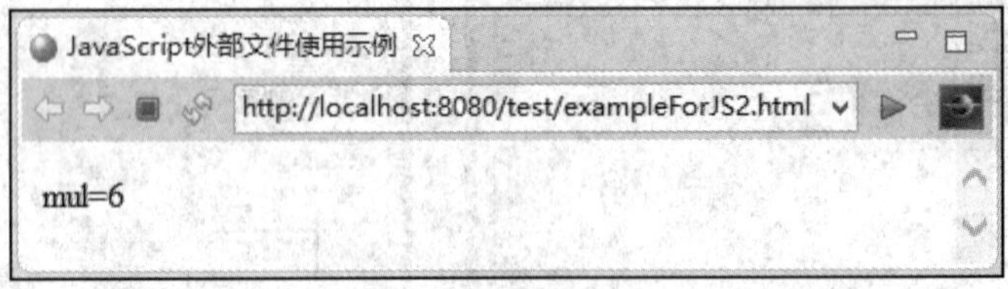

图 3-2-10　访问 exampleForJS2.html 的显示效果

> **注意：**
>
> ① 外部独立的 JS 文件中不能包含<script>标签。
>
> ② 在 HTML 页面文件中，不能在同一个<script>标签对中既包含外部独立 JS 文件又包含内嵌 JavaScript 代码。

3.2.3　JavaScript 处理 HTML 事件

HTML 事件是发生在 HTML 元素上的事情，它可以是浏览器行为，也可以是用户行为，例如，当 HTML 页面加载完成或用户点击了页面中的某个 HTML 元素都可以触发相应事件。常见的 HTML 事件如表 3-2-1 所示。

表 3-2-1　常见的 HTML 事件

事件名	事件属性名	事 件 描 述
点击事件	onclick	用户点击某个 HTML 元素
鼠标移入事件	onmouseover	用户移动鼠标置于某个 HTML 元素上
鼠标移出事件	onmouseout	用户将位于某个 HTML 元素上的鼠标移出该元素
改变事件	onchange	某个 HTML 元素发生改变
键盘按键按下事件	onkeydown	用户按下键盘上的某个按键
加载页面事件	onload	浏览器已完成当前页面的加载

如果我们需要在某个 HTML 事件发生后做相应的处理，则需要在相应的 HTML 标签中添加对应的事件属性并将属性值设置为对应的 JavaScript 脚本。

【例 3-2-3】 在 HTML 页面中对鼠标点击事件的处理。

exampleForAction1.html

```
1   <html>
2   <head>
3   <meta charset="UTF-8">
4   <title>鼠标点击事件示例</title>
5   </head>
6   <body>
7   <script type="text/javascript">
8   function myFuction(obj){
9       var str=obj.value;   //读取 obj 对象的 value 属性值
10      alert("点击"+str+"!");//在客户端弹出提示框，显示拼接字符串
11  }
12  </script>
13  <!-- 以按钮形式显示，按钮文字为"按钮 1"，单击按钮会调用 alert 函数，在客户端弹出提示框 -->
14  <input type="button" onclick="alert('点击按钮 1!')" value="按钮 1"/>
15
16  <!-- 以按钮形式显示，按钮文字为"按钮 2"，单击按钮会调用自定义函数 myFuction，并将当前标签对象作为实参传入 -->
17  <input type="button" onclick="myFuction(this)" value="按钮 2"/>
18  </body>
19  </html>
```

在例 3-2-3 中包含一个静态网页文件 exampleForAction1.html，文件源代码说明如下：

(1) 代码第 7～12 行为一段内嵌的 JavaScript 代码，包含对 myFuction 函数的定义，该函数在调用时需传入一个值作为参数 obj 的值，其中，代码第 9 行读取了参数 obj 的 value 属性值并赋值给变量 str，代码第 10 行调用 alert 函数在客户端弹出提示框显示指定信息，

该信息为 3 段字符串拼接后的结果。

(2) 代码第 14 行是一个<input>标签，标签以按钮形式显示，单击该按钮将调用 alert() 函数，从而在客户端弹出提示框显示指定信息，单击“按钮 1”显示效果如图 3-2-11(a)所示。

(3) 代码第 17 行也是一个<input>标签，标签以按钮形式显示，单击该按钮将调用自定义函数 myFuction，并将当前标签对象作为实参传入，单击“按钮 2”显示效果如图 3-2-11(b)所示。

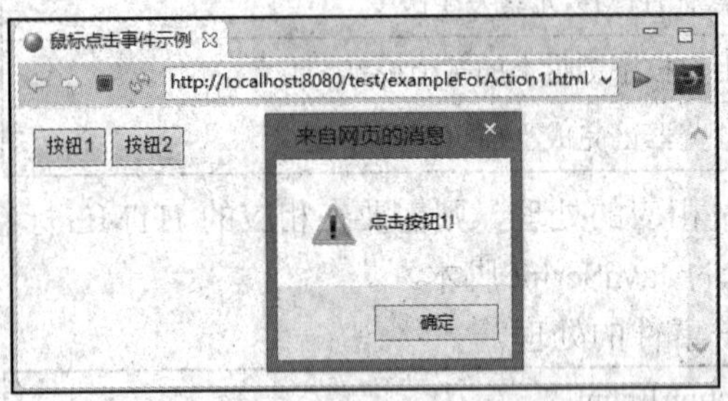

(a) 单击“按钮 1”的显示效果

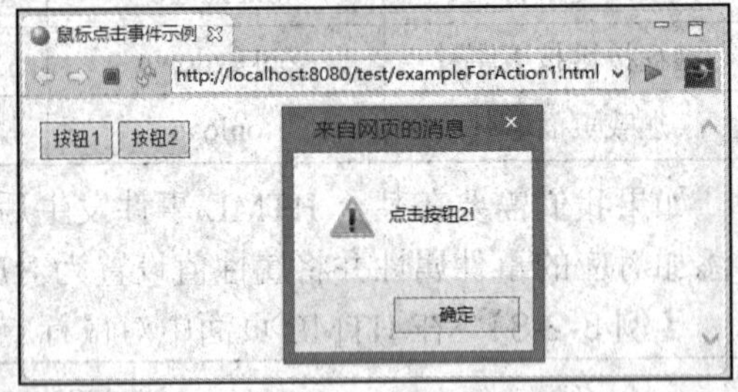

(b) 单击“按钮 2”的显示效果

图 3-2-11　访问 exampleForAction1.html 的显示效果

【例 3-2-4】 在 HTML 页面中对鼠标移入和移出事件的处理。

exampleForAction2.html

```
<html>
<head>
<meta charset="UTF-8">
<title>鼠标移入/移出事件示例</title>
</head>
<body>
<script type="text/javascript">
function myFuction(flag){
var obj=document.getElementById("demo");   // 获取本文档中 id 属性值为"demo"的元素对象
   if(flag=="over"){
         obj.innerHTML="鼠标位于段落上!";      // 改变元素对象 obj 的内容
   }
   else{
         obj.innerHTML="鼠标移出段落!";        // 改变元素对象 obj 的内容
   }
}
</script>
<!-- 段落元素，鼠标移入或移出段落元素时调用 myFuction 方法并传入不同字符串以区别 -->
<p id="demo" onmouseover="myFuction('over')" onmouseout="myFuction('out')">
JavaScript 能改变 HTML 元素的内容。
</p>
```

```
22  </body>
23  </html>
```

在例 3-2-4 中包含一个静态网页文件 exampleForAction2.html，文件源代码说明如下：

(1) 代码第 7～17 行为一段内嵌的 JavaScript 代码，包含对 myFuction 函数的定义，该函数在调用时需传入一个值作为参数 flag 的值，其中，代码第 9 行获取本文档中 id 属性值为"demo"的元素对象，代码第 10～14 行为一个双分支 if 语句，通过函数调用时传入的不同参数值来重新设置段落元素对象的内容。

(2) 代码第 19～21 行为一个段落元素，该元素通过设置 onmouseover 和 onmouseout 事件属性的值使当鼠标移入或移出该段落时调用自定义的 myFuction 函数，只是在不同的事件发生时函数调用传入的字符串不同。

当首次访问 exampleForAction2.html 时，页面显示效果如图 3-2-12(a)所示，当鼠标移入段落所在位置时，页面显示效果如图 3-2-12(b)所示，当鼠标移出段落所在位置时，页面显示效果如图 3-2-12(c)所示。

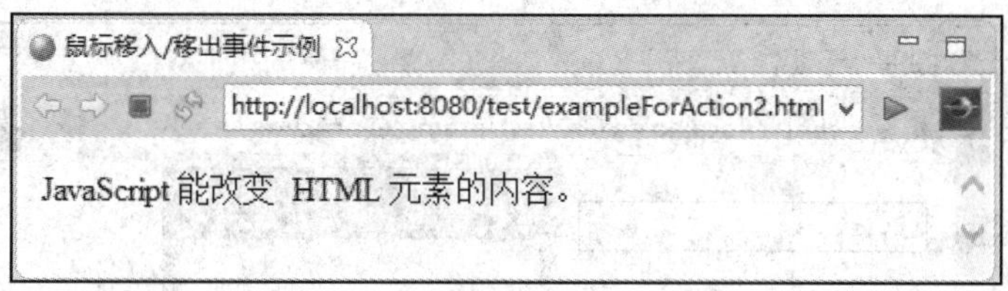

(a) 首次访问网页的显示效果

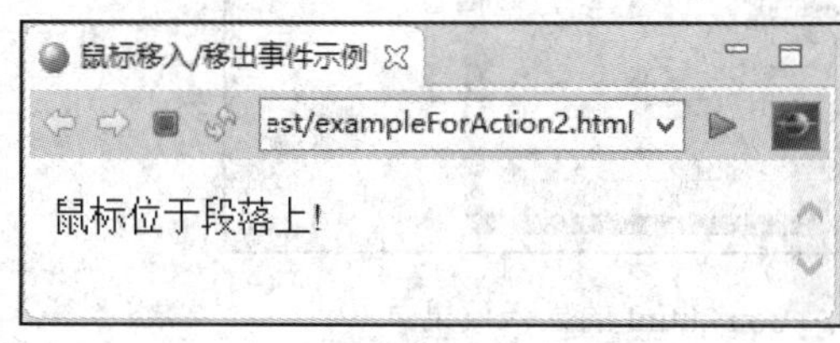

(b) 鼠标移入段落的显示效果

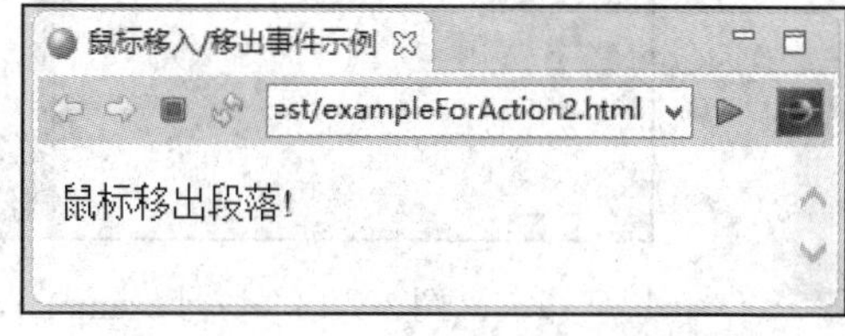

(c) 鼠标移出段落的显示效果

图 3-2-12　访问 exampleForAction2.html 的显示效果

【例 3-2-5】 在 HTML 页面中对元素内容改变事件的处理。

exampleForAction3.html

```
<html>
<head>
<meta charset="UTF-8">
<title>元素改变事件示例</title>
</head>
<body>
<script type="text/javascript">
function myFuction(){
var obj=document.getElementById("demo");   // 获取本文档中 id 属性值为"demo"的元素对象
    alert("姓名："+obj.value);   //弹出提示框，显示文本框中输入的内容
```

```
11      }
12      </script>
13      姓名：<input id="demo"  type="text"  onchange="myFuction()">
14      </body>
15      </html>
```

在例 3-2-5 中包含一个静态网页文件 exampleForAction3.html，文件源代码说明如下：

(1) 代码第 7～12 行为一段内嵌的 JavaScript 代码，包含对 myFuction 函数的定义，其中，代码第 9 行获取本文档中 id 属性值为 "demo" 的元素对象，代码第 10 行调用 alert 函数在客户端弹出一个提示框，显示指定元素的值信息。

(2) 代码第 13 行是一个<input>标签，标签以文本框形式显示，当文本框中输入的内容发生变化时将调用 myFuction 函数。

访问 exampleForAction3.html 打开相应网页后，当网页文本框中输入的内容发生变化时，客户端将会弹出提示框显示当前文本框中的信息，显示效果如图 3-2-13 所示。

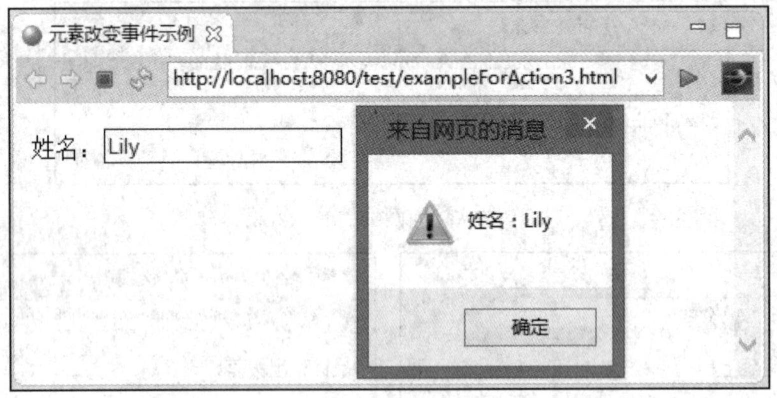

图 3-2-13　访问 exampleForAction3.html 的显示效果

3.3　CSS 基础

层叠样式表(Cascading Style Sheets)是一种用来表现 HTML 或 XML 等文件样式的计算机语言。CSS 不仅可以静态地修饰网页，还可以配合各种脚本语言动态地对网页各元素进行格式化。

3.3.1　CSS 基础语法

CSS 规则由选择器及一条或多条声明构成，选择器通常是需要改变样式的 HTML 元素，而一个声明则由一个属性(HTML 的样式属性)和一个值组成，属性和值被冒号分开，如果要定义不止一个声明，则需要用分号将每个声明分开(最后一个声明之后的分号可加可不加)，其基本语法格式如下：

选择器名 { 属性名 1:值 1;　属性名 2:值 2;　...　属性名 n:值 n }

例如，示例 1 中代码的作用是将 h1 元素内的文字颜色定义为红色，同时将字体大小设置为 14 像素。在本示例中，h1 是选择器，color 和 font-size 是属性，red 和 14px 是值，代码结构分析如图 3-3-1 所示。

示例 1	h1 {color:red; font-size:14px;} /* h1 元素内的文字颜色定义为红色，字体大小设置为 14 像素 */

图 3-3-1　示例 1 的 CSS 语法图解

对于 CSS 代码的编写需要特别说明以下几点：

(1) 如果属性值是颜色，我们除了可以设置已有的颜色名称外，还可以设置属性值为颜色的十六进制编码。例如，示例 2 中的代码与示例 1 中的代码功能是相同的，但在设置<h1>元素内字体颜色时使用的是红色对应的十六进制编码 #ff0000，而不是颜色名称 red。

示例 2	h1 {color: #ff0000; font-size:14px;} /* h1 元素内的文字颜色为红色，字体大小为 14 像素 */

(2) 如果属性值为包含空格的若干单词的集合，则需要给属性值加引号。例如，示例 3 中的代码是将段落元素 p 中包含的文字样式设置为“sans serif”，因为该样式名字由包含空格的两个词组成，所以设置属性值时需要使用双引号把值括起来。

示例 3	p {font-family: "sans serif";}　/* p 元素内的文字样式为'sans serif'　*/

(3) 是否包含空格或换行不会影响 CSS 在浏览器的工作效果，因此，为了增强样式定义的可读性，建议每行只描述一个属性，例如，示例 4 中的代码就是整理了格式后的 CSS 规则，这样的表现形式无疑更清晰。但不要在属性值与单位之间留有空格。假如你使用 "margin-left:20 px" 而不是 "margin-left: 20px"，它仅在 IE6 中有效，但是在 Firefox 或 Netscape 中无法正常工作。

示例 4

```
h1 {
color: #ff0000; /* h1 元素内的文字颜色为红色 */
font-size:14px;    /* h1 元素内的字体大小为 14 像素 */
}
```

(4) CSS 对大小写不敏感，但如果与 HTML 文档一起工作，class 和 id 名称对大小写是敏感的。

(5) 可以对选择器进行分组，被分组的选择器可以分享相同的声明。例如，在示例 5 中，对所有的标题元素进行了分组，使所有标题元素内的文字颜色都是红色。

示例 5

```
h1,h2,h3,h4,h5,h6 {   /* 规则适用于 h1~h6 元素 */
color: #ff0000;        /* 元素内的文字颜色为红色 */
}
```

(6) 子元素会继承父元素的属性，除非子元素单独应用了样式。例如，如果我们设置了<body>元素的样式为元素内文字颜色为红色，则所有包含在<body></body>标签组中的子元素的文字都会显示为红色，除非某个子元素单独设置了自己的文字颜色。

3.3.2　CSS 的三种嵌入形式

为了使用 CSS 来设计网页样式，我们需要将 CSS 代码嵌入静态网页中，可以采用的方式有三种：内联样式、内部样式表和外部样式表。

1. 内联样式

使用内联样式，需要在相关的标签内设置 style 属性的值，在设置 style 属性值时可以包含任何 CSS 属性。

【例 3-3-1】 在 HTML 页面中使用内联样式的 CSS 设置页面样式。

exampleForCSS1.html

```
1   <html>
2   <head>
3   <meta charset="UTF-8">
4   <title>CSS 内联样式示例</title>
5   </head>
6   <body>
7   <h1>这是默认样式的一级标题</h1>
8   <!--  将 h1 的样式设置为：字体颜色为红色，字体大小为 14 像素  -->
9   <h1 style="color:red;font-size:14px;">这是重新设置样式的一级标题</h1>
10  </body>
11  </html>
```

在例 3-3-1 中，源文件 exampleForCSS1.html 的第 9 行使用了 CSS 的内联样式重新设置了<h1>元素的显示样式，访问 exampleForCSS1.html 的显示效果如图 3-3-2 所示。

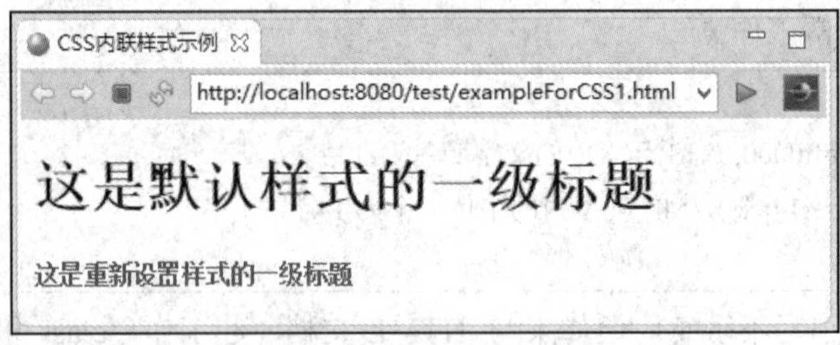

图 3-3-2　访问 exampleForCSS1.html 的显示效果

> **注意**：为了通用性考虑，只有当样式仅需要在一个元素上应用一次时才考虑用这种方法。

2. 内部样式表

当一个网页中需要将所有同一类的 HTML 元素设置为相同的样式时，如果采用内联样式逐一去设置每个 HTML 元素的样式既繁琐又不利于后期维护，因此通常的做法是使用

<style></style>标签组在文档头部，也就是<head></head>标签组中定义内部样式表，这样既可以通过设置一条 CSS 规则就实现对一类或是几类 HTML 元素样式的设置，又可以将所有的 CSS 规则集中在一起，便于后期的查找维护。

【例 3-3-2】 在 HTML 页面中使用 CSS 内部样式表设置页面样式。

exampleForCSS2.html

```
1   <html>
2   <head>
3   <meta charset="UTF-8">
4   <title>CSS 内部样式表示例</title>
5   
6   <style type="text/css">
7     h1 {color: #ff0000; font-size:14px;}   /* h1 元素内的文字颜色为红色，字体大小为 14 像素 */
8     p {margin-left:20px; font-size:20px;} /* p 元素内的文字距左边界 20 像素，字体大小为 20 像素 */
9   </style>
10  
11  </head>
12  <body>
13  <h1>这是重新设置样式的一级标题</h1>
14  <p>这是重新设置样式的段落</p>
15  </body>
16  </html>
```

在例 3-3-2 中，源文件 exampleForCSS2.html 的第 6～9 行使用了包含在<style></style>标签组中的 CSS 内部样式表设置了两条 CSS 规则，第 7 行的规则设置<h1>内的文字颜色为红色，字体大小为 14 像素，第 8 行的规则设置<p>内的文字距左边界 20 像素，字体大小为 20 像素。访问 exampleForCSS2.html 的显示效果如图 3-3-3 所示。

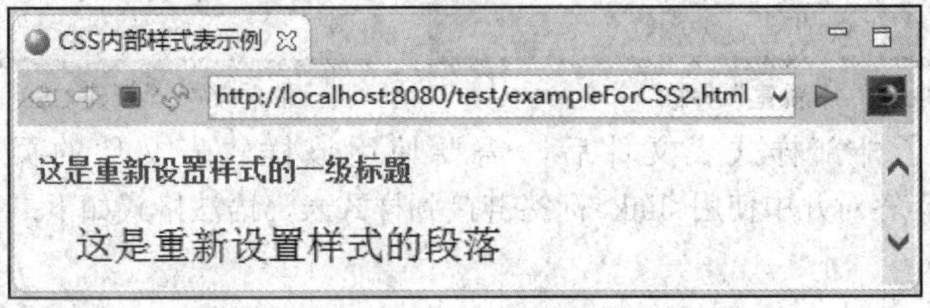

图 3-3-3　访问 exampleForCSS2.html 的显示效果

3. 外部样式表

当样式需要应用于多个页面时，外部样式表将是理想的选择，这样我们就可以通过改变一个文件来改变整个站点的外观。外部样式表可以在任何文本编辑器中进行编辑，并以 .css 扩展名进行保存。外部样式表文件中不能包含任何的 html 标签，只能包含符合 CSS 语法规则的代码。

在 Eclipse 中创建外部样式表文件的过程如下：

(1) 按照如图 3-3-4 所示的操作，在 Web 项目中找到要放入外部样式表文件的文件夹，右键单击该文件夹，在弹出的快捷菜单中选择“New”子菜单中的“Other…”命令，将打开如图 3-3-5 所示的“新建”界面。

(2) 在如图 3-3-5 所示的“新建”界面中，选择 Web 组中的“CSS File”选项，单击“Next”按钮，将打开如图 3-3-6 所示的“新建 CSS 文件”界面。

(3) 在如图 3-3-6 所示的“新建 CSS 文件”界面中，输入文件名称(注意保证文件后缀为 .css)，保持其他设置项的默认值不变，然后单击“Finish”按钮，完成 CSS 文件的创建。

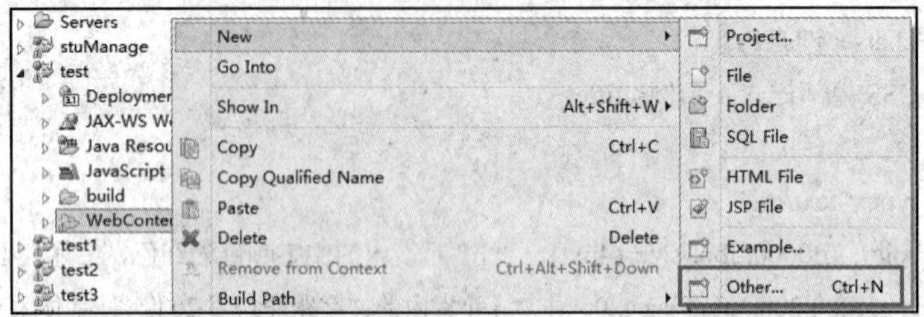

图 3-3-4　在动态 Web 项目中新建 CSS 文件操作

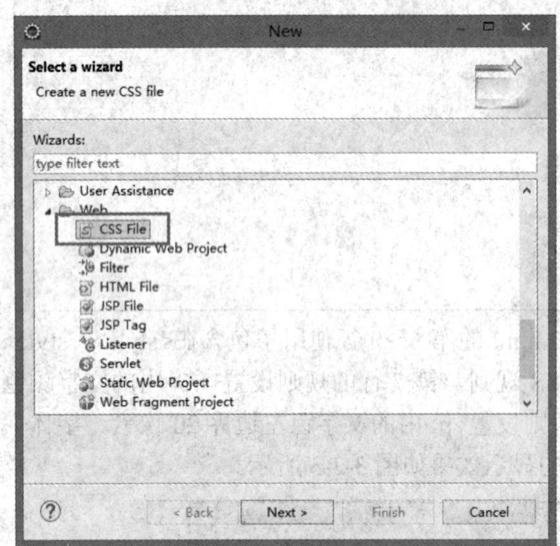

图 3-3-5　“新建”界面

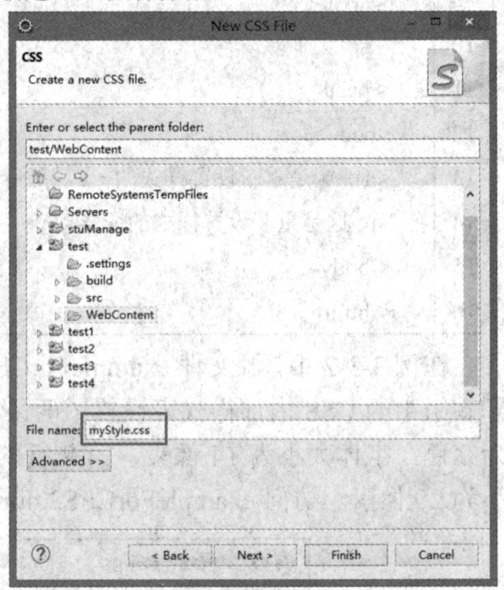

图 3-3-6　“新建 CSS 文件”界面

当创建好了外部样式表文件后，需要使用该样式表文件的页面文件需要在<head></head>标签对儿中使用<link>标签链接到样式表，语法格式如下：

```
<head>
<link rel="stylesheet"  type="text/css"  href="CSS 文件路径" />
</head>
```

【例 3-3-3】 在 HTML 页面中使用 CSS 外部样式表设置页面样式。

myStyle.css

```
@CHARSET "UTF-8";
h1 {color: #ff0000; font-size:14px;}   /* h1 元素内的文字颜色为红色，字体大小为 14 像素 */
p {margin-left:20px; font-size:20px;} /*p 元素内的文字距离左边界 20 像素，字体大小为 20 像素*/
```

exampleForCSS3.html

```
1   <html>
2   <head>
3   <meta charset="UTF-8">
4   <title>CSS 外部样式表示例</title>
5   <!-- 将外部样式文件 myStyle.css 包含到本页 -->
6   <link rel="stylesheet"   type="text/css"   href="myStyle.css" />
7   </head>
8   <body>
9   <h1>这是重新设置样式的一级标题</h1>
10  <p>这是重新设置样式的段落</p>
11  </body>
12  </html>
```

在例 3-3-3 中包含两个文件，myStyle.js 是独立的外部样式表文件，该文件设置了 h1 元素和 p 元素的样式，exampleForCSS3.html 是静态网页文件，在该文件的第 6 行使用<link>标签将外部文件 myStyle.css 包含到本页中，并说明被包含的文件为样式表文件。访问 exampleForCSS3.html 文件可得到如图 3-3-7 所示的页面效果，从该结果中可以看出，虽然在静态网页文件中并没有直接设置 h1 元素和 p 元素的样式，但通过被包含到本页的外部样式表同样能设置网页的元素样式。

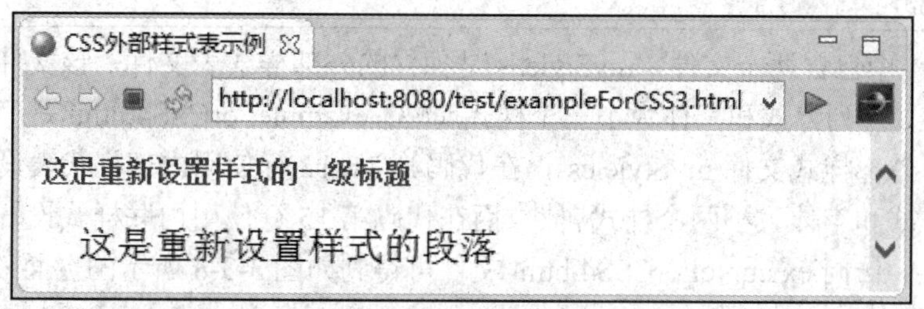

图 3-3-7　访问 exampleForCSS3.html 的显示效果

需要特别说明的是，如果某些属性在不同的样式表中被同样的选择器定义，那么属性值将从更具体的样式中被继承过来，也就是说内联样式的作用强于内部样式表，内部样式表的作用强于外部样式表。

【例 3-3-4】 在 HTML 页面中使用三种 CSS 的嵌入方式设置页面样式。

myStyle.css

```
@CHARSET "UTF-8";
h3 {
   color: red;          /*元素内的文字颜色为红色*/
   text-align: left;      /*  元素内的文字靠左排列   */
   font-size: 8pt;        /*元素内的文字大小为 8 像素   */
}
```

exampleForCSS4.html

```
1   <html>
2   <head>
3   <meta charset="UTF-8">
4   <title>CSS 多种嵌入形式示例</title>
5   <!-- 将外部样式文件 myStyle.css 包含到本页 -->
6   <link rel="stylesheet"  type="text/css"  href="myStyle.css" />
7   <style type="text/css">
8   h3 {
9       text-align: right;  /* 元素内的文字靠右排列  */
10      font-size: 20pt;  /*元素内的文字大小为 20 像素  */
11  }
12  </style>
13  </head>
14  <body>
15  <h3 style="text-align:center"><!-- h3 元素中的文本居中排列 -->
16  这是重新设置样式的三级标题
17  </h3>
18  </body>
19  </html>
```

在例 3-3-4 中包含两个文件，myStyle.js 是独立的外部样式表文件，该文件设置了 h3 元素内文字颜色、排列方式和字体大小三个样式属性；exampleForCSS4.html 是静态网页文件，该文件包含了外部样式文件 myStyle.css，在代码第 7～12 行使用内部样式表设置了 h3 元素内文字排列方式和字体大小两个样式属性，而在代码第 15 行使用内联样式设置了 h3 元素内文字排列方式。访问 exampleForCSS4.html 文件可得到如图 3-3-8 所示的页面效果。

图 3-3-8　访问 exampleForCSS4.html 的显示效果

从图 3-3-8 所示结果中可以看出，网页中 h3 元素的最终样式是外部样式表设置的文字颜色“红色”、内部样式表设置的文字字体大小“20 像素”以及内联样式设置的文字排列形式“居中”。也就是说，当内联样式与内部样式表设置的属性值冲突时，默认选择内联样式设置的属性，当内部样式表与外部样式表设置的属性值冲突时，默认选择内部样式表设置的属性。

3.3.3　CSS 选择器

1. id 选择器

id 选择器可以为标有特定 id 名的 HTML 元素指定特定的样式，id 名由 HTML 元素的

id 属性设置，其语法格式如下：

#HTML 元素 id 名 {属性名 1:值 1;　属性名 2:值 2;　...　属性名 n:值 n }

例如，示例 6 中代码将 id 为 p1 的 HTML 元素的文字设置为黑体，文字大小为 14 像素。

示例 6

```
#p1 {                    /*id 为 p1 的元素*/
  font-family: 黑体;      /*元素内的文字为黑体 */
  font-size:14px;        /*元素内的文字字体大小为 14 像素*/
}
```

【例 3-3-5】 在 HTML 页面中使用 CSS 的 id 选择器设置页面样式。

exampleForCSS5.html

```
1  <html>
2  <head>
3  <meta charset="UTF-8">
4  <title>CSS 的 id 选择器示例</title>
5  <style type="text/css">
6    #p1 {                    /*id 为 p1 的元素*/
7      font-family: 黑体;      /*元素内的文字为黑体 */
8      font-size:14px;        /*元素内的文字字体大小为 14 像素*/
9    }
10   #p2 {                    /*id 为 p2 的元素*/
11     font-family:华文新魏;   /*元素内的文字为华文新魏 */
12     font-size:20px;        /*元素内的文字字体大小为 20 像素*/
13   }
14 </style>
15 </head>
16 <body>
17 <p id="p1">字体为黑体 14 号字</p>
18 <p id="p2">字体为华文新魏 20 号字</p>
19 </body>
20 </html>
```

在例 3-3-5 中，源文件 exampleForCSS5.html 的第 6～9 行及第 10～13 行使用 CSS 的 id 选择器分别设置了 id 为 p1 和 p2 的 HTML 元素的显示样式，访问 exampleForCSS5.html 的显示效果如图 3-3-9 所示。

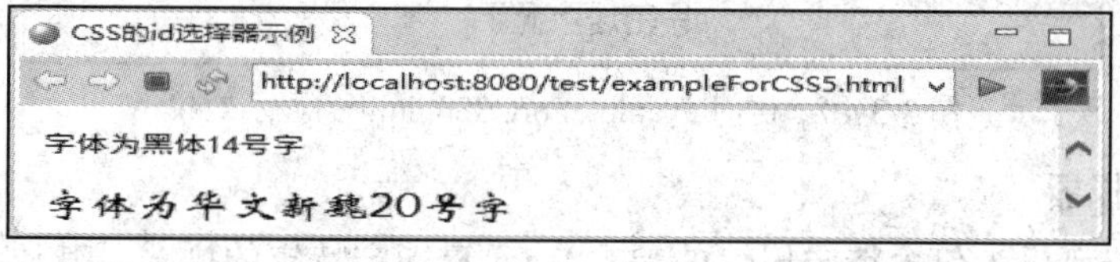

图 3-3-9　访问 exampleForCSS5.html 的显示效果

2. 类选择器

类选择器可以为特定类名的 HTML 元素指定特定的样式，类名由 HTML 元素的 class 属性设置，其语法格式如下：

.HTML 元素类名 {属性名 1:值 1;　属性名 2:值 2;　...　属性名 n:值 n }

例如，示例 7 中代码将类名为 center 的 HTML 元素的文字排列方式设置为居中。

示例 7

```
.center{                    /*类名为 center 的元素*/
    text-align: center      /*元素内文字居中排列*/
}
```

【例 3-3-6】 在 HTML 页面中使用 CSS 的类选择器设置页面样式。

exampleForCSS6.html

```
1   <html>
2   <head>
3   <meta charset="UTF-8">
4   <title>CSS 的类选择器示例</title>
5   <style type="text/css">
6     .center{                                  /*类名为 center 的元素*/
7           text-align: center       /*元素内文字居中排列*/
8     }
9   </style>
10  </head>
11  <body>
12  <h1 class="center">标题 1 居中显示</h1>
13  <p class="center">段落居中显示</p>
14  </body>
15  </html>
```

在例 3-3-6 中，源文件 exampleForCSS6.html 的第 6～8 行使用了 CSS 的类选择器将类名同为 center 的<h1>和<p>元素中的文字排列方式设置为居中样式，访问 exampleForCSS6.html 的显示效果如图 3-3-10 所示。

图 3-3-10　访问 exampleForCSS6.html 的显示效果

3. 属性选择器

属性选择器可以为包含特定属性的 HTML 元素指定特定的样式，其语法格式如下：

[HTML 元素属性名] {属性名 1:值 1;　属性名 2:值 2;　...　属性名 n:值 n }

例如，示例 8 中代码将所有包含了 id 属性的 HTML 元素的文字字体设置为华文新魏。

示例 8

```
[id]{                              /*包含了 id 属性的元素*/
   font-family: 华文新魏;           /*元素内文字字体为华文新魏*/
}
```

【例 3-3-7】 在 HTML 页面中使用 CSS 的属性选择器设置页面样式。

exampleForCSS7.html

```
1   <!DOCTYPE html>
2   <html>
3   <head>
4   <meta charset="UTF-8">
5   <title>CSS 的属性选择器示例</title>
6   <style type="text/css">
7      [id]{                                /*包含了 id 属性的元素*/
8           font-family: 华文新魏;           /*元素内文字字体为华文新魏*/
9      }
10  </style>
11  </head>
12  <body>
13  <h1 id="h1">标题 1 字体为华文新魏</h1>
14  <p id="p">段落字体为华文新魏</p>
15  </body>
16  </html>
```

在例 3-3-7 中，源文件 exampleForCSS7.html 的第 7～9 行使用 CSS 的属性选择器将包含了 id 属性的<h1>和<p>元素中的文字字体设置为华文新魏，访问 exampleForCSS7.html 的显示效果如图 3-3-11 所示。

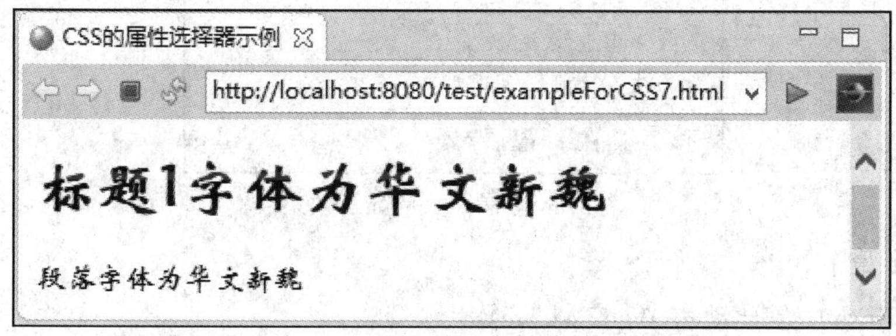

图 3-3-11　访问 exampleForCSS7.html 的显示效果

> **注意**：在 IE8 中运行包含属性选择器的网页，文件源代码必须声明 <!DOCTYPE> 才能正常显示由属性选择器设置的样式。

本 章 小 结

本章我们学习了 HTML、JavaScript 和 CSS 相关的静态网页开发的基础知识。在 HTML 部分我们重点学习了 12 类常用的标签元素、两种网页的布局方式以及表单的相关知识。在 JavaScript 部分我们重点学习了 JavaScript 的变量、数据类型、结构语句和函数部分的基础知识，以及在页面上嵌入 JavaScript 的三种方式和如何使用 JavaScript 处理 HTML 事件的方法。在 CSS 部分我们重点学习了 CSS 的基本语法格式、三种在网页上嵌入 CSS 的方式以及 CSS 的三种选择器的使用方法。

上 机 实 验

实验 3.1　登录页面设计

【实验目的】

1. 掌握 HTML 常用标签的使用。
2. 掌握网络布局的方法。
3. 掌握表单的使用。

【实验内容】

设计一个登录网页，要求单击“确定”按钮后将输入的用户名、密码以及选择的登录角色信息传送到目的文件 loginHandle.jsp 中，显示效果如图 3-1 所示。

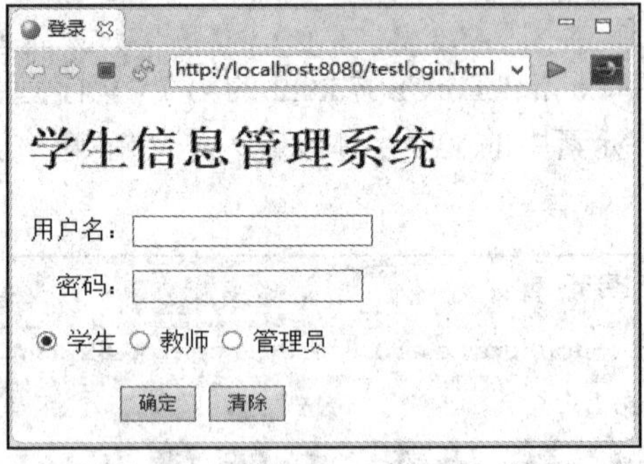

图 3-1　登录网页的显示效果

【实验步骤】

1. 在 Eclipse 中创建动态 Web 项目 test。
2. 在 test 中创建并编写静态网页源文件 login.html，文件代码如下：

```
<!DOCTYPE html>
<html>
<head>
```

```
<meta charset="UTF-8">
<title>登录</title>
</head>
<body>
<form action="loginHandle.jsp" method="post">
   <table>
   <tr><td><h1>学生信息管理系统</h1></td></tr>
   <tr><td>
         用户名：<input type="text" name="name"/><p>
                   密码：<input type="password" name="password"/>
         <p>
         <input type="radio" name="role" value="student" checked/> 学生
         <input type="radio" name="role" value="teacher"/> 教师
         <input type="radio" name="role" value="admin"/> 管理员
         <p>
    </td></tr>
    <tr><td align="center">
         <input type="submit"value="确定"/> 
         <input type="button"value="清除"/>
      </td></tr>
      </table>
</form>
</body>
</html>
```

3. 在 Eclipse 中部署 test 项目，启动 Tomcat 服务器，运行 login.html 并查看结果。

实验 3.2　登录信息的有效性验证

【实验目的】

1. 掌握 JavaScript 的基本语法。
2. 掌握在页面中嵌入 JavaScript 代码的方法。
3. 掌握使用 JavaScript 处理 HTML 事件的方法。

【实验内容】

在实验 3.1 实现的登录页面基础上实现以下功能(使用 Javascript 实现)。

1. 单击“确定”按钮后，对用户输入数据有效性进行如下验证：

① 用户名、密码、用户角色不能为空。

② 用户名和密码长度不能小于 6 个字符。

③ 用户名和密码中不能包含字符%和_。

2. 单击“清空”按钮后用户名和密码框内容清空，且角色单选按钮选中学生项。

【实验步骤】

1. 在 Eclipse 的项目 test 中打开并修改静态网页源文件 login.html，文件代码如下：

```
<!DOCTYPE html>
<html>
<head>
<meta charset="UTF-8">
<title>登录</title>
</head>
<script type="text/javascript">
    function CheckForm() {
            if (form['name'].value == '') {
                    alert("用户名不能为空！");
                    form['name'].focus();
                    return false;
            }
             if (form['password'].value == '') {
                    alert("密码不能为空！");
                    form['password'].focus();
                    return false;
             }
             if (form['name'].value.length <6) {
                    alert("用户名不能少于 6 个字符！");
                    form['name'].focus();
                    return false;
                    }
             if (form['password'].value.length < 6) {
                    alert("密码不能少于 6 个字符！");
                    form['password'].focus();
                    return false;
                    }
             if (form['name'].value.match('%')) {
                    alert("用户名不能包含字符%！");
                    form['name'].focus();
                    return false;
             }
             if (form['password'].value.match('%')) {
                    alert("密码不能包含字符%！");
```

```
                form['password'].focus();
                return false;
            }
            if (form['name'].value.match('_')) {
                alert("用户名不能包含字符_！");
                form['name'].focus();
                return false;
            }
            if (form['password'].value.match('_')) {
                alert("密码不能包含字符_！");
                form['password'].focus();
                return false;
            }
        }

        function ClearForm() {
            form['name'].value = '';
            form['password'].value = '';
            form['role'].value = 'student';
        }
</script>

<body>
<form action="loginHandle.jsp" method="post" id="form" onsubmit="return CheckForm()">
  <table>
  <tr><td><h1>学生信息管理系统</h1></td></tr>
  <tr><td>
        用户名：<input type="text" id="name" name="name"/><p>
             密码：<input type="password" id="password"
name="password"/>
        <p>
        <input type="radio" name="role" value="student" checked/> 学生
        <input type="radio" name="role" value="teacher"/> 教师
        <input type="radio" name="role" value="admin"/> 管理员
        <p>
   </td></tr>
   <tr><td align="center">
        <input type="submit"value="确定"/> 
        <input type="button"value="清除" onclick="ClearForm()"/>
```

```
        </td></tr>
        </table>
    </form>
    </body>
    </html>
```

2. 在 Eclipse 中启动 Tomcat 服务器，运行 login.html 并查看结果。

实验 3.3　登录页面样式设计

【实验目的】

1. 掌握 CSS 的基本语法。
2. 掌握在页面中嵌入 CSS 代码的方法。
3. 掌握 CSS 选择器的使用。

【实验内容】

在实验 3.2 的基础上编写 loginStyle.css，该文件为登录页面的外部 CSS 样式表，描述样式要求如下：

1. 页面背景色 Silver。
2. 标题 h1 字体为华文新魏，字体颜色为 Red。
3. 文本框和密码框高 40 px、宽 220 px、字体大小 24 px。
4. 单选按钮字体为微软雅黑、颜色 Fuchsia、大小 20 px、加粗。
5. 所有按钮高 40 px、宽 80 px、背景色 Lime。
6. 除单选按钮字体外，页面其余文字字体为华文新魏、大小 24 px。

【实验步骤】

1. 在 Eclipse 的项目 test 中新建 CSS 文件 loginStyle.css，文件代码如下：

```
@CHARSET "UTF-8";
h1 {
    font-family:"华文新魏"; color:Red; text-align:center;
}
.text{
    font-size:24px;    width:220px; height:40px;
}
.radio{
    font-family:"微软雅黑"; color:Fuchsia; font-size:20px; text-align:center; font-weight:bold;
}
.button{
    text-align:center; font-family:"华文新魏" ;     font-size:24px;    width:80px; height:40px;
    background-color:Lime
}
```

```
.font{
    font-family:"华文新魏" ; font-size:24px;
}
```

2. 打开并修改静态网页源文件 login.html，文件代码如下：

```
<!DOCTYPE html>
<html>
<head>
<meta charset="UTF-8">
<title>登录</title>
</head>
<link rel="stylesheet"  type="text/css"  href="loginStyle.css" />
<script type="text/javascript">
   function CheckForm() {
         if (form['name'].value == '') {
               alert("用户名不能为空！ ");
               form['name'].focus();
               return false;
         }
          if (form['password'].value == '') {
               alert("密码不能为空！ ");
               form['password'].focus();
               return false;
          }
          if (form['name'].value.length <6) {
               alert("用户名不能少于 6 个字符！ ");
               form['name'].focus();
               return false;
               }
          if (form['password'].value.length < 6) {
               alert("密码不能少于 6 个字符！ ");
               form['password'].focus();
               return false;
               }
          if (form['name'].value.match('%')) {
               alert("用户名不能包含字符%！ ");
               form['name'].focus();
               return false;
          }
```

```
            if (form['password'].value.match('%')) {
                alert("密码不能包含字符%！");
                form['password'].focus();
                return false;
            }
            if (form['name'].value.match('_')) {
                alert("用户名不能包含字符_！");
                form['name'].focus();
                return false;
            }
            if (form['password'].value.match('_')) {
                alert("密码不能包含字符_！");
                form['password'].focus();
                return false;
            }
        }

        function ClearForm() {
            form['name'].value = '';
            form['password'].value = '';
            form['role'].value = 'student';
        }
</script>
<body style=" background-color:Silver">
<form action="loginHandle.jsp" method="post" id="form" onsubmit="return CheckForm()">
    <table>
    <tr><td><h1>学生信息管理系统</h1></td></tr>
    <tr><td class="font">
        用户名：<input type="text" id="name" name="name" class="text"/><p>
            密码：<input type="password" id="password"
name="password" class="text"/>
        <p>
        <div class="radio">
        <input type="radio" name="role" value="student" checked/> 学生
        <input type="radio" name="role" value="teacher"/> 教师
        <input type="radio" name="role" value="admin"/> 管理员
        </div>
        <p>
    </td></tr>
```

```
        <tr><td align="center" class="font">
            <input type="submit"value="确定"/> 
            <input type="button"value="清除" onclick="ClearForm()"/>
        </td></tr>
        </table>
</form>
</body>
</html>
```

3. 在 Eclipse 中启动 Tomcat 服务器，运行 login.html 并查看结果。

课 后 习 题

一、填空题

1. HTML 是一种_____语言，使用 HTML 标签来描述网页。

2. ____________是网页头部信息标签对，它们之间的代码用于描述网页头部信息，____________是网页主体内容信息标签对，它们之间的文本是可见的页面内容信息。

3. 标题元素拥有一个开始标签______及一个结束标签______，该标签对内的内容用于定义文档标题。

4. ______________________________________定义了 HTML 文档中的一个超链接，该超链接文字显示为“跳转”，单击该超链接页面将跳转到同一目录下的 page.html。

5. 在表格中用___________标签对定义表格内的行，_____________标签对定义行内普通单元格，____________标签对定义表头单元格。

6. 在 HTML 文档中使用________元素来定义无序列表，使用________元素来定义有序列表，使用________元素来定义自定义列表。

7. 我们可以使用________元素进行网页布局，也可以使用________进行布局。

8. 包含在表单中的表单元素通常都以输入标签__________定义，我们通过设置该标签的属性_______的值来使表单数据的输入方式呈现不同样式。

9. JavaScript 对象是拥有_______和_______的数据。

10. JavaScript 函数是执行特定任务的______，定义函数需要使用关键字_________。

11. 将外部 JS 文件 style.css 包含到本网页中需要使用标签____________________。

12. HTML 事件是发生在_____________上的事情。

13. 用户点击某个 HTML 元素会导致_______事件，事件属性名是________。

14. 层叠样式表是一种用来表现 HTML 或 XML 等文件_______的计算机语言。

15. 一个声明则由_________和________组成，二者被_____________分开。

16. 使用 CSS 规则_________________________ ________________可以将 p 元素内的文字颜色定义为蓝色，字体大小设置为 20 像素。

17. 按照下面文本框中的代码设置，最终显示的第 1 个段落信息“Lily”的字体大小是_______，第 2 个段落信息“Lucy”的字体大小是_______。

```
<body style="font-size:20px">
<p style="font-size:15px">Lily</p>
<p>Lucy</p>
</body>
```

18. 单独的层叠样式表文件的后缀为______。

19. ____________可以为特定类名的 HTML 元素指定特定的样式，类名由 HTML 元素的________属性设置。

二、选择题

1. 在以下 HTML 标签中用于换行的标签是(　　)。

A. <html>　　B. <p>　　C.
　　D. <h1>

2. 在以下 HTML 标签对之间的文本被显示为段落的是(　　)。

A. <html></html>　B. <p></p>　　C. <h1></h1>　　D. <title></title>

3. 在以下关于<img>元素说法错误的是(　　)。

A. <img>标签用于定义 HTML 文档中的图片信息

B. <img>标签中 src 属性值只能使用相对地址

C. <img>标签中 width 和 height 属性值为整数，单位是像素

D. <img>标签中 width 和 height 属性若不设置则图片以源图片文件实际大小显示

4. 若要设置表单数据提交目的页的 URL 需要在<form>标签中设置(　　)属性。

A. id　　B. name　　C. action　　D. method

5. 若要使表单中的<input>标签不显示在网页中，则需要将该<input>标签的类型设置为(　　)。

A. text　　B. password　　C. submit　　D. hidden

6. 在以下关于表单说法错误的是(　　)。

A. 如果希望表单中存在的多个单选按钮同组互斥，则需要将这些<input>标签中 name 属性值设置为相同值

B. 只有选中状态的复选框才会将对应<input>标签的 value 属性值提交到目的页

C. 只有设置了 name 和 value 属性值的<input>标签在表单提交数据时才会生成请求参数

D. 表单默认的提交数据方式是 get 方式

7. 下列字符串可以做 JavaScript 变量的是(　　)。

A. text　　B. var　　C. %x　　D. a=b

8. 下列语句错误的是(　　)。

A. var a="true";　　B. var a=true;　　C. var a=2e3;　　D. var names[]=new Array();

9. 下列语句正确的是(　　)。

A. var names=new Array[1,2];　　B. var names=[1,2];

C. var names={1,2};　　D. var student=[name:"Lily",age:18];

10. 在以下关于 switch 语句说法正确的是(　　)。

A. switch 语句通常适用于条件表达式的取值为连续值时的多分支选择

B. 每个 case 分支都必须使用 break 语句

C. 在一个 switch 语句中的所有 case 表达式的值必须互不相同

D. 每个 case 分支都必须包含语句块

11. 当某个 HTML 元素发生改变时会引发的事件属性名是(　　)。

A. onclick　　B. onchange　　C. onkeydown　　D. onload

12. 下列代码符合 CSS 语法规则的是(　　)。

A. h1 {color:red}　　B. h1 { font-size=14}

C. h1 {color=#ff0000}　　D. h1 { font-family: sans serif}

13. 在以下关于层叠样式表说法错误的是(　　)。

A. 使用内联样式，需要在相关的标签内设置 style 属性的值

B. 当需要将一个网页中所有同类 HTML 元素设置为相同样式时最好使用内部样式表

C. 当样式需要应用于很多页面时，外部样式表将是理想的选择

D. 外部样式表文件中除了包含 CSS 规则描述代码外还可以包含 HTML 的代码

14. 以下代码属于 CSS 规则中 id 选择器的是(　　)。

A. p,h1 { font-family: 黑体}　　B. #p { color:#fff111}

C. .font { font-size: 20px}　　D. [name] { text-align:center}

三、判断题

1. HTML 标签不会显示在浏览器中，只在后台起到解释作用。(　　)

2. 所有的 HTML 标签都是成对出现的。(　　)

3. 在 HTML 中一共有 7 级标题，使用标签元素<h1>～<h7>来描述。(　　)

4. 无序列表中各项目使用粗体圆点进行标记。(　　)

5. 自定义列表是项目及其定义的组合，其中<dt></dt>标签对定义列表项，<dd></dd>定义列表项的定义。(　　)

6. 在表格中通过设置<tr>标签的属性 rowspan 来实现多行单元格的合并。(　　)

7. 表单中的所有<input>标签都需要设置 name 属性的值。(　　)

8. 在 JavaScript 中不存在数组越界访问的问题。(　　)

9. break 语句的功能是中断循环体语句的本次执行，然后开始下一次循环。(　　)

10. 在 HTML 页面文件中，可以在同一个<script>标签对中既包含外部独立 JS 文件又包含内嵌 JavaScript 代码。(　　)

11. CSS 规则由一个选择器及一条声明组成。(　　)

12. 我们可以在网页文件的任意位置设置<link>标签，从而将外部样式表文件包含到本网页中。(　　)

13. 在 IE8 中运行包含属性选择器的网页，文件源代码必须声明 <!DOCTYPE> 才能正常显示由属性选择器设置的样式。(　　)

四、简答题

1. 使用表单提交数据有哪两种方式？这两种方式有何区别？

2. 在页面上嵌入 JavaScript 有哪些方式？请简述它们的实施过程。

3. 在页面上嵌入 CSS 代码有哪些方式？这些样式在作用范围上有什么区别。

五、编程题

1. 编写网页 compute.html，该网页的访问效果如图 3-2 所示，在网页文本框中输入任意数值并单击“计算平方”按钮，输入数值的平方值将以红色显示在网页中。

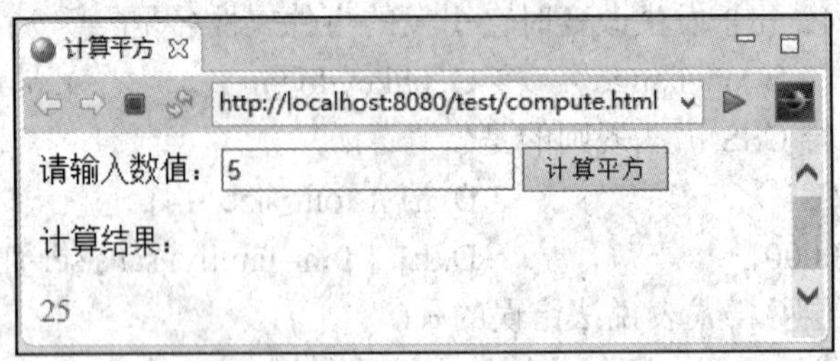

图 3-2　题 1 访问效果示意图

2. 编写网页 modifyPwd.html，该网页的访问效果如图 3-3 所示，编写代码实现以下要求：

① 在网页中两个文本框中输入相同密码并单击“确定”按钮，两个文本框中信息将提交到 ModifyPwdHandle.jsp 文件，单击“重置”按钮则清空两个文本框中的信息。信息提交前需要完成有效性验证以保证：新密码不为空、新密码长度为 6 个字符及以上、新密码不能包含字符%、两次输入的密码必须一致，不满足要求的密码信息不允许提交且给出相应错误提示信息。

② 网页样式满足：页面背景色 pink；标题、文本框和按钮字体为楷体；两文本框高 35 像素，宽 160 像素；两个按钮高 40 像素，宽 70 像素，字体大小为 20 像素；标题和两个按钮居中显示。

图 3-3　题 2 访问效果示意图

第 4 章　JSP 语法基础

【学习导航】

通过前面的学习，我们已经学会如何去搭建 Java Web 的基础环境、如何使用 Eclipse 开发工具以及如何去开发一个简单的静态网站项目，但是该如何编写一个功能丰富的动态网页呢？本章我们将学习 JSP 的基础语法知识，包括在编写 JSP 源文件时需要用到的 JSP 三要素——脚本、指令和动作，以及如何在 JSP 源文件中进行注释。

【学习目标】

知 识 目 标	能 力 目 标
1. 理解 Web 服务器对 JSP 源文件的处理流程和 JSP 源代码的构成要素 2. 掌握 JSP 的三种注释方法 3. 掌握 JSP 三类脚本元素的语法格式及使用 4. 掌握 page、include 指令的语法格式及使用 5. 掌握 useBean、setProperty、getProperty、include、forward 和 param 动作的语法格式及使用	1. 能阅读 JSP 源代码，并选择恰当的注释方式对 JSP 源代码进行注释 2. 能灵活运用 JSP 脚本元素编写 JSP 源代码 3. 能灵活使用 JSP 指令编写 JSP 源代码 4. 能灵活使用 JSP 动作编写 JSP 源代码

4.1　JSP 源代码的构成

在介绍 JSP 源文件代码的构成之前我们先来看一个例子。

【例 4-1-1】 一个包含所有 JSP 要素的 JSP 源文件。

example.jsp

```
<!-- JSP 示例 -->
<%@ page language="java" contentType="text/html; charset=gb2312" %>
<html>
   <head><title>JSP 页面的基本构成</title></head>
   <body>
         <jsp:include page="index.jsp"></jsp:include>
         <%! int n=5; %>
         <%
               int mul=1;
               for(int i=1;i<=n;i++)
```

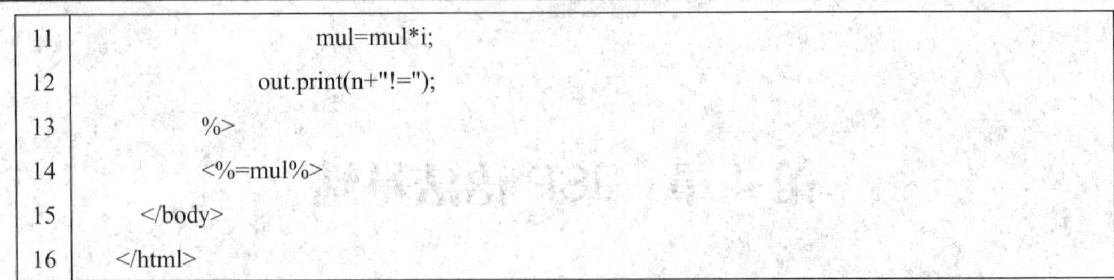

```
11                  mul=mul*i;
12              out.print(n+"!=");
13          %>
14          <%=mul%>
15      </body>
16  </html>
```

例 4-1-1 是一段使用 JSP 编写的简单的网页源代码，其访问效果如图 4-1-1 所示。

图 4-1-1　访问 example.jsp 的显示结果

JSP 源文件代码通常由静态部分和动态部分组成。

(1) 静态部分是指 HTML、JavaScript、CSS 等用来显示数据以及设置数据的显示样式的部分，JSP 服务器不会处理这些代码，而是直接传送到客户端由浏览器自动解析，例如 example.jsp 文件的 3～5 行和 15～16 行即是该文件的静态代码部分。

(2) 动态部分是指用来完成数据处理的部分，这些代码将由 JSP 服务器直接处理，然后将处理后的结果传送到客户端由浏览器再次解析，例如 example.jsp 文件的 1～2 行和 7～14 行即是该文件的动态代码部分。JSP 文件的动态部分通常包括 JSP 指令、JSP 动作、JSP 脚本和 JSP 注释 4 个部分。

① JSP 指令是为 JSP 服务器设计的，用来设置与整个 JSP 页面相关属性的命令。JSP 指令在整个页面范围内有效，且不在客户端产生任何可见输出。例如，example.jsp 文件的第 2 行即是 page 指令，该指令指定了 JSP 页面使用的脚本语言为 Java，以 HTML 格式显示，页面字符属于 gb2312 字符集。

② JSP 动作实际上就是已封装好的 Java 脚本，可以简化 JSP 中的业务逻辑，使用它们可以动态地引用文件、使用 JavaBean 组件、传递参数、请求转发等。例如，example.jsp 文件的第 6 行即是 include 动作，该动作使当前 JSP 页面动态地包含了另外一个 JSP 页面 index.jsp，使两个 JSP 页面合二为一。

③ JSP 脚本是指在 JSP 文件中插入的 Java 代码，主要用来进行业务逻辑处理，通过<%%>来定义。JSP 脚本在服务器端按从上到下的顺序执行。例如，example.jsp 文件的 7～14 行就是 JSP 脚本，完成的是对 5 的阶乘的计算和显示。

④ JSP 注释是在 JSP 源文件中用来向读者解释说明源代码的部分。例如，example.jsp 文件的第 1 行就是 JSP 的注释。

4.2　注　　释

JSP 的注释是在 JSP 源文件中出现的、用来解释说明 JSP 源代码的部分。使用注释的目的是帮助读者快速了解这段程序的功能，因此注释的内容不参与编译也不受 JSP 的语法限制，只要书写清楚即可。

由于 JSP 文件中可包含 HTML、JSP、Java 等多种类型的代码，因此相应的也有多种形式的注释，包括 HTML 注释、JSP 注释和 Java 注释 3 种。

4.2.1　HTML 注释

HTML 注释是用来注释 JSP 页面中 Java 脚本之外的部分。当客户端通过浏览器请求某 JSP 页面时，该类型的注释会和 HTML 代码一起从服务器端发送到客户端，虽然注释的内容并不会显示在浏览器中，但能在源代码中看到这部分注释。

HTML 注释的语法格式如下：

```
<!-- HTML 注释 -->
```

【例 4-2-1】 一个包含 HTML 注释的 JSP 源文件。

CommentDemoHTML.jsp

```
1   <%@ page language="java" contentType="text/html; charset=gb2312" %>
2   <!-- 以下内容将发送到客户端 -->
3   <html>
4      <head>
5            <title>HTML 注释演示</title>
6      </head>
7      <body>
8            本页面包含 HTML 注释<br>
9               可在源代码中看到。
10     </body>
11  </html>
```

在例 4-2-1 源代码中，第 2 行就是 HTML 注释。客户端访问本例 CommentDemoHTML.jsp 文件的显示效果如图 4-2-1 所示，可以看到注释部分的内容没有显示在浏览器网页中。但当通过浏览器的“查看网页源代码”命令打开如图 4-2-2 所示的该显示结果对应的网页源代码时，可看到在源代码中该注释部分是存在的。

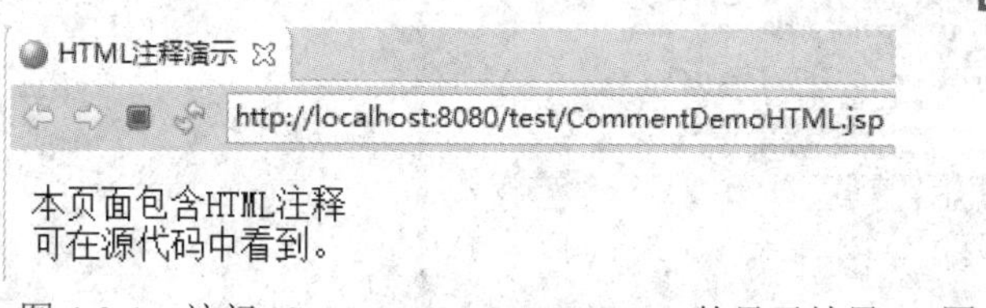

图 4-2-1　访问 CommentDemoHTML.jsp 的显示结果

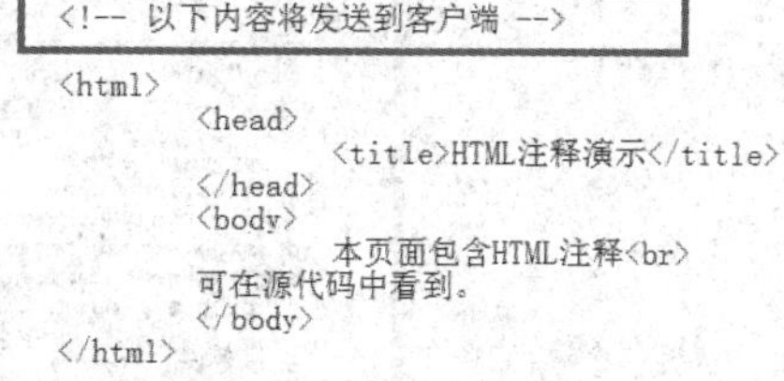

图 4-2-2　CommentDemoHTML.jsp 的运行结果

4.2.2　JSP 注释

JSP 注释也可用于注释 Java 脚本之外的部分。这种类型的注释仅对当前 JSP 源文件有意义，在 JSP 源文件转译成后缀为.java 的 Servlet 文件时会被忽略，既不会保留在 Servlet 文件中，也不会发送到客户端。

JSP 注释的语法格式如下：

```
<%-- JSP 注释 --%>
```

【例 4-2-2】 一个包含 JSP 注释的 JSP 源文件。

CommentDemoJSP.jsp

```
1  <%-- 当前文件是使用 Java 脚本语言的网页文件，使用 gb2312 字符集 --%>
2  <%@ page language="java" contentType="text/html; charset=gb2312" %>
3  <html>
4     <head>
5           <title>JSP 注释演示</title>
6     </head>
7     <body>
8           JSP 注释不会发送到客户端
9     </body>
10 </html>
```

在例 4-2-2 源代码中，第 1 行就是 JSP 注释。客户端访问本例 CommentDemoJSP.jsp 文件的显示效果如图 4-2-3 所示，可以看到注释部分的内容没有显示在浏览器网页中。当打开如图 4-2-4 所示的该显示结果对应的网页源代码，或打开如图 4-2-5 所示的由 CommentDemoJSP.jsp 转译的 CommentDemoJSP_jsp.java 的源代码时，可看到在这两个源代码文件中该注释部分也是不存在的。

图 4-2-3 访问 CommentDemoJSP.jsp 的显示结果

```
<html>
    <head>
        <title>JSP注释演示</title>
    </head>
    <body>
        JSP注释不会发送到客户端
    </body>
</html>
```

图 4-2-4 CommentDemoJSP.jsp 的运行结果

```
CommentDemoJSP_jsp.java - 记事本
文件(F) 编辑(E) 格式(O) 查看(V) 帮助(H)
    try {
      response.setContentType("text/html; charset=gb2312");
      pageContext = _jspxFactory.getPageContext(this, request,
response,
                  null, true, 8192, true);
      _jspx_page_context = pageContext;
      application = pageContext.getServletContext();
      config = pageContext.getServletConfig();
      session = pageContext.getSession();
      out = pageContext.getOut();
      _jspx_out = out;

      out.write("\r\n");
      out.write("\r\n");
      out.write("<html>\r\n");
      out.write("\t<head>\r\n");
      out.write("\t\t<title>JSP注释演示</title>\r\n");
      out.write("\t</head>\r\n");
```

图 4-2-5 CommentDemoJSP_jsp.java 的源代码

4.2.3 Java 注释

Java 注释位于 Java 脚本中，用于注释 Java 脚本中的内容，分为单行注释和多行注释。这种类型的注释在 JSP 源文件转译成 Servlet 时会保留在 Servlet 中，但不会发送到客户端。

Java 注释语法格式如下：

① //单行注释；

② /* 多行注释 */

【例 4-2-3】 一个包含 Java 注释的 JSP 源文件。

CommentDemoJava.jsp

```
1   <%@ page language="java" contentType="text/html; charset=gb2312" %>
2   <html>
3       <head>    <title>Java 注释演示</title>        </head>
4       <body>
5           <%
6               /* 在服务器端循环计算 n 的阶乘
7               */
8               int mul=1,n=5;
9               for(int i=1;i<=n;i++)
10                  mul=mul*i;
11              out.print(n+"!="+mul);     //将结果输出到客户端
12          %>
13      </body>
14  </html>
```

在例 4-2-3 源代码中，6～7 行为 Java 注释中的多行注释，第 11 行则包含了 Java 注释中的单行注释。客户端访问本例 CommentDemoJava.jsp 文件的显示效果如图 4-2-6 所示，我们可以看到注释部分的内容没有显示在浏览器网页中。当打开如图 4-2-7 所示的该显示结果对应的网页源代码时，可以看到在这个源代码文件中该注释部分也是不存在的。但当打开如图 4-2-8 所示的由 CommentDemoJava.jsp 转译的 CommentDemoJava_jsp.java 的源代码时，可以看到在这个 Servlet 源代码文件中 Java 注释部分被保留了下来。

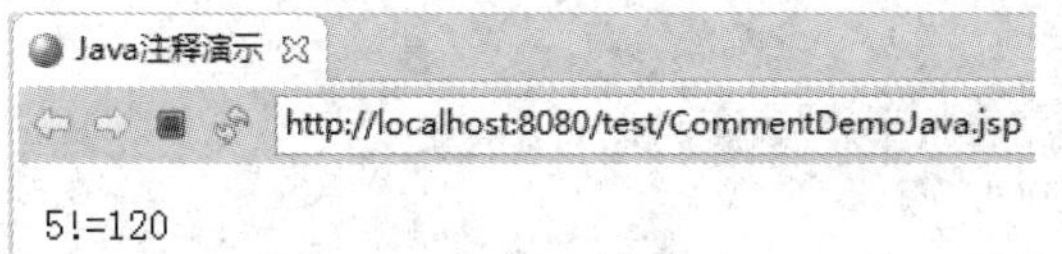

图 4-2-6　访问 CommentDemoJava.jsp 的显示结果

```
<html>
    <head><title>Java注释演示</title></head>
    <body>
        5!=120
    </body>
</html>
```

图 4-2-7　CommentDemoJava.jsp 的运行结果

```
CommentDemoJava_jsp.java - 记事本
文件(F) 编辑(E) 格式(O) 查看(V) 帮助(H)
      _jspx_out = out;

      out.write("\r\n");
      out.write("<html>\r\n");
      out.write("\t<head>\t<title>Java注释演示</title>\t</head>\r\n");
      out.write("\t<body>\r\n");
      out.write("\t\t");
                /* 在服务器端循环计算n的阶乘
                */
                int mul=1,n=5;
                for(int i=1;i<=n;i++)
                        mul=mul*i;
                out.print(n+"!="+mul);   //将结果输出到客户端

      out.write("\r\n");
      out.write("\t</body>\r\n");
      out.write("</html>");
    } catch (java.lang.Throwable t) {
```

图 4-2-8　CommentDemoJava_jsp.java 的源代码

4.3 脚 本 元 素

JSP 脚本是指在 JSP 文件中插入的 Java 代码，在服务器端运行。JSP 脚本元素可以分为 3 类：JSP 脚本段、JSP 表达式和 JSP 声明。其中，JSP 脚本段用于处理 JSP 页面所涉及功能的业务逻辑；JSP 表达式用于在 JSP 页面中输出表达式的值；JSP 声明用于在 JSP 页面中定义变量和方法。在 JSP 源文件中灵活地使用这 3 类脚本元素，可以使 JSP 页面实现较为复杂的功能。

4.3.1 JSP 脚本段

JSP 脚本段的是一段在客户端请求时需要先被 Web 服务器执行的 Java 代码，它可以是一段流程控制语句，也可以产生输出，并把输出合并在已有的静态代码中一起发送给客户。JSP 脚本段的基本语法格式如下：

```
<% 合法的 java 代码 %>
```

【例 4-3-1】 使用一段 JSP 脚本段输出一个多行表格。

ScriptletDemo1.jsp

```
1   <%@ page language="java" contentType="text/html; charset=gb2312" %>
2   <html>
3      <head><title>JSP 的脚本段</title></head>
4      <body>
5      <table  border="1"   style="width: 100;text-align: center;">
6        <%-- 使用 JSP 脚本向客户端输出 4 组<tr>标签，并设置表格奇偶行的背景颜色 --%>
7      <%
8            String color;
9            for(int i=1;i<=4;i++){
10                 if(i%2==0)   color="#FF9600";
11                 else   color="#00EE00";
12
13                 out.println("<tr bgcolor=\""+color+"\"><td>"+i+"</td></tr>");
14           }
15     %>
16     </table>
17     </body>
18  </html>
```

在例 4-3-1 中，ScriptletDemo1.jsp 文件的 7～15 行即为一段 JSP 脚本段，其功能是使用循环语句向客户端输出 4 组<tr>标签，并设置表格奇偶行的背景颜色，其访问显示结果如图 4-3-1 所示，该显示结果对应的网页源代码如图 4-3-2 所示。

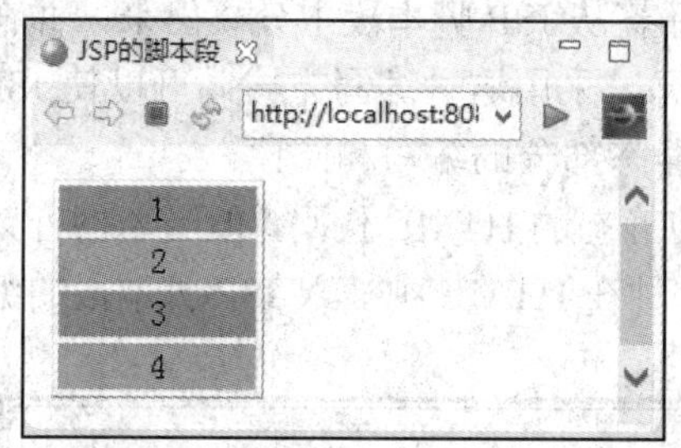

图 4-3-1　访问 ScriptletDemo1.jsp 的显示结果

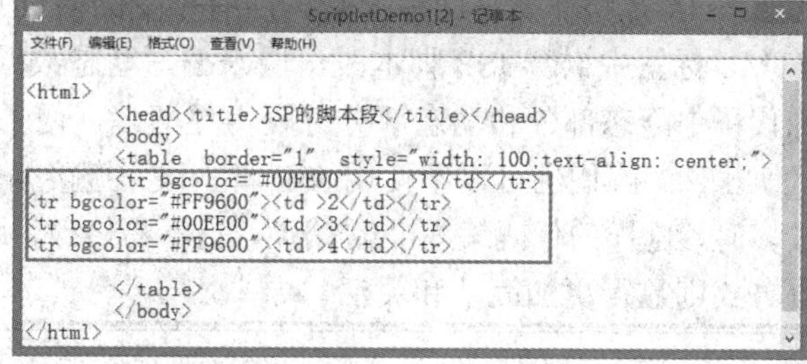

图 4-3-2　ScriptletDemo1.jsp 的运行结果

将 ScriptletDemo1.jsp 的运行结果与 ScriptletDemo1.jsp 源代码对照可发现，虽然在 JSP 源代码中只编写了一个<tr>标签对，但由于 JSP 脚本段中 for 循环语句的作用，使最终发送到客户端的源代码包含了 4 个<tr>标签对，并因为 for 循环语句中 if 分支语句的控制，使表格奇偶行呈不同的背景颜色。

在一个 JSP 页面中可以编写任意数量的脚本段，这些脚本段可以根据需要，夹插在 HTML 标签或其他的 JSP 元素中，当某一 JSP 源文件收到到客户端请求时，脚本段就会在服务器端按顺序从上到下依次自动执行。

【例 4-3-2】 使用多段 JSP 脚本段输出一个多行表格。

ScriptletDemo2.jsp

```
1  <%@ page language="java" contentType="text/html; charset=gb2312" %>
2  <html>
3      <head><title>JSP 的脚本段</title></head>
4      <body>
5      <table   border="1"   style="width: 100;text-align: center;">
6      <%
7              String color;
8              for(int i=1;i<=4;i++){
9                      if(i%2==0)   color="#FF9600";
10                     else   color="#00EE00";
11     %>
12                     <tr bgcolor="<% out.print(color); %>"><%-- 在 HTML 标签中包含 JSP 脚本 --%>
13                             <td><% out.print(i); %></td>
14                     </tr>
15     <%
16             }
17     %>
18     </table>
19     </body>
20 </html>
```

在例 4-3-1 中，ScriptletDemo2.jsp 文件的 6～17 行包含了多段 JSP 脚本段，其功能和访问显示结果都与例 4-3-1 中的 ScriptletDemo1.jsp 文件相同，仅仅是实现形式不同。本例的 12～14 行将需要写回客户端的所有不变的 HTML 标签从 JSP 脚本段中分离出来，并在 HTML 标签中嵌套 JSP 脚本段，用来编写动态数据信息，采用这种编写方式，可以使 JSP 源代码中静态部分和动态部分分隔得更清楚，便于对静态部分的编写和阅读。

虽然，我们也可以不使用 JSP 脚本段，直接编写纯静态的 HTML 代码，但当表格行数较多时，这样的代码编写非常繁琐，且不易修改，而这种在 HTML 中插入 JSP 脚本段的编码方式则显得更加简洁和灵活。

> **注意：**
>
> ① JSP 脚本段中只能使用 out.print()系列方法来向客户端输出信息，如果使用 System.out.print()系列方法，则输出的信息只能显示在服务器端的控制台窗口中。
>
> ② JSP 脚本段中只能是 Java 语句的集合，不能包含完整的方法或类。

4.3.2 JSP 表达式

JSP 表达式的作用是将该表达式的值作为一个字符串输出到客户端，其语法格式如下：

<%= Java 表达式　%>

所有能计算出确切结果的 Java 表达式都可以放置在界限符<%=与%>中形成 JSP 表达式，其功能等价于 JSP 脚本段<% out.print(Java 表达式); %>

【例 4-3-3】 使用 JSP 表达式输出动态信息。

ExpressDemo.jsp

```
<%@ page language="java" contentType="text/html; charset=gb2312" %>
<html>
   <head><title>JSP 的脚本段</title></head>
   <body>
   <table   border="1"   style="width: 100;text-align: center;">
   <%
         String color;
         for(int i=1;i<=4;i++){
               if(i%2==0) color="#FF9600";
               else color="#00EE00";
   %>
               <tr bgcolor="<%=color%>"><%-- 使用 JSP 表达式输出 color --%>
<td> <%= i %> </td>      <%-- 使用 JSP 表达式输出 i--%>
</tr>
   <%
         }
   %>
   </table>
   </body>
</html>
```

在例 4-3-3 中，ExpressDemo.jsp 文件代码 12 行和 13 行用 JSP 表达式实现了向客户端输出变量 color 和 i 的值，其功能和访问显示结果都与例 4-3-2 中的 ScriptletDemo2.jsp 文件相同。将 ExpressDemo.jsp 文件源代码与如图 4-3-3 所示经 Web 服务器处理后写到客户端的网页源代码对比，可以看到 JSP 表达式经 Web 服务器处理后所得的结果转换成字符串并与原文件中的静态代码组合在了一起，JSP 表达式在源文件中的位置，就是该表达式计算结果输出的位置。

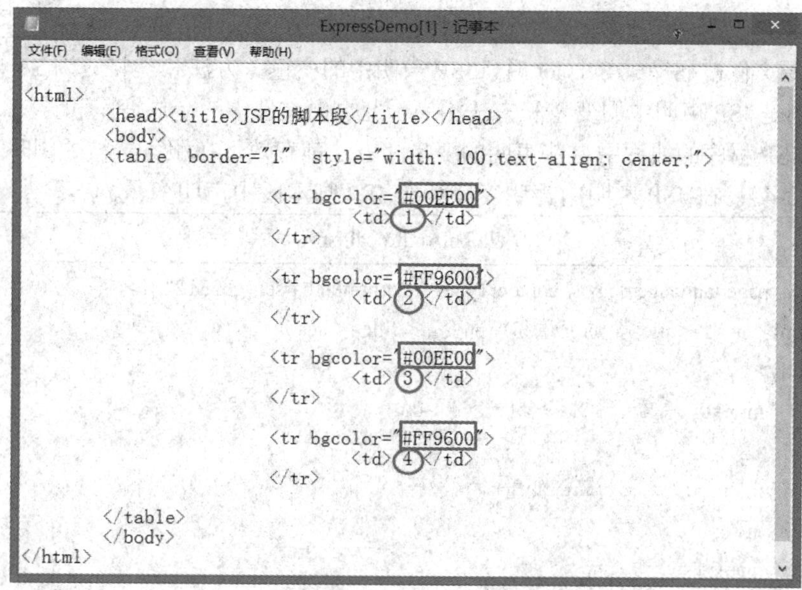

图 4-3-3　ExpressDemo.jsp 的运行结果

> **注意**：由于 JSP 表达式不是完整的 java 语句，因此 JSP 表达式中不能包含语句结束符“;”，更不能在一个 JSP 表达式中包含多条 Java 语句。

4.3.3　JSP 声明

JSP 声明用来定义程序中使用的实体，这些实体可以是变量、方法和类，其语法格式如下：

<%!　变量/方法/类的声明　%>

例如以下 3 个示例都是 JSP 的声明，示例 1 声明了一个整型变量 n，并为其赋值为 5；示例 2 声明了一个方法 add，该方法用于计算并返回两个指定整数之和；而示例 3 则声明了一个类 Student，该类包含一个字符串型的属性 name 以及一个构造方法，该构造方法用于创建本类对象并同时根据方法调用时传入的实参值来为对象的属性 name 赋值。

示例 1	<%! int n=5 ;%> <%--　声明变量　--%>

示例 2	<%! public int add(int x,int y){
	　　return x+y;
	　}
	%>　<%--　声明方法　--%>

示例 3

```
<%! public class Student{
        String name;
        Student(String name){
            this.name=name;
        }
    }
%>  <%-- 声明类 --%>
```

当 JSP 源文件被翻译成 Servlet 时，JSP 声明中的变量、方法和类将成为 Servlet 类的内部成员，特别是 JSP 声明中的变量和方法相当于此页面文件中的全局变量和方法，因此在所有运行于该 JSP 程序的线程中这些声明的变量和方法都有效，在服务器被关闭时才会释放。

【例 4-3-4】 在 JSP 声明中声明变量和在 JSP 脚本段中声明变量。

GlobalAndLocal.jsp

```
1   <%@ page language="java" contentType="text/html; charset=gb2312" %>
2   <html><head><title>全局变量和局部变量</title></head>
3   <body>
4   <%!  int n=0;     %>  <%-- 全局变量 --%>
5   <%
6           int m=0;          //局部变量
7           n++;
8           m++;
9           out.print("第"+n+"次加载页面！");
10  %>
11  <br><br>m=<%=m %>
12  </body>
13  </html>
```

在例 4-3-4 中，GlobalAndLocal.jsp 源代码的第 4 行和第 6 行分别声明并初始化了两个整型变量 n 和 m，由于 n 在 JSP 声明中声明，因此是全局变量，而 m 在 JSP 脚本段中声明，因此是局部变量。通过查看图 4-3-4 所示两次访问 GlobalAndLocal.jsp 的显示结果可看到，n 的值随着访问次数依次递增，而 m 的值则一直保持不变，原因就是只要服务器不关闭，n 作为全局变量只会在第一次访问 GlobalAndLocal.jsp 时初始化为 0，然后将一直存在于服务器内存中，因此以后每次访问 GlobalAndLocal.jsp 即在上一次 n 值基础上做+1 操作，n 的值就依次递增了，而 m 作为局部变量，每次访问 GlobalAndLocal.jsp 时都会初始化为 0，访问结束则被删除，因此每次访问 GlobalAndLocal.jsp 时 m 都是在 0 基础上做+1 操作，m 的值永远是 1。

(a) 第一次访问的显示结果　　(b) 第二次访问的显示结果

图 4-3-4　访问 GlobalAndLocal.jsp 的显示结果

> 注意：JSP 声明中因为不能使用内置对象，因此，无论是声明方法还是类都不能使用 out 对象调用 print()系列方法做输出操作。

4.4 指令元素

JSP 指令元素用于在 JSP 文件中设置页面的属性，不产生输出，在整个页面范围内有效，其语法格式如下：

<%@ 指令名 属性 1="值 1" …… 属性 n ="值 n" %>

JSP 指令包括 page 指令、include 指令和 taglib 指令。其中，page 指令用于设定 JSP 页面的全局属性和相关功能，include 指令用于将特定位置上的资源包含到当前的 JSP 文件中，taglib 指令用于定义一个标签库及标签库的前缀。

> 注意：
> ① <%@与%>必须是完整且连续的标记，标记中字符间不能添加空格。
> ② 指令名和属性名对大小写是敏感的。

4.4.1 page 指令

page 指令用于定义整个 JSP 页面的相关属性，这些属性在 JSP 文件被 Web 服务器转译成 Servlet 文件时会转换为相应的 Java 程序代码，其语法格式如下：

<%@ page 属性 1="值 1" …… 属性 n ="值 n" %>

page 指令的常用属性如表 4-4-1 所示，我们使用 page 指令时，并非一定要设置所有属性的值，而是根据需要，选择设置其中一个或多个属性的值，对于没有显示设置值的属性，其值自动设置为系统默认值。

表 4-4-1 page 指令的常用属性

属性	功 能	属性	功 能
language	指定 JSP 使用的脚本语言	info	定义 JSP 页面的描述信息
errorPage	指定当前页面运行异常时调用的页面	isErrorPage	说明当前页面是否为其他页面的异常处理页面
import	导入使用的 Java 包	isELIgnored	指定是否忽略 EL 表达式
session	指定在当前页中是否允许 session 操作	buffer	指定处理页面输出内容时的缓冲区大小
contentType	设置返回浏览器网页的内容类型和字符编码格式	autoFlush	指定当缓冲区满时是否自动清空
pageEncoding	指定 JSP 页面的字符编码	isThreadSafe	指定是否线程安全

一个 JSP 页面可以只包含一条 page 指令，在这条 page 指令中包含所有要设置的属性及其值，也可以将这些属性及其值分散在多条 page 指令中，例如，示例 1 和示例 2 中设置的 page 指令所达到的效果是相同的。

示例 1	<%@ page language="java" contentType="text/html; charset=gb2312" %>
示例 2	<%@ page language="java" %> <%@ page contentType="text/html; charset=gb2312" %>

page 指令可以放在 JSP 页面的任何位置，但为了便于阅读和格式规范，通常放到 JSP 页面的开头。

1. import 属性

import 属性用于设置 JSP 脚本会用到的包和类的路径。JSP 文件会默认载入 javax.servlet.jsp.*、 javax.servlet.http.*、javax.servlet.*、java.lang.*这 4 个包，如果 JSP 脚本用到的类不在这 4 个包中，则必须在 import 属性中设置它们的访问路径，否则会导致语法错误。

【例 4-4-1】 在 JSP 文件中导入指定类。

PDImport.jsp

```
1  <%@ page   language="java"   contentType="text/html; charset=UTF-8" %>
2  <%@ page   import=" java.util.Date" %>   <%--  导入 java.util.Date 类  --%>
3  <html>
4  <head><title>显示服务器当前时间</title></head>
5  <body>
6  现在时间是：<%=new Date().toLocaleString()%> <%--  输出当前服务器时间  --%>
7  </body>
8  </html>
```

在例 4-4-1 中，PDImport.jsp 源代码的第 2 行使用 page 指令的 import 属性导入了 java.util.Date 类，这样才能在第 6 行中调用该类的方法来输出当前服务器的时间。访问 PDImport.jsp 文件得到的显示结果如图 4-4-1 所示。

图 4-4-1　访问 PDImport.jsp 的显示结果

如果需要导入多个包或类，可以在一条 page 指令中设置一个 import 属性，其属性值包括多个要导入的包或类，每一个包或类的路径用逗号分隔，也可以在一条 page 指令中设置多个 import 属性，还可以使用多条 page 指令，每条 page 指令只设置一个 import 属性导入一个包或类，例如，示例 3、4、5 是等价的。事实上，import 属性是 page 指令中唯一可以在同一个 JSP 源文件中多次出现且属性值可以不同的属性，其他属性若在同一 JSP 文件中多次设置不同值则会导致编译错误或运行异常。

示例 3	<%@ page import="java.text.* , java.util.Date" %>
示例 4	<%@ page import=" java.util.Date"　import="java.text.*" %>
示例 5	<%@ page import=" java.util.Date" %> <%@ page import="java.text.*" %>

2. pageEncoding 属性

pageEncoding 属性用于定义 JSP 源文件中代码的编码格式，当 JSP 源文件由 Web 服务器转译为 Servlet 文件时，Web 服务器才能根据该属性的值正确识别 JSP 源文件中的代码字符，从而正确转译。该属性的默认值为“ISO-8859-1”，此字符编码集是不支持中文字符的，因此如果编写的 JSP 源文件中存在中文字符，则需要将 pageEncoding 属性值设置为“gb2312”“GBK”“UTF-8”等支持中文的字符编码集。

例如，示例 6 就是通过 page 指令将本页字符编码集设置为“gb2312”。

示例 6	<%@ page pageEncoding =" gb2312 " %>

3. contentType 属性

contentType 属性用于指定 JSP 文件的内容类型以及经 Web 服务器处理后发送到客户端的信息采用什么编码类型，其语法格式如下：

```
<%@ page contentType=" MIME 类型;charset=字符编码集" %>
```

contentType 属性值由两部分组成：

(1) 设置页面的内容类型(即 MIME 类型)。该部分值决定本 JSP 文件经 Web 服务器处理后发送到客户端的信息采用什么文件类型来组织。该部分值默认为 text/html，即表示写回信息为文本类型的 HTML 文件，当然也可以根据实际情况设置为如 image/gif 等其他值，更多的 MIME 类型值可以查询 RFC 系列文档。

(2) 设置页面显示的字符编码集。该部分值决定本 JSP 文件经 Web 服务器处理后发送到客户端的信息采用什么字符编码集来编码以及客户端收到信息后采用什么字符编码集来解码。只有服务器端编码和客户端解码采用一致的字符编码集，才能保证服务器发送给客户端的信息能正确译出。这部分默认值为不支持中文的“ISO-8859-1”字符编码集，因此，若要使页面在客户端的显示支持中文，则需要设置该部分值为“gb2312”“GBK”“UTF-8”等支持中文的字符编码集。

例如，示例 7 就是通过 page 指令将本页内容类型设置为文本类型的 HTML 文件，显示字符编码集为“gb2312”。

示例 7	<%@ page　contentType="text/html; charset=gb2312 %>

> **注意**：虽然 contentType 属性与 pageEncoding 属性都涉及字符编码集的设置，但这两个属性作用的阶段不同，pageEncoding 属性作用于 JSP 源文件转译为 Servlet 文件阶段，而 contentType 属性作用于服务器端将 JSP 文件处理结果发送到客户端这一阶段。实际上，这两个属性值只要任意设置了其中一个的字符编码集，另一个即会与此保持一致。

4. errorPage 属性

通常情况下，若 JSP 执行时发生异常，异常并不在当前页面中处理，而是由专门的错误处理页面来处理。errorPage 属性就是用于指定当前页面出现异常时要跳转的页面，其值为异常处理页面的 URL。例如，示例 8 即表示 Web 服务器处理当前 JSP 文件时，一旦发生异常将跳转执行 error.jsp 文件。

示例 8	`<%@ page contentType="text/html; charset=UTF-8" errorPage="error.jsp"%>`

5. isErrorPage 属性

isErrorPage 属性的功能是设置当前 JSP 文件是否为另一个 JSP 文件的错误处理页，其值为布尔类型，默认值为 false，表示当前 JSP 文件不是其他 JSP 文件的错误处理页。实际上，该属性值无论设置为 true 还是 false 都不影响当前 JSP 文件的执行，但设置为 true 后，服务器会根据原页面错误类型将相应的 HTTP 状态码返回到客户端，否则将返回执行正常的状态码。因此，若当前 JSP 文件是其他 JSP 文件的错误处理页，通常情况下我们都会在当前文件的 page 指令中将 isErrorPage 属性的值设置为 true。

【例 4-4-2】 为 JSP 文件设置异常处理页。

PDErrorPage.jsp

```
1  <%@ page   contentType="text/html; charset=UTF-8"    errorPage="error.jsp"%>
2  <html>
3  <head><title>page 指令：errorPage 属性</title></head>
4  <body>
5      <%!  int [] a={1,2,3};%>
6      第 3 个数组元素：<%=a[3] %>
7  </body>
8  </html>
```

error.jsp

```
1  <%@ page   contentType="text/html; charset=UTF-8"   isErrorPage = "true" %>
2  <html>
3  <head><title>异常信息显示</title></head>
4  <body>
5  页面运行出错！
6  </body>
7  </html>
```

在例 4-4-2 中，PDErrorPage.jsp 为主页面文件，error.jsp 是异常处理页面。PDErrorPage.jsp 文件第 1 行的 page 指令中将 errorPage 属性值设置为 error.jsp，因此当客户端访问 PDErrorPage.jsp 时，该文件会因数组的越界访问而引发异常，此时服务器将立刻运行 error.jsp，并将 error.jsp 文件的运行结果作为 PDErrorPage.jsp 的响应信息发送到客户端，从而在客户端显示如图 4-4-2 所示的错误提示信息。同时，在 error.jsp 文件第 1 行的 page 指令中将 isErrorPage 属性的值设置为 true，以表示 error.jsp 是其他 JSP 文件的错误处理页。

图 4-4-2　访问 PDErrorPage.jsp 的显示结果

> **注意**：如果使用 IE 浏览器访问 JSP 文件发生异常，有时会显示如图 4-4-3 所示的 IE 的默认错误界面而非自定义的错误处理页面，此时，只需要在如图 4-4-4 所示的 Internet 属性窗口(通过命令“Internet 选项”→“高级”打开)中将“显示友好 HTTP 错误消息”选项设置为不选中即可解决。

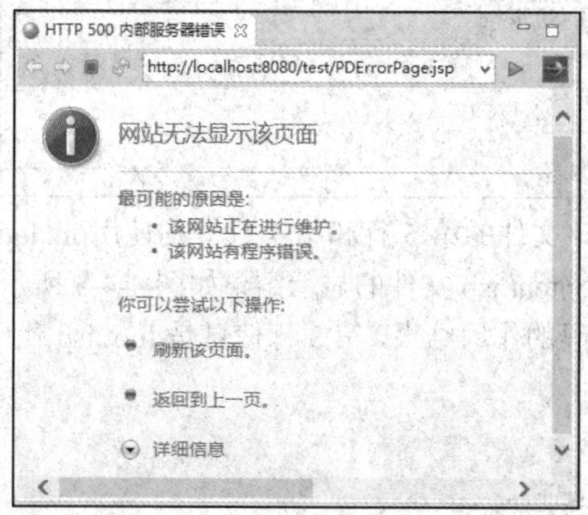

图 4-4-3　异常时显示 IE 的默认错误界面

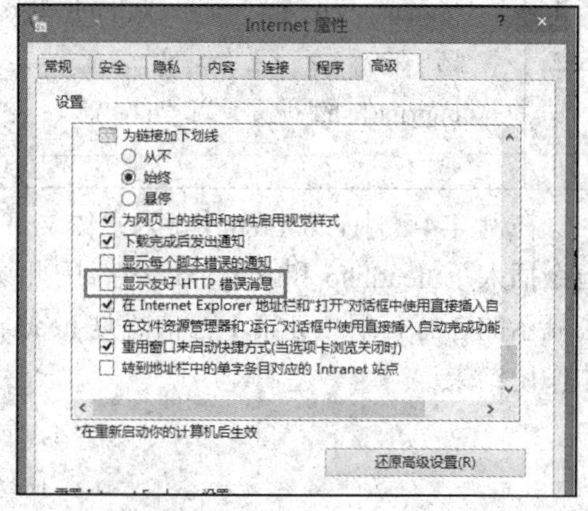

图 4-4-4　设置 Internet 属性窗口

6. language 属性

language 属性用于指定 JSP 页面的脚本语言，默认值为 java。目前 JSP 支持的脚本语言只有 java，因此若将该属性的值设置为其他语言，编译时会出现异常。

4.4.2　include 指令

include 指令用来向当前 JSP 文件指定位置插入另一个文件，被插入的文件可以是一个 HTML 的静态文件，也可以是一个 JSP 文件。其语法格式如下：

```
<%@ include file="被包含文件的 URL" %>
```

include 指令只有一个属性 file，该属性值即为要插入文件的 URL。

【例 4-4-3】　在 JSP 文件中使用 include 指令插入其他文件。

content.jsp

```
<%@ page contentType="text/html; charset=UTF-8"%>
<html>
<head><title>include 指令示例</title></head>
<body>
<%@include file="head.jsp" %>   <%-- 插入 head.jsp 文件 --%>
```

```
6  <h1>这是主体内容</h1>
7  <%@include file="foot.jsp" %>   <%-- 插入 foot.jsp 文件 --%>
8  </body>
9  </html>
```

head.jsp

```
<%@ page contentType="text/html; charset=UTF-8"%>
<%
out.print("<h2>这是头部</h2>");
%>
```

foot.jsp

```
<%@ page contentType="text/html; charset=UTF-8"%>
<%
out.print("<h2>这是尾部</h2>");
%>
```

在例 4-4-3 中，content.jsp 为主体文件，在该文件的第 5 行和第 7 行分别使用 include 指令插入了 head.jsp 和 foot.jsp 文件，因此访问 content.jsp 文件的显示结果如图 4-4-5 所示，在显示的 3 行信息中，第 1 行信息是 head.jsp 代码的作用结果，第 3 行信息是 foot.jsp 代码的作用结果。

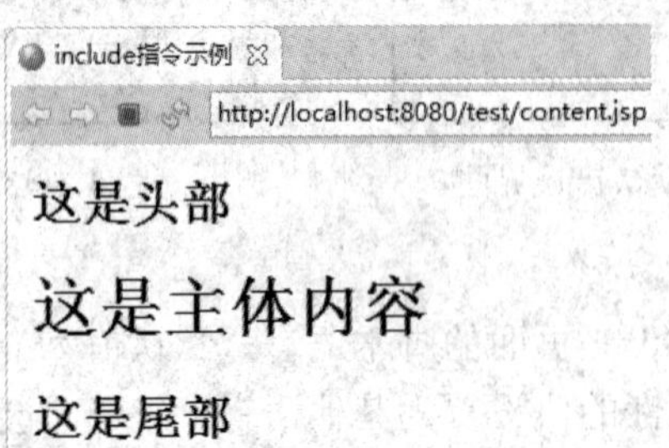

图 4-4-5　访问 content.jsp 的显示结果

从本质上讲，一旦使用 include 指令将某个文件插入到主体文件，即是将插入者的所有源代码插入主体文件中从而使主体文件包含两个文件的所有代码，因此例 4-4-3 中的 content.jsp 在 include 指令的作用下实际上等同于如下代码：

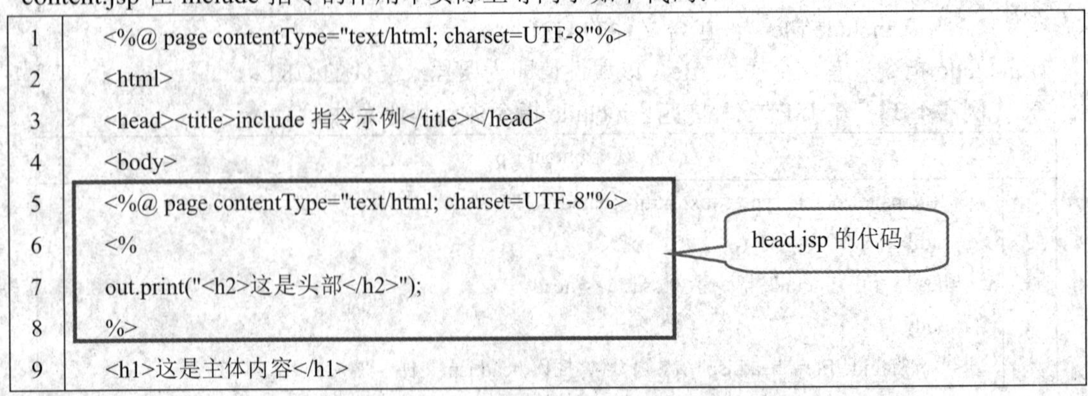

```
<%@ page contentType="text/html; charset=UTF-8"%>
<html>
<head><title>include 指令示例</title></head>
<body>
<%@ page contentType="text/html; charset=UTF-8"%>
<%
out.print("<h2>这是头部</h2>");
%>
<h1>这是主体内容</h1>
```

```
<%@ page contentType="text/html; charset=UTF-8"%>
<%
out.print("<h2>这是尾部</h2>");
%>
</body>
</html>
```

foot.jsp 的代码

为了统一网站的风格或提高代码的复用，我们常常将多个页面中相同的部分单独写成一个文件，然后在需要的位置使用 include 指令直接包含该文件，这样可以大大提高代码的重用性，且便于代码的维护和升级。但 include 指令同样存在缺点，就是在编写主体文件和插入文件时需要彼此兼顾，否则会发生相互干扰甚至是语法冲突。例如，我们如果将例 4-4-3 中的 head.jsp 文件代码中 page 指令的 contentType 属性值修改为"text/html; charset=gb2312"，单独访问 head.jsp 文件没有任何问题，但一旦访问 content.jsp 文件则会出现如图 4-4-6 的运行异常，导致异常的原因就是在三个文件代码合并到 content.jsp 时，content.jsp 出现了如图 4-4-7 所示的对 page 指令的 contentType 属性多次不同赋值。

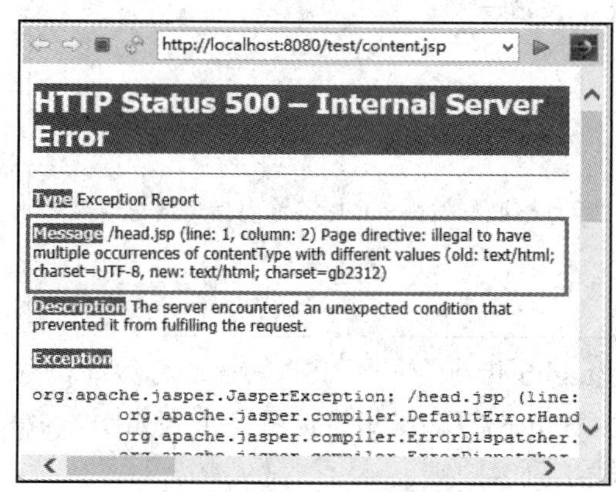

图 4-4-6　访问 content.jsp 的异常结果

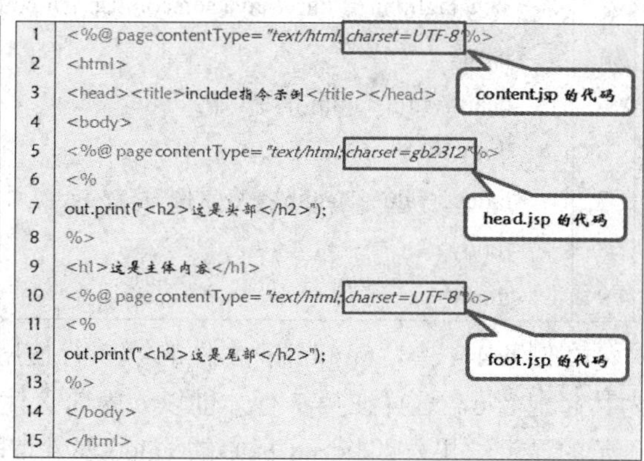

图 4-4-7　代码合并示例

需要提醒大家的是，使用 include 指令时，属性 file 的值必须是字符串常量而不能采用变量的形式，因为使用 include 指令插入文件是在 JSP 文件转译为 Servlet 文件之前，此时 JSP 文件还未得到 Web 服务器的处理，所有变量还未分配空间，因此在此时读取变量值会导致语法错误，如示例 9 这条 include 指令就是错误的。

示例 9

```
<% String url="head.jsp" ;%>
<%@include file="<%=url%>" %>   <%-- 语法错误 --%>
```

4.4.3 taglib 指令

如果需要在 JSP 文件中使用 JSTL(JSP Standard Tag Library，JSP 标准标签库)时，就要使用 taglib 指令来导入 JSP 页面中需要使用的标签库并定义该标签库的前缀，其语法格式如下：

```
<%@ taglib uri="标签库的 URI "   prefix="标签前缀" %>
```

其中，uri 属性指明标签库文件的路径，而 prefix 属性定义标签的前缀，该前缀是为了使用方便和简化代码给标签库起的别名，常用的 JSTL 标签库如表 4-4-2 所示。

表 4-4-2　JSTL 标签库

JSTL	推荐前缀	URI	范例
核心标签库	c	http//java.sun.com/jsp/jstl/core	<c:out>
I18N 标签库	fmt	http//java.sun.com/jsp/jstl/	<fmt:formatDate>
SQL 标签库	sql	http//java.sun.com/jsp/jstl/sql	<sql:query>
XML 标签库	x	http//java.sun.com/jsp/jstl/xml	<x:forBach>
函数标签库	fn	http//java.sun.com/jsp/jstl/function	<fn:split>

【例 4-4-4】 在 JSP 文件中使用 JSTL 输出信息。

taglib.jsp

```
1 <%@ page language="java" contentType="text/html; charset=UTF-8"%>
2 <%-- 导入 JSP 的核心标签库，并为其起别名 c --%>
3 <%@ taglib uri="http://java.sun.com/jsp/jstl/core"   prefix="c"   %>
4 <html>
5 <head><title>taglib 指令示例</title></head>
6 <body>
7 <c:out   value="taglib 指令示例" /><%-- 使用 JSTL 核心标签库 out 标签输出指定信息 --%>
8 </body>
9 </html>
```

在例 4-4-4 中，taglib.jsp 文件的第 3 行使用 taglib 指令导入了 JSP 的核心标签库，并为其起别名 c，这样在第 7 行才能以 c 为前缀使用 out 标签输出指定信息，得到如图 4-4-8 所示的显示结果，即将 out 标签的 value 属性值输出到客户端。

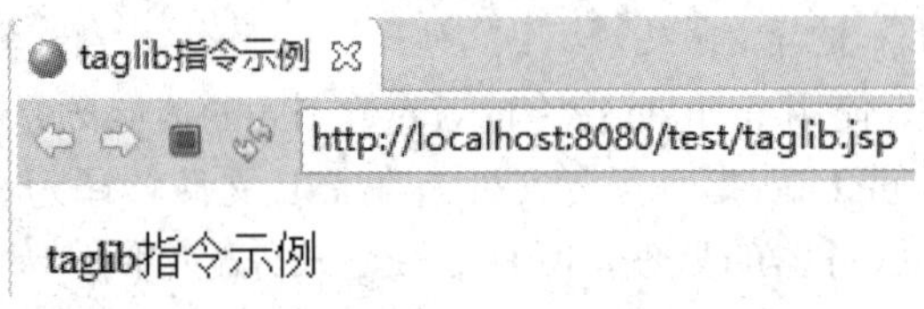

图 4-4-8　访问 taglib.jsp 的异常显示结果

> 注意：使用 JSTL 必须在项目文件夹\WEB-INF\lib 中放入 standard.jar 和 jstl.jar 文件，否则会因无法识别标签库和 JSTL 中的标签而导致语法错误。

4.5　动 作 元 素

JSP 的动作相当于对预定义 Java 脚本的调用，主要为请求处理阶段提供信息，能够影响输出流和对象的创建、使用、修改等，这些动作可以通过 JSP 动作标签来调用，从而实现利用标签来控制 Servlet 引擎的行为。使用 JSP 动作元素可以简化某些常用操作，以提高代码的可重用性。

JSP 动作标签按照 XML 语法进行书写，其语法格式有两种：

格式 1：<jsp:动作名　属性 1= "值 1" … 属性 n= "值 n" />

格式 2：<jsp:动作名 属性 1= "值 1" … > 子标签或子内容 </jsp:动作名>

以上两种格式功能相同，只是格式 2 的 JSP 动作标签可包含子标签或子内容。

JSP2.0 规范中定义了如表 4-5-1 所示的 20 个标准动作，在本书中我们主要介绍其中常用的 6 个。

表 4-5-1　JSP2.0 中的标准动作

类　型	动　作　名
与存取 JavaBean 有关的动作	<jsp:useBean>、< jsp:setProperty >、< jsp:getProperty >
基本动作	<jsp:include>、<jsp:forward>、<jsp:param>、<jsp:plugin>、<jsp:params>、<jsp:fallback>
与 JSP Document 有关的动作	<jsp:root>、<jsp:declaration>、<jsp:scriptlet>、<jsp:expression>、<jsp:text>、<jsp:output>
动态生成 XML 元素标签值的动作	<jsp:attribute>、<jsp:body>、<jsp:element>
用于 Tag File 的动作	<jsp:invoke>、<jsp:dobody>

4.5.1　JavaBean 的编写

在学习与存取 JavaBean 有关的 3 个 JSP 动作前，我们首先来了解一下 JavaBean。JavaBean 是一种 Java 的组件技术，它将 Java 代码与 HTML 代码分离，单独封装成一个处理某种业务逻辑的类，然后在 JSP 页面中调用此类。JavaBean 的作用是降低 HTML 代码与 Java 代码的耦合度，简化 JSP 页面，提高 Java 代码的重用性和灵活性。在 JavaBean 中，可以将控制逻辑、值、数据库访问和其他对象进行封装，并且可以被其他应用调用。

JavaBean 包括 2 种类型：

(1) 广义的 JavaBean，也称作工具 JavaBean，指普通的 Java 类，通常用于封装业务逻辑、数据操作等，例如示例 1 即是一个工具 JavaBean。

示例 1

```
public class Tools{
    public String change(String str){
        str=str.replace("<", "&lt;");
        str=str.replace(">", "&gt;");
        return str;
    }
}
```

(2) 狭义的 JavaBean，也称作值 JavaBean，指严格按照 JavaBean 规范编写的 Java 类，通常用于封装表单数据，作为信息的容器。在本小节中我们主要是学习如何编写这类值 JavaBean。

值 JavaBean 的编写一般要满足以下要求：

(1) 该类必须是公共类，即类的访问控制符为 public。

(2) 该类必须包含一个公共的无参构造方法，这个无参构造方法可以显式写在类体中，也可以不写，由系统默认生成。

(3) 该类的所有属性都是私有的，即所有属性的访问控制符均为 private。

(4) 为了使该类的所有私有属性能够被读写，需要定义一组公共的存取方法，get 开头的方法完成对属性的读，而 set 开头的方法完成对属性的写。

【例 4-5-1】 一个用于存放用户信息的值 JavaBean。

User.java

```java
package bean;
public class User {                      //公共的类
    private String name;                 //私有的属性
    private String password;

    public String getName() {                    //公共的读取 name 属性的方法
        return name;
    }
    public void setName(String name) {           //公共的设置 name 属性的方法
        this.name = name;
    }
    public String getPassword() {                    //公共的读取 password 属性的方法
        return password;
    }
    public void setPassword(String password) {   //公共的设置 password 属性的方法
        this.password = password;
    }
}
```

例 4-5-1 中，User.java 文件包含的 User 类即是一个值 JavaBean，因为它满足值 JavaBean 编写的所有规则。需要特别说明的是，虽然 User 类中并没有写出该类的无参构造方法，但因为 User 类中没有写出任何一个构造方法，所以系统会自动生成一个默认的无参构造方法，从而满足编写规则。

> 注意：
>
> ① get/set 方法的命名必须规范，get/set 之后要有读写的属性名，且属性名首字母必须大写，例如，getName 方法即是读取属性 name 值的方法，setPassword 方法即是设置属性 password 的方法。
>
> ② 若属性类型为 boolean，则读属性时要将 get 方法改为 is 方法，例如，读取 boolean 类型属性 vip 的方法命名应为 isVip。

在 Eclipse 中编写值 JavaBean，首先需要创建 Java 源文件，其创建过程如下：

(1) 按照如图 4-5-1 所示操作过程，右键单击项目名称，在弹出的快捷菜单中选择“New”→“Class”，打开如图 4-5-2 所示的“创建 Java 类”界面。

(2) 在如图 4-5-2 所示的“创建 Java 类”界面中输入此 JavaBean 文件所在包的名称和 JavaBean 类的名称，保持界面中其他信息不变，单击“Finish”按钮，完成文件的创建。创建后的 JavaBean 文件将位于项目文件夹中的 src 文件夹中。

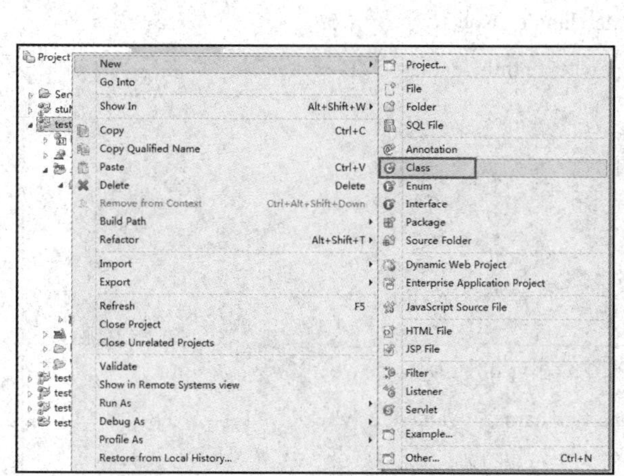

图 4-5-1　创建 Java 类的操作过程示意

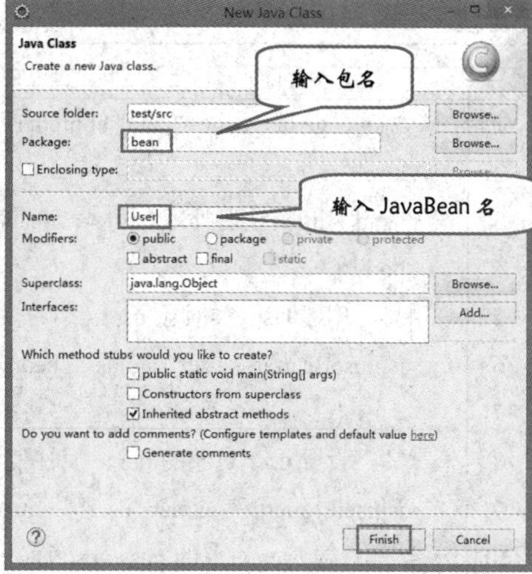

图 4-5-2　“创建 Java 类”界面

4.5.2　useBean 动作

useBean 动作的功能是用来创建一个 JavaBean 实例，其语法格式如下：

<jsp:useBean id="对象名" class="类名"　scope="范围类型"　type="对象类型" />

该动作标签共有 4 个属性：id 属性用于指定实例化的 JavaBean 对象的名称；class 属性用于指定实例化的 JavaBean 的类名；scope 属性用于指定 JavaBean 对象的作用范围，默认值为 page，即 JavaBean 在当前页面有效，除此以外，还可以为 request、session 和 application；type 属性用于指明 JavaBean 对象的类型，其值可以是创建该对象的类或父类或其实现的接口，当该属性值与 class 属性值相同时，可省略。

之前我们已经在例 4-5-1 中定义了 User 类，现在就可以按照示例 2 创建一个在当前页面内有效的 User 类的对象 user。

示例 2	<jsp:useBean id="user"　class="bean.User"　scope="page"　type="bean.User"/>

示例 2 中 scope 属性值为默认值 page，type 属性与 class 属性值相同，因此可简化为示例 3 动作标签形式。

示例 3	<jsp:useBean id="user"　class="bean.User" />

4.5.3　setProperty 动作

setProperty 动作常常和 useBean 动作一起使用，作用是给 JavaBean 对象的属性赋值，该动作的语法格式有 4 种。

格式 1：<jsp:setProperty name="对象名" property="属性名" value="属性值" />

格式 1 实现用指定值给 JavaBean 对象的指定属性赋值，该格式需要设置 3 个标签属性：属性 name 用于指明 JavaBean 对象名，属性 property 用于指明要赋值的属性名，属性 value 用于指明要给属性赋的值。

【例 4-5-2】 使用 useBean 动作创建对象并使用 setProperty 动作的第一种格式实现赋值处理。

registerHandle1.jsp

```
1   <%@ page language="java" contentType="text/html; charset=UTF-8"%>
2   <html>
3   <head><title>注册处理</title></head>
4   <body>
5   <%-- 创建 User 类对象 user --%>
6   <jsp:useBean id="user"    class="bean.User" />
7   
8   <%-- 设置 user 对象的 name 属性值为字符串"Lily" --%>
9   <jsp:setProperty    name="user"     property="name"    value="Lily" />
10  <%--设置 user 对象的 password 属性值为字符串"123" --%>
11  <jsp:setProperty    name="user"     property="password"    value="123" />
12  
13  用户名：<%=user.getName()%><br>
14  密码：<%=user.getPassword()%>
15  </body>
16  </html>
```

例 4-5-2 是在例 4-5-1 的基础上编写 registerHandle1.jsp 文件，文件的第 6 行使用 useBean 动作创建了 User 类对象 user，第 9、10 行分别使用 setProperty 动作将对象 user 的 name 属性赋值为“Lily”，password 属性赋值为“123”，最后调用对象 user 的方法读取 name 和 password 属性的值并输出。访问该文件，将显示如图 4-5-3 所示的页面效果。

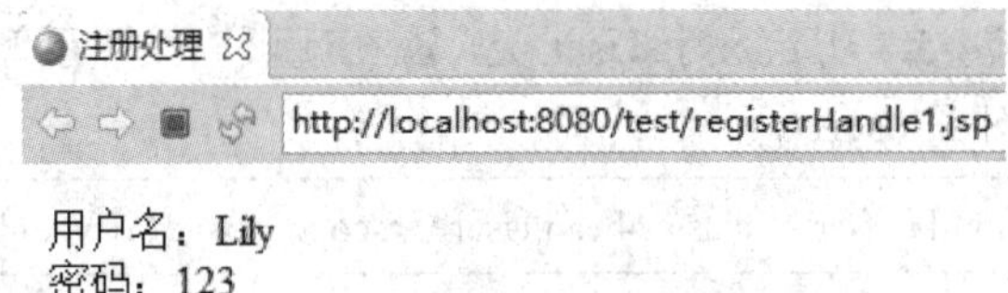

图 4-5-3　访问 registerHandle1.jsp 的显示结果

这种直接在程序中为对象属性赋固定值的情况并不多见，大多数情况下，需要提取传入页面的参数值来为属性赋值。这时就需要用到 setProperty 动作的另外几种格式了。

格式 2：<jsp:setProperty　name="对象名"　property="属性名"　param="参数名" />

格式 2 需设置 3 个标签属性的值，其功能是用传入参数的值给 JavaBean 对象的指定属性赋值，所选参数由属性 param 设置。

【例 4-5-3】 使用 setProperty 动作的第二种格式提取请求参数并实现赋值处理。

register.html

```
<html>
<head><meta http-equiv="Content-Type"  content="text/html;charset=UTF-8">
<title>用户注册</title></head>
<body>
   <form method="post"  action="registerHandle2.jsp">
   名称：<input type="text"  name="name"><br>
   密码：<input type="password"  name="password"><br>
   <input type="submit"  value="提交">  
   <input type="reset"  value="重置">
   </form>
</body>
</html>
```

registerHandle2.jsp

```
<%@ page language="java" contentType="text/html; charset=UTF-8"%>
<html>
<head><title>注册处理</title></head>
<body>
<jsp:useBean id="user"  class="bean.User"  scope="page"  type="bean.User"/>

<%-- 用传入本页的请求参数 name 的值为 user 对象的 name 属性赋值 --%>
<jsp:setProperty  name="user"  property="name"  param="name"/>
<%-- 用传入本页的请求参数 password 的值为 user 对象的 password 属性赋值 --%>
<jsp:setProperty  name="user"  property="password"  param="password" />

用户名：<%=user.getName()%><br>
密码：<%=user.getPassword()%>
</body>
</html>
```

在例 4-5-3 中，register.html 文件的功能是接受用户输入名称和密码，用户单击“提交”按钮将名称和密码信息封装到请求参数 name 和 password 中并传递给 registerHandle2.jsp；registerHandle2.jsp 文件的功能是接收请求参数 name 和 password 的值并通过 setProperty 动作将这两个值赋给对象 user 的 name 和 password 属性，最后调用 user 对象的方法读取 name 和 password 属性的值并输出，本例的访问结果如图 4-5-4 所示。

需要强调的是，为保证在 registerHandle2.jsp 文件中能使用 setProperty 动作正确提取到请求参数的值，setProperty 动作中的 param 属性值一定要与 register.html 文件表单中的两个<input>输入标签的 name 属性值一致。

当第二种格式中的 property 属性值与 param 属性值相同时，我们可以省略设置 param

属性，这样就得到 setProperty 动作的第 3 种格式。

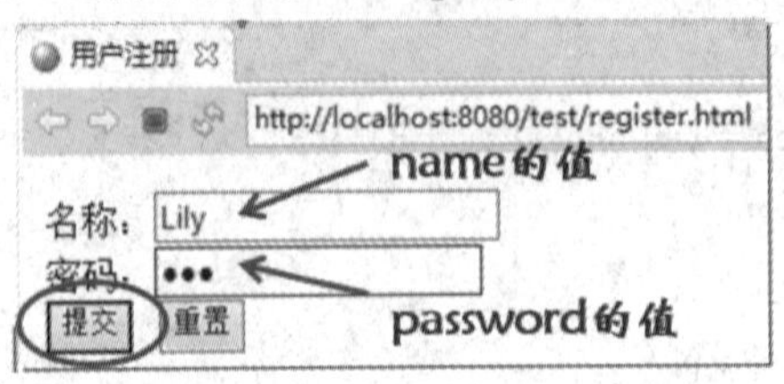

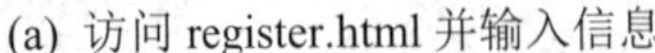
(a) 访问 register.html 并输入信息

(b) registerHandle2.jsp 的显示结果

图 4-5-4　例 4-5-2 的显示结果

格式 3：<jsp:setProperty　name="对象名"　property="属性名" />

格式 3 仅需设置标签属性 name 和 property 的值，其功能是将与指定属性同名的请求参数的值赋值给对应的同名属性。因此，若我们能保证传入页面的多个参数中存在与属性同名的参数，那么使用这种格式将更加简便。

【例 4-5-4】 使用 setProperty 动作的第 3 种格式提取请求参数并实现赋值处理。

registerHandle3.jsp

```
<%@ page language="java" contentType="text/html; charset=UTF-8"%>
<html>
<head><title>注册处理</title></head>
<body>
<jsp:useBean id="user"   class="bean.User"   scope="page"   type="bean.User"/>

<%-- 用传入本页的请求参数 name 的值为 user 对象的 name 属性赋值 --%>
<jsp:setProperty   name="user"    property="name" />
<%-- 用传入本页的请求参数 password 的值为 user 对象的 password 属性赋值 --%>
<jsp:setProperty   name="user"    property="password" />

用户名：<%=user.getName()%><br>
密码：<%=user.getPassword()%>
</body>
</html>
```

在例 4-5-4 中，registerHandle3.jsp 文件是在例 4-5-3 基础上修改 registerHandle2.jsp 文件得到的，因为 register.html 文件表单中的两个<input>输入标签的 name 属性值分别为 name 和 password，恰好与 user 对象的两个属性同名，因此可以使用 setProperty 动作的第 3 种格式来实现提取请求参数并给 JavaBean 对象属性赋值的操作，其执行效果与例 4-5-3 相同。

格式 4：<jsp:setProperty　name="对象名"　property="*" />

格式 4 将标签属性 property 的值设置为“*”，其功能是将所有与 JavaBean 对象属性同名的传入参数的值赋值给对应的同名属性，从而使用一个 setProperty 动作一次性完成对多个属性的赋值。在传入 JSP 文件的请求参数较多时，使用这种格式提取数据并为 JavaBean 对象的所有属性赋值是最简便的。

【例 4-5-5】 使用 setProperty 动作的第 4 种格式提取请求参数并实现赋值处理。

registerHandle4.jsp

```
<%@ page language="java" contentType="text/html; charset=UTF-8"%>
<html>
<head><title>注册处理</title></head>
<body>
<jsp:useBean id="user"   class="bean.User"   scope="page"   type="bean.User"/>

<%-- 用传入本页的请求参数的值为 user 对象的所有同名属性赋值 --%>
<jsp:setProperty   name="user"    property="*" />

用户名：<%=user.getName()%><br>
密码：<%=user.getPassword()%>
</body>
</html>
```

例 4-5-5 中，registerHandle4.jsp 文件是在例 4-5-4 基础上修改 registerHandle3.jsp 文件得到的，因为 user 对象需要赋值的属性恰好与 register.html 文件表单提交的请求参数同名，因此可以采用 setProperty 动作的第 4 种格式为对象 user 的两个属性赋值，也就是将 registerHandle3.jsp 文件的两个 setProperty 动作合并为一个，代码更简洁但执行效果不变。

实际上，setProperty 动作的第 4 种格式是使用最多的一种格式，但使用这种格式时，对提交数据信息的表单的编写要求更为严格，一定要根据 JavaBean 对象的属性名来设置<input>标签的 name 属性值，只有保证每一个封装数据的<input>标签与 JavaBean 对象的属性名一一对应，才能使用最简便的 setProperty 动作实现正确的属性赋值。

4.5.4 getProperty 动作

getProperty 动作用于读取 JavaBean 对象的指定属性并输出到客户端，其语法格式如下：

```
<jsp:getProperty   name="对象名"   property ="属性名" />
```

该动作标签包含两个标签属性：属性 name 用于指定 JavaBean 对象名，属性 property 用于指定要读取的属性名。

【例 4-5-6】 使用 getProperty 动作读取并输出 JavaBean 对象属性的值。

registerHandle5.jsp

```
<%@ page language="java" contentType="text/html; charset=UTF-8"%>
<html>
<head><title>注册处理</title></head>
<body>
<jsp:useBean id="user"   class="bean.User"   scope="page"   type="bean.User"/>
```

```
<jsp:setProperty  name="user"  property="*" />

<%-- 读取并输出 user 对象 name 属性的值--%>
用户名：<jsp:getProperty  name="user"  property="name"  />      <br>
<%-- 读取并输出 user 对象 password 属性的值--%>
密码：  <jsp:getProperty  name="user"  property="password"  />
</body>
</html>
```

在例 4-5-6 中，registerHandle5.jsp 文件是在例 4-5-5 基础上使用 getProperty 动作来替代 registerHandle4.jsp 文件中的 getName 和 getPassword 方法调用表达式得到的，同样能实现将对象 user 的 name 和 password 属性的值输出到客户端，其运行效果与例 4-5-5 相同。

4.5.5　include 动作

include 动作用于在 JSP 文件中动态地包含其他文件，其语法格式如下：

格式 1：<jsp:include page="资源文件的 URL" flush=" true |false" />

格式 2：<jsp:include page="资源文件的 URL" flush=" true |false >…/jsp:include>

在该动作标签中包含两个属性：属性 page 用于指明被包含文件的 URL 地址；属性 flush 用于指明是否在将页面包含到本页之前清空本页的输出流，默认值为 false，表示不清空。格式 1 和格式 2 在设置标签属性上要求相同，但如果 include 动作需要包含一些子内容或子动作，则需要使用第二种格式，其他情况使用第一种格式即可。

例如，在示例 4 中，使用 include 动作将文件 head.jsp 包含到了当前页面中，且包含前不清空本页输出流。在定义 include 动作时，若属性 flush 值为 false，则该属性实际上是可以省略不写在动作标签中的，因此，也可以将示例简化为示例 5 的形式，二者的含义是等价的。

示例 4	<jsp:include page="head.jsp" flush=" false " />
示例 5	<jsp:include page="head.jsp" />

【例 4-5-7】 在 JSP 文件中使用 include 动作插入其他文件。

includeAction.jsp

```
<%@ page contentType="text/html; charset=UTF-8"%>
<html>
<head><title>include 动作示例</title></head>
<body>
<jsp:include page="head.jsp" />  <%-- 插入 head.jsp 文件 --%>
<h1>这是主体内容</h1>
<jsp:include page="foot.jsp" />  <%-- 插入 foot.jsp 文件 --%>
</body>
</html>
```

head.jsp

```
<%@ page contentType="text/html; charset=UTF-8"%>
<%
out.print("<h2>这是头部</h2>");
%>
```

foot.jsp

```
<%@ page contentType="text/html; charset=UTF-8"%>
<%
out.print("<h2>这是尾部</h2>");
%>
```

在例 4-5-7 中，includeAction.jsp 为主体文件，在该文件的第 5 行和第 7 行分别使用 include 动作插入了 head.jsp 和 foot.jsp 文件，因此访问 includeAction.jsp 文件的显示结果如图 4-5-5 所示。

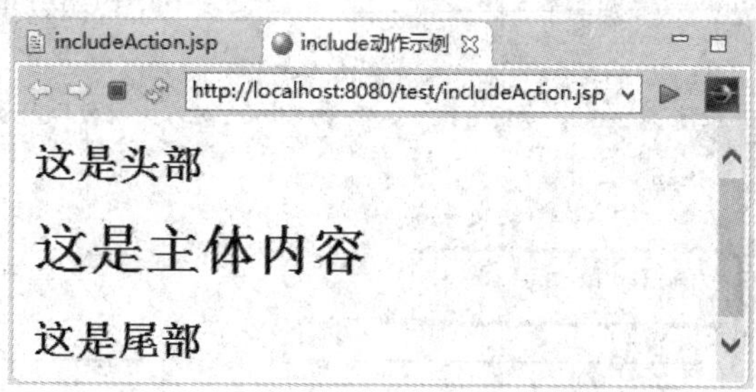

图 4-5-5　访问 includeAction.jsp 的显示结果

在例 4-4-3 中我们曾经使用 include 指令将 3 个 JSP 文件糅合到了一起，在这里用 include 动作也能得到同样的结果，但是 include 动作和 include 指令并不是等价的，二者有很大的区别。

(1) include 指令在主文件编译前，可将被包含文件的源代码全部包含到主文件中，然后将主文件转译为一个 Servlet 并编译运行；而 include 动作则在主文件运行时，才将被包含文件转译为 Servlet 并编译运行，最后将运行结果包含在主文件的运行结果中。编译时，使用 include 指令的主文件编译速度较慢，因为每次主文件编译的内容除了自己的代码还要包含被包含文件的代码；而运行时，使用 include 动作的主文件运行速度较慢，因为每次运行主文件都需要重新编译运行被包含文件。

(2) 由于 include 指令可将被包含文件的源代码包含到主文件中，所以被包含文件的源代码能够影响主文件代码，一旦被包含文件代码发生改变，且这些改变会影响到主文件代码，则主文件需要进行联动更改。而 include 动作可将被包含文件的运行结果包含到主文件的运行结果中，因此被包含文件的源代码不会影响到主文件，且被包含文件的源代码发生改变也无需主文件进行联动更改。

(3) include 指令中包含的资源名称必须是常量字符串，而 include 动作中包含的资源名称可以由变量指定，例如示例 6 就在 include 动作中使用了 JSP 表达式动态设置了被包含文件的 URL。

示例 6	<% String url="head.jsp"; %> <jsp:include page="<%=url %>" />

通过以上的比较，我们可以得到以下 3 个结论。

(1) 当在被包含文件中编写的代码对主文件产生直接影响时，需要选择 include 指令。例如，如图 4-5-6(a)所示，主文件必须使用 include 指令来包含如图 4-5-6(c)所示的 head.jsp 才能访问到 head.jsp 中定义的变量 num，若如图 4-5-6(b)所示使用 include 动作，则会出现找不到变量的语法错误。

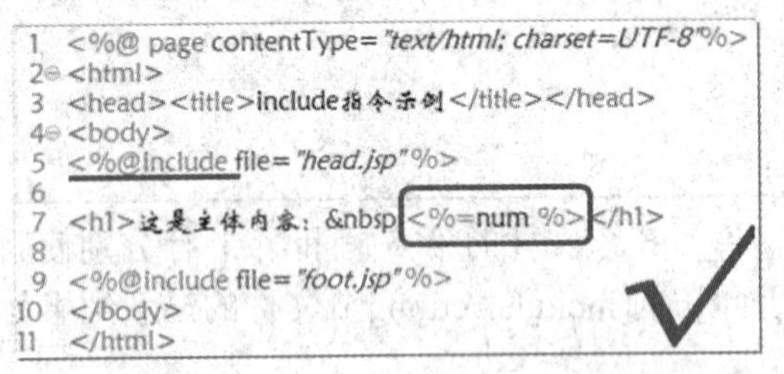

```
<%@ page contentType="text/html; charset=UTF-8"%>
<html>
<head><title>include指令示例</title></head>
<body>
<%@include file="head.jsp" %>

<h1>这是主体内容： <%=num %></h1>

<%@include file="foot.jsp" %>
</body>
</html>
```

图 4-5-6　(a) 使用 include 指令包含文件

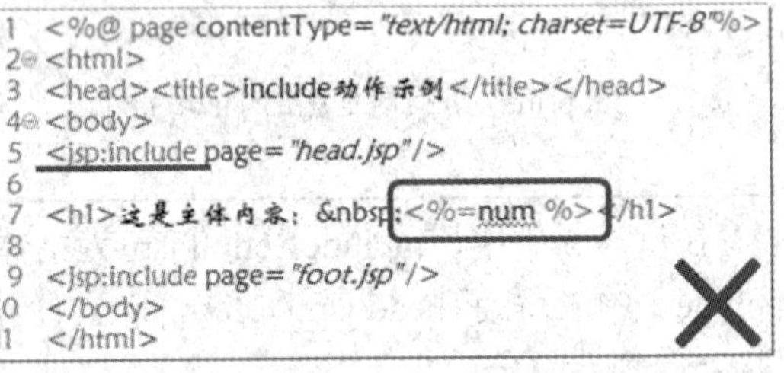

```
<%@ page contentType="text/html; charset=UTF-8"%>
<html>
<head><title>include动作示例</title></head>
<body>
<jsp:include page="head.jsp"/>

<h1>这是主体内容： <%=num %></h1>

<jsp:include page="foot.jsp"/>
</body>
</html>
```

图 4-5-6　(b)使用 include 动作包含文件

```
head.jsp
<%@ page contentType="text/html; charset=UTF-8"%>
<html>
<head><title></title></head>
<body><h2>这是头部</h2></body>

<%! int num=1; %>

</html>
```

图 4-5-6　(c) head.jsp 文件源代码

(2) 如果被包含文件 URL 在代码编写阶段不能确定，而必须在主文件运行时才能确定，则需要选择 include 动作。例如，当被包含文件 URL 在变量中时，必须如图 4-5-7(a)所示使用 include 动作来包含文件，若如图 4-5-7(b)所示使用 include 指令，则会出现语法错误。

```
<%@ page contentType="text/html; charset=UTF-8"%>
<html>
<head><title>include动作示例</title></head>
<body>
<% String url="head.jsp"; %>

<jsp:include page="<%=url %>" />

<h1>这是主体内容</h1>
<jsp:include page="foot.jsp"/>
</body>
</html>
```

图 4-5-7　(a) 使用 include 动作包含文件

```
<%@ page contentType="text/html; charset=UTF-8"%>
<html>
<head><title>include指令示例</title></head>
<body>
<% String url="head.jsp"; %>

<%@include file="<%=url %>" %>

<h1>这是主体内容</h1>
<%@include file="foot.jsp" %>
</body>
</html>
```

图 4-5-7　(b) 使用 include 指令包含文件

(3) 当两种方式都能达到同样效果时，最好选择维护代价更小的 include 动作。

4.5.6　forward 动作

forword 动作的功能是将客户请求转发到新文件，即停止执行当前的 JSP 文件，转而执行动作指定的新文件，最后将新文件的执行结果返回客户端，其语法格式如下：

格式 1：<jsp:forward page="跳转页 URL" />

格式 2：<jsp:forward page="跳转页 URL" />…<jsp:forward>

在该动作标签中只包含 1 个属性 page，该属性值即为跳转的新文件的 URL。与 include 动作类似，只有当需要在该动作中包含子内容或子动作时才使用格式 2，其他情况使用格式 1 即可。

【例 4-5-8】 在 JSP 文件中使用 forward 动作进行页面跳转。

login.html

```
<html>
<head><meta http-equiv="Content-Type"  content="text/html;charset=UTF-8">
<title>登录</title></head>
<body>
    <form method="post"  action="loginHandle.jsp">
    名称：<input type="text"  name="name"><br>
    密码：<input type="password"  name="password"><br>
    <input type="submit"  value="确定">  
    <input type="reset"  value="重置">
    </form>
</body>
</html>
```

loginHandle.jsp

```
<%@ page language="java" contentType="text/html; charset=UTF-8"%>
<html>
<head><title>登录处理</title></head>
<body>
<jsp:useBean id="user"  class="bean.User" />
<jsp:setProperty  name="user"  property="*"  />
<%
String name=user.getName();
String password=user.getPassword();

if(name.equals("Lily") && password.equals("123")){
%>
    <jsp:forward page="main.jsp" ><%-- 将客户请求转发到 main.jsp--%>
<%
}
%>
<h1>用户名或密码错误！</h1>
<a href="login.html">返回登录</a>
```

```
</body>
</html>
```

main.jsp

```
<%@ page contentType="text/html; charset=UTF-8"%>
<html>
<head><title>主页</title></head>
<body>
<h1>欢迎你！</h1>
</body>
</html>
```

在例 4-5-8 中，login.html 文件的功能是接受用户输入的用户名和密码并传递给 loginHandle.jsp。main.jsp 文件的功能是显示欢迎信息。loginHandle.jsp 文件的功能是处理登录信息，当 login.html 提交的用户名和密码与指定数据一致时，if 语句条件成立，则使用 forward 动作跳转到 main.jsp，其执行结果如图 4-5-8(a)所示，否则继续执行 loginHandle.jsp 剩下的代码，显示错误提示信息，其执行结果如图 4-5-8(b)所示。

图 4-5-8　(a) 用户名和密码输入正确的执行结果

图 4-5-8　(b) 用户名和密码输入错误的执行结果

需要注意的是，在例 4-5-8 中，使用 forward 动作跳转页面后，虽然最后执行并发送回客户端的信息是 main.jsp 文件执行的结果，但显示在客户端浏览器地址栏中的地址并不是 main.jsp，而是跳转前的 loginHandle.jsp 文件的 URL。

4.5.7　param 动作

param 动作通常情况下并不单独使用，而是作为 include 动作或 forward 动作的子动作使用，其功能是向使用 include 动作包含的文件或使用 forward 动作跳转的文件传递数据。其语法格式如下：

```
<jsp:param value="参数值"    name="参数名" />
```

在该动作标签中包含两个属性：属性 value 用来设置要传递的参数值，而属性 name

用来设置要传递的参数名，这样通过 param 动作就组成了 1 个“名-值”对，便于在包含 param 动作的主动作中指定文件传递数据。

由 param 子动作传递到当前文件的请求参数可使用 request 对象调用 getParameter 方法提取，调用语句的语法格式如下：

```
request.getParameter("请求参数名称");
```

【例 4-5-9】 在 JSP 文件中使用 param 动作实现页面间的参数传递。

loginHandleParam.jsp

```
<%@ page language="java" contentType="text/html; charset=UTF-8"%>
<html>
<head><title>登录处理</title></head>
<body>
<jsp:useBean id="user"   class="bean.User" />
<jsp:setProperty   name="user"    property="*"   />
<%
String name=user.getName();
String password=user.getPassword();

if(name.equals("Lily") && password.equals("123")){
%>
<jsp:forward page="main.jsp" ><%--  将客户请求转发到 main.jsp--%>
<jsp:param value="<%=name %>"   name="userName"/> <%--设置请求参数 userName--%>
</jsp:forward>
<%
}
%>
<h1>用户名或密码错误！</h1>
<a href="login.html">返回登录</a>
</body>
</html>
```

mainParam.jsp

```
<%@ page contentType="text/html; charset=UTF-8"%>
<html>
<head><title>主页</title></head>
<body>
<%-- 提取并输出请求参数 userName 的值 --%>
<h1><%=request.getParameter("userName")%>，欢迎你！</h1>
</body>
</html>
```

例 4-5-9 对例 4-5-8 的 loginHandle.jsp 和 main.jsp 进行了修改。loginHandleParam.jsp 为 forward 动作标签添加了一个 param 子动作，该子动作向跳转目的文件 mainParam.jsp 传递了一个参数，参数名为 userName，参数值为 login.html 提交到本页的用户名。在 mainParam.jsp 代码的第 6 行则使用 request 对象的 getParameter 方法提取了传递到本文件的请求参数 userName 的值，并输出到客户端，例 4-5-9 的运行结果如图 4-5-9 所示，在如图 4-5-9(a)所示页面中输入登录用户名“Lily”和密码“123”后单击“确定”，则会得到如图 4-5-9(b)所示页面结果。

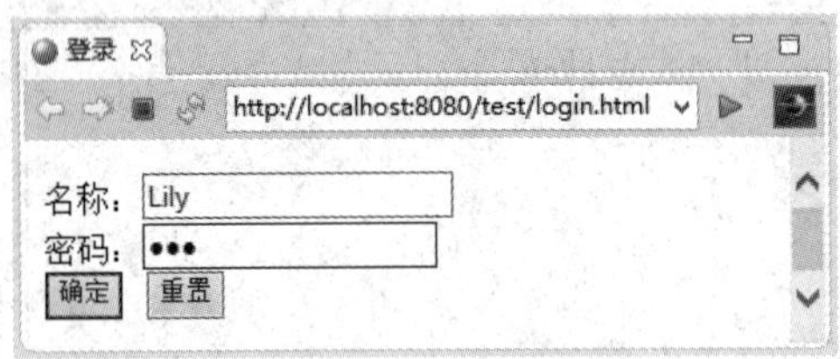

图 4-5-9　(a) 输入登录信息

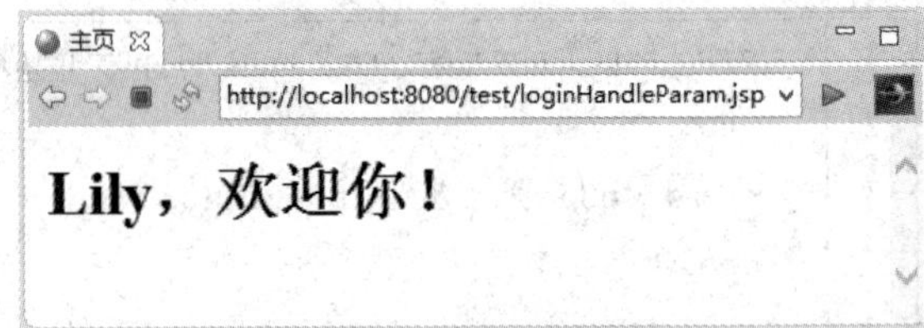

图 4-5-9　(b)登录信息正确进入主页

根据实际需要，也可以在一个主动作中加入多个 param 动作标签，从而实现多个请求参数的传递。例如：

示例 7

```
<jsp:forward page="main.jsp" ><%-- 将客户请求转发到 main.jsp--%>
<%--设置请求参数 userName--%>
<jsp:param value="<%=name %>"   name="userName"/>
<%--设置请求参数 password--%>
<jsp:param value="<%=password %>"   name="password"/>
</jsp:forward>
```

本 章 小 结

本章我们了解了 JSP 源代码的基本构成，重点学习了 JSP 的三种注释方式，JSP 脚本段、JSP 表达式和 JSP 声明这 3 种 JSP 脚本元素，page 和 include 这 2 种 JSP 的指令，以及 useBean 等 6 个常用的 JSP 动作。JSP 的脚本、指令和动作是 JSP 文件编写必不可少的三要素。JSP 脚本用于编写 JSP 文件所涉及功能的业务逻辑，JSP 指令用于设置 JSP 文件的页面属性，JSP 动作则类似于 Java 代码中的方法调用，使我们编写的 JSP 源代码更为简洁。只有熟练掌握了 JSP 这三大要素，才能编写出简洁易懂、符合功能需求的 JSP 文件。

上 机 实 验

实验 4.1　1～n 累加求和

【实验目的】

(1) 掌握 JSP 脚本段、JSP 表达式和 JSP 声明的编写。

(2) 熟练掌握在 Eclipse 中编写 JSP 源代码的方法和过程。

【实验内容】

编写一个 JSP 文件 result.jsp，该文件包含一个计算 1-n 累加和的方法，调用该方法计算并显示 1 至 100 累加和。访问 result.jsp 文件的显示结果如图 4-1 所示。

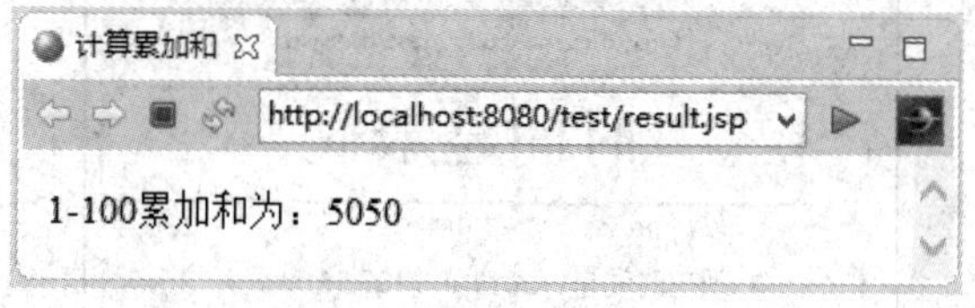

图 4-1　访问 result.jsp 文件的显示结果

【实验步骤】

(1) 在 Eclipse 中创建动态 Web 项目 test。

(2) 在 test 中创建并编写 JSP 源文件 result.jsp，其文件代码如下：

```
<%@ page language="java" contentType="text/html; charset=UTF-8"      pageEncoding="UTF-8"%>
<html>
<head>
<meta http-equiv="Content-Type" content="text/html; charset=UTF-8">
<title>计算累加和</title>
</head>
<body>
<%!
int getSum(int n){
   int sum = 0;
   for (int i=1;i<=n;i++){
          sum=sum+i;
   }
   return sum;
}
%>
1-100 累加和为：<%=getSum(100) %>
</body>
</html>
```

(3) 在 Eclipse 中部署 test 项目，启动 Tomcat 服务器，运行 result.jsp 并查看结果。

实验 4.2　显示时间和版权信息

【实验目的】

(1) 掌握 page 指令、include 指令的语法格式和使用。

(2) 熟练掌握在 Eclipse 中编写 JSP 源代码的方法和过程。

【实验内容】

编写 title.jsp、date.jsp 和 copyRight.jsp 文件，其中，date.jsp 文件中包含了 title.jsp 和 copyRight.jsp 文件，显示当前服务器时间。访问 date.jsp 文件的显示结果如图 4-2 所示。

图 4-2　访问 date.jsp 文件的显示结果

【实验步骤】

(1) 在 Eclipse 中创建动态 Web 项目 test。

(2) 在 test 中创建并编写 JSP 源文件 title.jsp，其文件代码如下：

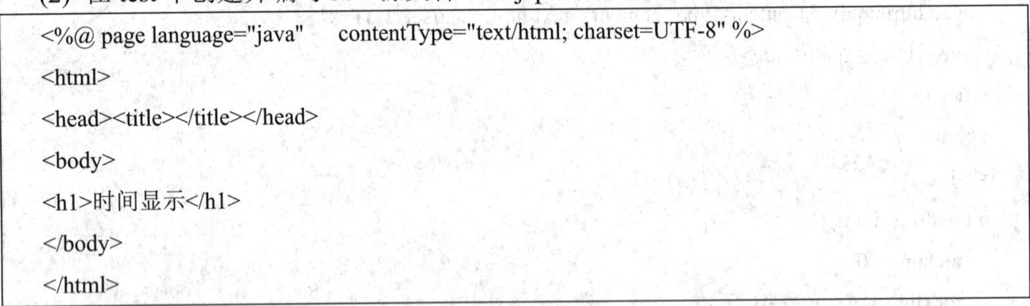

```
<%@ page language="java"    contentType="text/html; charset=UTF-8" %>
<html>
<head><title></title></head>
<body>
<h1>时间显示</h1>
</body>
</html>
```

(3) 在 test 中创建并编写 JSP 源文件 copyRight.jsp，其文件代码如下：

```
<%@ page language="java" contentType="text/html; charset=UTF-8"%>
<html>
<head><title></title></head>
<body>
Copyright@软件与信息服务教研室<br><br>
版权所有　翻版必究
</body>
</html>
```

(4) 在 test 中创建并编写 JSP 源文件 date.jsp，其文件代码如下：

```
<%@ page    import=" java.util.Date"    contentType="text/html; charset=UTF-8"
pageEncoding="UTF-8"%>
<html>
<head><title>时间显示</title></head>
<body    style="text-align:center;">
```

```
<%@include file="title.jsp" %>
<br>
现在时间是：<%=new Date().toLocaleString()%>
<br><br><br>
<%@include file="copyRight.jsp" %>
</body>
</html>
```

(5) 在 Eclipse 中部署 test 项目，启动 Tomcat 服务器，运行 date.jsp 并查看结果。

实验 4.3　客户注册

【实验目的】

(1) 掌握 JavaBean 的编写方法。

(2) 掌握<jsp:useBean>、<jsp:setProperty>和<jsp:getProperty>动作的应用。

(3) 掌握使用表单传递数据信息方法。

【实验内容】

编写程序实现如图 4-3 所示的客户信息注册及处理，要求在如图 4-3(a)所示页面中输入用户信息后，单击“注册”按钮将得到如图 4-3(b)所示结果。

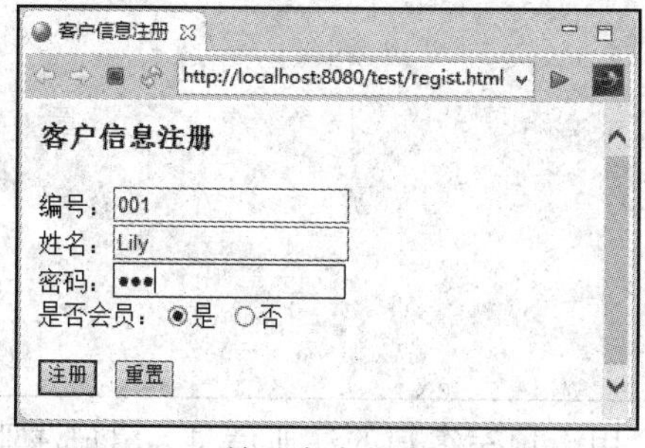

(a) 输入客户信息

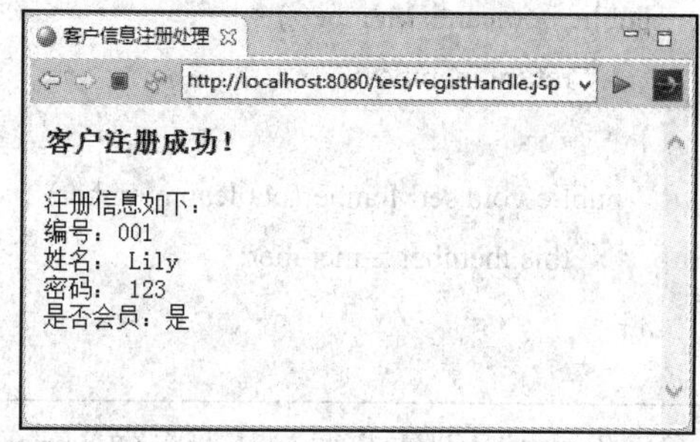

(b) 客户注册信息处理结果

图 4-3　实验 4.3 的运行结果

【实验步骤】

(1) 在 Eclipse 中创建动态 Web 项目 test。

(2) 在 test 中创建一个类文件 Customer.java，并编写 JavaBean 类 Customer，该类包含 4 类信息：编号、姓名、密码和是否会员，其文件代码如下：

```
package beans;
public class Customer {
    private String id;
    private String name;
    private String password;
    private boolean member;
```

```
    public String getId() {
        return id;
    }
    public void setId(String id) {
        this.id = id;
    }
    public String getName() {
        return name;
    }
    public void setName(String name) {
        this.name = name;
    }
    public String getPassword() {
        return password;
    }
    public void setPassword(String password) {
        this.password = password;
    }
    public boolean isMember() {
        return member;
    }
    public void setMember(boolean member) {
        this.member = member;
    }
}
```

(3) 在 test 中创建并编写注册页面 regist.html，用于填写客户的注册信息。用户注册信息包括编号、姓名、密码和是否会员，注册客户默认为会员，当用户单击“重置”按钮时将清除页面中填写的所有信息，当用户单击“注册”按钮时将提交页面信息到 registHandle.jsp，其文件代码如下：

```
<html>
    <head>
        <meta charset="UTF-8">
        <title>客户信息注册</title>
    </head>
    <body>
        <h3>客户信息注册</h3>
        <form action="registHandle.jsp"   method="post">
            编号：<input type="text" name="id" size="20" /> <br>
            姓名：<input type="text" name="name" size="20" /> <br>
```

```
            密码：<input type="password" name="password" size="21" /> <br>
            是否会员：<input type="radio" name="member" value="true"   checked/>是
                      <input type="radio" name="member" value="false" />否<br> <br>
            <input type="submit" value="注册"   />  
            <input type="reset" value="重置"   />
        </form>
    </body>
</html>
```

(4) 在 test 中创建并注册处理页面 registHandle.jsp，该文件使用 JSP 的相关动作创建一个客户对象 customer，并提取传入的值为对象赋值，最终将客户的注册信息显示出来，其文件代码如下：

```
<%@ page language="java" contentType="text/html; charset=gb2312" %>
<jsp:useBean id="customer" class="beans.Customer"/>
<jsp:setProperty   name="customer"   property="*" />

<html>
  <head><title>客户信息注册处理</title></head>
  <body>
        <h3>客户注册成功！</h3>
        注册信息如下：<br>
        编号：<jsp:getProperty   name="customer"   property="id" /> <br>
        姓名：  <jsp:getProperty   name="customer"   property="name" /><br>
        密码：  <jsp:getProperty   name="customer"   property="password" /><br>
        是否会员：<%= customer.isMember() ?"是":"否"%>
  </body>
</html>
```

(5) 在 Eclipse 中部署 test 项目，启动 Tomcat 服务器，运行 regist.html，输入客户信息单击“注册”按钮并查看结果。

实验 4.4　简单四则运算

【实验目的】

(1) 掌握使用<jsp:include>实现对页面的动态包含。

(2) 掌握使用<jsp:forward >实现页面间的跳转。

(3) 掌握使用<jsp:param>作为<jsp:include>和<jsp: forward >的子标签实现对页面间数据信息的传递。

【实验内容】

编写程序实现如图 4-4 所示的加、减、乘、除四则运算处理，要求在如图 4-4(a)所页面中输入两个操作数和一个操作符后，单击“确定”按钮能得到如图 4-4(b)所示页面结果。

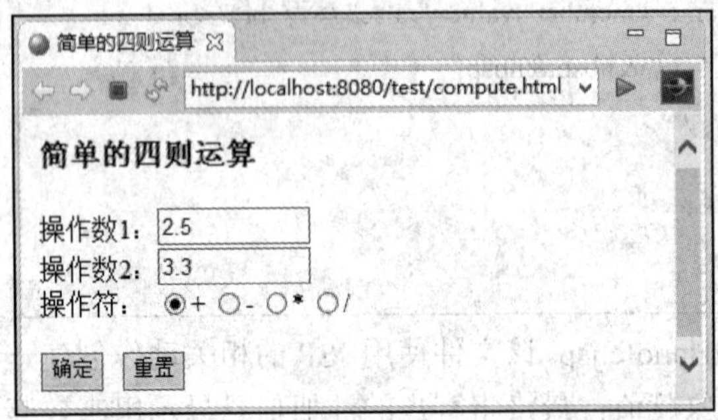

(a) 输入操作数及操作符

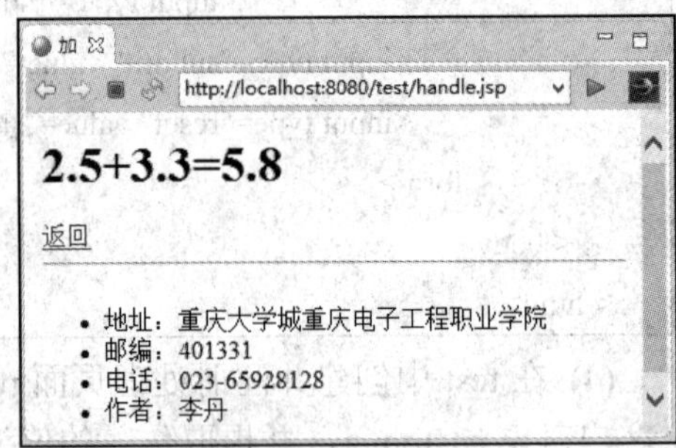

(b) 四则运算处理结果

图 4-4　实验 4.4 的运行结果

【实验步骤】

(1) 在 Eclipse 中创建动态 Web 项目 test。

(2) 在 test 中创建并编写 compute.html，该文件用于用户输入两个操作数和一个操作符，其文件代码如下：

```
<html>
  <head>
      <meta charset="UTF-8">
      <title>简单的四则运算</title>
  </head>
  <body>
      <h3>简单的四则运算</h3>
      <form action="handle.jsp"   method="post">
          操作数 1：<input type="text" name="x" size="10" /> <br>
          操作数 2：<input type="text" name="y" size="10" /> <br>
          操作符：  <input type="radio" name="op" value="+"   checked/>+
                    <input type="radio" name="op" value="-" />-
                    <input type="radio" name="op" value="*" />*
                    <input type="radio" name="op" value="/" />/<br> <br>
          <input type="submit" value="确定"   />  
          <input type="reset" value="重置"   />
      </form>
  </body>
</html>
```

(3) 在 test 中创建并编写 handle.jsp，该文件可对输入的操作数进行检验，若输入操作数为非数值，则给出提示并显示“返回”超链接(链接到 compute.html)；若输入操作数合法，则根据操作符分别跳转到对应的 add.jsp(加)、sub.jsp(减)、mul.jsp(乘)、div.jsp(除)处理页，同时将两个操作数值作为参数传递给对应页面，其文件代码如下：

```
<%@ page language="java" contentType="text/html; charset=gb2312"%>
<html>
<body>
<%
        String op=request.getParameter("op");
    String url="";
    try{
            double x=Double.parseDouble(request.getParameter("x"));
            double y=Double.parseDouble(request.getParameter("y"));
            switch(op){
                    case "+":url="add.jsp";break;
                    case "-":url="sub.jsp";break;
                    case "*":url="mul.jsp";break;
                    case "/":url="div.jsp";break;
            }
%>
            <jsp:forward page="<%=url %>">
                    <jsp:param value="<%=x %>" name="x"/>
                    <jsp:param value="<%=y %>" name="y"/>
            </jsp:forward>
<%
    }
    catch(Exception e){
%>
            操作数应为数值！<a href="compute.html">返回</a>
    <%
            }
    %>
</body>
</html>
```

(4) 在 test 中创建并编写版权页 copyright.jsp，内容包括“返回”超链接(链接到 compute.html)以及版权信息列表，其文件代码如下：

```
<%@ page language="java" contentType="text/html; charset=UTF-8"    pageEncoding="UTF-8"%>
<a href="compute.html">返回</a>
<footer>
    <hr>
```

```
    <ul>
  <li>地址：重庆大学城重庆电子工程职业学院</li>
    <li>邮编：401331</li>
    <li>电话：023-65928128 </li>
    <li>作者：李丹</li>
</ul>
</footer>
```

(5) 在 test 中创建并编写 add.jsp，该文件用于完成加法运算并显示结果，操作数由 handle.jsp 页面传入，页面的最下方包含版权页 copyright.jsp，其文件代码如下：

```
<%@ page contentType="text/html; charset=UTF-8"%>
<html>
<head><title>加</title></head>
<body>
<%
double x=Double.parseDouble(request.getParameter("x"));
double y=Double.parseDouble(request.getParameter("y"));
%>
<h1><%=x %>+<%=y %>=<%=x+y %></h1>
</body>
<jsp:include page="copyright.jsp"></jsp:include>
</html>
```

(6) 在 test 中创建并编写 sub.jsp，该文件用于完成减法运算并显示结果，操作数由 handle.jsp 页面传入，页面的最下方包含版权页 copyright.jsp，其文件代码如下：

```
<%@ page contentType="text/html; charset=UTF-8"%>
<html>
<head><title>减</title></head>
<body>
<%
double x=Double.parseDouble(request.getParameter("x"));
double y=Double.parseDouble(request.getParameter("y"));
%>
<h1><%=x %>-<%=y %>=<%=x-y %></h1>
</body>
<jsp:include page="copyright.jsp"></jsp:include>
</html>
```

(7) 在 test 中创建并编写 mul.jsp，该文件用于完成乘法运算并显示结果，操作数由 handle.jsp 页面传入，页面的最下方包含版权页 copyright.jsp，其文件代码如下：

```
<%@ page contentType="text/html; charset=UTF-8"%>
<html>
<head><title>乘</title></head>
<body>
<%
double x=Double.parseDouble(request.getParameter("x"));
double y=Double.parseDouble(request.getParameter("y"));
%>
<h1><%=x %>*<%=y %>=<%=x*y %></h1>
</body>
<jsp:include page="copyright.jsp"></jsp:include>
</html>
```

(8) 在 test 中创建并编写 div.jsp，该文件用于完成除法运算并显示结果，操作数由 handle.jsp 页面传入，若除数为 0，则给出错误提示信息，页面的最下方包含版权页 copyright.jsp，其文件代码如下：

```
<%@ page contentType="text/html; charset=UTF-8"%>
<html>
<head><title>除</title></head>
<body>
<%
double x=Double.parseDouble(request.getParameter("x"));
double y=Double.parseDouble(request.getParameter("y"));
if(y==0){
%>
   <h1>运算错误，除数不能为 0！</h1>
<%
}
else{
%>
   <h1><%=x %>/<%=y %>=<%=x/y %></h1>
<%
}
%>
</body>
<jsp:include page="copyright.jsp"></jsp:include>
</html>
```

(9) 在 Eclipse 中部署 test 项目，启动 Tomcat 服务器，运行 compute.html，输入操作数和操作符信息，单击“确定”按钮并查看结果。

课后习题

一、填空题

1. JSP 源文件是在传统网页的 HTML 代码中插入_______和_______而构成的文件，其扩展名为_______。

2. JSP 源代码的动态部分包括_______、_______、_______和注释。

3. JSP 的注释包括三类：_______、_______和_______。

4. HTML 注释的符号是_______，JSP 注释的符号是_______，Java 脚本注释包括两类，其中符号 // 是_________，符号 /**/ 是_________。

5. 如果需要将注释的内容发送到客户端，则需要使用的注释符是________，如果不需要将注释的内容发送到客户端，只保留在 Servlet 文件中，则需要使用的注释符是________，如果既不需要将注释的内容发送到客户端，也不需要保留在 Servlet 文件中，则需要使用的注释符是________。

6. JSP 脚本元素包括_______、_______和_______。

7. 用于处理 JSP 页面所涉及功能的业务逻辑的 JSP 脚本元素是_______，用于在 JSP 页面中定义变量和方法的 JSP 脚本元素是_______，用于在 JSP 页面中输出表达式的值是_______。

8. 与 JSP 脚本段<% out.print(n+1); %>功能等价的 JSP 表达式为___________。

9. 定义一个字符串型变量 name，如果希望该变量在服务器被关闭后才被释放，则定义该变量的语句为___________，如果希望该变量在所在页面关闭后立即释放，则定义该变量的语句为___________。

10. 在 JSP 指令中，用于设定 JSP 页面的全局属性和相关功能的是________指令，用于将特定位置上的资源包含到当前的 JSP 文件中的是________指令，用于定义一个标签库及标签库的前缀的是________指令。

11. 若要使客户端网页正常显示中文，则需要设置________指令的________属性，将属性中的字符编码设置为________。

12. 我们需要设置_________指令的________属性，将属性值设置为________，才能使用专门的错误处理页面 erro.jsp 来处理 JSP 文件的异常。

13. 我们使用的指令<%____________________________________%>可以在当前页面中导入类 java.util.Date。

14. 我们使用的指令<% ___________________________________%>可以在当前页面中包含文件 head.jsp。

15. 我们使用的指令<% ____%>可以在当前页面中导入 JSP 核心标签库，并为其取别名 c。

16. ___________元素相当于预定义的 Java 脚本，主要为请求处理阶段提供信息，它按照 XML 语法进行书写，利用标签来控制 Servlet 引擎的行为。

17. 与 JavaBean 相关的三个 JSP 动作包括：_________、________和________。

18. <jsp:useBean>动作标签中，用来指定 JavaBean 对象名称的属性是_____，用于指定 JavaBean 对象所属类名的属性是_____，用于指定 JavaBean 对象作用范围的属性是_____，用于指明 JavaBean 对象类型的属性是_____。

19. 创建一个 JavaBean 类 Contact 类(位于 bean 包中)的对象 contact，可以使用的 JSP 脚本是______________________________, JSP 动作是______________________________。

20. 如果需要完成对 JavaBean 对象 user 所有属性赋值，我们需要使用_____标签，并将标签属性 name 设置为_____，属性 property 设置为_____。

21. 如果需要读取 JavaBean 对象 user 的 password 属性的值，我们需要使用_____标签，并将标签属性 name 设置为_____，属性 property 设置为_____。

22. _________动作用于在 JSP 页面动态地包含其他资源，_________动作可实现页面间的跳转，_______动作常作为其他 JSP 动作的子动作使用，主要用来实现参数的传递。

23. 若使用动作标签<jsp:include______________________________/>就能将页面 information.jsp 包含到本页中，且插入 information.jsp 前不清空本页的输出流。

24. 在定义 include 动作时，若属性 flush 值为_________时，该属性实际上是可以省略不写在动作标签中的。

25. 若使用动作标签<jsp:forward____________________________/>就能使当前页面跳转至“register.jsp”页面。

26. 若使用动作标签<jsp:param____________________________/>就能创建并传递参数 password，其值为 123。

二、选择题

1. 代码<%@ page language="java" contentType="text/html; charset=gb2312" %>属于(　　)。

A. JSP 注释　　B. JSP 脚本　　C. JSP 指令　　D. JSP 动作

2. 代码<jsp:include page="index.jsp"></jsp:include>是属于(　　)。

A. JSP 注释　　B. JSP 脚本　　C. JSP 指令　　D. JSP 动作

3. 代码<% int n=5; %>是属于(　　)。

A. JSP 注释　　B. JSP 脚本　　C. JSP 指令　　D. JSP 动作

4. 代码<%-- JSP 示例 --%>是属于(　　)。

A. JSP 注释　　B. JSP 脚本　　C. JSP 指令　　D. JSP 动作

5. 下列说法错误的是(　　)。

A. JSP 中输入信息到客户端可以使用 out.print()方法

B. JSP 中输入信息到客户端可以使用 System.out.print()方法

C. 不能在 JSP 脚本段中定义方法

D. 在一个 JSP 页面中可以编写任意数量的脚本片段，脚本段会在服务器端按顺序依次自动执行

6. 在 JSP 文件中与<%out.print(n);%>等价的代码是(　　)。

A. n　　B. <% n %>　　C. <%! n %>　　D. <%=n %>

7. 在 page 指令中，可以重复多次出现的属性是(　　)。

A. language　　B. contentType　　C. import　　D. errorPage

8. 以下指令正确的是(　　)。

A. <%@ page import=" java.text.*,java.util.*" %>

B. <%@ page contentType="UTF-8" %>

C. <%@ page contentType="text/html" %>

D. <%@ page language="C#" %>

9. 以下指令正确的是(　　)。

A. <%@include file="One.jsp,Two.jsp" %>

B. <%@include file="One.jsp" %>

C. <%@include file="<%=urlString%>"%>

D. <%@include file="check.jsp?n=1" %>

10. 以下说法正确的是(　　)。

A. 一条 page 指令可以导入多个包或类

B. 一条 include 指令可以插入多个文件资源

C. 一条 taglib 指令可以导入多个标签库文件

D. 在使用 page 指令时必须对其所有的属性值进行设置

11. 以下关于 JavaBean 的说法错误的是(　　)。

A. JavaBean 是满足特定要求的 Java 类，该类必须是公共类

B. JavaBean 必须包含一个公共的无参构造方法，且必须显式写在类体中

C. JavaBean 的所有属性都是私有的

D. JavaBean 中必须定义一组公共的存取方法

12. 若希望创建的 JavaBean 对象仅在当前页面有效，则需要将<jsp:useBean>标签的 scope 属性设置为(　　)。

A. page　　B. request　　C. session　　D. application

13. 下列直接使用固定值为 JavaBean 对象属性赋值的标签是(　　)。

A. <jsp:setProperty name="user" property ="name" value ="Lily" />

B. <jsp:setProperty name="user" property ="name" param ="name" />

C. <jsp:setProperty name="user" property ="name" />

D. <jsp:setProperty name="user" property =" *" />

14. 下列与 JSP 表达式<%=user.getName()%>等价的标签是(　　)。

A. <jsp:setProperty name="user" property ="name" />

B. <jsp:setProperty name="name" property ="user" />

C. <jsp:getProperty name="user" property ="name" />

D. <jsp:getProperty name="name" property ="user" />

15. 当我们需要将某资源文件插入主页面，并希望在资源文件中编写的代码对主页产生直接影响时，需要选择(　　)。

A. include 指令　　B. include 动作　　C. forward 动作　　D. insert 指令

16. 当需要将某资源文件插入主页面，并动态指定包含的资源文件名称时，需要选择(　　)。

A. include 指令　　B. include 动作　　C. forward 动作　　D. insert 指令

17. 以下关于 include 动作说法错误的是(　　)。

A. include 动作包含的资源文件是在主页运行时编译

B. include 动作将资源文件的实际内容全部包含到主页中

C. include 动作包含的资源文件将编译成独立于主页的 Servlet

D. include 动作包含的资源名称可以是常量字符串也可以是变量

18. 以下关于 forward 动作说法错误的是(　　)。

A. forward 动作可实现任意页面的跳转

B. forward 动作可包含子动作

C. 若客户端访问的 A.jsp 包含 forward 动作使请求转发到 B.jsp，则客户端得到的响应是 B.jsp 运行的结果

D. 若客户端访问的 A.jsp 包含 forward 动作使请求转发到 B.jsp，但客户端浏览器中地址还是 A.jsp 的访问 URL

19. 以下关于 param 动作说法错误的是(　　)。

A. param 动作不会单独使用

B. 一个主动作中只可加入一个 param 动作

C. include 动作和 forward 动作都可作为 param 动作的主动作

D. param 动作可创建请求参数

20. 以下说法正确的是(　　)。

A. include 动作比 include 指令的维护代价更小

B. include 指令与 include 动作功能是完全等价的，因此它们可以无条件互换

C. param 动作可以单独使用，功能是实现参数传递

D. forward 动作实现页面跳转时，地址栏中的 URL 也会相应变化为跳转后的页面名称

三、程序修改题

修改以下代码，使能通过方法调用实现向客户端输出 5 次"欢迎来到本系统
"。

```
<%@ page language="java" contentType="text/html; charset=gb2312"%>
<%
void printInfo(){
    for (int i = 1; i <= 5; i++) {
            out.println("欢迎来到本系统<br>");
    }
}
%>
<html>
<body>
  <%    printInfo();      %>
</body>
</html>
```

四、编程题

(1) 编写一个显示“九九乘法表”的 JSP 程序，运行结果如图 4-5 所示。

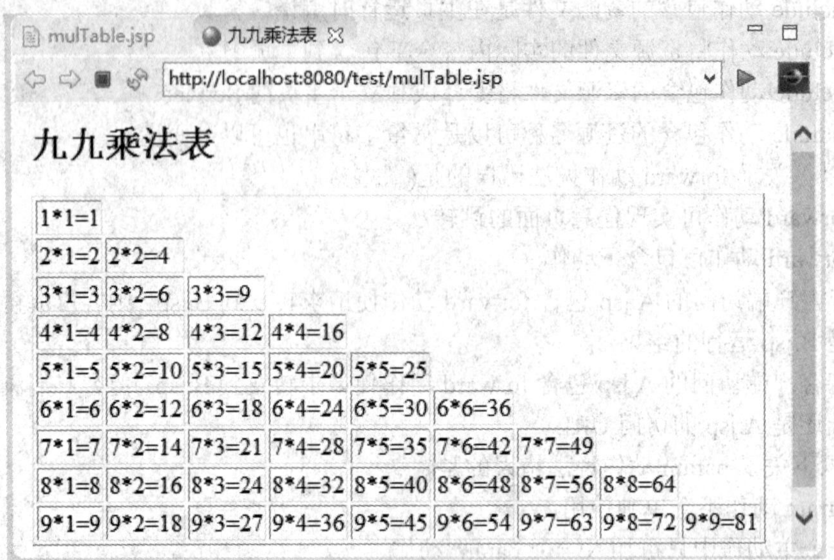

图 4-5　题(1)的运行结果

(2) 按以下要求编写程序。

① 编写 input.html 文件，执行效果如图 4-6(a)所示，输入半径值然后单击“确定”按钮将提交半径数据到结果页面 result.jsp。

② 编写 result.jsp 文件，执行效果如图 4-6(b)所示，该文件根据接收到的半径值计算并显示圆的周长和面积，同时累计圆的个数。

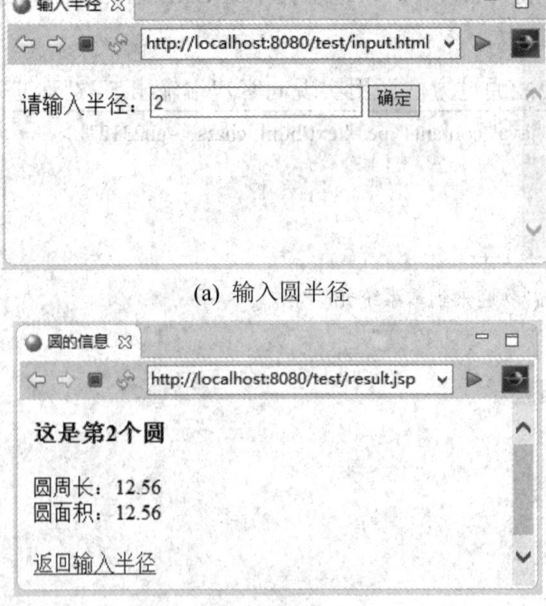

(a) 输入圆半径

(b) 显示圆信息及个数

图 4-6　题(2)的运行结果

(3) 按以下要求编写程序。

① 编写 addContacts.html 文件，执行效果如图 4-7(a)所示，输入联系人姓名、电话、Email 和地址，单击“确定”按钮将提交联系人信息到 addContactsHandle.jsp 文件。

② 编写添加联系人处理页面 addContactsHandle.jsp，执行效果如图 4-7(b)所示。要求使用 JSP 动作来完成对 addContacts.html 文件传送数据的接收及输出。

(a) 输入联系人信息

(b) 添加联系人处理结果

图 4-7　题(3)的运行结果

(4) 按以下要求编写程序。

① 编写 login.html 文件，执行效果如图 4-8(a)和(c)所示，输入名称和密码，选择登录角色(学生/教师)，单击“确定”按钮将提交登录信息到 loginHandle.jsp 文件。

② 编写 copyright.jsp 文件，该文件显示“返回登录”超链接(链接 login.html)，以及版权信息。

③ 编写 loginHandle.jsp 文件，该文件验证 login.html 提交的名称和密码信息，若输入正确则根据 login.html 提交的角色信息分别跳转到学生主页 main_Student.jsp 和教师主页 main_Teacher.jsp，同时将登录名称作为参数传递给对应页面，若输入错误，则给出错误提示，执行效果如图 4-8(b)所示，该文件包含版权信息页 copyright.jsp (学生有效用户名 Tom，密码 123；教师有效用户名 Jerry，密码 456)。

④ 编写 main_Student.jsp 文件，执行效果如图 4-8(c)所示，该文件包含 copyright.jsp。

⑤ 编写 main_ Teacher.jsp 文件，执行效果如图 4-8(d)所示，该文件包含 copyright.jsp。

(a) 输入登录信息

(b) 登录失败

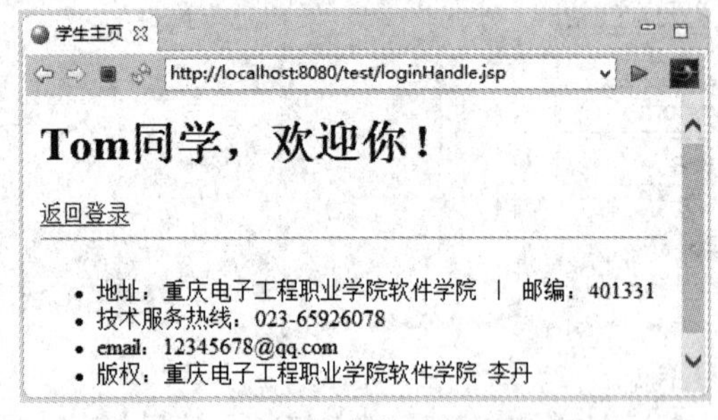

(c) 以学生角色成功登录

(d) 以教师角色成功登录

图 4-8　题(4)的运行结果

第5章　JSP内置对象

【学习导航】

本章我们将学习JSP的九个内置对象，它们是out、request、response、session、application、pageContext、page、config和exception，其中，我们将重点学习如何使用这些内置对象实现向客户端输出信息、获取请求参数、多页面的数据共享、页面的重定向以及读写cookie等操作。

【学习目标】

知 识 目 标	能 力 目 标
1. 理解内置对象的作用和特点 2. 熟练掌握out、request、response、session和application对象的常用方法 3. 掌握pageContext、page、config和exception对象的常用方法 4. 熟练掌握对cookie的读写操作	1. 能熟练使用out、request、response、session和application对象进行JSP程序开发 2. 能使用pageContext、page、config和exception对象编写JSP源代码 3. 能在JSP程序中熟练进行Cookie的读写操作

5.1　内置对象概述

由于JSP使用Java作为脚本语言，因此具有强大的对象处理能力，使其可以动态创建Web页面的内容。但是在使用一个对象前，Java语法要求先创建这个对象，若某类对象经常被用到，就需要经常编写代码创建它们，从而导致代码的编写繁琐起来。为了简化开发步骤，SUN公司在设计JSP时对一些使用频率较高的对象进行特殊处理，在JSP页面加载完毕之后自动创建这些对象，开发者只需要通过这些对象调用相应的方法即可实现指定功能，这些由系统自动创建好的对象被称为——内置对象。

内置对象具有以下4种特点：

(1) 内置对象是自动载入的，因此它不需要直接实例化。

(2) 内置对象是通过Web容器来实现和管理的。

(3) 在所有的JSP页面中，直接调用内置对象都是合法的。

(4) 只能在JSP脚本段和JSP表达式中使用内置对象。

JSP中一共预先定义了9个内置对象，表5-1-1描述了这些对象及其功能。

表 5-1-1　九大内置对象及其功能描述

内置对象	功 能 描 述
out	负责管理对客户端的输出和管理服务器的输出缓冲区
request	负责管理客户端的请求信息
response	包含了响应客户请求的有关信息，负责向客户端发出响应
session	负责管理客户端一次会话过程中的信息，实现会话期间多页面的数据共享
application	负责管理整个应用环境的信息，实现用户间数据的共享
pageContext	表示的是此 JSP 的上下文，提供了对 JSP 页面内所有对象及名字空间的访问
page	表示的是当前 JSP 页面本身，就像 Java 类定义中的 this
config	表示此 JSP 的 ServletConfig，在一个 servlet 初始化时，jsp 引擎用来向它传递其初始化时所要用到的参数以及服务器的有关信息
exception	表示页面上发生的异常，可以通过它获得页面异常信息

在编写 JSP 源代码时，我们常常需要创建变量来存储数据，以便在业务处理时使用这些数据，而每一个变量都有它自己的存在时间和作用范围，在 JSP 中我们称为变量的作用域。在 JSP 中提供了四种作用域：页面域、请求域、会话域和应用域，这四种作用域的作用范围依次增大，页面域最小，而应用域最大。

页面域也称为 page 域，表示作用范围为当前页面，也就是说，当前页面设置的变量和属性只在本次访问该页面时有效，当你再次访问该页面，或访问其他页面时，这些变量和属性就无法访问了。

请求域也称为 request 域，表示作用范围为本次请求，一次请求的生命周期从客户端提出访问请求开始，到服务器返回响应结束，因此，作用域为请求域的变量和属性在本次请求过程中服务器处理的所有页面中有效，当客户端重新发出请求后，这些变量和属性就无法访问了。

会话域也称为 session 域，表示作用范围为本次会话，一次会话的生命周期从客户端向服务器发送第一个请求开始，只要浏览器不关闭，且两次请求间隔不超出会话有效期(例如，Tomcat 默认一次会话的有效期为 30 分钟)，则接下来的所有请求都属于同一次会话。因此作用域为会话域的变量和属性在本次会话过程中服务器处理的所有页面中有效，当会话结束后，这些变量和属性才无法访问。

应用域也称为 application 域，表示的作用范围为整个 Web 应用，也就是说，只要服务器不关闭，对同一 Web 应用中的每一个页面而言，无论何时由哪个客户端访问，这些作用域为应用域的变量和属性都是有效的。

内置对象从本质上而言也是变量，因此，内置对象也有各自的作用域范围，在九大内置对象中，除了 request 对象的作用域范围为请求域、session 对象的作用域范围为会话域、application 对象的作用域范围为应用域以外，其余 6 个内置对象的作用域范围均为页面域。

5.2　out 对象

out 对象是 javax.servlet.jsp.JspWriter 类的实例，该对象的作用主要有 2 个：

(1) 用来向客户端输出各种数据类型的内容。

(2) 对 Web 服务器上的输出缓冲区进行管理。

5.2.1　向客户端输出信息

向客户端浏览器输出信息是 out 对象最基本的应用，常用的方法如表 5-2-1 所示。

表 5-2-1　out 对象向客户端浏览器输出信息的方法

方 法	功 能 描 述	示 例
void print(Object ob)	向客户端浏览器输出指定信息	out.print("1"); out.print(2);
void println(Object ob)	向客户端浏览器输出指定信息及一个换行符	out.println("1"); out.println(2);

以上两种方法能输出任意类型的数据，当输出的数据是非字符串类型的数据时，这两种方法都会将其自动转换成字符串类型后再输出。

【例 5-2-1】 在 JSP 文件中使用 out 对象输出信息。

outDemo1.jsp

```
1  <%@ page language="java" pageEncoding="UTF-8" contentType="text/html; charset=UTF-8" %>
2  <html>
3  <head><title>out 对象输出信息</title></head>
4  <body>
5  <%
6        out.print('1');
7        out.println(2);
8        out.print("3<br>");
9        out.println(4);
10 %>
11 </body>
12 </html>
```

在例 5-2-1 中，outDemo1.jsp 文件的第 6～9 行使用 print 方法和 println 方法输出 4 条信息，访问 outDemo1.jsp 文件的显示结果如图 5-2-1 所示，该显示结果对应的页面源代码也就是 outDemo1.jsp 文件在服务器端的处理结果如图 5-2-2 所示。

对比文件源代码、访问结果以及文件在服务器端的处理结果我们可以发现：

(1) 若要分行输出信息需要使用 println 方法，与文件源代码中是否分行调用语句无关。

例如，虽然文件源代码中分行使用了 4 条语句来输出信息，但图 5-2-2 所示服务器端处理后的结果却只有使用 println 方法输出的 2 和 4 后才有换行，而使用 print 方法输出的信息“1”和“3
”后没有换行。

(2) 若要在浏览器中分行显示信息需要添加换行标签
，与是否使用 println 方法无关。例如，虽然图 5-2-2 所示页面源代码中 2 和 3 之间是换行的，但图 5-2-1 所示的显示结果 2 和 3 却在一行，而图 5-2-2 所示页面源代码中 3 和 4 虽然是一行的，但因为它们之间有换行标签
，所以图 5-2-1 所示的显示结果是分行的。

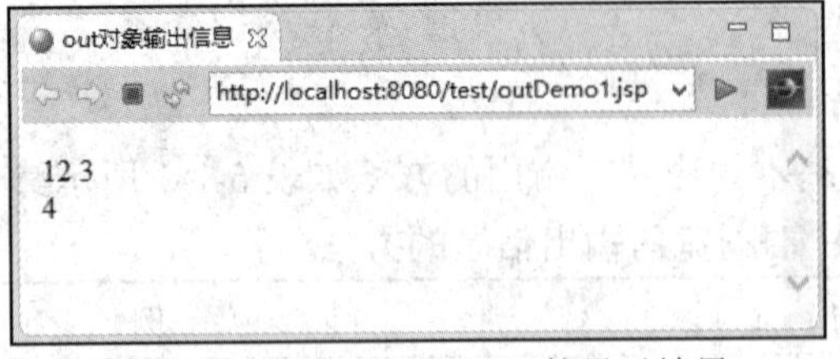

图 5-2-1　访问 outDemo1.jsp 的显示结果

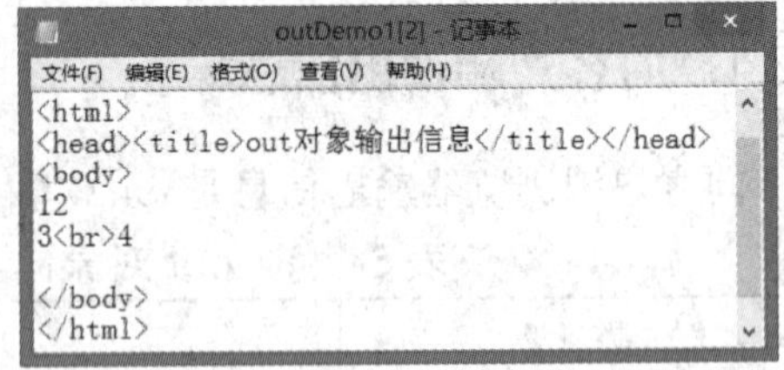

图 5-2-2　outDemo1.jsp 的运行结果

5.2.2　管理服务器输出缓冲区

通常情况下，为了提高对网络带宽的有效使用以及服务器的工作效率，服务器输出到客户端的内容不会直接写到客户端，而是先写到服务器内存中划定的一块固定区域，然后集合一定数据量的信息后再整体打包发往客户端。这就好比两个城市间的快递服务，基于成本考虑，快递公司收到一个包裹后并不会马上就派遣一辆货车去运送，而是先将这些包裹暂时存放在临时仓库中，等到发往同一地点的包裹达到一定数量，才派遣一辆货车去运送，这样即节约了成本，又不会因为过于频繁地派遣车辆而造成交通线路的拥堵。

综上所述，服务器的输出缓冲区就是在服务器中划定的一块固定区域，用来暂时存放服务器发往客户端的信息，类似于快递公司的临时仓库。

当满足以下 3 种条件之一时，服务器就会把缓冲区中存放的内容写到客户端。

(1) 某一个 JSP 页面的输出信息已经全部写入到了缓冲区。

(2) 缓冲区的所有空间均已存放待输出数据，此时无法再容纳新的数据。

(3) 在 JSP 页面中调用了强制输出缓冲区内容的方法。

使用 out 对象对服务器端输出缓冲区进行管理的常用方法如表 5-2-2 所示。

表 5-2-2　out 对象管理服务器输出缓冲区的常用方法

方 法	功 能 描 述	示 例
void clear()	清空缓冲区	out.clear()
void clearBuffer()	清空缓冲区	out.clearBuffer()
void flush()	强制输出缓冲区内的数据	out.flush()
void close()	关闭输出流	out.close()
int getBufferSize()	获取缓冲区大小(字节)	out.getBufferSize()
int getRemaining()	获取缓冲区剩余大小(字节)	out.getRemaining()

【例 5-2-2】 在 JSP 文件中使用 out 对象清空缓冲区内容信息。

outDemo2.jsp

```
1  <%@ page language="java" pageEncoding="UTF-8" contentType="text/html; charset=UTF-8" %>
2  <html>
3  <head><title>out 对象 clear()方法使用演示</title></head>
4  <body>
5  <%
6        out.println("1<br>");
7        out.clear();       //清空此时服务器缓冲区中所有内容
8        out.println(2);
9  %>
10 </body>
11 </html>
```

在例 5-2-2 中，outDemo2.jsp 文件的第 7 行使用 clear 方法清空缓冲区内容，访问 outDemo2.jsp 文件的显示结果如图 5-2-3 所示，该显示结果对应的页面源代码也就是 outDemo2.jsp 文件在服务器端的处理结果，如图 5-2-4 所示。当我们查看图 5-2-4 所示页面源代码会发现，只有 clear 方法调用语句后的内容输出到了客户端，而 clear 方法调用语句前的所有内容因该方法清空了缓冲区，而没有输出到客户端。

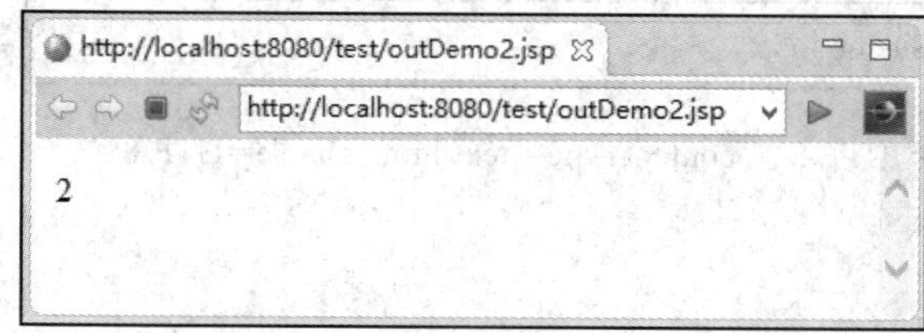

图 5-2-3　访问 outDemo2.jsp 的显示结果

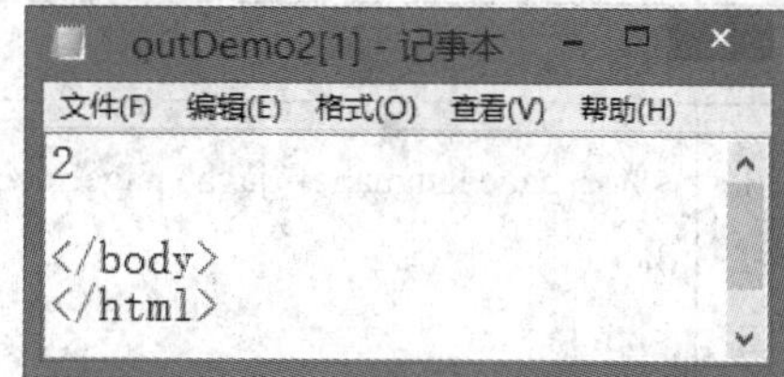

图 5-2-4　outDemo2.jsp 的运行结果

【例 5-2-3】 在 JSP 文件中使用 out 对象强制输出缓冲区内容信息。

outDemo3.jsp

```
<%@ page language="java" pageEncoding="UTF-8" contentType="text/html; charset=UTF-8" %>
<html>
<head><title>out 对象 flush()方法使用演示</title></head>
<body>
<%
      out.println("1<br>");
      out.flush();       //强制输出服务器缓冲区中所有内容
      out.clearBuffer();    //清空此时服务器缓冲区中所有内容
      out.println(2);
%>
</body>
</html>
```

例 5-2-3 访问 outDemo3.jsp 文件的显示结果如图 5-2-5 所示，该显示结果对应的页面源代码也就是 outDemo3.jsp 文件在服务器端的处理结果，如图 5-2-6 所示。虽然 outDemo3.jsp 源文件第 8 行使用了 clearBuffer 方法清空缓冲区信息，但在之前因为使用了 flush 方法强制输出了服务器端缓冲区的信息，所以并未造成最终输出信息的丢失。

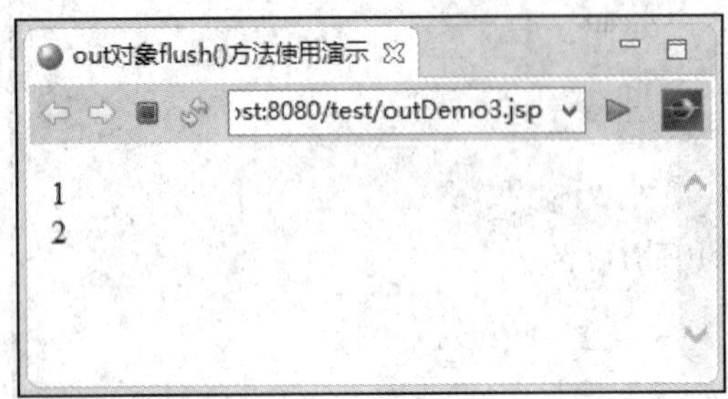

图 5-2-5　访问 outDemo2.jsp 的显示结果

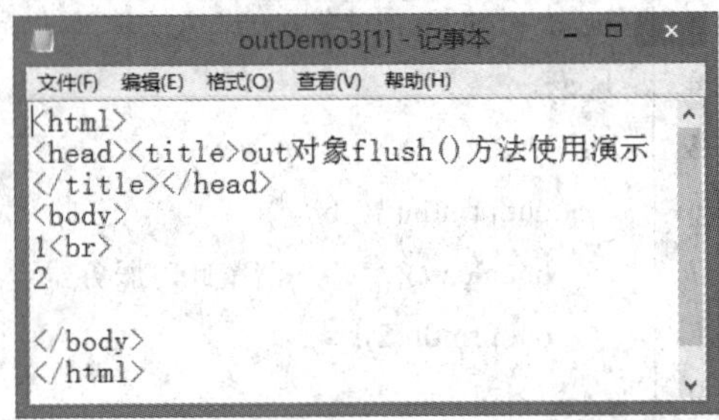

图 5-2-6　outDemo2.jsp 的运行结果

> **注意**：如果在 JSP 源文件中已使用 flush 方法强制输出了服务器端缓冲区的信息，若要在此之后清空缓冲区信息则只能使用 clearBuffer 方法，若使用 clear 方法则会引发 IO 异常。

【例 5-2-4】 在 JSP 文件中使用 out 对象关闭输出流。

outDemo4.jsp

```
1   <%@ page language="java" pageEncoding="UTF-8"   contentType="text/html; charset=UTF-8"
2   %>
3   <html>
4   <head><title>out 对象 close()方法使用演示</title></head>
5   <body>
6   <%
7           out.println("1<br>");
8           out.close();   //关闭服务器缓冲区输出流，此处调用会造成异常
9           out.println(2);
10  %>
11  </body>
12  </html>
```

在例 5-2-4 中，outDemo4.jsp 文件在服务器端的处理结果如图 5-2-7 所示，因为 outDemo4.jsp 文件第 8 行使用了 close 方法关闭了输出流，所以，此后所有的信息未输出到客户端。但在通常情况下，我们只有在确认不会再使用 out 对象后才会使用这个方法释放输出流对象，因为在该方法调用后再使用 out 对象去输出信息会造成文件运行时的异常，图 5-2-8 所示即是服务器控制窗口显示的 IO 异常信息。

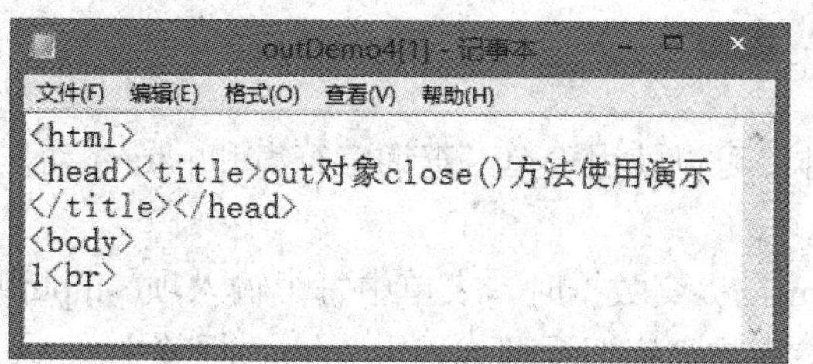

图 5-2-7　outDemo2.jsp 的运行结果

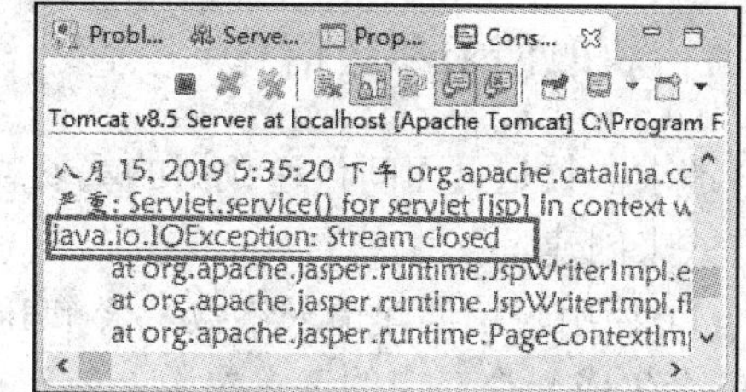

图 5-2-8　outDemo2.jsp 运行时的异常信息

【例 5-2-5】 在 JSP 文件中使用 out 对象获取缓冲区大小信息。

outDemo5.jsp

```
<%@ page language="java" pageEncoding="UTF-8" contentType="text/html; charset=UTF-8" %>
<html>
<head><title>获取缓冲区大小</title></head>
<body>
<%
        out.println("1<br>");
        out.println(2);
        out.println("<br>缓冲区大小(byte)："+out.getBufferSize());
        out.println("<br>缓冲区剩余(byte)："+out.getRemaining());
%>
</body>
</html>
```

例 5-2-5 访问 outDemo5.jsp 文件的显示结果如图 5-2-9 所示，从结果可以看出，服务器分配给每个 JSP 文件的缓存默认为 8192 字节(即 8kB)，缓存了 outDemo5.jsp 文件的输出数据后缓冲区剩余空间为 8105 字节。

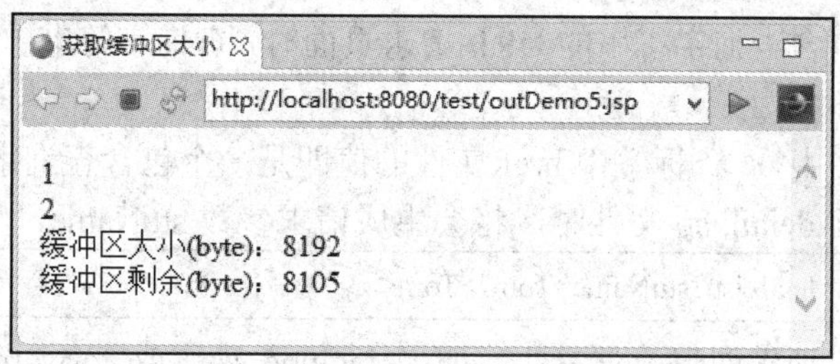

图 5-2-9　访问 outDemo5.jsp 的显示结果

5.3　request 对象

request 对象是 javax.servlet.http.HttpServletRequest 类的实例，它代表了从客户端向服务器发出请求，包括用户提交的信息以及客户端的一些信息。request 对象封装了由客户端生成的 HTTP 请求的所有细节，通过这个对象提供的相应方法，可以处理客户端提交并封装在 HTTP 请求报文中的各项参数。

5.3.1 获取请求参数信息

请求参数是页面间传递数据的重要载体，可以使用表单、查询字符串和 param 动作三种方式来创建。

(1) 使用表单创建请求参数。表单 Form 在提交数据时，表单中每个输入项(<input>标签)就会生成一个对应的请求参数，该请求参数的名字即是源代码中<input>标签中 name 属性的值，而请求参数的值则是用户在表单对应输入项中输入的数据。

例如，在示例 1 中，表单包含了两个输入项，这两个输入项在源文件中对应的<input>标签 name 属性的值分别是 userName 和 password，而在如图 5-3-1 所示访问表单的显示结果中，用户在输入项中分别输入了“Lily”和“123”，因此，当表单数据提交时就会生成两个请求参数，请求参数 userName，其值为“Lily”，以及请求参数 password，其值为“123”。

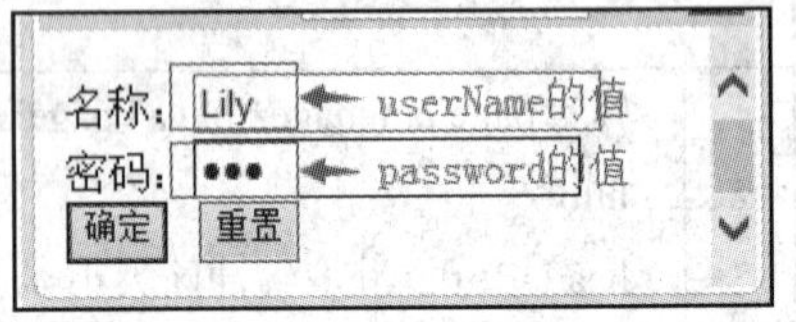

图 5-3-1 示例 1 表单的显示结果

示例 1	```<form method="post" action="loginHandle.jsp">```
	 ``名称：<input type="text" name="userName">
	``
	 ``密码：<input type="password" name="password">
	``
	 ```<input type="submit" value="确定"> ```
	 ```<input type="reset" value="重置">```
	 ```</form>```

(2) 使用查询字符串创建请求参数。查询字符串也称为 URL 参数，是指在 URL 的末尾加上用于向服务器发送信息的字符串，整个查询字符串以“?”开头，我们可以根据需要在查询字符串中包含多个参数“名-值”对，各参数“名-值”对之间使用“&”分隔，每个参数名和值之间用“=”连接，其语法格式为：

?参数名 1 = 参数值 1&参数名 2 = 参数值 2……

当客户端根据包含查询字符串的 URL 请求页面时，查询字符串中包含的参数“名-值”对将自动生成请求参数。

例如，在示例 2 中，<a>标签中 href 属性的值即是一个包含查询字符串的 URL，当用户点击此超链接访问 detail.jsp 文件时，将会生成请求参数 stuName，其值为“Tom”。

示例 2	```<a href="detail.jsp?stuName=Tom">Tom</a>```

(3) 使用 param 动作创建请求参数。如果 include 动作或 forward 动作包含了子动作 param，当这些动作开始执行时，param 动作将以请求参数的形式向 include 动作包含的文件或 forward 动作跳转的文件传递数据，该请求参数的名字即是 param 动作中 name 属性的值，而请求参数的值即是 param 动作中 value 属性的值。

例如，在示例 3 中，当 forward 动作执行，当前页面跳转至 main.jsp 时，param 动作将生成请求参数 userName，其值为变量 name 的值。

示例 3	```<jsp:forward page="main.jsp" >```
	 ```<jsp:param value="<%=name %>" name="userName"/>```
	 ```</jsp:forward>```

获取请求参数信息是 request 对象非常重要的一个功能，在跨页面传递信息时常常被用到，request 对象可以根据实际需要使用不同的方法获取单个请求参数的值或获取多个同名请求参数的值，使用的方法如表 5-3-1 所示。

表 5-3-1　request 对象获取请求参数信息的方法

方　法	功 能 描 述
String getParameter (String paramName)	获取单个请求参数的值
String[] getParameterValues (String paramName)	获取多个同名请求参数的值

【例 5-3-1】 在 JSP 文件中获取单个请求参数的值。

login.html

```
<html>
<head><meta http-equiv="Content-Type"    content="text/html;charset=UTF-8">
<title>登录</title></head>
<body>
<form method="post"    action="loginHandle.jsp">
名称：<input type="text"    name="userName"><br>
密码：<input type="password"    name="password"><br>
<input type="submit"    value="确定">  
<input type="reset"    value="重置">
</form>
</body>
</html>
```

loginHandle.jsp

```
<%@ page language="java" contentType="text/html; charset=UTF-8"%>
<html>
<head><title>登录处理</title></head>
<body>
<%
String name=request.getParameter("userName");        //获取请求参数 userName
String password=request.getParameter("password");   //获取请求参数 password
if(name.equals("Lily")&&password.equals("123")){
%>
    <jsp:forward page="main.jsp" >
            <jsp:param value="<%=name %>" name="userName"/>
    </jsp:forward>
<%
}
%>
<h1>用户名或密码错误！</h1>
```

```
<a href="login.html">返回登录</a>
</body>
</html>
```

main.jsp

```
<%@ page contentType="text/html; charset=UTF-8"%>
<html>
<head><title>主页</title></head>
<body>
<h3><%=request.getParameter("userName") %>,欢迎你！</h3>
<h2>学生列表</h2>
<table border="1">
<tr><th>学号</th><th>姓名</th></tr>
<tr><td>001</td><td><a href="detail.jsp?stuName=Tom">Tom</a></td></tr>
<tr><td>002</td><td><a href="detail.jsp?stuName=Lucy">Lucy</a></td></tr>
</table>
</body>
</html>
```

detail.jsp

```
<%@ page language="java" contentType="text/html; charset=UTF-8"pageEncoding="UTF-8"%>
<%
String stuName=request.getParameter("stuName");   //获取请求参数 stuName 的值
%>
<html>
<head><title>查看详情</title></head>
<body>
<h2><%=stuName %>的详情页</h2>
</body>
</html>
```

在例 5-3-1 中，各文件访问结果如图 5-3-2 所示，当我们访问 login.html 文件将打开如图 5-3-2(a)所示页面，在此页面输入正确的用户名和密码后单击“确定”按钮将打开如图 5-3-2(b)所示页面，在该页面中点击超链接“Tom”将打开如图 5-3-2(c)所示页面。

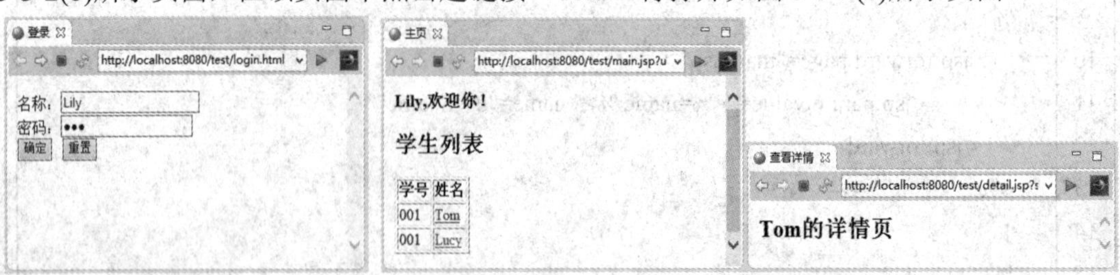

(a) 输入登录信息　　(b) 登录信息正确进入主页　　(c) 查看 Tom 的详细信息

图 5-3-2　例 5-3-1 的显示结果

在例 5-3-1 中，login.html 文件利用表单获取用户输入的名称和密码，并提交到 loginHandle.jsp，此时表单提交的数据将生成请求参数 userName 和 password。

loginHandle.jsp 文件的第 6、7 行分别使用 request 对象的 getParameter 方法获取由表单生成的请求参数 userName 和 password 的值，若用户输入的名称和密码符合要求则使用 forward 动作跳转到 main.jsp 文件，并在第 11 行使用 param 动作生成新的请求参数 userName 发送到 main.jsp 文件，否则将显示错误提示及返回登录页面的超链接。

main.jsp 文件的第 5 行使用 request 对象的 getParameter 方法获取由 param 动作生成的请求参数 userName 的值并输出到客户端，并在第 9、10 行设置查看不同学生详情页的超链接，点击该超链接将打开 detail.jsp 文件并生成请求参数 stuName。

detail.jsp 文件的第 3 行使用 request 对象的 getParameter 方法获取由 URL 查询字符串生成的请求参数 stuName 的值并输出到客户端。

【例 5-3-2】 在 JSP 文件中获取多个同名请求参数的值。

stuInfo.html

```
<html>
<head>
<meta charset="UTF-8">
<title>完善个人信息</title>
</head>
<body>
<form action="stuInfoHandle.jsp" method="get">
姓名：<input type="text" name="name" /><p>
性别：<input type="radio" name="sex" value="male"   checked/>男
      <input type="radio" name="sex" value="female" />女   <p>
擅长技术：<input type="checkbox" name="tech" value="JSP" />JSP
          <input type="checkbox" name="tech" value=".NET" />.NET
          <input type="checkbox" name="tech" value="PHP" />PHP <p>
<input type="submit" value="提交" />
<input type="reset" value="重置" />
</form>
</body>
</html>
```

stuInfoHandle.jsp

```
<%@ page language="java" contentType="text/html; charset=UTF-8" pageEncoding="UTF-8"%>
<html>
<head><title>个人信息处理</title></head>
<body>
<%
String name=request.getParameter("name");
```

```
7        String sex=request.getParameter("sex");
8        String tech[]=request.getParameterValues("tech"); //获取多个名字为 tech 的请求参数的值
9    %>
10       姓名：<%=name %><p>
11       性别：<%=sex %><p>
12       擅长技术：
13       <%
14       for(int i=0;i<tech.length;i++){
15           out.println(tech[i]+"  ");
16       }
17       %>
18       </body>
19       </html>
```

在例 5-3-2 中，stuInfo.html 文件接收用户输入的姓名、性别和擅长技术信息，并提交到 stuInfoHandle.jsp 文件，此时表单提交了三组信息，其中由于“擅长技术”组为多选项且源代码中为对应多选标签 name 属性设置了相同的值“tech”，因此表单的这组提交信息会根据用户的选择生成多个请求参数，这些请求参数的名称均为“tech”，但值则由对应多选标签 value 属性值决定。

stuInfoHandle.jsp 文件第 8 行使用 request 对象的 getParameterValues 方法获取名字为“tech”的多个请求参数的值并存入数组 tech 中，然后在代码 14～16 行利用循环将数组 tech 中存放的请求参数的值输出。

例如，当如图 5-3-3(a)所示输入个人信息并提交数据后，会得到如图 5-3-3(b)所示的处理结果，处理结果页的 URL 如图 5-3-3(c)所示，该 URL 包含 4 个请求参数，其中有两个请求参数名字均为“tech”，值分别为“JSP”和“.NET”，当我们使用 request 对象的 getParameterValues 方法获取请求参数“tech”就会得到一个包含两个元素的字符串数组，该数组各元素的值即为“JSP”和“.NET”。

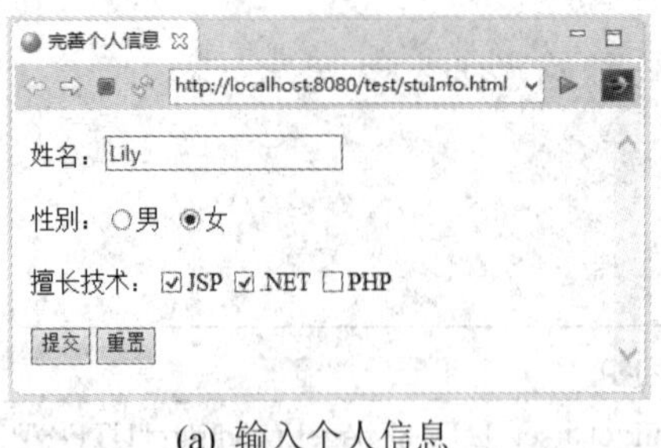

(a) 输入个人信息

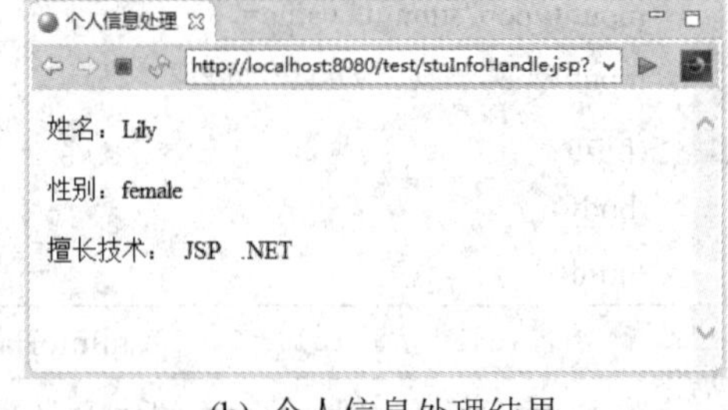

(b) 个人信息处理结果

(c) 个人信息处理页的 URL

图 5-3-3　例 5-3-2 的显示结果

注意：

① 为保证表单中同组单选项任意时刻最多只有一个选项被选中，即实现单选项的“同组互斥”，我们必须将同组所有单选标签的 name 属性设置为相同值。例如，例 5-3-2 中 stuInfo.jsp 文件的 form 表单包含两个单选标签，由于这两个单选标签同为“性别”组，因此这两个标签的 name 属性值相同。

② 表单提交数据时，由于同组单选项存在“同组互斥”，所以不管同组有多少单选标签，最多只会生成一个请求参数，因此我们可使用 request 对象的 getParameter 方法来提取表单单选项的值。

③ 虽然我们可以为表单中各多选标签的 name 属性设置不同值，然后使用 request 对象的 getParameter 方法来分别提取它们，但我们无法预测在实际应用时哪些多选项会被选中而生成请求参数，哪些多选项未被选中而无对应的请求参数，因此每次都需要多次使用 getParameter 方法一一提取请求参数，然后再根据提取值是否为 null 来判断哪些值有效哪些值无效，这样的处理非常繁琐。所以，通常情况下，我们都是为表单中同组多选标签的 name 属性设置相同值，然后使用 getParameterValues 方法来提取它们，这样无论同组哪些多选项被选中哪些多选项未被选中，我们都只需提取一次就能得到所有选中项的值，这样操作更为简便。

④ 若提交的信息存在多个同名请求参数时，使用 request 对象的 getParameter 方法虽然也能获取信息，但只能获取到同名请求参数组的第 1 个请求参数的值，显然这样会遗漏提交的请求参数信息，因此对于包含多选项的表单，我们使用 getParameterValues 方法才能将多选项生成的所有请求参数值提取完全。

5.3.2　解决表单 POST 数据的中文乱码问题

在例 5-3-2 中，如果我们将 stuInfo.html 文件中表单提交数据的方式修改为 post，然后访问 stuInfo.html 文件并提交包含中文字符的个人信息，在如图 5-3-4(b)所示的处理结果中可看到获取的中文信息为乱码，为解决这个问题，我们可以使用 request 对象的 setCharacterEncoding 方法。

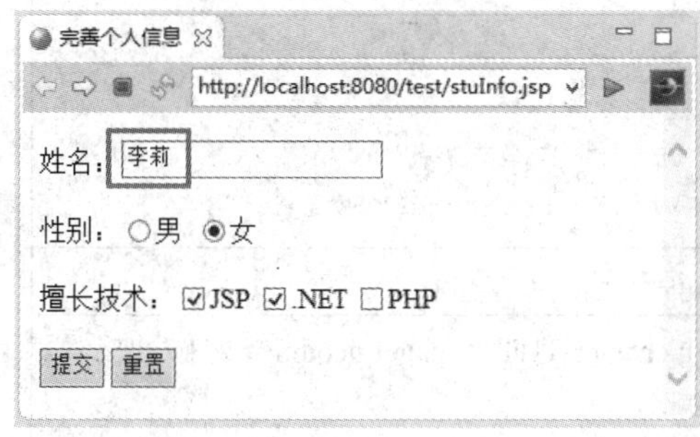

(a) 输入个人信息

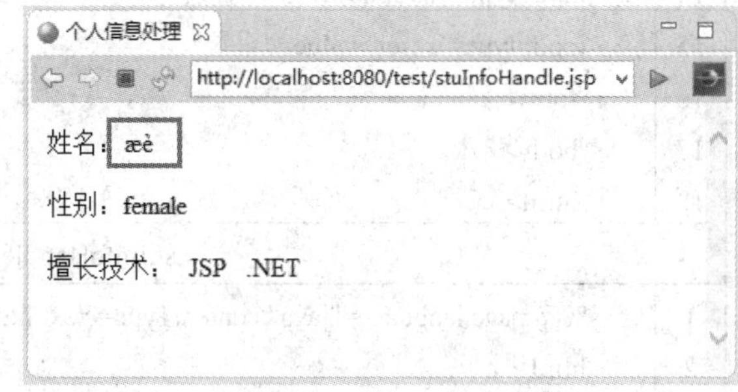

(b) 个人信息处理结果

图 5-3-4　例 5-3-2 修改后的显示结果

request 对象的 setCharacterEncoding 方法的功能是设置客户端请求信息的编码类型，

该方法的语法格式如下：

```
void setCharacterEncoding(String encodingName)
```

该方法包含一个字符串型的参数，用来指明当前页面处理客户端请求时字符编码集的名称。例如，示例 4 即是将当前页面处理客户端请求时字符编码集设置为 UTF-8。

示例 4	request.setCharacterEncoding("UTF-8");

当表单以 GET 方式提交数据时，页面处理客户端请求时采用 URL 解码方式，也就是默认为 Tomcat8 的编码格式，即 UTF-8，这种编码格式是支持中文的，因此此时获取的中文信息能正常显示。当表单以 POST 方式提交数据时，页面处理客户端请求时采用实体内容解码方式，默认解码格式是 request 编码格式，即 ISO-8859-1，这种编码格式是不支持中文的，因此此时获取的中文信息不能正常显示，所以在这种情况下，为了中文信息能正常显示，我们需要使用 request 对象的 setCharacterEncoding 方法重新设置客户端请求时字符编码方式，将其设置为支持中文的编码方式。

【例 5-3-3】 解决表单以 POST 方式提交中文数据时的乱码问题。

stuInfo1.html

```
<html>
<head>
<meta charset="UTF-8">
<title>完善个人信息</title>
</head>
<body>
<form action="stuInfoHandle1.jsp" method="post">
姓名：<input type="text" name="name" /><p>
性别：<input type="radio" name="sex" value="男"   checked/>男
      <input type="radio" name="sex" value="女" />女   <p>
擅长技术：<input type="checkbox" name="tech" value="JSP" />JSP
          <input type="checkbox" name="tech" value=".NET" />.NET
          <input type="checkbox" name="tech" value="PHP" />PHP <p>
<input type="submit" value="提交" />
<input type="reset" value="重置" />
</form>
</body>
</html>
```

stuInfoHandle1.jsp

```
<%@ page language="java" contentType="text/html; charset=UTF-8" pageEncoding="UTF-8"%>
<html>
<head><title>个人信息处理</title></head>
<body>
<%
request.setCharacterEncoding("UTF-8");          //设置客户端请求的字符编码格式为 UTF-8
```

```
7  String name=request.getParameter("name");
8  String sex=request.getParameter("sex");
9  String tech[]=request.getParameterValues("tech");
10 %>
11 姓名：<%=name %><p>
12 性别：<%=sex %><p>
13 擅长技术：
14 <%
15 for(int i=0;i<tech.length;i++){
16     out.println(tech[i]+"  ");
17 }
18 %>
19 </body>
20 </html>
```

在例 5-3-3 中，stuInfo1.html 文件使用 post 方式提交数据信息到 stuInfoHandle1.jsp；stuInfoHandle1.jsp 文件的第 6 行使用 request 对象的 setCharacterEncoding 方法将客户端请求时的字符编码方式设置为支持中文的 UTF-8，因此当如图 5-3-5(a)所示在完善个人信息页面中输入包含中文字符的个人信息并提交后，在如图 5-3-5(b)所示的个人信息处理结果页中可看到能正确获取并显示中文信息。

(a) 输入个人信息　　　　(b) 个人信息处理结果

图 5-3-5　例 5-3-3 的显示结果

> 注意：
>
> ① setCharacterEncoding 方法只能解决表单以 POST 方式提交信息中包含中文时的乱码问题，若表单以 GET 方式提交中文信息，或以包含查询字符串的 URL 提交中文信息，或以 param 动作提交中文信息出现乱码问题不能用该方法解决。
>
> ② setCharacterEncoding 方法要求包含表单的文件的编码类型与该方法设置的编码类型一致。例如，例 5-3-3 中 stuInfo1.html 文件使用<meta>标签设置的页面字符编码类型为 UTF-8，则在 stuInfoHandle1.jsp 文件中调用 setCharacterEncoding 方法时设置的方法参数也必须为 UTF-8。
>
> ③ 调用 setCharacterEncoding 方法前不能调用 request 对象的其他方法，否则该方法调用无效。

5.3.3 实现多页面数据共享

在同一请求中，当不同页面需要使用同一数据时，除了将这些数据以请求参数的方式由一个页面发送给另一个页面外，还可以使用 request 对象的 setAttribute 方法和 getAttribute 方法来实现同一请求范围内的数据共享，这组方法的语法格式如表 5-3-2 所示。

表 5-3-2 request 对象实现数据共享的方法

方 法	功 能 描 述
void setAttribute(String paramName, Object paramValue)	设置请求变量 paramName 的值为 paramValue
Object getAttribute(String paramName)	获取请求变量 paramName 的值

通常情况下，我们使用 request 对象的 setAttribute 方法将数据保存到 request 范围的变量中，然后在同一请求范围内的另一个页面中使用 getAttribute 方法提取这些数据，这样我们就实现了同一请求范围内的多个页面间的数据共享。

【例 5-3-4】 在 JSP 文件中实现同一请求范围内的多页面数据共享。

login.html

```
<html>
<head><meta http-equiv="Content-Type"   content="text/html;charset=UTF-8">
<title>登录</title></head>
<body>
<form method="post"   action="loginHandle1.jsp">
名称：<input type="text"   name="userName"><br>
密码：<input type="password"   name="password"><br>
<input type="submit"   value="确定">  
<input type="reset"   value="重置">
</form>
</body>
</html>
```

loginHandle1.jsp

```
<%@ page language="java" contentType="text/html; charset=UTF-8"%>
<html>
<head><title>登录处理</title></head>
<body>
<%
String name=request.getParameter("userName");
String password=request.getParameter("password");
if(name.equals("Lily")&&password.equals("123")){
    request.setAttribute("userName", name);        //设置请求变量 userName 的值
%>
```

```
11        <jsp:forward page="main1.jsp" />
12    <%
13    }
14    %>
15    <h1>用户名或密码错误！</h1>
16    <a href="login.html">返回登录</a>
17    </body>
18    </html>
```

main1.jsp

```
1     <%@ page contentType="text/html; charset=UTF-8"%>
2     <html>
3     <head><title>主页</title></head>
4     <body>
5     <%
6     String userName=(String)request.getAttribute("userName"); //获取请求变量 userName 的值
7     %>
8     <h1><%=userName%>,欢迎你！</h1>
9     </body>
10    </html>
```

在例 5-3-4 中，login.html 文件利用表单获取用户输入的名称和密码，并提交到 loginHandle1.jsp；loginHandle1.jsp 文件的第 9 行使用 request 对象的 setAttribute 方法将字符串变量 name 的值保存到变量名为“userName”的请求变量中，然后使用 forward 动作转发请求到 main1.jsp；main1.jsp 文件的第 6 行使用 request 对象的 getAttribute 方法来提取变量名为“userName”的请求变量的值，这样就实现了 loginHandle1.jsp 与 main1.jsp 间的数据共享。本例的运行结果如图 5-3-6 所示，当我们访问 login.html 文件将打开如图 5-3-6(a)所示页面，在此页面中输入正确的用户名和密码并单击“确定”按钮将打开如图 5-3-6(b)所示页面。

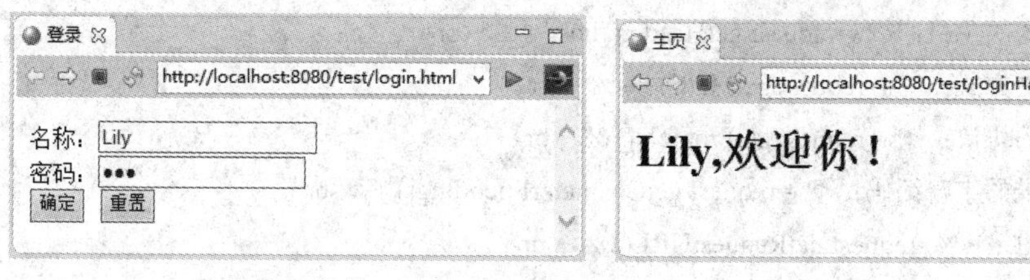

(a) 输入登录信息　　　　(b) 登录信息正确进入主页

图 5-3-6　例 5-3-4 的显示结果

注意：

① 使用 request 对象的 setAttribute 方法和 getAttribute 方法实现数据共享仅适用于处于同一请求范围的页面间，即使用 forward 动作跳转的页面之间。

② 使用 getAttribute 方法提取到的数据为 Object 类型，若需要作为其他类型的数据来使用则必须进行强制类型转换。

5.3.4 获取客户端信息

使用 request 对象能获取很多客户端信息，表 5-3-3 中仅列出了部分方法，大家可通过查看 JSP 相关的帮助文件来学习其他方法。

表 5-3-3 request 对象获取客户端信息的常用方法

方 法	功 能 描 述
String getHead(String name)	获取指定的 HTTP 头标值
String getMethod()	获取客户端向服务器端传送数据的方式，如 get、post 等
String getProtocol()	获取客户端向服务器端传送数据所依据的协议名称
String getCharacterEncoding()	获取客户端请求的字符编码
String getQueryString()	获取请求 URL 中包含的查询字符串
StringBuffer getRequestURL()	获取客户端请求文件的 URL 地址
String getRemoteAddr()	获取客户端的 IP 地址
String getRemoteHost()	获取客户端的主机名
String getServerName()	获取服务器名字
int getServerPort()	获取服务器端口号
String getServletPath()	获取客户端请求文件在服务器中的路径

【例 5-3-5】 在 JSP 文件中获取客户端信息。

getClientInfo.jsp

```
<%@ page language="java" contentType="text/html; charset=UTF-8" pageEncoding="UTF-8"%>
<html>
<head><title>获取客户端信息</title></head>
<body>
请求服务器的主机：<%=request.getHeader("host") %><br>
数据的提交方式：<%=request.getMethod() %><br>
传送数据的协议：<%=request.getProtocol() %><br>
客户端请求的字符编码：<%=request.getCharacterEncoding() %><br>
请求的 URL：<%=request.getRequestURL() %><br>
查询字符串：<%=request.getQueryString() %><br>
客户端的 IP 地址：<%=request.getRemoteAddr() %><br>
客户端的主机名：<%=request.getRemoteHost() %><br>
请求服务器的名称：<%=request.getServerName() %><br>
请求服务器的端口号： <%=request.getServerPort() %><br>
请求文件的路径： <%=request.getServletPath() %><br>
</body>
</html>
```

在例 5-3-5 中，getClientInfo.jsp 文件使用 request 对象的若干方法从客户端发往服务器的请求报文中获取了很多信息，访问该文件的显示结果如图 5-3-7 所示。

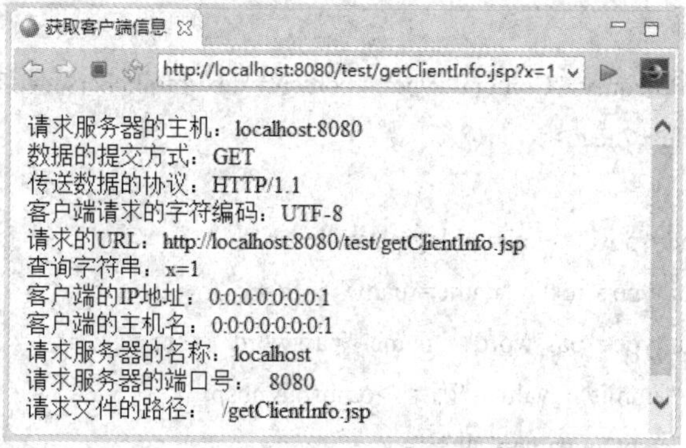

图 5-3-7　访问 getClientInfo.jsp 的显示结果

5.4　response 对象

response 对象是 javax.servlet.HttpServletResponse 类的实例，封装了 Web 服务器对客户端请求产生的响应，在 JSP 页面内有效，主要用于响应客户端请求，向客户端输出信息，常用于设置 HTTP 标题、添加 Cookie、设置响应内容的类型和状态、发送 HTTP 重定向和编码 URL 等。

5.4.1　实现页面的重定向

页面重定向就是将用户请求的页面转向其他位置，即当用户访问页面 A 时，页面 A 自动定向到页面 B，这样用户实际看到的就是页面 B 的内容了。

使用 response 对象可以实现页面的重定向，这需要用到该对象的 sendRedirect 方法，该方法的语法格式如下：

```
void sendRedirect(String URL)
```

该方法只有一个字符串型的参数，用来设置目的页面的 URL 地址，该地址可以是相对地址或绝对地址，甚至是不同主机的 URL 地址，除此以外，如果页面重定向时需要向目的页传递信息也可以使用包含查询字符串的 URL 地址。

例如，示例 1 中采用了相对地址，将页面重定向到与当前页面同一目录下的 main.jsp 页面，示例 2 则采用的绝对地址，将页面重定向到当前站点下应用程序 test 中的 main.jsp 页面，示例 3 则是将页面重定向到位于其它站点上的页面，示例 4 则是在重定向到 main.jsp 页面的同时还发送了一个请求参数 name，参数值为“Lily”。

示例 1	response.sendRedirect("main.jsp");　　//同一站点，相对地址重定向
示例 2	response.sendRedirect("/test/main.jsp"); //同一站点，绝对地址重定向
示例 3	response.sendRedirect("http://www.cqcet.edu.cn"); //跨站点重定向
示例 4	response.sendRedirect("main.jsp?name=Lily");　//包含请求参数的重定向

【例 5-4-1】 在 JSP 文件中进行页面重定向。

login.html

```
<html>
<head><meta http-equiv="Content-Type"  content="text/html;charset=UTF-8">
<title>登录</title></head>
<body>
   <form method="post"  action="loginHandle.jsp">
   名称：<input type="text"  name="name"><br>
   密码：<input type="password"  name="password"><br>
   <input type="submit"  value="确定">  
   <input type="reset"  value="重置">
   </form>
</body>
</html>
```

loginHandle.jsp

```
<%@ page language="java" contentType="text/html; charset=UTF-8" %>
<html>
<head><title>登录处理</title></head>
<body>
<%
String name=request.getParameter("name");
String password=request.getParameter("password");
if(name.equals("Lily")&&password.equals("123")){
   response.sendRedirect("main.jsp?name="+name );   //页面重定向到 main.jsp
}
%>
<h1>用户名或密码错误！</h1>
<a href="login.html">返回登录</a>
</body>
</html>
```

main.jsp

```
<%@ page contentType="text/html; charset=UTF-8"%>
<html>
<head><title>主页</title></head>
<body>
<h1><%=request.getParameter("name") %>，欢迎你！</ h1>
</body>
</html>
```

例 5-4-1 的功能和大部分源代码与例 4-5-9 相同，只是在 loginHandle.jsp 文件中，当用户名和密码符合要求时，例 4-5-9 是使用的 forward 动作进行的页面跳转，并使用 param 动作传递参数，而本例使用的是 response 对象的 sendRedirect 方法进行包含参数的页面跳转。本例运行结果如图 5-4-1 所示，与例 4-5-9 的运行结果对比，可发现当登录成功后这两个例子在浏览器中的显示结果相同，但在本例中浏览器地址栏中的地址显示为跳转后的主页面地址，而例 4-5-9 浏览器地址栏中的地址显示为跳转前的登录处理页面的地址。

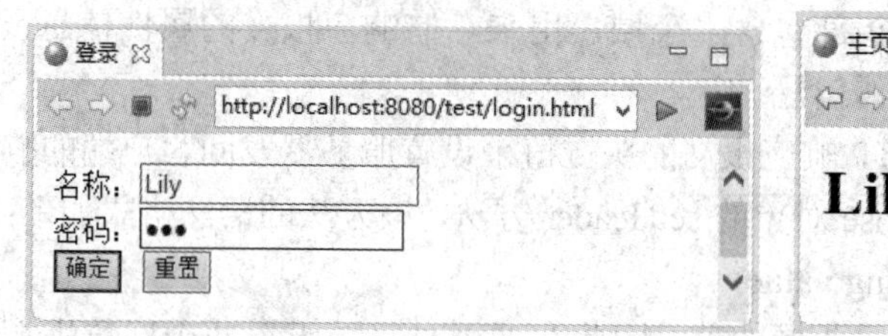

(a) 输入登录信息

(b) 登录信息正确进入主页

图 5-4-1　例 5-4-1 的显示结果

实际上，使用 forward 动作和 response 对象的 sendRedirect 方法进行页面跳转的显示结果类似，但实现过程是不同的，下面的图 5-4-2 和图 5-4-3 即是两种页面跳转方式的实现过程示意图。

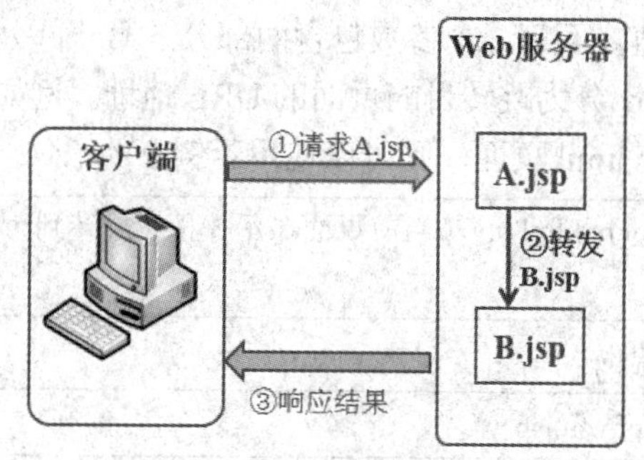

图 5-4-2　forward 转发过程示意图

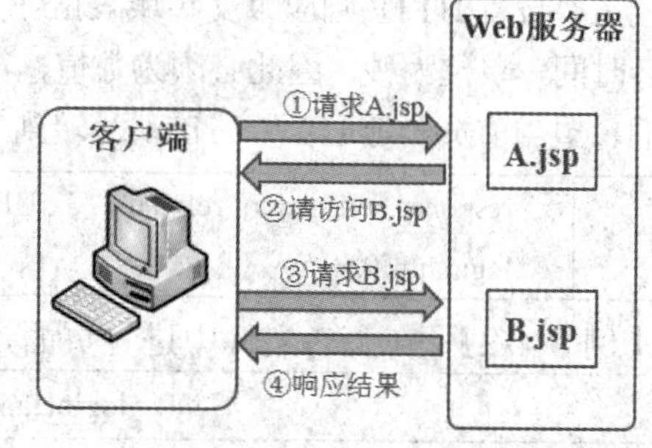

图 5-4-3　sendRedirect 方法重定向示意图

从图 5-4-2 可看出，forward 动作跳转的两个页面位于同一个请求中，因此虽然最后的响应结果是 B.jsp 执行的结果，但对于客户端而言请求的一直是 A.jsp，所以客户端浏览器地址栏显示的是 A.jsp 的 URL。而从图 5-4-3 可看出，sendRedirect 方法跳转的两位页面位于两个请求中，第一次访问 A.jsp 的响应结果是让客户端访问 B.jsp，而第二次访问 B.jsp 的响应结果才是最后的显示结果，所以客户端浏览器地址栏最终显示的是第二次请求 B.jsp 的 URL。

正是因为 forward 动作转发和 sendRedirect 方法重定向实现过程的不同，所以，这两种页面跳转方式在应用上也存在差异。

(1) forward 动作只能实现同一个 Web 应用程序内部页面间的跳转，而 response 对象的 sendRedirect 方法可以实现任意页面间的跳转，包括同一个 Web 应用程序内部页面间以及不同 Web 应用程序的页面间。

(2) 使用 forward 动作跳转的两个页面位于同一个请求范围内，因此这两个页面可以通过请求变量共享数据，而 response 对象的 sendRedirect 方法跳转的两个页面位于不同请求中，因此这两个页面无法通过请求变量共享数据。

5.4.2　实现页面定时跳转

在 B/S 网络结构中，客户端和服务器间采用的是基于 HTTP 协议的请求响应模式，即客户端和服务器是通过 HTTP 报文进行通信的，一个 HTTP 响应报文由状态行、头部和消息体组成，状态行用来描述响应状态，头部包含多个域，用来存储响应报文的属性信息，消息体则是客户端和服务器间传递的具体信息。

实际应用中，我们可以通过修改 HTTP 响应报文的头域值来设置服务器发回客户端的响应报文的响应方式，这就需要用到 response 对象的 setHeader 方法，该方法的语法格式如下：

```
void setHeader(String name, String value)
```

该方法的功能是设置 HTTP 报文指定头域的值，因此在调用时需要设置两个字符串型参数，第一个参数指明要设置的 HTTP 报文头域名称，第二个参数则指明域值。

让响应页定时跳转是通过设置 HTTP 响应报文头域值来改变响应信息的一个典型应用，需要用到如下所示的调用语句：

```
response.setHeader("refresh", "延迟时间; URL=跳转页面 URL 地址");
```

以上调用语句中，setHeader 方法的第一个参数值为“refresh”，大小写均可，表明要实现此功能需要设置 HTTP 响应报文头域 refresh 的值，而第二个参数包含两部分，第一部分为延迟跳转时间，单位为秒，因此必须为数值，第二部分为跳转目的页面的 URL 地址。例如，如果我们希望当前页面延迟 3 秒后自动跳转到 login.html 页面，则可以使用示例 5 的语句。

示例 5	response.setHeader("refresh", "3 ; URL=login.html");　//当前页面显示 3 秒后跳转到 login.html

【例 5-4-2】 在 JSP 文件中进行页面定时跳转。

loginHandleRefresh.jsp

```
<%@ page language="java" contentType="text/html; charset=UTF-8" %>
<html>
<head><title>登录处理</title></head>
<body>
<%
String name=request.getParameter("name");
String password=request.getParameter("password");

if(name.equals("Lily")&&password.equals("123")){
    response.sendRedirect("main.jsp?name="+name );
}
else{
    response.setHeader("refresh", "3;URL=login.html"); //当前页面显示 3 秒后跳转到 login.html
}
```

```
15	%>
16	<h1>用户名或密码错误！</h1>
17	3 秒后自动返回登录页面……
18	</body>
19	</html>
```

在例 5-4-1 中，当用户登录失败只能通过点击“返回登录”超链接回到登录页面。考虑到用户操作的便捷性，在返回登录页面时，让程序自动返回而非由用户点击超链接将更为方便，因此，我们修改例 5-4-1 的 loginHandle.jsp 得到本例的 loginHandleRefresh.jsp 文件，在文件的第 13 行使用 response 对象调用 setHeader 方法实现页面的定时跳转，从而使程序的易用性大大提高。一旦用户登录失败，将显示如图 5-4-4 所示页面效果，并延迟 3 秒后自动跳转到登录页面 login.html。

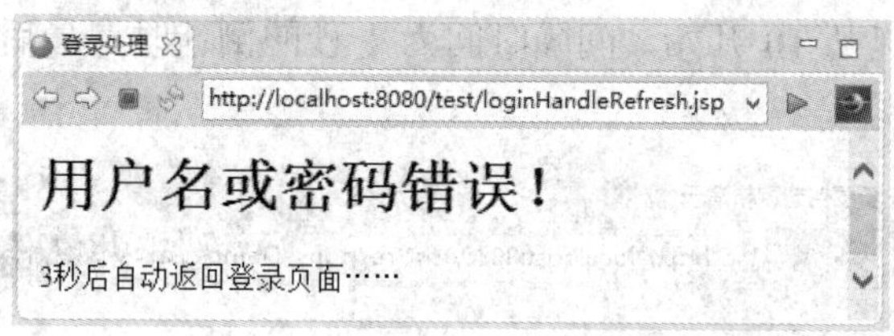

图 5-4-4　例 5-4-2 登录失败显示效果

如果页面定时跳转的目的页为自己，也就是页面的自动刷新，我们可以在设置 setHeader 方法的第二参数时省略第二部分对跳转目的页地址的设置，只保留第一部分对延迟时间的设置，即需要用到如下的调用语句：

```
response.setHeader("refresh", "延迟时间");
```

例如，如果我们希望当前页面每隔 1 秒刷新一次，则可以使用示例 6 的调用语句。

示例 6	response.setHeader("refresh", "1");　//每隔 1 秒刷新一次当前页面

【例 5-4-3】 在 JSP 文件中进行页面的自动刷新。

responseDemo1.jsp

```
<%@ page contentType="text/html; charset=UTF-8" %>
<html>
<head><title>页面自动刷新演示</title></head>
<body>
<%! int count=10;%>
<h1>欢迎你！</h1>
<%
if(count>0)   count--;
else count=10;
out.print("还有"+count+"秒返回登录页面……");
if(count==0){
   response.sendRedirect("login.html");
```

```
13    }
14    else{
15        response.setHeader("refresh", "1"); //每隔 1 秒刷新一次当前页面
16    }
17    %>
18    </body>
19    </html>
```

在例 5-4-3 中，responseDemo1.jsp 文件通过 JSP 声明定义了一个全局变量 count 用来存储倒数秒数，初始值为 10，每次刷新页面 count 值就会减 1，当 count 值为 0 时就会跳转到页面 login.html，该文件的第 15 行使用 response 对象的 setHeader 方法实现了当前页面的自动刷新，刷新间隔时间为 1 秒，因此，当页面开始运行，会得到如图 5-4-5 所示的显示效果，我们会看见从 10 开始，间隔时间为 1 秒的倒计时，最后倒计时为 0 时，页面跳转到 login.html。

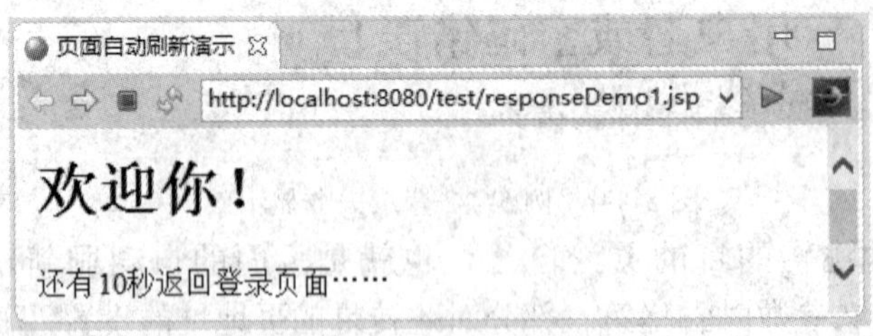

图 5-4-5　访问 responseDemo1.jsp 的显示效果

5.4.3　设置响应信息的内容类型

HTTP 响应报文头部的 Content-Type 属性即内容类型属性的值由两部分构成：MIME 类型和编码字符集，语法格式为“MIME 类型; charset=字符编码类型”，其中，MIME 类型决定了由服务器发回客户端的 HTTP 响应报文主体信息为什么类型的文件，使用哪一种应用程序来打开，字符编码类型则说明消息信息以什么字符集来编码，便于客户端解析。

MIME 类型值由两部分组成，两部分间用“/”分隔，“/”前是数据的大类别，“/”后为具体的种类，例如，值“text/html”表明发回客户端的消息信息为文本类型的 html 文件，用浏览器打开。常用的 MIME 类型值如表 5-4-1 所示，更多的 MIME 类型值大家可以查找相关的参考资料。

表 5-4-1　常用的 MIME 类型值

类型值	含义	类型值	含义
text/html(默认)	HTML 网页	video/x-msvideo	AVI 文件
application/msword	word 文档	video/mpeg	MPEG 文件、MP3 文件
application/pdf	PDF 文档	audio/mp4	MP4 文件
application/vnd.ms-excel	excel 文档	image/gif	GIF 图片
application/x-rar-compressed	rar 压缩文件	image/jpeg	JPEG 图片

HTTP 响应报文中内容类型属性的 MIME 类型值默认为“text/html”，如果我们需要用其他应用程序来打开此响应信息就需要重新设置该类型值，可以使用 response 对象的两种方法来实现。

(1) void setHeader(String name,String value)。

使用该方法时，需要将第一个参数设置为“Content-Type”，大小写均可，表明要实现此功能需要设置 HTTP 响应报文头域 Content-Type 的值，而第二个参数可以根据实际需要设置为相应的类型值。

(2) void setContentType(String value)。

使用该方法时，需要将参数根据实际需要设置为相应的类型值。

如果我们不需要更改已有字符编码集而是仅仅修改 MIME 类型值，可以在调用以上两种方法时设置内容类型域的值仅仅为某个标准的 MIME 类型值。例如，如果我们希望将网页以 word 文档的方式打开，使用示例 7 和示例 8 两条语句都能实现。示例 7 和示例 8 在设置参数值时都仅设置了 MIME 类型值，而省略了对字符编码类型的设置，表明语句只修改响应信息的打开方式，而保持原有字符编码方式不变。

示例 7	response.setHeader("Content-Type", "application/msword");
示例 8	response.setContentType("application/msword");

【例 5-4-4】 在 JSP 文件中重新设置响应报文的内容类型。

responseDemo2.jsp

```
1  <%@ page language="java" pageEncoding="UTF-8" contentType="text/html; charset=UTF-8" %>
2  <%
3  response.setContentType("application/msword");   //设置将响应信息视为 word 文档打开
4  %>
5  <html>
6  <head>
7  <meta charset="UTF-8">
8        <title>设置响应信息的内容类型</title>
9  </head>
10    <body>
11          <h1>大家好！</h1>
12    </body>
13 </html>
```

在例 5-4-4 中，responseDemo2.jsp 文件的第 3 行使用 response 对象的 setContentType 方法重新设置了响应报文的头部属性 Content-Type 的值，因此访问该页面时将弹出如图 5-4-6(a)所示对话框，当单击“打开”按钮后，将显示如图 5-4-6(b)所示 word 文档。

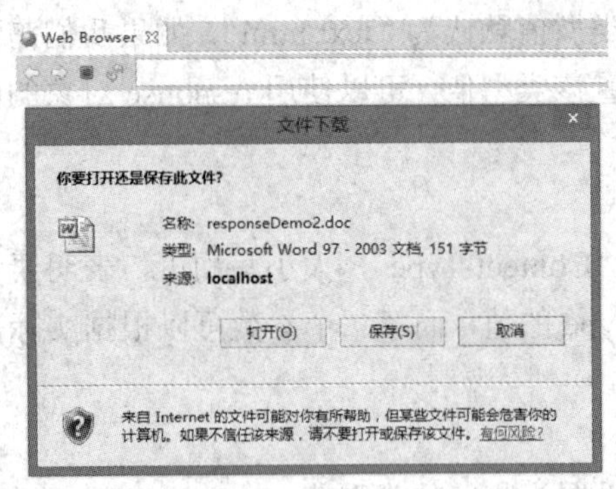

(a) 文件下载提示框

(b) 以 word 文档显示访问结果

图 5-4-6　例 5-4-4 的显示结果

5.4.4　管理客户端缓存

通常情况下，为提高客户端请求页的响应速度，HTTP 协议定义了缓存机制，即客户端浏览器会对显示过的网页进行缓存，也就是保存如 HTML 文件、图片等输出内容的复本，如果再次请求的 URL 所对应的文件是之前已经访问过并缓存了输出内容副本的，缓存直接使用客户端复本响应请求，而不会向源服务器再次发送请求，这样可以节约客户端与服务器间信息交互耗费的时间，以及服务器端对请求处理的时间，从而大大提供网页的响应速度。

虽然使用缓存机制可以提高网页的响应速度，但也存在弊端，一是如果服务器中页面内容发生修改，会因为缓存未及时更新而导致显示数据与实际数据不一致；二是客户端安全性普遍不高，缓存在客户端的网页数据易被黑客窃取，从而降低网站的安全性。

为解决缓存数据与实际数据不一致问题，我们可要求每次提取缓存内容前，先发送验证请求到服务器进行缓存信息有效性的验证，如果服务器中存放的实际数据与客户端缓存数据一致就显示缓存数据，如果不一致再请求服务器发送新数据，可使用的方法有两种。

(1) response.setHeader("pragma", "no-cache")。

(2) response.setHeader("Cache-Control", "no-cache")。

以上两种方法都是使用的 response 对象的 setHeader 方法，将 HTTP 报头域 "pragma" 或 "Cache-Control" 设置为 "no-cache"，表示强制所有缓存了该网页的客户端，在使用已缓存的数据前，发送验证请求到服务器验证缓存数据的有效性。

为了保证网站的安全性，防止网页内容因缓存在客户端被窃取，可以使用三种方法禁用缓存。

(1) response.setHeader("pragma", "no-store")。

(2) response.setHeader("Cache-Control", "no-store")。

(3) response.setDateHeader("Expires", 0)。

以上方法中，前两种方法需要使用 response 对象的 setHeader 方法，将 HTTP 响应报文头域 "pragma" 或" Cache-Control" 的值设置为 "no-store"，表示不在客户端缓存当前网页信息。第三种方法则是使用 response 对象的 setDateHeader 方法将响应报文头部 "Expires"

属性的值设置为 0，表示当前页面内容的有效时间为 0，即立即过期不缓存。

5.4.5　管理服务器输出缓冲区

使用 response 对象对服务器端输出缓冲区进行管理的常用方法如表 5-4-2 所示。

表 5-4-2　response 对象管理服务器输出缓冲区的常用方法

方 法	功能描述	示 例
void flushBuffer()	强制输出缓冲区数据	response.flushBuffer()
int getBufferSize()	获取缓冲区大小(字节)	response. getBufferSize()
void setBufferSize(int size)	设置缓冲区大小(字节)	response.setBufferSize(0)
void reset()	清除缓冲区内容	response.reset()
boolean isCommotted()	检查是否缓冲区数据已写到客户端	response. isCommotted()

在管理服务器输出缓冲区的方法使用上，response 对象与 out 对象的很多方法虽然名字不同但功能类似，这里就不再一一详细举例说明了，大家可以自行编码验证。

5.5　session 对象

由于 HTTP 协议是一种无状态的协议，即当一个客户端向服务器发出请求，服务器接收请求并返回响应后，本次客户端与服务器端的连接就结束了，相应的，这次请求和响应的信息也将不复存在，那么，如果我们希望保留每次客户端与服务器间的这些请求响应信息，并在某个时间使用它们该怎么办呢？这就需要使用到 session 对象了。

session 对象是 javax.servlet.http.HttpSession 类的实例，在客户端向服务器第一次提出请求时创建，代表了服务器与客户端之间的一次“会话”，即便客户端的一次请求响应连接结束，session 对象也能保存客户会话期间的所有信息，在该客户下一次的请求响应过程中也能使用。当会话过期，也就是服务器在设定的有效时间内未收会话对应客户端的请求，或调用专门销毁会话的方法后，服务器才会删除该会话对应的 session 对象。此后，若客户端再次向服务器提出请求，服务器将视为该客户端开始了一次新的会话，会为该客户端创建一个新的 session 对象。

服务器会为每个客户端都设立一个独立的 session 对象，每个 session 对象由一个唯一的 ID 号标识，各客户端的 session 对象互不干扰。

注意：

① 必须保证客户端允许使用 cookie，session 才能使用。因为服务器创建 session 后会将 session 对象的 ID 号写回并保存在对应客户端浏览器的 cookie 中，每次客户端向服务器发出请求，session 对象的 ID 号就会一起发送到服务器，这样服务器就知道使用哪个 session 对象了。如果客户端浏览器不允许使用 cookie，那么 session 对象的 ID 号就无法保存在客户端，当客户端向服务器发出的请求时，服务器就无法判断使

用哪个 session 对象了。

② 客户端通过重新打开的浏览器向服务器发出请求时都会生成一个新的 session 对象。因为存放 session 对象 ID 号的 cookie 存在于客户端浏览器的进程中，当我们关闭浏览器即是关闭了相应的进程，存放在进程中的 cookie 就被清除了，当通过新打开的浏览器访问服务器时，之前的 cookie 中存放的 session 对象 ID 号已经不存在了，服务器就会认为是一次新的会话，从而生成一个新的 session 对象，而服务器上原先的 session 对象等到它的默认有效时间到之后，便会自动销毁。

5.5.1 设置会话信息

session 对象一个很重要的应用就是实现在同一会话期间多个页面间的数据共享，这就需要首先在一个页面中设置需要共享的会话信息，我们通常使用 session 对象的 setAttribute 方法来实现，该方法的语法格式如下：

```
void setAttribute(String paramName, Object paramValue)
```

使用 session 对象调用该方法时需设置两个参数，第一个参数用来设置会话变量的名称，必须为字符串类型，第二个参数用来设置会话变量的值，可以为任意类型。

【例 5-5-1】 使用 session 对象的 setAttribute 方法设置会话信息。

session_set1.jsp

```
1  <%@ page language="java" contentType="text/html; charset=UTF-8" pageEncoding="UTF-8"%>
2  <%@page import="bean.Book" %>
3  <%
4  session.setAttribute("name","Lily"); //将字符串"Lily"存入会话变量 name 中
5  session.setAttribute("age",18);         //将整数 18 存入会话变量 age 中
6  Book book= new Book("西游记",27);      //创建图书对象 book，书名"西游记"，价格 27 元
7  session.setAttribute("book", book); //将图书对象 book 存入会话变量 book 中
8  %>
9  <a href="session_get.jsp">查看会话信息</a>
```

在例 5-5-1 中，session_set1.jsp 文件的第 4、5、7 行分别使用 session 对象调用 setAttribute 方法设置了三个会话变量 name、age 和 book，这三个会话变量的值分别为字符串、整型和对象。

5.5.2 获取会话信息

完成了会话变量的设置后，在同一会话中的其他页面就能获取这些变量中存放的信息，从而实现多页面的数据共享，要获取会话信息需要使用 session 对象 getAttribute 方法来实现，该方法的语法格式如下：

```
Object getAttribute(String paramName)
```

使用 session 对象调用该方法时需设置一个参数，用来设置会话变量的名称，方法调用的结果会得到存储在指定会话变量中的信息，但该信息为 Object 类型，因此，若要使用这些会话信息还需要进行对应类型的强制类型转换。

【例 5-5-2】 使用 session 对象的 getAttribute 方法获取会话信息。

session_get.jsp

```
1  <%@ page language="java" contentType="text/html; charset=UTF-8" pageEncoding="UTF-8"%>
2  <%@page import="bean.Book" %>
3  <html>
4  <head><title>查看会话信息</title></head>
5  <body>
6  <%
7  String name=(String)session.getAttribute("name") ;//读取会话变量 name 的值
8  int age=(int)session.getAttribute("age");              //读取会话变量 age 的值
9  Book book=(Book)session.getAttribute("book"); //读取会话变量 book 的值
10 %>
11 姓名：<%=name %><br>
12 年龄：<%=age%><br>
13 图书名称：<%=book.getName() %><br>
14 图书价格：<%=book.getPrice() %><br>
15 </body>
16 </html>
```

在例 5-5-2 中，session_get.jsp 文件的 7～9 行分别使用 session 对象调用 getAttribute 方法获取会话变量 name、age 和 book 中存放的信息，并将这些信息转换为相应的数据类型后存入变量中，最后使用 JSP 表达式输出。

将例 5-5-1 和例 5-5-2 合并运行，访问 session_set1.jsp 文件的结果如图 5-5-1 所示，点击图中超链接后将访问 session_get.jsp 文件，得到的结果如图 5-5-2 所示。从显示结果可知，在 session_set1.jsp 文件中存入的会话信息在 session_get.jsp 文件中被正确的提取出来了，从而实现了两个页面间的数据共享。

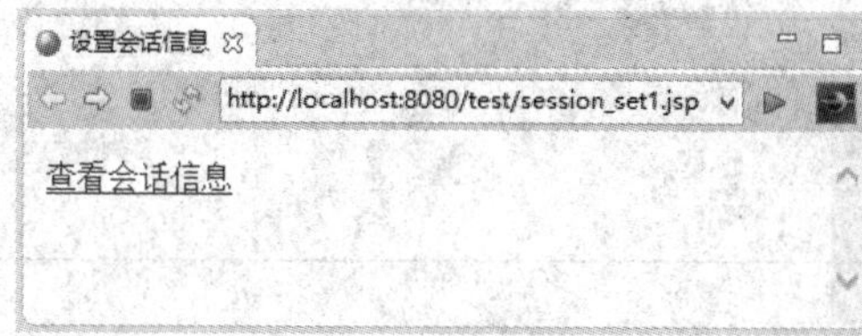

图 5-5-1　访问 session_set1.jsp 的显示结果

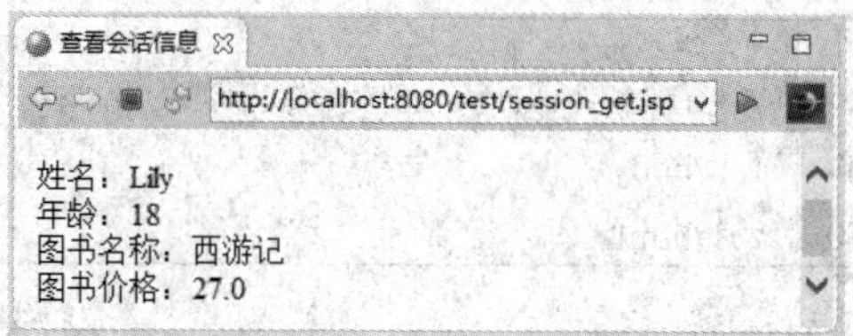

图 5-5-2　访问 session_get.jsp 的显示结果

虽然我们也可以使用 request 对象来实现多页面数据的共享，但 request 对象的作用范围是同一请求范围，也就是必须使用 forward 动作跳转的页面间，而 session 对象的范围是同一会话范围，因此只要是在同一会话期间，无论使用页面重定向、超链接，还是 forward 动作跳转页面，都能使用 session 对象的这组方法实现信息的保存和提取。

例如，我们修改例 5-3-4 的部分代码，使用 session 对象来共享登录用户名信息，得到以下代码，该代码的最后的运行结果与例 5-3-4 的运行结果相同。如果我们将 loginHandle1.jsp 文件代码第 11 行改为“response.sendRedirect("main1.jsp");”，也就是将原来的 forward 动作跳转页面改为使用页面重定向跳转页面，也能得到同样的结果。

loginHandle1.jsp

```
<%@ page language="java" contentType="text/html; charset=UTF-8"%>
<html>
<head><title>登录处理</title></head>
<body>
<%
String name=request.getParameter("userName");
String password=request.getParameter("password");
if(name.equals("Lily")&&password.equals("123")){
    session.setAttribute("userName", name);        //设置会话变量 userName 的值
%>
    <jsp:forward page="main1.jsp" />
<%
}
%>
<h1>用户名或密码错误！</h1>
<a href="login.html">返回登录</a>
</body>
</html>
```

main1.jsp

```
<%@ page contentType="text/html; charset=UTF-8"%>
<html>
<head><title>主页</title></head>
<body>
<%
String userName=(String)session.getAttribute("userName"); //获取会话变量 userName 的值
%>
<h1><%=userName%>,欢迎你！</h1>
</body>
</html>
```

5.5.3 删除会话信息

因为每一个访问服务器的客户端都会在服务器中分配到一个 session 对象，相关的会话信息就存放在 session 对象中，如果访问服务器的客户端非常多，则会话信息会占用大量的服务器空间资源，因此，为提高服务器的空间利用率，我们需要使用 removeAttribute 方法将一些过时或无用的会话信息删除，该方法的语法格式如下：

```
void removeAttribute(String paramName)
```

该方法包含一个字符串类型的参数，用来设置要删除的变量名。

【例 5-5-3】 删除指定的会话信息。

session_set2.jsp

```
1  <%@ page language="java" contentType="text/html; charset=UTF-8" pageEncoding="UTF-8"%>
2  <html>
3  <head><title>设置会话信息</title></head>
4  <body>
5  <%
6  session.setAttribute("name","Lily"); //将字符串"Lily"存入会话变量 name 中
7  %>
8  <a href="session_remove.jsp">查看会话信息</a>
9  </body>
10 </html>
```

session_remove.jsp

```
1  <%@ page language="java" contentType="text/html; charset=UTF-8" pageEncoding="UTF-8"%>
2  <html>
3  <head><title>删除会话信息</title></head>
4  <body>
5  姓名：<%= session.getAttribute("name")%><br>
6  *******************************************<br>
7  <%
8  session.removeAttribute("name") ;//删除会话变量 name
9  %>
10 姓名：<%= session.getAttribute("name")%><br>
11 </body>
12 </html>
```

在例 5-5-3 中，session_remove.jsp 文件的第 17 行使用 session 对象的 removeAttribute 法将会话变量 name 删除，因此当在如图 5-5-3(a)所示页面中点击超链接后将得到如图 5-5-3(b)所示运行结果，在删除变量前能正确访问到该变量的值为“Lily”，而在删除变量后，再次访问该变量时，就会显示变量值为空了。

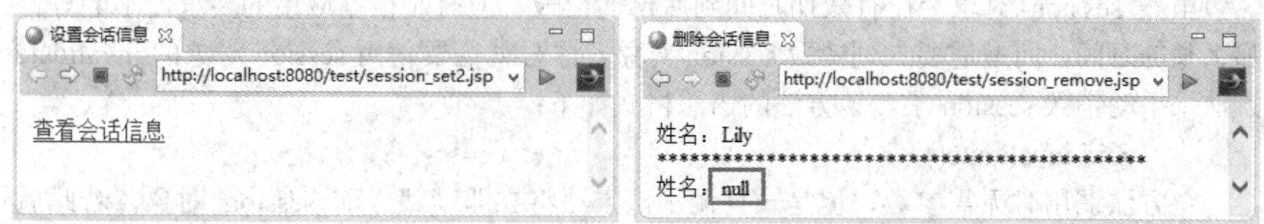

(a) 访问 session_set2.jsp 的显示结果　　(b) 访问 session_remove.jsp 的显示结果

图 5-5-3　例 5-5-3 的运行结果

5.5.4　设置会话的有效时间

虽然我们可以使用 session 对象保存客户端与服务器间的会话信息，但 session 对象并不是永久存在的，当客户端持续一段时间不向服务器发出请求，session 对象就会自动被销毁。不同服务器默认的 session 对象的有效时间是不同的，例如 Tomcat 服务器默认的 session

有效时间为 30 分钟，也就是说，如果客户端持续 30 分钟未向 Tomcat 服务器提出访问请求，则客户端当前会话结束，对应 session 对象被服务器自动销毁。

如果觉得服务器默认的会话有效时间过长或过短，我们也可以根据需要重新设置这个时间，设置方法有 3 种。

(1) 使用 session 对象的 setMaxInactiveInterval 方法，该方法的语法格式如下：

```
void setMaxInactiveInterval(int time)
```

该方法仅包含一个整型参数，用来设置 session 的有效时间长短，单位是秒，如果参数值为负数或 0，则表示当前会话永远有效，不会超时过期。使用这种方式只会影响到调用该方法的 session 对象，对同服务器的其他 session 对象无效。

例如，我们可以使用示例 1 语句将当前会话的有效时间设置为 1 个小时。

示例 1	session.setMaxInactiveInterval(3600);　//设置当前会话有效时长为 1 小时

(2) 在项目文件夹中的 web.xml 文件中进行配置，添加如下标签组：

```
<session-config>
<session-timeout>有效时间(单位：分钟)</session-timeout>
</session-config>
```

这种配置方式设置的会话有效时间对当前应用程序中的所有 session 对象有效，如果设置的有效时间值为负数或 0，则表示会话永远有效，不会超时过期。例如，在项目文件夹中的 web.xml 文件中添加示例 2 的配置内容，就可以将当前应用程序中的所有 session 对象的有效时间设置为 60 分钟。

示例 2

```
<session-config>
<session-timeout>60</session-timeout> <!--设置当前应用程序会话有效时长 60 分钟-->
</session-config>
```

(3) 在服务器软件安装路径下的 web.xml 文件中进行配置，配置方法同第 2 种方法，只是影响范围扩展到当前服务器下的所有应用程序。

5.5.5　销毁客户会话

虽然 session 对象会在有效期时间到后自动销毁，但有时根据应用的要求，不能等待那么长的时间，而是需要立刻销毁 session 对象，这时就需要使用 session 对象的 invalidate 方法来手动销毁 session 了。该方法的语法格式如下：

```
void invalidate()
```

该方法调用时无需参数，但是一旦调用该方法将立即销毁当前 session 对象，若此后再次使用当前 session 对象将引发异常。

【例 5-5-4】 删除当前会话。

session_set3.jsp

```
<%@ page language="java" contentType="text/html; charset=UTF-8" pageEncoding="UTF-8"%>
<html>
<head><title>设置会话信息</title></head>
<body>
```

```
<%
session.setAttribute("name","Lily"); //将字符串"Lily"存入会话变量 name 中
%>
<a href="session_invalidate.jsp">查看会话信息</a>
</body>
</html>
```

session_invalidate.jsp

```
1  <%@ page language="java" contentType="text/html; charset=UTF-8" pageEncoding="UTF-8"%>
2  <html>
3  <head><title>删除会话</title></head>
4  <body>
5  姓名：<%= session.getAttribute("name")%><br>
6  *********************************************<br>
7  <%
8  try{
9      session.invalidate();    //销毁当前会话
10     out.print("session 对象已销毁！<br><br>");
11     out.print("姓名："+session.getAttribute("name") );   //此语句引发异常
12 }
13 catch(Exception e){
14     out.print("异常信息："+e.getMessage());
15 }
16 %>
17 </body>
18 </html>
```

在例 5-5-3 中，session_ invalidate.jsp 文件在完成对会话变量 name 的提取后，在代码第 9 行使用 invalidate 方法销毁了当前 session 对象，然后又在代码第 11 行再次提取会话变量 name 的值，因此当在如图 5-5-4(a)所示页面中点击超链接后将得到如图 5-5-4(b)所示运行结果，从运行结果中可看到，在销毁当前 session 对象前能正确提取到会话变量 name 的值“Lily”，而销毁会话后再次提取会话变量 name 的值就引发了异常，异常信息为：getAttribute 方法引发异常，因为 session 已经无效了。

(a) 访问 session_set3.jsp 的显示结果　　(b) 访问 session_ invalidate.jsp 的显示结果

图 5-5-4　例 5-5-4 的运行结果

5.6　application 对象

application 对象是 javax.servlet.ServletContext 类的实例，在服务器启动时自动创建，用于保存应用程序中所有的公有数据，连接该服务器的所有用户都可以共享这一个 application 对象，直到服务器停止时 application 对象才自动销毁。

5.6.1　设置应用信息

我们通常使用 application 对象的 setAttribute 方法来将一些需要长期保存或多用户共享的数据保存到应用变量中，该方法的语法格式如下：

```
void setAttribute(String paramName, Object paramValue)
```

使用 application 对象调用该方法时需设置两个参数，第一个参数用来设置应用变量的名称，必须为字符串类型，第二个参数用来设置应用变量的值，可以为任意类型。

例如，示例 1 语句就是将应用变量 count 的值设置为常量 1。

示例 1	application.setAttribute("count",1); //设置应用变量 count 的值为 1

5.6.2　获取应用信息

完成了应用变量的设置后，访问同一网站的其他客户就能获取这些变量中存放的信息，从而实现跨客户端的多页面的数据共享，要获取应用信息需要使用 application 对象 getAttribute 方法来实现，该方法的语法格式如下：

```
Object getAttribute(String paramName)
```

使用 application 对象调用该方法时需设置一个参数，用来设置应用变量的名称，方法调用的结果会得到存储在指定应用变量中的信息，但该信息为 Object 类型，因此，若要使用这些信息还需要进行对应类型的强制类型转换。

例如，示例 2 语句就是获取应用变量 count 的值并经过强制类型转换后存入整型变量 count。

示例 2	int count=(int)application.getAttribute("count"); //获取应用变量 count 的值

【例 5-6-1】 使用 application 对象实现对网站访问人次的计数。

login.html

```
<html>
<head><meta http-equiv="Content-Type"  content="text/html;charset=UTF-8">
<title>登录</title></head>
<body>
<form method="post"  action="loginHandle.jsp">
名称：<input type="text"  name="userName"><br>
```

```
7    密码：<input type="password"    name="password"><br>
8    <input type="submit"    value="确定">  
9    <input type="reset"    value="重置">
10   </form>
11   </body>
12   </html>
```

loginHandle.jsp

```
1    <%@ page language="java" contentType="text/html; charset=UTF-8"%>
2    <html><head><title>登录处理</title></head><body>
3    <%
4    String name=request.getParameter("userName");
5    String password=request.getParameter("password");
6    int count=0;//登录次数计数器
7    if(name.equals("Lily")&&password.equals("123")){
8        session.setAttribute("name", name);
9        if(application.getAttribute("count")==null)
10               count=1;
11       else
12               count=(int)application.getAttribute("count")+1; //获取应用变量 count 的值
13
14       application.setAttribute("count",count); //设置应用变量 count 的值
15       response.sendRedirect("main.jsp");
16   }
17   %>
18   <h1>用户名或密码错误！</h1>
19   <a href="login.html">返回登录</a>
20   </body></html>
```

main.jsp

```
1    <%@ page contentType="text/html; charset=UTF-8"%>
2    <html><head><title>主页</title></head>
3    <body>
4    <h1><%=session.getAttribute("name") %>,欢迎你！</h1>
5    <h3>您是本网站的第<%=application.getAttribute("count") %>位访问者！</h3>
6    </body>
7    </html>
8
```

在例 5-6-1 中，当登录页 login.html 输入正确用户名和密码并提交到登录处理页 loginHandle.jsp 后，loginHandle.jsp 代码第 9 行先使用 getAttribute 方法提取变量名为“count”

的应用变量值，若提取结果为 null 则表明应用变量 count 不存，即为首次登录，将登录次数置 1，若应用变量 count 存在则将应用变量 count 的值加 1 后存入整型变量 count 中。然后在代码第 14 行使用 setAttribute 方法将整型变量 count 的值保存到变量名为“count”的应用变量中，即更新访问人次计数。这样，在主页面 main.jsp 中就可以同样使用 getAttribute 方法提取应用变量 count 的值，并如图 5-6-1 所示将提取的值显示出来了。由于应用信息是访问该网站的所有客户端都能设置和获取的，因此无论是哪个客户端登录网站都能导致应用变量 count 的值加 1，这样我们就能使用应用变量 count 来实现对网站访问人次数的计数了。

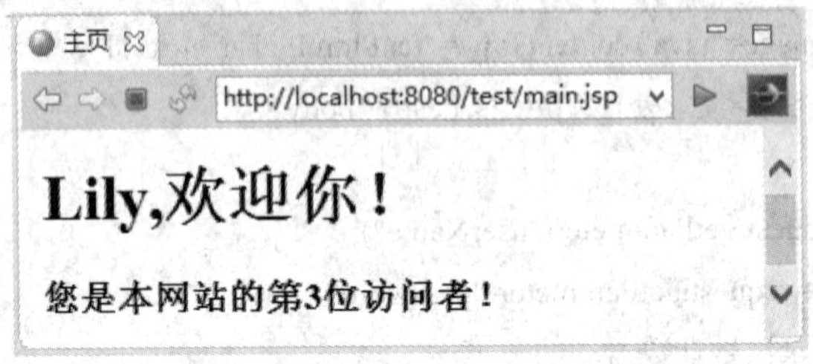

图 5-6-1　例 5-6-1 的运行结果

5.6.3　删除应用信息

由于所有的应用信息只要被创建就会一直存放在服务器中，只有当服务器关闭后才会被自动销毁，因此若应用信息太多就会占用大量服务器资源从而影响服务器的运行速度，为了降低服务器的的资源占用量，就需要及时清理那些不再使用的应用信息，方式是使用 application 对象的 removeAttribute 方法，该方法的语法格式如下：

void removeAttribute(String paramName)

该方法仅包含一个字符串类型的参数，用来设置要删除的应用变量名。

例如，我们可以使用示例 3 语句来删除应用变量 count。

示例 3	application.removeAttribute("count"); //删除应用变量 count

5.6.4　访问初始化参数信息

除了保存和提取应用程序公有数据外，application 对象还可以用于读取应用程序初始化参数。应用程序初始化参数在项目文件夹中的 web.xml 文件中设置，我们常采用这种方式来代替直接将初始化参数信息写入程序，目的是当程序运行时的外界环境发生变化时，更易于修改维护。

在 web.xml 文件中配置初始化参数时，需要在<web-app>标签组中添加如下标签内容：

```
<context-param>
    <param-name>初始化参数名称</param-name>
    <param-value>初始化参数值</param-value>
</context-param>
```

在 web.xml 文件中设置好了初始化参数后，就可使用 application 对象的 getInitParameter 方法来获取指定参数的值了。该方法的语法格式如下：

String getInitParameter(String paramName)

方法仅包含一个字符串类型的参数，用来指明要获取哪个初始化参数的值。

【例 5-6-2】 使用 application 对象访问初始化参数信息。

web.xml

```
1  <web-app xmlns:xsi="http://www.w3.org/2001/XMLSchema-instance"
2  xmlns="http://xmlns.jcp.org/xml/ns/javaee"
3  xsi:schemaLocation="http://xmlns.jcp.org/xml/ns/javaee
4  http://xmlns.jcp.org/xml/ns/javaee/web-app_3_1.xsd" version="3.1">
5     <context-param>
6        <param-name>connectionString</param-name>
7  <param-value>
8  jdbc:microsoft:sqlserver://localhost:1433;DatabaseName=college;user=sa;password=123
9  </param-value>
10 </context-param>
11 </web-app>
```

getInitInfo.jsp

```
1  <%@ page language="java"   contentType="text/html; charset=UTF-8"%>
2  <html>
3  <head><title>获取应用程序初始化信息</title></head>
4  <body>
5  数据库连接字符串为：<%=application.getInitParameter("connectionString") %>
6  </body>
7  </html>
```

在例 5-6-2 中，web.xml 文件代码第 5～10 行配置了初始化参数 connectionString 及其值，该参数值为应用程序连接 SQL Server 数据库时所需的连接字符串，当数据库类型、位置、名称等信息发生变化时，我们只需在 web.xml 文件中修改 connectionString 参数值，而无需修改源代码，就能保证数据库环境的变化不影响程序运行。在 getInitInfo.jsp 文件代码第 5 行使用 application 对象的 getInitParameter 方法来获取初始化参数“connectionString”的值并输出，访问该页面的显示结果如图 5-6-2 所示。

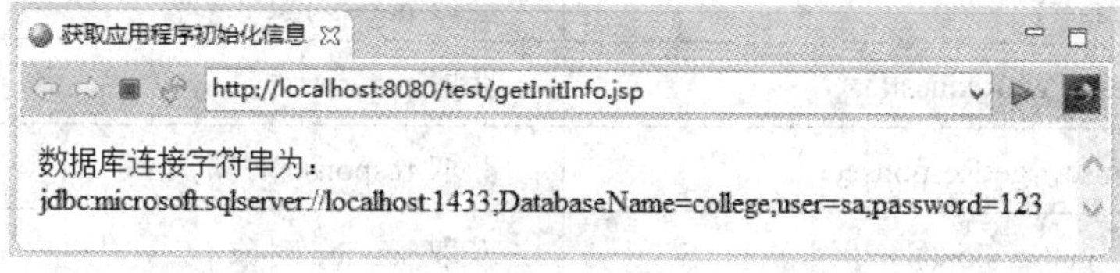

图 5-6-2　访问 getInitInfo.jsp 的显示结果

5.6.5　request、session 和 application 的比较

request、session 和 application 都是 JSP 的内置对象，在 JSP 编程中经常被用到，它们

都能使用 setAttribute 结合 getAttribute 方法来实现多页面的数据共享，但它们三个仍存在很大的区别。

(1) 从数量上看，一个 request 对象对应一个客户的一次服务请求，因此如果一个客户多次向服务器提出请求，则会生成多个 request 对象；一个 session 对象对应一个客户的一次会话，因此一个客户在不同的时间向服务器发起会话或多个客户向服务器发起会话，都会生成多个 session 对象；而 application 对象则是一个服务器一个。

(2) 从作用域上看，request 对象仅能在客户与服务器间的一次请求范围内使用；session 对象则可以在客户与服务器间的一次会话范围内使用，如果会话有多次请求，则这些请求共享该 session 对象；而 application 对象在服务器范围内使用，即连接服务器的多个客户、多个会话、多次请求都共享该 application 对象。

(3) 从有效期上看，request 对象的有效期最短，仅在一次请求期间有效，它在客户向服务器发出请求时自动生成，在得到服务器响应后自动销毁；session 对象的有效期为一次会话期间，它在客户第一次向服务器发出请求时自动生成，当客户无请求时间达到默认有效时间时自动销毁；而 application 对象的有效期最长，在整个服务器运行期间都有效，它在服务器启动时自动生成，在服务器停止时自动销毁。

5.7 pageContext 对象

pageContext 对象是 javax.servlet.jsp.PageContext 类的实例，该对象代表页面上下文环境，它封装了对其他八大内置对象的引用，以及 Web 开发中经常涉及的一些常用操作(例如包含和页面跳转)，可以用于访问 JSP 之间的共享数据。

5.7.1 获取其他内置对象

使用 pageContext 对象获取其他内置对象的方法如表 5-7-1 所示。

表 5-7-1 pageContext 对象获取其他内置对象的方法

方 法	功 能 描 述
Exception getException()	获取 exception 对象
JspWriter getOut()	获取 out 对象
Object getPage()	获取 page 对象
ServletRequest getRequest()	获取 request 对象
ServletResponse getResponse()	获取 response 对象
HttpSession getSession()	获取 session 对象
ServletConfig getServletConfig()	获取 config 对象
ServletContext getServletContext()	获取 application 对象

通常情况下，在 JSP 源文件中所有的内置对象都可以直接使用，因此在 JSP 源文件中

并不需要使用 pageContext 对象来获取其他内置对象，表 5-7-1 中的方法主要用于在 Servlet 中获取内置对象。

5.7.2　设置域信息

通过前面几个小节的学习，我们已经学习了 3 个能在 JSP 页面中存储信息的容器对象，它们分别是 request、session 和 application，我们可以使用它们将信息存放在不同的域范围中，从而实现 JSP 页面的数据共享。pageContext 对象也能作为一个容器来存储信息，存储在 pageContext 对象中的信息有效范围仅限于当前 JSP 页面中，是 4 个容器对象中作用域最小的一个，除此以外，pageContext 还能指定存储的数据应该保存在哪个域中。

pageContext 对象使用 setAttribute 方法来设置域信息，该方法有 2 种重载形式。

(1) void setAttribute(String name,Object value)。

这种重载形式的 setAttribute 方法的功能是将任意类型的数据存储到 page 域(即当前页范围)的指定变量中。其中，第一个参数为字符串类型，指明域变量名称，第二个参数为 Object 类型(即任意类型)，指明存入的数据信息，该方法调用后无返回值。

【例 5-7-1】 使用 pageContext 对象的 setAttribute 方法将信息存入 page 域中。

pageContext_set1.jsp

```
1 <%@ page language="java" contentType="text/html; charset=UTF-8" pageEncoding="UTF-8"%>
2 <%@page import="bean.Book" %>
3 <%
4 pageContext.setAttribute("name","Lily"); //将字符串 "Lily" 存入 page 域变量 name 中
5 pageContext.setAttribute("age",18);       //将整数 18 存入当前 page 域 age 中
6 Book book= new Book("西游记",27);      //创建图书对象 book，书名"西游记"，价格 27 元
7 pageContext.setAttribute("book", book); //将图书对象 book 存入 page 域变量 book 中
8 %>
```

在例 5-7-1 中，pageContext_set1.jsp 文件的 4～7 行分别调用 pageContext 对象的 setAttribute 方法的第一种重载形式将不同类型的三类数据存入 page 域的三个变量 name、age 和 book 中。

(2) void setAttribute(String name, Object value, int scope)。

这种重载形式的 setAttribute 方法的功能是将任意类型的数据存储到指定的域的指定变量中。其中，第一个参数为字符串类型，指明域变量名称，第二个参数为 Object 类型(即任意类型)，指明存入的数据信息，第三个参数为整型，指明变量存入的域，第三个参数的取值如表 5-7-2 所示，该方法调用后无返回值。

表 5-7-2　pageContext 对象中代表各个域的常量

pageContext 对象的常量	功能描述
pageContext.PAGE_SCOPE	表示 page 域的常量
pageContext.REQUEST_SCOPE	表示 request 域的常量
pageContext.SESSION_SCOPE	表示 session 域的常量
pageContext.APPLICATION_SCOPE	表示 application 域的常量

【例 5-7-2】 使用 pageContext 对象的 setAttribute 方法将信息存入 request、session 和 application 域中。

pageContext_set2.jsp

```
1  <%@ page language="java" contentType="text/html; charset=UTF-8" pageEncoding="UTF-8"%>
2  <%@page import="bean.Book" %>
3  <%
4  //将字符串"Lily"存入 request 域的变量 name 中
5  pageContext.setAttribute("name","Lily",PageContext.REQUEST_SCOPE);
6  
7  //将整数 18 存入 session 域的变量 age 中
8  pageContext.setAttribute("age",18, PageContext.SESSION_SCOPE);
9  
10 Book book= new Book("西游记",27);        //创建图书对象 book，书名"西游记"，价格 27 元
11 //将图书对象 book 存入 application 域的变量 book 中
12 pageContext.setAttribute("book", book, PageContext.APPLICATION_SCOPE);
13 %>
14 <jsp:forward page="pageContext_get2.jsp"/>
```

在例 5-7-2 中，pageContext_set2.jsp 文件的 4～12 行分别调用 pageContext 对象的 setAttribute 方法的第二种重载形式将数据 request、session 和 application 域的三个变量 name、age 和 book 中。

一般情况下，将数据存入 page 域变量可直接使用 pageContext 对象 setAttribute 方法的第一种重载形式，而无需特别指明将信息存入 PAGE_SCOPE 范围内。例如示例 1 中第 2 行和第 3 行代码就是完全等价的，但明显第 2 行代码更简洁。

示例 1		
	1	//将字符串"Lily"存入 page 域(当前页面)的变量 name 中
	2	pageContext.setAttribute("name"," Lily ");
	3	pageContext.setAttribute("name","Lily",PageContext.PAGE_SCOPE);

> **说明**：存入 page 域中的变量作用域仅限当前页面范围，不能实现跨页面数据共享，实际上，我们将数据存入 page 域变量的目的主要是在 EL 表达式中使用它们。

5.7.3　读取域信息

将数据信息存入不同的域后，如果要读取这些信息可使用 pageContext 对象的 getAttribute 方法，该方法也有两种重载形式：

(1) Object getAttribute(String name)。

这种重载形式的 getAttribute 方法的功能是读取 page 域(即当前页范围)中指定变量的值。方法仅有一个字符串类型的参数，用于指明域变量的名称，方法调用后返回值为 Object 类型，若在 page 域中存在指定变量，就返回该变量的值，否则返回 null。

【例 5-7-3】 使用 pageContext 对象的 getAttribute 方法读取 page 域的变量信息。

pageContext_get1.jsp

```
1  <%@ page language="java" contentType="text/html; charset=UTF-8" pageEncoding="UTF-8"%>
2  <%@page import="bean.Book" %>
3  <%
4  pageContext. setAttribute("name","Lily") ; //将字符串"Lily"存入 page 域变量 name 中
5  pageContext. setAttribute("age",18);         //将整数 18 存入 page 域变量 age 中
6  Book book= new Book("西游记",27);       //创建图书对象 book，书名"西游记"，价格 27 元
7  pageContext. setAttribute("book", book);   //将图书对象 book 存入 page 域变量 book 中
8
9  String name=(String)pageContext.getAttribute("name") ; //读取 page 域变量 name 的值
10 int age=(int)pageContext.getAttribute("age");                 //读取 page 域变量 age 的值
11 Book book1=(Book)pageContext.getAttribute("book");   //读取 page 域变量 book 的值
12 %>
13 姓名：<%=name %><br>
14 年龄：<%=age%><br>
15 图书名称：<%=book1.getName() %><br>
16 图书价格：<%=book1.getPrice() %><br>
```

在例 5-7-3 中，pageContext_get1.jsp 文件的 4～7 行完成了 3 个 page 域变量的存入工作，9～11 行完成了 3 个 page 域变量的读取工作，13～16 行则使用 JSP 表达式将读取的 page 域变量信息输出到客户端，访问 pageContext_get1.jsp 的显示效果如图 5-7-1 所示。

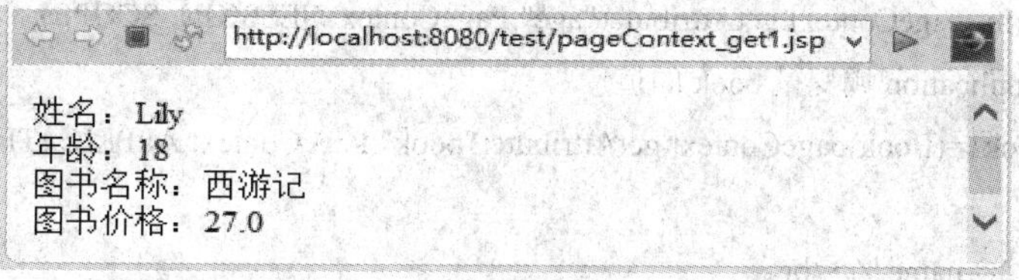

图 5-7-1　访问 pageContext_get1.jsp 的显示结果

> **注意**：因为 getAttribute 方法调用后的返回值为 Object 类型，虽然该类型是所有类型的父类型，但在使用时必须根据实际需要对方法的返回值进行强制类型转换，否则编译会报语法错误。

(2) Object getAttribute(String name, int scope)

这种重载形式的 getAttribute 方法的功能是读取指定域范围中指定变量的值。方法的参数有两个，第一个参数为字符串类型，指明域变量名称；第二个参数为整型，指明域范围，参数的取值如表 5-7-2 所示，方法调用后返回值为 Object 类型，若在指定域中存在指定变量，就返回该变量的值，否则返回 null。

【例 5-7-4】 使用 pageContext 对象的 getAttribute 方法读取 request、session 和 application 域的变量信息。

pageContext_set2.jsp

```
<%@ page language="java" contentType="text/html; charset=UTF-8" pageEncoding="UTF-8"%>
<%@page import="bean.Book" %>
<%
//将字符串"Lily"存入 request 域的变量 name 中
pageContext. setAttribute("name","Lily",PageContext.REQUEST_SCOPE);
//将整数 18 存入 session 域的变量 age 中
pageContext. setAttribute("age",18, PageContext.SESSION_SCOPE);
Book book= new Book("西游记",27);        //创建图书对象 book，书名"西游记"，价格 27 元
//将图书对象 book 存入 application 域的变量 book 中
pageContext. setAttribute("book", book, PageContext.APPLICATION_SCOPE);
%>
<jsp:forward page="pageContext_get2.jsp"/>
```

pageContext_get2.jsp

```
<%@ page language="java" contentType="text/html; charset=UTF-8" pageEncoding="UTF-8"%>
<%@page import="bean.Book" %>
<%
//读取 request 域变量 name 的值
String name =(String)pageContext.getAttribute("name",PageContext.REQUEST_SCOPE) ;
//读取 session 域变量 age 的值
int age=(int)pageContext.getAttribute("age",PageContext.SESSION_SCOPE);
//读取 application 域变量 book 的值
Book book1=(Book)pageContext.getAttribute("book",PageContext.APPLICATION_SCOPE);
%>
姓名：<%=name %><br>
年龄：<%=age%><br>
图书名称：<%=book1.getName() %><br>
图书价格：<%=book1.getPrice() %><br>
```

例 5-7-4 的功能由 pageContext_set2.jsp 和 pageContext_get2.jsp 共同实现，pageContext_set2.jsp 中已将 name、age 和 book 三个变量分别存入 request、session 和 application 域中，然后页面转发到本例文件。在 pageContext_get2.jsp 中则分别读取存放在 request、session 和 application 域中的三个变量值，然后输出到客户端，这样，两个文件就实现了跨页面的数据共享，访问 pageContext_set2.jsp 的显示效果如图 5-7-2 所示。

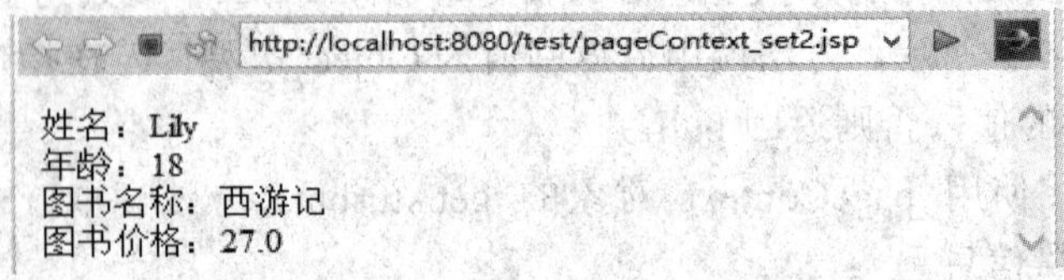

图 5-7-2　访问 pageContext_set2.jsp 的显示结果

【例 5-7-5】使用 pageContext 对象的 setAttribute 方法存入 request、session 和 application 域的变量，使用 request、session 和 application 对象的 getAttribute 方法来读取对应域变量的值。

pageContext_set3.jsp

```
<%@ page language="java" contentType="text/html; charset=UTF-8" pageEncoding="UTF-8"%>
<%@page import="bean.Book" %>
<%
//将字符串"Lily"存入 request 域的变量 name 中
pageContext. setAttribute("name","Lily",PageContext.REQUEST_SCOPE);
//将整数 18 存入 session 域的变量 age 中
pageContext. setAttribute("age",18, PageContext.SESSION_SCOPE);
Book book= new Book("西游记",27);        //创建图书对象 book，书名"西游记"，价格 27 元
//将图书对象 book 存入 application 域的变量 book 中
pageContext. setAttribute("book", book, PageContext.APPLICATION_SCOPE);
%>
<jsp:forward page="pageContext_get3.jsp"/>
```

pageContext_get3.jsp

```
<%@ page language="java" contentType="text/html; charset=UTF-8" pageEncoding="UTF-8"%>
<%@page import="bean.Book" %>
<%
String name =(String)request.getAttribute("name") ;     //读取 request 域变量 name 的值
int age=(int)session.getAttribute("age");               //读取 session 域变量 age 的值
Book book1=(Book)application.getAttribute("book"); //读取 application 域变量 book 的值
%>
姓名：<%=name %><br>
年龄：<%=age%><br>
图书名称：<%=book1.getName() %><br>
图书价格：<%=book1.getPrice() %><br>
```

例 5-7-5 的功能由 pageContext_set3.jsp 和 pageContext_get3.jsp 共同实现，pageContext_set3.jsp 统一使用 pageContext 对象的 setAttribute 方法将信息存入不同域的变量中，然后转发到 pageContext_get3.jsp，在 pageContext_get3.jsp 中则分别使用内置对象 request、session 和 application 的 getAttribute 方法来读取对应域变量的值，访问 pageContext_set3.jsp 的显示效果与例 5-7-4 中访问 pageContext_set2.jsp 的显示效果相同。

【例 5-7-6】 使用 request、session 和 application 对象的 setAttribute 方法存入的域变量，使用 pageContext 对象的 getAttribute 方法来读取。

pageContext_set4.jsp

```
<%@ page language="java" contentType="text/html; charset=UTF-8" pageEncoding="UTF-8"%>
<%@page import="bean.Book" %>
<%
```

```
request. setAttribute("name","Lily");      //将字符串"Lily"存入 request 域的变量 name 中
session. setAttribute("age",18);           //将整数 18 存入 session 域的变量 age 中
Book book= new Book("西游记",27);          //创建图书对象 book，书名"西游记"，价格 27 元
application. setAttribute("book", book);   //将图书对象 book 存入 application 域的变量 book 中
%>
<jsp:forward page="pageContext_get2.jsp"/>
```

pageContext_get2.jsp

```
<%@ page language="java" contentType="text/html; charset=UTF-8" pageEncoding="UTF-8"%>
<%@page import="bean.Book" %>
<%
//读取 request 域变量 name 的值
String name =(String)pageContext.getAttribute("name",PageContext.REQUEST_SCOPE) ;
//读取 session 域变量 age 的值
int age=(int)pageContext.getAttribute("age",PageContext.SESSION_SCOPE);
//读取 application 域变量 book 的值
Book book1=(Book)pageContext.getAttribute("book",PageContext.APPLICATION_SCOPE);
%>
姓名：<%=name %><br>
年龄：<%=age%><br>
图书名称：<%=book1.getName() %><br>
图书价格：<%=book1.getPrice() %><br>
```

例 5-7-6 的功能由 pageContext_set4.jsp 和 pageContext_get2.jsp 共同实现，pageContext_set4.jsp 中分别使用内置对象 request、session 和 application 的 setAttribute 方法将信息存入对应域的各变量中，然后转发到 pageContext_get2.jsp，在 pageContext_get2.jsp 中统一使用 pageContext 对象的 getAttribute 方法来读取各个域变量的信息，访问 pageContext_set4.jsp 的显示效果与例 5-7-4 中访问 pageContext_set2.jsp 的显示效果相同。

5.7.4 查找域信息

我们虽然可以使用 pageContext 对象的 getAttribute 方法读取 page、request、session 和 application 域中的变量，但除了 page 域的变量外，其他三个域的变量在读取时都需要指明变量所在的域，比较繁琐，为了简化读取操作，pageContext 对象提供了 findAttribute 方法，该方法的语法格式如下：

Object findAttribute (String name)

该方法的功能是按照作用域范围从小到大(即 page→request→session→application)的顺序，依次在四个域中查找指定变量，只要在某个域中查到指定变量，就返回该变量的值，如果在四个域中都没有查到指定变量则返回 null。因此，使用该方法读取域变量信息时，只需指明域变量的名称而无需指明变量所在范围，使读取操作更简便。

该方法只有一个字符串类型的参数，用来指明域变量的名称，方法调用后返回值为

Object 类型。需要注意的是方法调用后的返回值为 Object 类型，在使用时必须根据实际情况进行强制类型转换。

【例 5-7-7】 使用 pageContext 对象的 findAttribute 方法查找指定域变量的值。

pageContext_set5.jsp

```
<%@ page language="java" contentType="text/html; charset=UTF-8" pageEncoding="UTF-8"%>
<%
request. setAttribute("name","Tom");     //将字符串"Tom"存入 request 域的变量 name 中
session. setAttribute("name","Lily");     //将字符串"Lily"存入 session 域的变量 name 中
session. setAttribute("age",18);          //将整数 18 存入 session 域的变量 age 中
%>
<jsp:forward page="pageContext_find.jsp"/>
```

pageContext_find.jsp

```
<%@ page language="java" contentType="text/html; charset=UTF-8" pageEncoding="UTF-8"%>
<%
String name=(String)pageContext.findAttribute("name") ;//读取域变量 name 的值
int age=(int)pageContext.findAttribute("age");          //读取域变量 age 的值
%>
姓名：<%=name %><br>
年龄：<%=age%><br>
```

例 5-7-7 的功能由 pageContext_set5.jsp 和 pageContext_find.jsp 共同实现，pageContext_set5.jsp 将 3 个变量分别存入 request 和 session 域中，两个域存在同名变量 name，pageContext_find.jsp 则使用 pageContext 对象的 findAttribute 方法来读取域变量 name 和 age 的值，并将信息输出到客户端。访问 pageContext_set5.jsp 的显示效果如图 5-7-3 所示。

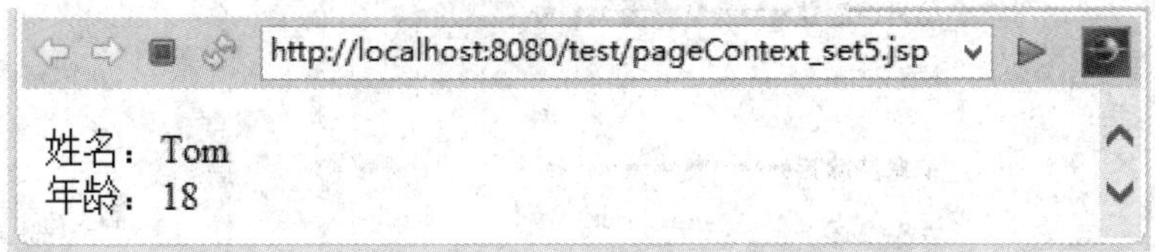

图 5-7-3　访问 pageContext_set5.jsp 的显示结果

从图 5-7-3 所示的运行结果可看出，虽然在 request 和 session 域中都存有变量 name，但使用 findAttribute 方法读取域变量 name 的结果是“Tom”而不是“Lily”，即读取的是 request 域的变量 name 而不是 session 域的变量 name，也就是说当不同的域中存在同名变量时，使用 findAttribute 方法只会读取查找顺序靠前(即作用域范围更小)的域中那个同名变量的值。因此，如果在本例中要读取 session 域的变量 name 必须指明域范围。

5.7.5　删除域信息

当确定某个域变量不再使用，我们可以使用 pageContext 对象的 removeAttribute 方法来删除这些变量，以提高服务器的空间利用率，该方法有 2 种重载形式：

(1) void removeAttribute (String name)

这种重载形式的 removeAttribute 方法的功能是删除 page 域(即当前页范围)的指定变量。方法仅有一个字符串类型的参数，用于指明域变量名称，该方法调用后无返回值。

【例 5-7-8】 使用 pageContext 对象的 removeAttribute 方法删除 page 域变量。

pageContext_remove1.jsp

```
1  <%@ page language="java" contentType="text/html; charset=UTF-8" pageEncoding="UTF-8"%>
2  <%
3  pageContext. setAttribute("name","Lily");//将字符串"Lily"存入 page 域变量 name 中
4  pageContext. setAttribute("age",18);      //将整数 18 存入当前 page 域变量 age 中
5  %>
6  <h3>信息清除前*****************</h3>
7  姓名：<%=pageContext.getAttribute("name") %><br>
8  年龄：<%=pageContext.getAttribute("age")%><br>
9  <%
10 pageContext.removeAttribute("name"); //删除 page 域变量 name
11 pageContext.removeAttribute("age");   //删除 page 域变量 age
12 %>
13 <h3>信息清除后*****************</h3>
14 姓名：<%=pageContext.getAttribute("name") %><br>
15 年龄：<%=pageContext.getAttribute("age")%><br>
```

在例 5-7-8 中，pageContext_ remove1.jsp 文件的 3～4 行将 name 和 age 变量存入 page 域中，而 10～11 行则完成了 page 域变量 name 和 age 的删除工作。访问 pageContext_remove1.jsp 的显示效果如图 5-7-4 所示。

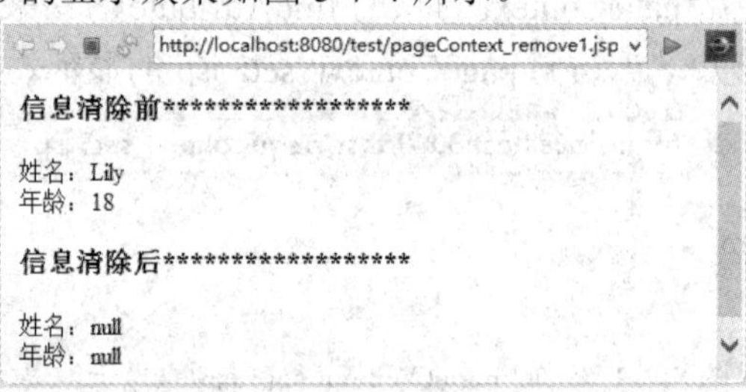

图 5-7-4　访问 pageContext_remove1.jsp 的显示结果

(2) void removeAttribute(String name, int scope)。

这种重载形式的 removeAttribute 方法的功能是删除指定域范围中的指定变量。方法的参数有两个，第一个参数为字符串类型，指明域变量名称，第二个参数为整型，指明域范围，参数的取值如表 5-7-2 所示，该方法调用后无返回值。

【例 5-7-9】使用 pageContext 对象的 removeAttribute 方法删除 request 和 session 域变量。

pageContext_set6.jsp

```
<%@ page language="java" contentType="text/html; charset=UTF-8" pageEncoding="UTF-8"%>
<%
request. setAttribute("name","Lily");      //将字符串"Lily"存入 session 域的变量 name 中
```

```
session. setAttribute("age",18);              //将整数 18 存入 session 域的变量 age 中
%>
<jsp:forward page="pageContext_remove2.jsp"/>
```

pageContext_remove2.jsp

```
1   <%@ page language="java" contentType="text/html; charset=UTF-8" pageEncoding="UTF-8"%>
2   <h3>信息清除前******************</h3>
3   姓名：<%=pageContext.findAttribute("name") %><br>
4   年龄：<%=pageContext.findAttribute("age")%><br>
5   <%
6   pageContext.removeAttribute("name",PageContext.REQUEST_SCOPE);//删除 request 域变量 name
7   pageContext.removeAttribute("age",PageContext.SESSION_SCOPE);   //删除 session 域变量 age
8   %>
9   <h3>信息清除后******************</h3>
10  姓名：<%=pageContext.findAttribute("name") %><br>
11  年龄：<%=pageContext.findAttribute("age")%><br>
```

例 5-7-9 功能由 pageContext_set6.jsp 和 pageContext_remove2.jsp 共同实现，pageContext_set6.jsp 将变量 name 和 age 分别存入 request 和 session 域中，而 page Context_remove2.jsp 的 6～7 行则使用 pageContext 对象的 removeAttribute 方法删除了 request 和 session 域的变量 name 和 age。访问 pageContext_set6.jsp 的显示效果如图 5-7-5 所示。

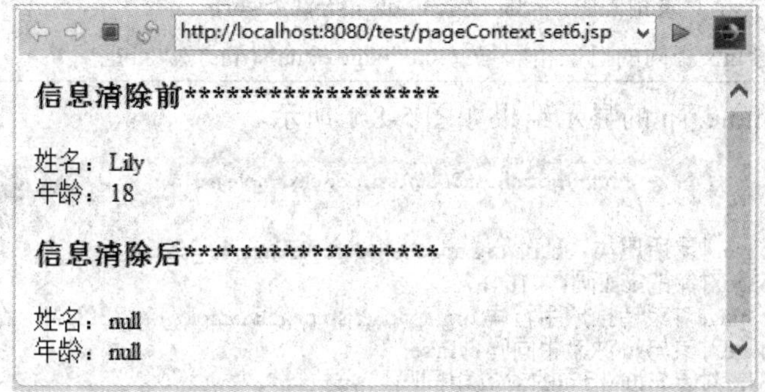

图 5-7-5　访问 pageContext_set6.jsp 的显示结果

5.8　page 对象

通过前面的学习我们已经知道，每个 JSP 源文件都必须转换成对应的 Servlet 才能在 Web 服务器上编译和运行，这个转换工作由 Web 服务器自动进行，对于不了解 JSP 运行机制的人而言，仿佛就是 JSP 代码直接在 Web 服务器上运行一样。但事实上，JSP 源文件仅仅是 Servlet 类的特殊表现形式，是为了简化代码编写而存在的。每次运行 JSP 源文件得到的 JSP 页面实际上是该源文件转换成的 Servlet 类的一个实例，而这个实例在 JSP 中可以用内置对象 page 来代表。

page 对象本质上是 java.lang.Object 类的实例，代表其所在 JSP 页面本身，即便是同一

个 JSP 源文件，每次运行都会创建一个新的页面对象，page 对象只有在当前 JSP 页面内才是合法的，类似于 Java 编程中的 this 指针，因此，page 对象在 JSP 页面创建时创建，在 JSP 页面关闭后销毁。

page 对象的常用方法如表 5-8-1 所示。

表 5-8-1　page 对象的常用方法

方　法	功 能 描 述
Class getClass()	返回当前 page 对象所属类
int hashCode()	返回当前 page 对象的 hash 码
boolean equals(Object obj)	判断当前 page 对象是否与 Object 对象 obj 相等，相等返回 true，不相等返回 false
String toString()	返回当前 page 对象转换成的 String 类的对象

【例 5-8-1】 page 常用方法的使用。

pageExample.jsp

```
1  <%@ page language="java" contentType="text/html; charset=UTF-8" pageEncoding="UTF-8"%>
2  <%   String str= "Hello";      %>
3  page 对象所属类：<%=page.getClass() %><br>
4  page 对象的 hash 码：<%=page.hashCode()%><br>
5  将 page 对象转换成字符串：<%=page.toString()%><br>
6  page 对象与 str 对象相同吗：<%=page.equals(str) %><br>
7  page 对象与 this 指向的对象相同吗：<%=page.equals(this) %><br>
```

访问 pageExample.jsp 的显示结果如图 5-8-1 所示。

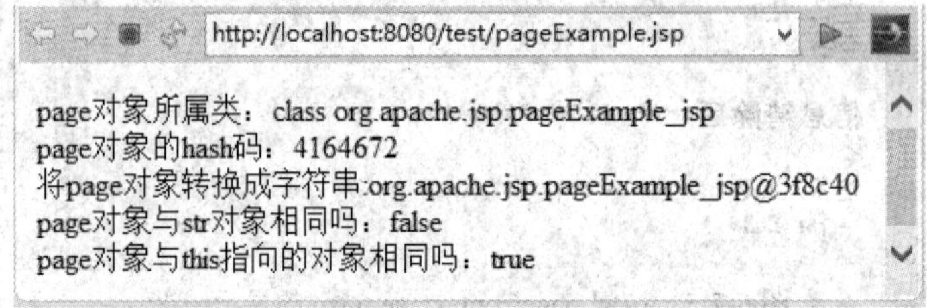

图 5-8-1　访问 pageExample.jsp 的显示结果

例 5-8-1 源代码说明及运行结果分析：

(1) 代码第 3 行的 page.getClass()运行后会返回当前 JSP 源文件转换成的 Servlet 类的 Class 对象(每个类编译完成后自动生成，用于表示这个类的类型信息)，如果使用 JSP 表达式直接输出该 Class 对象，其结果就是显示字符串“class　类的全名”，从图 5-8-1 可看出，pageExample.jsp 文件转换得到的 Servlet 类的名字是“pageExample_jsp”，该类存放在 org.apache.jsp 包中。

(2) 代码第 4 行的 page.hashCode()运行后会返回 page 对象(即当前 JSP 页面对象)的 hash 码，hash 码实际上就是该对象在内存中的存储地址经过特定公式计算后得到的整数。虽然同一个 JSP 源文件多次运行会得到多个页面，相应的产生多个 page 对象，但这些 page 对象都是源于同一个 Servlet 类的 Class 对象，因此 page.hashCode()运行后得到的结果是相同的，除非重新编译 Servlet 类，编译结束后会自动生成一个新的 Class 对象，这个对象的存放地址通常与原对象不同，因此如果再运行 page.hashCode()后得到的结果就会不同了。

(3) 代码第 5 行的 page.toString()运行后会返回一个字符串，该字符串包含了 page 对象(即当前 JSP 页面对象)所属类的名字和该对象的 hash 码(十六进制)，字符串由 3 部分组成，格式如下：

当前 JSP 页面对象所属类的全名	@	当前 JSP 页面对象的 hash 码(十六进制)

因此，在图 5-8-1 中，第二行信息的 4164672 与第三行信息最后的 3f8c40 实际上代表的是同一个 hash 码，只不过前者是十进制数而后者是十六进制数而已。

(4) 代码第 6 行的 page.equals(str)的目的是将当前页面对象与 String 类的对象 str 比较，判断二者是内容否相同，由于二者分属不同的类的实例，内容当然是不同的，因此最后方法调用的返回结果为 false。

(5) 代码第 7 行的 page.equals(this) 的目的是将 page 对象与 this 指针指向的对象比较，判断二者是否相同，由于 page 代表的对象与 this 指针指向的对象都是当前页面对象，二者相同，因此最后方法调用的返回结果为 true。实际上，page 与 this 虽然都代表当前页面对象，但二者的使用环境不同，page 主要在 JSP 源文件中使用，而 this 常常在 Servlet 类中使用。

5.9　config 对象

config 对象是 javax.servlet.ServletConfig 类的实例，代表存放在服务器上与当前 JSP 相关的配置信息，这些信息来自配置文件 web.xml，包括 JSP 源文件转换成的 Servlet 的名称以及 Servlet 初始化时所要用到的参数。config 对象仅在其所属的 Servlet 中有效，在初始化 Servlet 时，web 服务器会创建 config 对象，并把关于当前 Servlet 的配置信息封装到此 config 对象中传递给 Servlet，当 Servlet 对象销毁时，此 config 对象会随着一起销毁。

config 对象的常用方法如表 5-9-1 所示。

表 5-9-1　config 对象的常用方法

方　法	功 能 描 述
ServletContext getServletContext()	获取 Servlet 上下文对象
String getServletName()	获取所属 Servlet 的名字
String getInitParameter(String name)	获取配置信息中初始化参数 name 的值
Enumeration<String> getInitParameterNames()	获取配置信息中所有初始化参数的名字

【例 5-9-1】 使用 config 获取默认配置信息。

configExample1.jsp

```
1  <%@ page language="java" contentType="text/html; charset=UTF-8" pageEncoding="UTF-8"%>
2  <%@ page import="java.util.Enumeration" %>
3  <html>
4  <body>
5  JSP 源文件转换成的 Servlet 的名称：<%=config.getServletName()%>   <br><br>
6  *****所有的初始化参数*****<br>
7  <table border="1"   style="border-collapse:collapse;">
8     <tr><th>参数名</th><th>参数值</th></tr><!-- 表头 -->
9  <%
10 Enumeration<String> names=config.getInitParameterNames();
11 while(names.hasMoreElements()){
12    String name=names.nextElement();
13    String value=config.getInitParameter(name);
14 %>
15    <tr><td><%= name%></td><td><%= value%></td></tr>
16 <%
17 }
18 %>
19 </table>
20 </body>
21 </html>
```

访问 configExample1.jsp 的显示结果如图 5-9-1 所示。

例 5-9-1 源代码说明及运行结果分析：

(1) 通过前面的学习我们已经知道，JSP 源文件转换成 Servlet 是由 Web 服务器自动进行的，转换成的 Servlet 的配置信息也在服务器配置文件 web.xml 中默认生成，这部分信息如图 5-9-2 所示，配置了 Servlet 的名字为 jsp，配置了该 Servlet 对应的是 JspServlet 类，配置了 Servlet 中包含两个初始化参数 fork 和 xpoweredBy 以及它们的值，配置了服务器加载该 Servlet 的优先级为 3(数值越小优先级越高)。任意一个 JSP 源文件转换成 Servlet 时，若不专门进行 Servlet 的信息配置都会使用这部分默认配置信息。

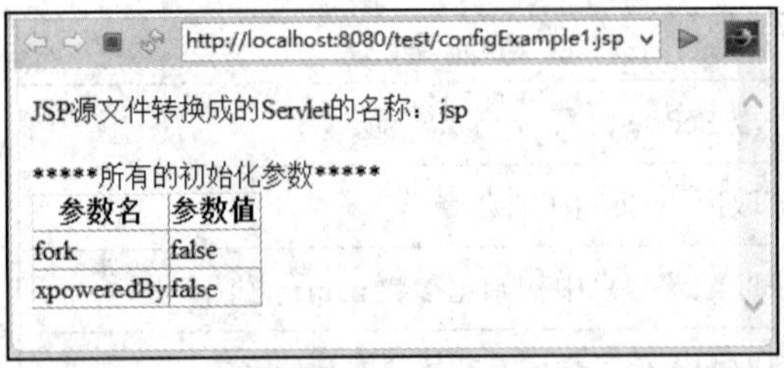

http://localhost:8080/test/configExample1.jsp

JSP源文件转换成的Servlet的名称：jsp

*****所有的初始化参数*****

参数名	参数值
fork	false
xpoweredBy	false

图 5-9-1　访问 configExample1.jsp 的显示结果

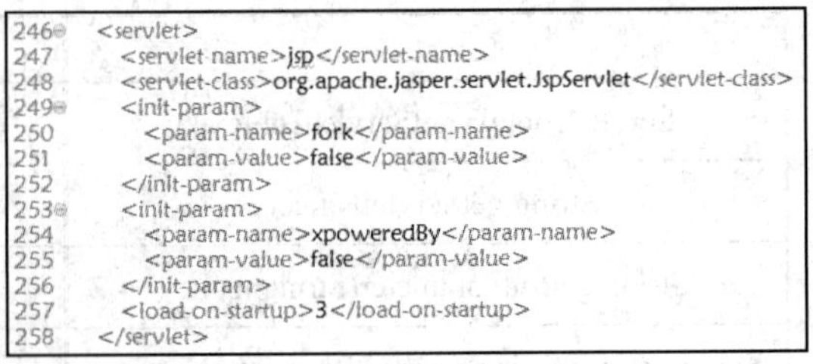

```
<servlet>
   <servlet-name>jsp</servlet-name>
   <servlet-class>org.apache.jasper.servlet.JspServlet</servlet-class>
   <init-param>
      <param-name>fork</param-name>
      <param-value>false</param-value>
   </init-param>
   <init-param>
      <param-name>xpoweredBy</param-name>
      <param-value>false</param-value>
   </init-param>
   <load-on-startup>3</load-on-startup>
</servlet>
```

图 5-9-2　服务器配置文件 web.xml 内容(部分)

(2) 代码第 5 行的 config.getServletName()会获取由当前 JSP 源文件转换而成的 Servlet

的名字，因为我们并没有对这个 Servlet 进行配置，因此，最后会输出“jsp”，即说明采用默认配置的“jsp”做 Servlet 的名字。

(3) 代码第 10 行的 config.getInitParameterNames()会获取当前 Servlet 配置信息中所有的初始化参数名，并存放在枚举变量 names 中。因为当前 Servlet 的默认配置信息中包含两个初始化参数 fork 和 xpoweredBy，因此枚举变量 names 中就包含两个字符串“fork”和“xpoweredBy”。

(4) 代码第 11～17 行使用 while 循环语句将枚举变量 names 的每个枚举值(即 Servlet 的初始化参数名)提取出来存入字符串变量 name 中，并使用 config.getInitParameter(name)来获取每个初始化参数的值。最后，将所有的初始化参数名-值对以表格的形式输出到客户端。其中：

① 代码第 11 行的 names.hasMoreElements()用于判断当前枚举变量 names 中是否还存有枚举元素未提取，如果还有未提取的元素则返回 true，否则返回 false。我们使用该方法的返回值作为循环条件的目的是保证将 names 的所有元素遍历一遍。

② 代码第 12 行的 names.nextElement()用于获取枚举变量 names 中游标(初始指向 names 中第一个元素之前)所指位置的下一个元素，在循环中每次执行该方法就会获取一个 names 中存放的初始化参数名。

③ 代码第 13 行的 config.getInitParameter(name)用于获取以 name 变量中存放字符串为名字的初始化参数的值。

【例 5-9-2】 在项目配置文件 web.xml 中配置 Servlet 并使用 config 获取配置信息。

web.xml

```
……
<servlet>
    <servlet-name>configExample</servlet-name>    <!--Servlet 的名字-->
    <jsp-file>/configExample2.jsp</jsp-file>        <!--转换成本 Servlet 的 JSP 源文件-->
    <init-param>      <!--配置名为 name 的参数，值为 Lily-->
        <param-name>name</param-name>
        <param-value>Lily</param-value>
    </init-param>
    <init-param>      <!--配置名为 age 的参数，值为 18-->
        <param-name>age</param-name>
        <param-value>18</param-value>
    </init-param>
</servlet>
<servlet-mapping>
    <servlet-name>configExample</servlet-name>   <!--Servlet 的名字-->
    <url-pattern>/configExample2.jsp</url-pattern> <!--访问本 Servlet 的 URL -->
</servlet-mapping>
……
```

configExample2.jsp

```
<%@ page language="java" contentType="text/html; charset=UTF-8" pageEncoding="UTF-8"%>
ServletName：<%=config.getServletName()%>  <br>
初始化参数 name 的值：<%=config.getInitParameter("name")%>  <br>
初始化参数 age 的值：<%=config.getInitParameter("age")%>  <br><br>
```

例 5-9-2 的功能由项目配置文件 web.xml 与 configExample2.jsp 文件共同实现，访问 configExample2.jsp 的显示结果如图 5-9-3 所示。

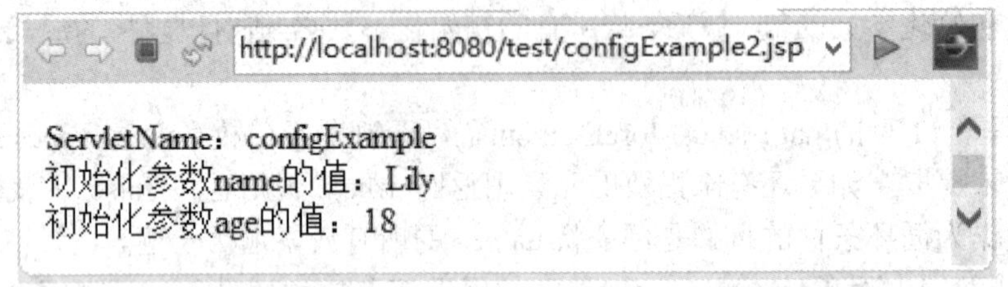

图 5-9-3　访问 configExample2.jsp 的显示结果

我们若要为 JSP 源文件自动转换的 Servlet 配置信息，需要在项目配置文件 web.xml 中添加本例中 web.xml 部分的代码。web.xml 源代码说明如下：

(1) 代码由两部分组成，第一部分是 2～13 行，功能是配置 Servlet 的基本信息，第二部分是 14～17 行，功能是配置 Servlet 的访问路径。

(2) 代码第 3 行和第 15 行的<servlet-name>标签组功能是将 Servlet 的名字配置为“configExample”，因为配置的是同一个 Servlet，因此这两个<servlet-name>组的内容必须一致。

(3) 代码第 4 行的<jsp-file>标签组功能是将当前 Servlet 的原始 JSP 源文件配置为项目文件夹中的 configExample2.jsp，信息以“/”开头，之后为 JSP 源文件在项目中的绝对地址。

(4) 代码第 5～8 行功能是为当前 Servlet 配置一个初始化参数，<param-name>标签组配置参数名称为“name”，<param-value>标签组配置参数值为“Lily”。

(5) 代码第 9～12 行功能是为当前 Servlet 配置一个初始化参数，<param-name>标签组配置参数名称为“age”，<param-value>标签组配置参数值为“18”。

(6) 代码第 16 行功能是配置 Servlet 的访问 URL 为“/configExample2.jsp”，这部分信息需拼接在项目的访问 URL 之后才能成为 Servlet 的完整访问路径，例如，当前 Servlet 位于项目 test 中，则访问该 Servlet 的完整 URL 为“http://localhost:8080/test/configExample2. jsp”。

> **注意：**
>
> ① 在 Web 服务器上有两个 web.xml 配置文件，一个是所有项目共有的服务器配置文件，文件路径为%Tomcat 安装路径%/conf/web.xml，这个文件中的配置信息对所有项目有效；另一个是项目配置文件，文件路径为%项目发布路径%/WEB-INF/web.xml，这个文件中的配置信息仅对当前项目有效。例 5-9-2 中的 web.xml 是项目配置文件，图 5-9-2 所示的 web.xml 是服务器配置文件，二者虽然名字相同但是不同的两个文件。通常情况下，为避免在同一服务器上运行的多个项目中出现 Servlet 同名冲突，对 Servlet 的配置都是在项目配置文件中进行。

② 在 web.xml 配置文件中设置的所有标签值均为字符串，因此无需对字符串型数据添加双引号。

configExample2.jsp 文件源代码说明及运行结果分析：

(1) 代码第 2 行中的 config.getServletName()会获取由当前 JSP 源文件转换而成的 Servlet 的名字，因为我们已对这个 Servlet 进行了配置，因此，最终会显示项目配置文件 web.xml 中配置的 Servlet 名字“configExample”而不是在服务器配置文件 web.xml 中默认配置的 “jsp”。

(2) 代码第 3 行中的 config.getInitParameter("name")会获取初始化参数“name”的值，结果显示的是在项目配置文件中配置的该参数的值“Lily”。

(3) 代码第 4 行中的 config.getInitParameter("age")会获取初始化参数“age”的值，结果显示的是在项目配置文件中配置的该参数的值“18”。

从以上两个例子可看出，config 对象在获取 Servlet 的配置信息时，会首先在项目配置文件 web.xml 中查找，若未找到所需的配置信息才会到服务器配置文件 web.xml 中进行查找。

因为 JSP 源文件转换成 Servlet 是自动进行的，通常情况下无须在配置文件中对该 Servlet 进行信息配置，因此 config 对象在 JSP 页面中较少使用。但如果是专门编写的 Servlet ，因为此类 Servlet 的运行需要在配置文件中进行信息配置，因此 config 对象主要是在此类 Servlet 中使用。

5.10　exception 对象

在进入正题之前，我们首先来看一个实例。

【引例 1】 无异常处理的简单四则运算。

input.html

```
<html>
   <head>
        <meta charset="UTF-8">
        <title>简单的四则运算</title>
   </head>
   <body>
        <h3>简单的四则运算</h3>
        <form action="handle.jsp"   method="post">
            操作数 1：<input type="text" name="x" size="10" /> <br>
            操作数 2：<input type="text" name="y" size="10" /> <br>
            操作符：  <input type="radio" name="op" value="+"   checked/>+
                 <input type="radio" name="op" value="-" />-
                 <input type="radio" name="op" value="*" />*
                 <input type="radio" name="op" value="/" />/<br> <br>
            <input type="submit" value="确定"   />  
```

```
            <input type="reset" value="重置"   />
        </form>
    </body>
</html>
```

handle.jsp

```
<%@ page language="java" contentType="text/html; charset=gb2312"%>
<%
      String op=request.getParameter("op");
    int x=Integer.parseInt(request.getParameter("x"));
    int y=Integer.parseInt(request.getParameter("y"));
    int result=0;
    switch(op){
         case "+": result=x+y;break;
         case "-":   result=x-y;break;
         case "*": result=x*y;break;
         case "/":   result=x/y;break;
    }
%>
<h2><%=x %><%=op%><%=y %>=<%=result%></h2>
```

引例 1 功能由 input.html 与 handle.jsp 文件共同实现，输入合法操作数时输入界面如图 5-10-1(a)所示，执行结果如图 5-10-1(b)所示，输入非整型操作数时输入界面如图 5-10-2(a)所示，执行结果如图 5-10-2(b)所示，选择除法运算但除数输入为 0 时输入界面如图 5-10-3(a)所示，运算结果如图 5-10-3(b)所示。

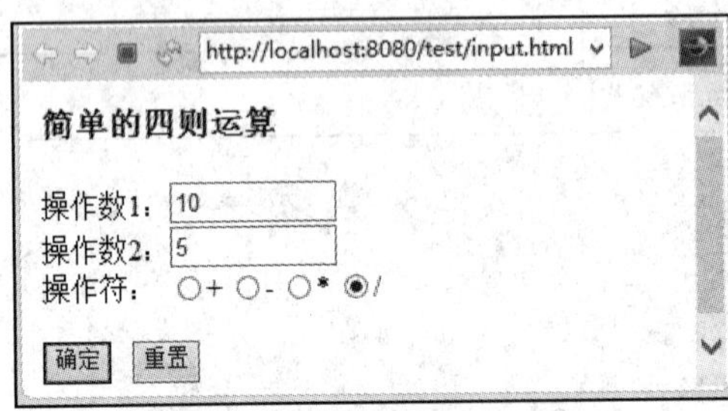

(a) 输入合法操作数

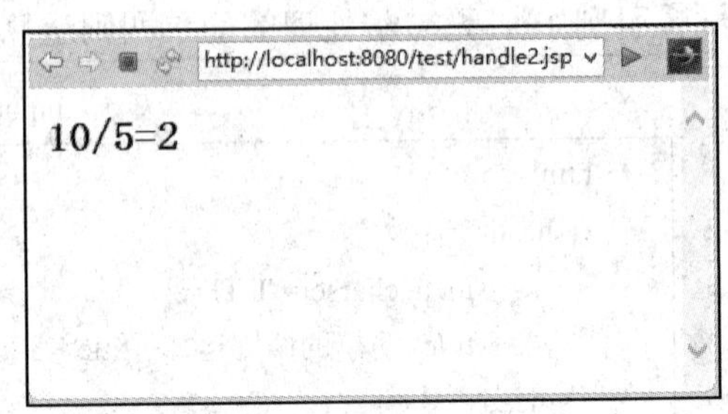

(b) 运算结果

图 5-10-1　引例 1 输入合法操作数时的操作及运算结果

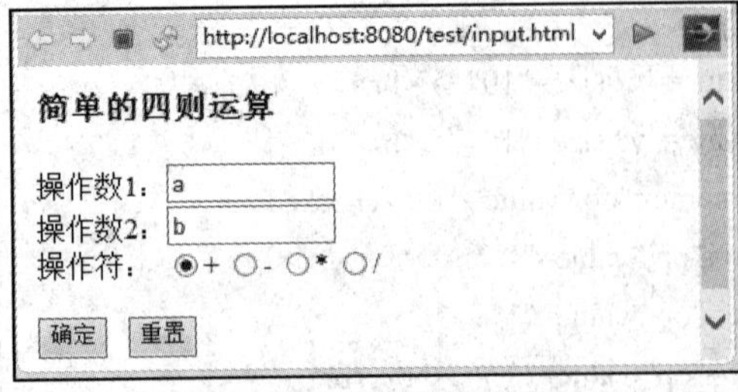

(a) 输入非整型操作数

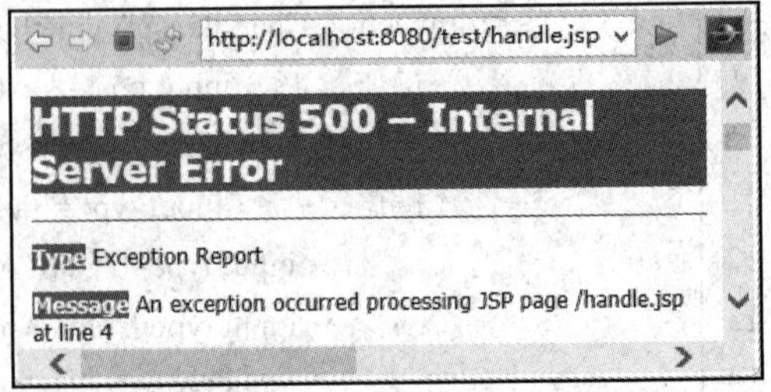

(b) 运算结果

图 5-10-2　引例 1 输入非整型操作数时的操作及运算结果

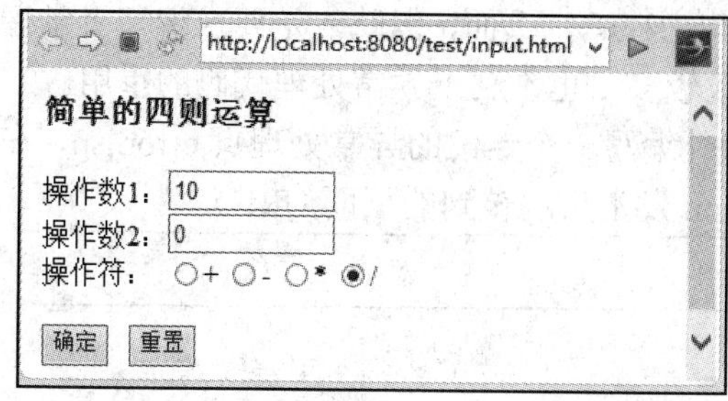

(a) 选择除法运算但除数输入为 0

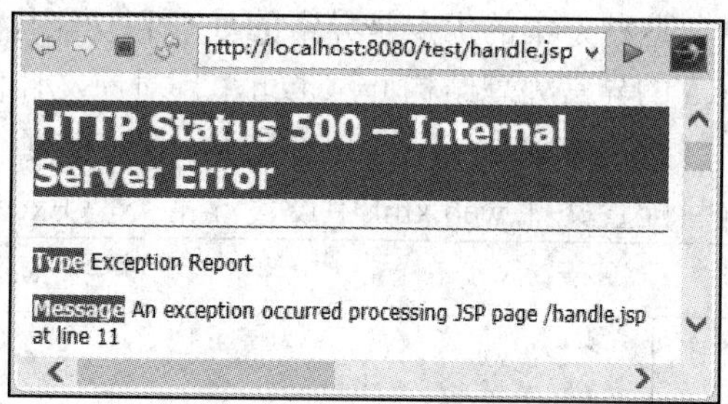

(b) 运算结果

图 5-10-3　引例 1 选择除法运算但除数输入为 0 时的操作及运算结果

从以上图 5-10-1～图 5-10-3 可以看出，引例 1 中 handle.jsp 存在未处理的异常，为避免页面因运行时异常而跳转到浏览器内含的“内部服务器错误”页面，我们必须对这些异常进行处理。处理的方案有三种：

解决方案一：对 handle.jsp 进行修改，使用 try-catch 结构对因用户输入数据不恰当引发的异常进行处理，由此可得到 handle1.jsp。

handle1.jsp

```
<%@ page language="java" contentType="text/html; charset=gb2312"%>
<%
        String op=request.getParameter("op");
    try{
            int x=Integer.parseInt(request.getParameter("x"));
            int y=Integer.parseInt(request.getParameter("y"));
            int result=0;
            switch(op){
                case "+": result=x+y;break;
                case "-":   result=x-y;break;
                case "*": result=x*y;break;
                case "/":   result=x/y;break;
            }
%>
            <h2><%=x %><%=op%><%=y %>=<%=result%></h2>
<%
    }
    catch(Exception e){
%>
            <h3>运算错误！</h3><a href="input.html">返回</a>
<%
    }
%>
```

这种方案的优点是异常的处理和功能代码集中在一个页面，但缺点是要求编写者掌握 Java 的异常处理结构 try-catch，且对原文件修改较多，也不利于异常处理代码的重用。

解决方案二：保持 handle.jsp 不做修改，额外编写一个专门的异常处理页 error.jsp，在项目配置文件 web.xml 中设置异常类型 Exception 发生后跳转到的页面 URL。

web.xml

```
……
<error-page>
     <exception-type>java.lang.Exception</exception-type> <!--配置异常类型-->
     <location>/error.jsp </location>                    <!--配置错误处理页面 URL -->
</error-page>
……
```

error.jsp

```
<%@ page language="java" contentType="text/html; charset=UTF-8" %>
<h3>运算错误！ </h3>
<a href="input.html">返回</a>
```

这种方案的优点是无须对原文件进行修改，且利于异常处理代码的重用。但缺点是由于在项目配置文件 web.xml 中配置的异常跳转信息，因此对项目任何页面发生的同类异常都会做相同的跳转处理，从而对其他页面的运行产生干扰。

解决方案三：额外编写一个专门的异常处理页 error.jsp(内容同解决方案二)，在 handle.jsp 中仅添加对 page 指令的 errorPage 属性值的设置，来设置 handle.jsp 的异常处理页，由此可得到 handle2.jsp。

handle2.jsp

```
<%@ page language="java" contentType="text/html; charset=gb2312" errorPage="error.jsp"%>
<%
     String op=request.getParameter("op");
   int x=Integer.parseInt(request.getParameter("x"));
   int y=Integer.parseInt(request.getParameter("y"));
   int result=0;
   switch(op){
        case "+": result=x+y;break;
        case "-":   result=x-y;break;
        case "*": result=x*y;break;
        case "/":   result=x/y;break;
   }
%>
<h2><%=x %><%=op%><%=y %>=<%=result%></h2>
```

这种方案仅对原文件进行局部少量修改，既利于异常处理代码的重用，又不会干扰其他页面的异常处理，从代码的重用性和易维护性而言，无疑是三种方案中最好的。

通过对比分析后，我们采用第三种解决方案重新修改引例 1 的代码后得到引例 2 的三个源文件。

【引例 2】 包含异常处理的简单四则运算。

input.html

```
<html>
    <head>
            <meta charset="UTF-8">
            <title>简单的四则运算</title>
    </head>
    <body>
            <h3>简单的四则运算</h3>
            <form action="handle2.jsp"    method="post">
                    操作数 1：<input type="text" name="x" size="10" /> <br>
                    操作数 2：<input type="text" name="y" size="10" /> <br>
                    操作符：    <input type="radio" name="op" value="+"    checked/>+
                              <input type="radio" name="op" value="-" />-
                              <input type="radio" name="op" value="*" />*
                              <input type="radio" name="op" value="/" />/<br> <br>
                    <input type="submit" value="确定"    />  
                    <input type="reset" value="重置"    />
            </form>
    </body>
</html>
```

handle2.jsp

```
<%@ page language="java" contentType="text/html; charset=gb2312" errorPage="error.jsp"%>
<%
      String op=request.getParameter("op");
    int x=Integer.parseInt(request.getParameter("x"));
    int y=Integer.parseInt(request.getParameter("y"));
    int result=0;
    switch(op){
            case "+": result=x+y;break;
            case "-":    result=x-y;break;
            case "*": result=x*y;break;
            case "/":    result=x/y;break;
    }
%>
<h2><%=x %><%=op%><%=y %>=<%=result%></h2>
```

error.jsp

```
<%@ page language="java" contentType="text/html; charset=UTF-8" %>
<h3>运算错误！</h3>
<a href="input.html">返回</a>
```

引例 2 的功能由 input.html、handle2.jsp 与 error.jsp 文件共同实现，输入非整型操作数或选择除法运算但除数输入为 0 时，运算结果如图 5-10-4 所示。

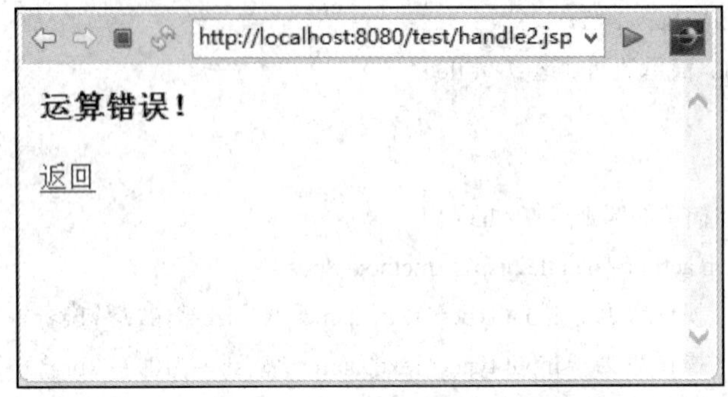

图 5-10-4　引例 2 输入不恰当操作数时的运算结果

从图 5-10-4 可看到，当用户输入不恰当数据后引例 2 会给出错误提示，但这样的结果也存在一定问题，就是提示信息不准确，不便于用户纠正自己的操作。那么如何解决这个问题呢？这就要用到 exception 对象了。

exception 对象是 Throwable 类的实例，代表 JSP 脚本中产生的错误和异常。exception 对象并不在产生异常的页面中使用，而是在专门的错误处理页中使用，当 JSP 脚本或表达式在运行时出现未被捕获的异常就会自动生成 exception 对象，并把 exception 对象传送到与当前页面关联的错误处理页面中。

exception 对象的常用方法如表 5-10-1 所示。

表 5-10-1 exception 对象的常用方法

方　法	功 能 描 述
String getMessage()	获取异常信息字符串
String toString()	获取关于异常错误的简单信息描述

【例 5-10-1】 exception 对象常用方法的使用。

error1.jsp

```
<%@ page language="java" contentType="text/html; charset=UTF-8"   isErrorPage="true"%>
<h3>运算错误！</h3>
getMessage() ：<%= exception.getMessage() %><br>
     toString()：<%= exception.toString() %><br><br>
<a href="input.html">返回</a>
```

例 5-6-1 中的 error1.jsp 与引例 2 中的 input.html 和 handle2.jsp 结合使用，当输入非整型操作数时，执行结果如图 5-10-5 所示，当选择除法运算但除数输入为 0 时，运算结果如

图 5-10-6 所示。

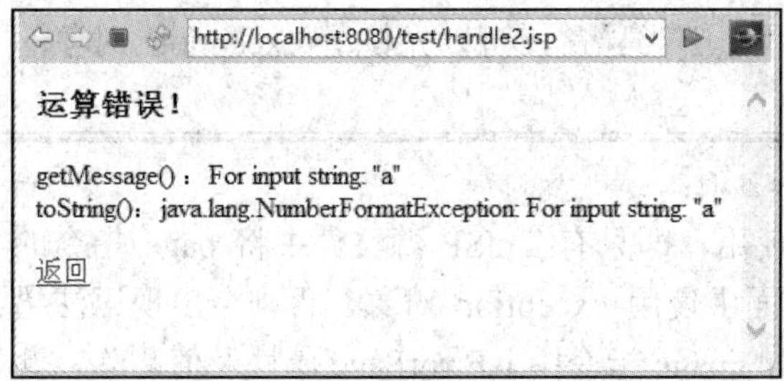

图 5-10-5　例 5-10-1 输入非整型操作数时的结果

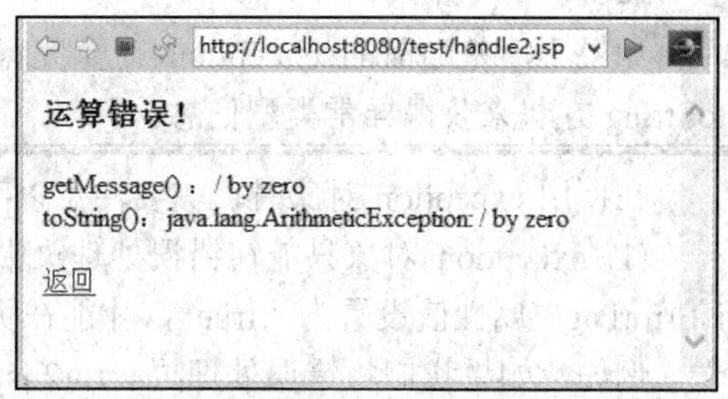

图 5-10-6　例 5-10-1 输入除数为 0 时的结果

从图 5-10-5 和图 5-10-6 中我们可发现，对于获取异常信息而言，toString 方法获得的信息因为包含异常类型，专业性更强，更适于在程序员进行代码调试时使用，而 getMessage 方法的调用结果则更适用于客户端结果显示。

【例 5-10-2】 根据 exception 对象类型输出自编异常提示信息。

error2.jsp

```
<%@ page language="java" contentType="text/html; charset=UTF-8"  isErrorPage="true"%>
<h3>运算错误！</h3>
<%
if(exception instanceof ArithmeticException){
        out.println("除法运算的除数不能为 0！");
}
else if(exception instanceof NumberFormatException){
        out.println("操作数不能为非整数！");
}
%>
<br><br><a href="input.html">返回</a>
```

例 5-10-2 使用运算符 instanceof 来验证 exception 对象究竟属于哪类异常，然后针对不同的异常类型输出更精准且便于理解的异常提示信息。将本例中的 error2.jsp 与引例 2 中的 input.html 和 handle2.jsp 结合使用，当输入非整型操作数时，执行结果如图 5-10-7 所示，当选择除法运算但除数输入为 0 时，执行结果如图 5-10-8 所示。

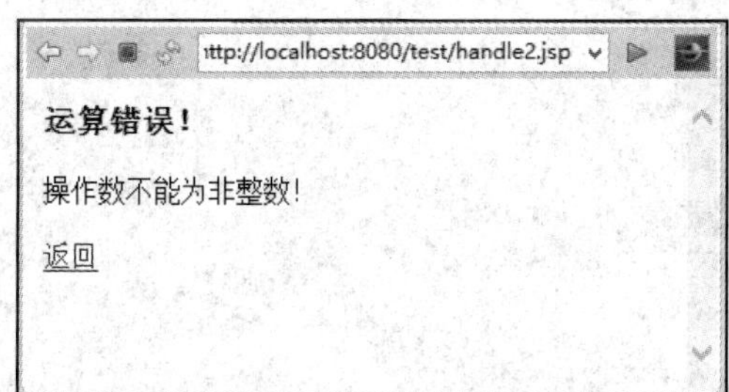

图 5-10-7　例 5-10-2 输入非整型操作数时的结果

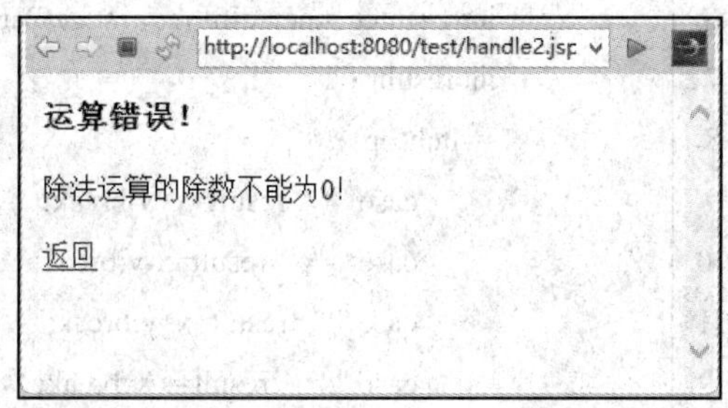

图 5-10-8　例 5-10-2 输入除数为 0 时的结果

> **提示：**
>
> 如果不清楚当前的 exception 对象究竟属于哪类异常，可以先使用 exception 对象的 toString 方法来获得异常类型信息。

在使用 exception 对象时，需要注意以下 2 项：

(1) exception 对象只能在错误处理页中使用，即只有在 JSP 源文件中将 page 指令的 isErrorPage 属性值设置为“true”，才能在页面中使用 exception 对象，否则会出现语法错误。例如，如果我们将错误处理页 error2.jsp 的 page 指令中 isErrorPage 属性及值删除，此时 isErrorPage 属性将会取默认值 false，代码第 4 行和第 7 行将出现如图 5-10-9 所示的语法错误提示。

```
error2.jsp
1  <%@ page language="java" contentType="text/html; charset=UTF-8" %>
2  <h3>运算错误！ </h3>
3  <%
4      if(exception instanceof ArithmeticException){
5          out.println("除法运算的除数不能为0！ ");
6      }
7      else if(exception instanceof NumberFormatException){
8          out.println("操作数不能为非整数！ ");
9      }
10 %>
11 <br><br><a href="input.html">返回</a>
```

图 5-10-9　在非错误处理页中使用 exception 对象的结果

(2) exception 对象不能处理其所在页的异常，即当功能页运行时发生异常，若要使用 exception 对象来处理该异常则必须跳转到错误处理页去处理，而不能直接在本页面中使用 exception 对象来处理。例如，如果我们修改 handle1.jsp 得到如下所示的 handle3.jsp，当用户输入不恰当数据后会发现运行结果仍然出现了异常，运行结果如图 5-10-10 所示，而这个结果恰恰是在 catch 语句块中使用 exception 对象所导致的。

handle3.jsp

```
<%@ page language="java" contentType="text/html; charset=gb2312" isErrorPage="true"%>
<%
      String op=request.getParameter("op");
   try{
         int x=Integer.parseInt(request.getParameter("x"));
         int y=Integer.parseInt(request.getParameter("y"));
         int result=0;
         switch(op){
               case "+": result=x+y;break;
               case "-":   result=x-y;break;
               case "*": result=x*y;break;
               case "/":   result=x/y;break;
         }
```

```
%>
        <h2><%=x %><%=op%><%=y %>=<%=result%></h2>
<%
  }
  catch(Exception e){
%>
        <h3>运算错误！<%= exception.getMessage() %> </h3>
        <a href="input.html">返回</a>
<%
  }
%>
```

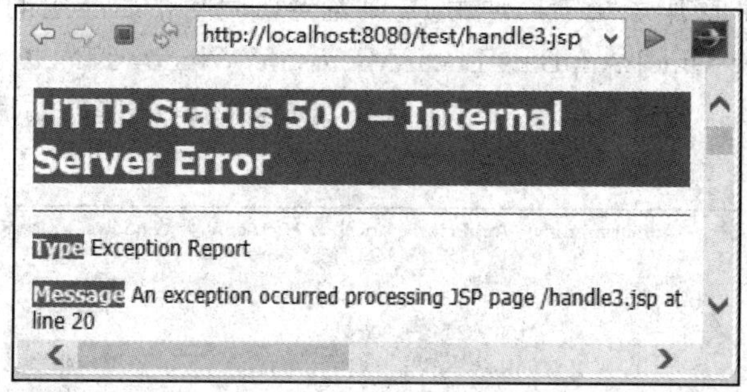

图 5-10-10　使用 exception 对象处理其所在页异常的结果

5.11　Cookie 操作

5.11.1　什么是 Cookie

Web 浏览器通过 HTTP 协议访问网页，HTTP 协议是无状态协议，没办法保存访问者即客户端的任何信息，这种方式阻碍了交互式应用程序的实现，比如无法判断用户是否拥有访问权限、无法记录用户上次的访问时间等。于是，两种用于保持 HTTP 状态的技术应运而生，一种是使用我们前面讲到过的 session 对象，另一种就是使用 Cookie。

Netscape 公司在 1993 年 3 月发明了 Cookie，昵称“小甜饼”，并在其开发的 Netscape 浏览器的第一个版本中支持 Cookie。目前市面上绝大多数 Web 浏览器都支持 Cookie，大多数网站也都需要通过 Cookie 来实现很多功能，例如，使用 Cookie 保存用户的个人数据，帮助网站了解用户使用习惯，跟踪特定访问者的访问次数、上次访问时间、访问者进入站点的路径，记录用户喜欢的背景颜色等，从而让站点针对用户实现各种各样的个性化服务。

Cookie 是一种 Web 服务器通过浏览器在访问者的硬盘上存储信息的手段，一个 Cookie 就是存储在访问者主机中的一小段文本文件。Cookie 文件是纯文本形式，保存的信息多种多样，可以是访问者的用户 ID、密码、浏览过的网页、停留的时间等信息，也可以是 Web

服务器的属性信息，如网站的域名或 IP。Cookie 文件中不包含任何可执行代码，并且使用 Cookie 必须有浏览器的支持，如果在浏览器中设置阻止 Cookie，那么在服务器端产生的 Cookie 信息就不能保存在客户端的主机中了。

当用户初次访问网站时，客户端浏览器将向 Web 服务器发送请求，Web 服务器处理请求后会将包含 Cookie 的响应信息发送给客户端浏览器，客户端浏览器接收信息后会将响应结果显示出来并将收到的 Cookie 以文本文件的形式保存在本机。当用户再次访问网站时，会在本机查找对应该网站的 Cookie 文件，如果能找到，那么将提取文件中的 Cookie 信息放入请求信息中一同发送给 Web 服务器，Web 服务器收到客户端请求后，会使用专门的方法提取 Cookie 并根据需要对 Cookie 信息进行处理，然后将 Cookie 放入响应信息中再传回客户端。

在不同的操作系统中使用不同的浏览器访问网站后产生的 Cookie 文件存放位置不同，例如，在 Win10 操作系统中，使用 IE 浏览器访问网站后产生的 Cookie 文件的存放位置为 C:\Users\[user name]\AppData\Local\Microsoft\ Windows\INetCookies，图 5-11-1 所示的即是某台操作系统为Win10的主机使用IE浏览器访问某些网站后在本机留下的多个 Cookie 文件。

电脑 › 本地磁盘 (C:) › 用户 › Administrator › AppData › Local › Microsoft › Windows › INetCookies

名称	修改日期	类型	大小
4W501AOH.cookie	2018/7/23/周一 20:30	COOKIE 文件	1 KB
DSFH0URO.cookie	2018/7/23/周一 18:25	COOKIE 文件	1 KB
AFTIWZAV.cookie	2018/7/23/周一 10:14	COOKIE 文件	1 KB
GVHQB1PV.cookie	2018/7/23/周一 10:14	COOKIE 文件	1 KB
IA06QQK1.cookie	2018/7/22/周日 15:43	COOKIE 文件	1 KB
J2VF2I0V.cookie	2018/7/22/周日 15:42	COOKIE 文件	1 KB
3QYP7PKT.cookie	2018/7/22/周日 15:13	COOKIE 文件	1 KB

图 5-11-1　在客户端主机中存储的 Cookie 文件

一个 Cookie 文件中存放了某个网站写回客户端的所有 Cookie 信息，每条 Cookie 信息是以“key-value”的形式进行保存的，实际上键值 value 中存放的就是 Cookie 的有效信息，但为了标识该信息便于以后的查找，还需要使用键名 key，也就是需要给这段 Cookie 信息取一个名字，为了与来自同一个 Web 服务器的其他 Cookie 信息相区别，这个名字必须是唯一的。如图 5-11-2 所示的 Cookie 文件就是访问发布在本机(localhost)的某网站而创建的，该文件存放了两条 Cookie 信息，其中，第一条 Cookie 信息的键名 key 为 uname，键值 value 为 admin。

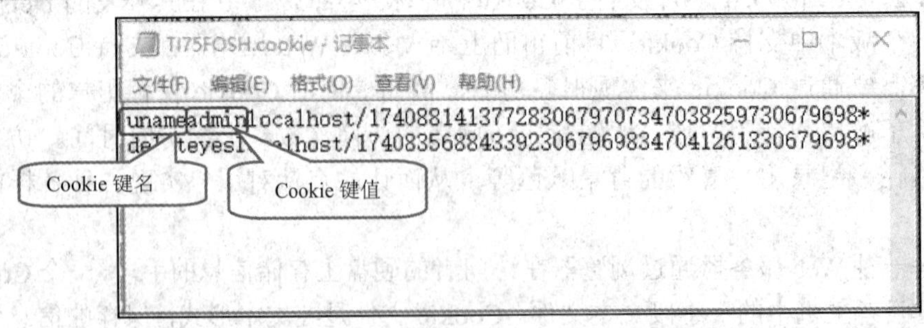

图 5-11-2　某 Cookie 文件的内容

通常情况下，为了信息的安全，我们往往在 Web 服务器生成 Cookie 信息后会使用一些方法对这些信息进行加密处理，然后才写回到客户端，这样即便有人盗取了存放在客户端服务器上的 Cookie 文件也不能得到正确的信息。例如，我们打开存放在客户端的一个 Cookie 文件，可以看到如图 5-11-3 所示的信息，这些信息无疑都是经过加密处理后的结果，除了知道这是访问 sohu.com 网站得到的一个 Cookie 文件以外，其他信息就无法得知了。

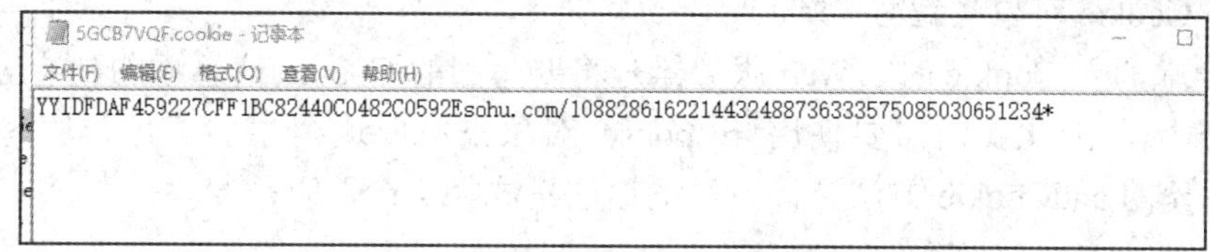

图 5-11-3　加密处理后的 Cookie 文件的内容信息

Cookie 有很多优点，例如可通过它保存用户信息，弥补了 HTTP 无状态无连接特性；带给用户更人性化的使用体验，如记住密码功能、老用户欢迎语等；有助于站点统计用户资料，便于广告商精确投放广告等。同时 Cookie 也有一些缺点，比如多人共用一台电脑时的信息安全问题、一人用多台电脑的存储同步问题；因为 Cookie 文件是直接保存在用户本地硬盘上，所以容易被误删，以及 Cookie 欺骗等问题。

5.11.2　写 Cookie 操作

在 JSP 中，写 Cookie 的操作涉及以下 3 个步骤：

(1) 创建 Cookie 对象。

因为 Cookie 对象并不是内置对象，因此向客户端写入 Cookie 信息前首先要创建 Cookie 对象。创建 Cookie 对象需要用到 Cookie 类的构造方法，方法的语法格式如下：

```
Cookie Cookie(String key,String value)
```

创建 Cookie 对象时，需要通过 new 关键字调用 Cookie 的构造方法，方法参数都是 String 类型，第一个参数设置 Cookie 信息的键名 key，第二个参数设置 Cookie 信息的键值 value。每次调用该方法都会创建一个 Cookie 对象，该 Cookie 对象存放一条 Cookie 信息。

例如，示例 1 的语句就使用 Cookie 类的构造方法创建了一个 Cookie 对象 cookie，该对象中存放的 Cookie 信息的键名 key 为“uname”，键值 value 为“admin”。

示例 1	Cookie cookie = new Cookie("uname","admin"); //创建 Cookie，键名"uname"，键值"Admin"

(2) 设置 Cookie 对象的有效时间。

每条 Cookie 信息在客户端主机上的存放是有时间限制的，这个时间段称为 Cookie 的有效期，一旦超过有效期，Cookie 将会从客户端主机中删除。默认情况下，Cookie 的有效期为从服务器写回客户端开始到关闭产生该 Cookie 的浏览器为止，这个时间段无疑是比较短的，因此，通常情况下，我们需要调用 setMaxAge 方法来重新设置 Cookie 的有效期，该方法的语法格式如下：

```
void setMaxAge(int expiry)
```

该方法需要通过 Cookie 对象来调用，调用该方法时需要设置一个整型参数，参数值以秒为单位，当参数值为正数时，该值即是 Cookie 对象存放在客户端的有效时间，当参数值为负值或零时，表示当浏览器关闭时立刻删除该 Cookie 对象。

例如，示例 2 的语句就使用 setMaxAge 方法将 Cookie 对象 cookie 的有效期设置为 60*60*24 秒，即 24 小时。

示例 2	cookie.setMaxAge(60*60*24); //将 Cookie 对象 cookie 的有效期设置为 24 个小时

(3) 将 Cookie 对象写到客户端。

向客户端写入 Cookie 时，Web 服务器是将要写回的 Cookie 信息添加到响应信息中一起写回客户端，因此我们需要使用 response 对象来完成这个添加工作，同时需要用到 response 对象的 addCookie 方法，该方法的语法格式如下：

```
void addCookie(Cookie cookie)
```

该方法通过 response 对象来调用，调用该方法时需要设置一个 Cookie 类型的对象，该对象即为要添加到响应信息并写回客户端的 Cookie 对象。

例如，示例 3 的语句就是使用 addCookie 方法将 Cookie 对象 cookie 写回到客户端。

示例 3	response.addCookie (cookie); //将 Cookie 对象 cookie 写回客户端

【例 5-11-1】 将信息以 Cookie 的形式写回客户端。

Cookie1.jsp

```
1   <%@ page contentType="text/html; charset=UTF-8"     import="java.net.*"%>
2   <html>
3   <head><title>Cookie 基础操作 1</title></head>
4   <body>
5   <%
6   Cookie    uname_Cookie=new Cookie("uname","admin");        //创建第 1 个 Cookie 对象
7       Cookie    delete_Cookie =new Cookie("delete","yes");          //创建第 2 个 Cookie 对象
8   
9       uname_Cookie.setMaxAge(3600);            //设置第 1 个 Cookie 对象的有效期为 1 小时
10      delete_Cookie.setMaxAge(30);             //设置第 2 个 Cookie 对象的有效期为 30 秒
11  
12      response.addCookie(uname_Cookie);        //写入第 1 个 Cookie 对象
13      response.addCookie(delete_Cookie);       //写入第 2 个 Cookie 对象
14  
15      out.println("<br>Cookie 已经写入，去查看一下吧！");
16  %>
17  </body>
18  </html>
```

在例 5-11-1 中，Cookie1.jsp 文件首先在代码的 6～7 行创建了两个 Cookie 对象 uname_Cookie 和 delete_Cookie，然后在代码 9～10 行设置它们的有效期分别为 1 小时和 30 秒，最后在代码 12～13 行将这两个 Cookie 对象写回到客户端。通过浏览器访问该文件，可得到如图 5-11-4 所示的显示结果，此外，在客户端主机磁盘的对应路径下，可查看到生

成了新的 Cookie 文件，该文件内容包含两条 Cookie 信息，第一条 Cookie 信息的键名和键值分别为"uname"和"admin"，第二条 Cookie 信息的键名和键值分别为"delete"和"yes"。

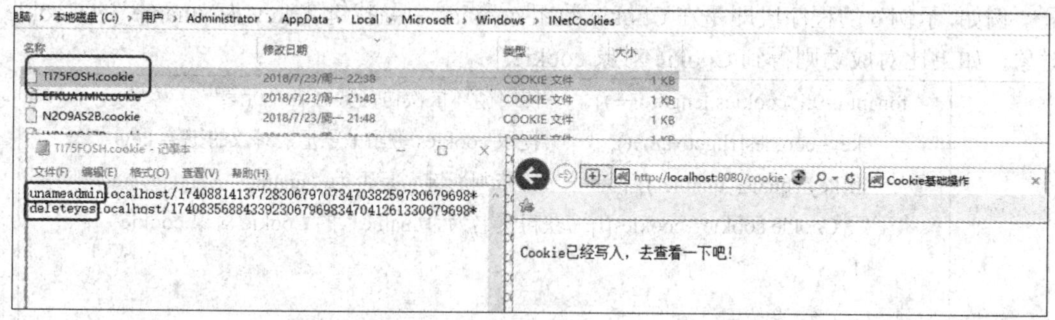

图 5-11-4　访问 Cookie1.jsp 文件的结果

5.11.3　读 Cookie 操作

在 JSP 中，读 Cookie 的操作涉及以下 3 个步骤：

(1) 提取所有的 Cookie 对象。

因为客户端通过浏览器访问网站时，会找到与该网站对应的 Cookie 文件，并将文件中的所有 Cookie 信息放入请求信息中一起发送给被访问的 Web 服务器，所以服务器要提取 Cookie 信息时需要用到 request 对象，并通过 request 对象调用 getCookies 方法，该方法的语法格式如下：

```
Cookie[] getCookie()
```

调用该方法后会得到一个 Cookie 类型的数组，每个数组元素即是一个 Cookie 类的对象，对应一条存放在客户端的 Cookie 信息。

例如，示例 4 的语句就从客户端发往 Web 服务器的请求信息中提取了所有的 Cookie 信息，并得到一个 Cookie 类的数组 cookies。

示例 4	Cookie[] cookies=request.getCookies();　//提取 Cookie 信息得到 Cookie 数组 cookies

(2) 查找指定键名 key 的 Cookie 对象。

由于客户端在访问网站时并不知道 Web 服务器在处理当前请求时需要用到哪些 Cookie 信息，因此发送到 Web 服务器的 Cookie 信息是与该网站相关的所有 Cookie 信息，这就需要 Web 服务器从这些信息中找出需要的那一个，寻找的依据就 Cookie 信息的键名 key。获取 Cookie 信息的键名 key 需要用到 getName 方法，该方法的语法格式如下：

```
String getName()
```

该方法需要通过 Cookie 对象来调用，调用会得到一个字符串型的结果，此结果即是当前调用 getName 方法的 Cookie 对象的键名 key 的值。

例如，示例 5 的语句就可获得 cookie 对象的键名 key 的值。

示例 5	String key=cookie.getName();　//提取 cookie 对象的键名 key

但如果我们需要在第一步获得的 Cookie 数组中去查找指定键名 key 的 Cookie 对象则要稍微复杂一些，需要采用循环依次访问 Cookie 数组的各个元素,通过各数组元素调用

getName 方法来获取这些元素对象的键名 key，然后比对这些键名是否与指定键名一致，直到找到目标 Cookie 对象或比对完 Cookie 数组所有的元素对象。

例如，示例 6 的程序段即是在 Cookie 数组 cookies 中寻找键名 key 为"uname"的 Cookie 对象，如果比对成功则得到 Cookie 对象 cookie。

示例 6

```
for(int i=0;i<cookies.length;i++){        //使用循环依次访问数组各个元素
    key=cookies[i].getName();           //提取 cookies 数组 i 号元素对象的键名 key
    if(key.equals("uname")) {           //检查判断键名是否为"uname"
      Cookie cookie= cookies[i]; //获得键名为"uname"的 Cookie 对象 cookie
    }
}
```

(3) 提取指定 Cookie 对象的值。

当我们通过第二步的工作找到目标 Cookie 对象后，就可以通过该 Cookie 对象调用 getValue 方法来取得该对象的键值 value 了，该方法的语法格式如下：

String getValue()

该方法需要通过 Cookie 对象来调用，调用会得到一个字符串型的结果，此结果即是当前调用 getValue 方法的 Cookie 对象的键值 value 的值。

例如，示例 7 的语句就可获得 cookie 对象的键值 value 的值。

示例 7

```
String value=cookie.getValue();   //提取 cookie 对象的键值 value
```

【例 5-11-2】 读取客户端的 Cookie 信息。

Cookie2.jsp

```
<%@ page contentType="text/html; charset=UTF-8"     import="java.net.*"%>
<html>
<head><title>Cookie 基础操作 2</title></head>
<body>
<%
Cookie[]   cookies=request.getCookies(); //读取 Cookie，获得 Cookie 数组
String key="",value="";
   if(cookies!=null){               //只有当 cookies 数组不为空才能执行后续操作
        for(int i=0;i<cookies.length;i++){          //使用循环依次访问数组各个元素
              key=cookies[i].getName();             //提取 cookies 数组 i 号元素对象的键名 key
             if(key.equals("uname")) {              //检查判断键名是否为"uname"
                 value=cookies[i].getValue();     //提取 cookies 数组 i 号元素对象的键值 value
                 out.println("第一个 Cookie 还在，值为："+value+"<br>");
        }
        else if(key.equals("delete")) {           //检查判断键名是否为"delete"
              value=cookies[i].getValue(); //提取 cookies 数组 i 号元素对象的键值 value
              out.println("第二个 Cookie 还在，值为："+value+"<br>");
```

```
18            }
19        }
20    }
21    %>
22    </body>
23    </html>
```

例 5-11-2 中，Cookie2.jsp 文件首先在代码的第 6 行提取了客户端发送到服务器的所有 Cookie 信息并存入数组 cookies 中，然后在代码 9～19 行通过循环依次比对每个 cookies 数组元素的键值是否为“uname”或“delete”，如果是则提取该数组元素的键值并输出。需要特别提醒大家的是，循环语句中所有涉及 cookies 数组元素的操作都有一个前提，就是这个数组存在且不为 null，否则这些对 cookies 数组的操作将导致运行时的异常，所以在循环语句开始前代码的第 8 行对 cookies 数组是否为 null 进行了判断，只有当数组 cookies 不为 null 才能进行后续的循环查找工作。

当我们先访问例 5-11-1 中的 Cookie1.jsp，然后再立刻访问例 5-11-2 中的 Cookie2.jsp 会得到如图 5-11-5(a)所示的显示结果，我们可以看到输出了两个 Cookie 对象的键值，说明这时两个 Cookie 对象都还存在，且在 Cookie2.jsp 中通过了正确的方法读取了它们的键值。如果等待 30 秒后再次访问 Cookie2.jsp 会得到如图 5-11-5(b)所示的显示结果，我们可以看到只输出了第 1 个 Cookie 对象的键值，导致第 2 个 Cookie 对象的键值未输出的原因是例 5-11-1 中的 Cookie1.jsp 在将第 2 个 Cookie 对象写回客户端之前，将该对象的有效期设置为 30 秒，因此当访问 Cookie1.jsp 之后等待 30 秒后再次访问 Cookie2.jsp 时，第 2 个 Cookie 对象因为超过了它的有效期而被删除，所以在 Cookie2.jsp 中就无法再获得这个 Cookie 对象的键值了。

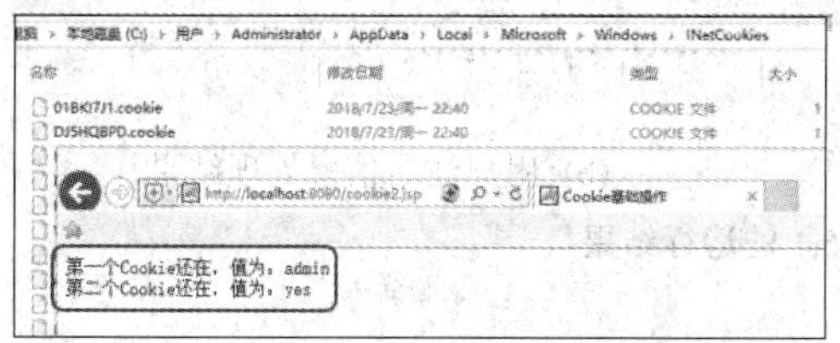

(a) 访问 Cookie1.jsp 后立刻访问 Cookie2.jsp

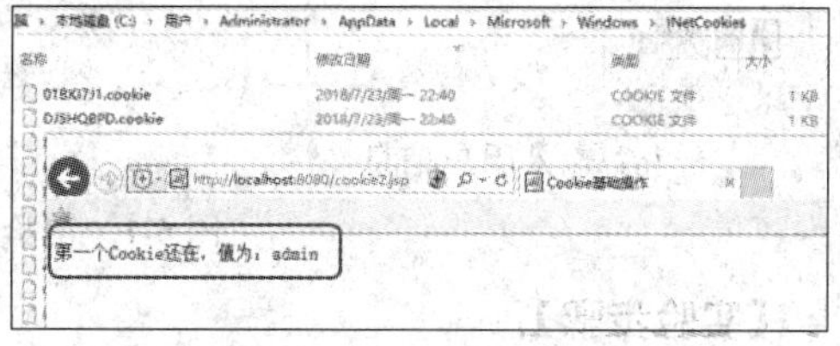

(b) 访问 Cookie1.jsp 后 30 秒再访问 Cookie2.jsp

图 5-11-5　访问 Cookie2.jsp 文件的显示结果

本 章 小 结

本章我们了解了 JSP 内置对象的特点，学习了 JSP 的 9 个内置对象的使用，重点学习了如何使用 out 对象向客户端输出信息以及管理服务器缓冲区，如何使用 request 对象获取请求参数信息、解决表单以 POST 方式提交数据时的中文乱码问题以及实现同一请求范围内页面的数据共享，如何使用 response 对象实现页面重定向、定时页面跳转、自动刷新页面、设置响应页面的内容类型及管理客户端缓存，如何使用 session 对象来保存、获取和删除客户的会话信息以及如何设置 session 对象的有效时间和销毁 session 对象，如何使用

application 对象来保存、提取和删除应用程序信息以及如何使用 application 对象获取应用程序初始化参数信息，如何实现对 Cookie 信息的读写操作。希望大家能在以后的应用中灵活使用这些内置对象及相关方法以实现更丰富的页面功能。

上 机 实 验

实验 5.1　用户注册

【实验目的】

(1) 掌握使用 request 对象实现获取访问请求参数、解决表单提交中文信息的乱码问题、实现多页面数据共享的方法。

(2) 熟练掌握在 Eclipse 中编写 JSP 源代码的方法和过程。

【实验内容】

编写程序实现如图 5-1 所示的用户信息注册及处理，要求在如图 5-1(a)所示页面中输入用户基本信息后单击“提交”按钮将打开如图 5-1(b)所示页面结果。

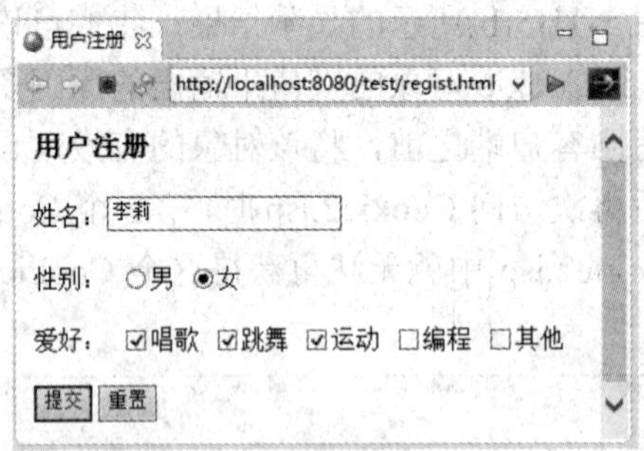

(a) 输入用户信息

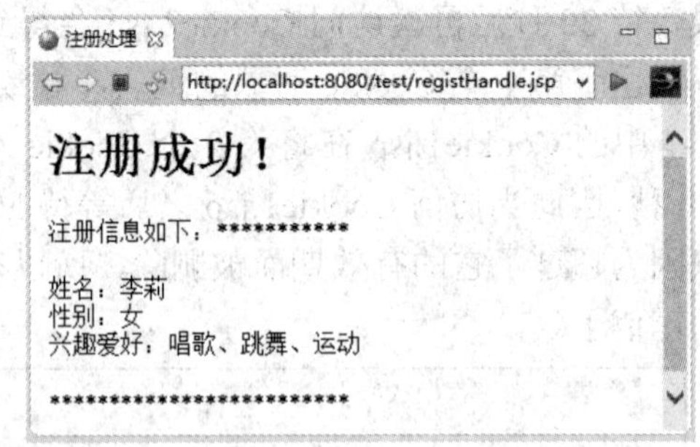

(b) 用户注册信息处理结果

图 5-1　实验 5.1 的运行结果

【实验步骤】

(1) 在 Eclipse 中创建动态 Web 项目 test。

(2) 在 test 中创建并编写用户注册页面 regist.html，用于填写用户的注册信息，注册信息包括姓名、性别和爱好，性别提供“男”和“女”两个候选项，该选项默认为“男”，爱好提供“唱歌”“跳舞”“运动”“编程”“其他”五个候选项，当用户单击“重置”按钮将清除页面中填写的所有信息，当用户单击“提交”按钮将提交页面信息到 registHandle.jsp，文件代码如下。

```
<html>
  <head>
    <meta http-equiv="Content-Type"   content="text/html;charset=UTF-8">
    <title>用户注册</title>
  </head>
```

```
    <body>
        <h3>用户注册</h3>
        <form action="registHandle.jsp" method="post">
            姓名：<input type="text" name="name" />    <p>
            性别：<input type="radio" name="sex" value="男"   checked/>男
                  <input type="radio" name="sex" value="女"   />女    <p>
            爱好：<input type="checkbox" name="interest" value="唱歌" />唱歌
                  <input type="checkbox" name="interest" value="跳舞" />跳舞
                  <input type="checkbox" name="interest" value="运动" />运动
                  <input type="checkbox" name="interest" value="编程" />编程
                  <input type="checkbox" name="interest" value="其他" />其他     <p>
            <input type="submit" value="提交" />   <input type="reset" value="重置" />
        </form>
    </body>
</html>
```

(3) 在 test 中创建并编写 JSP 源文件 registHandle.jsp，该文件提取由用户注册页面 regist.html 提交的所有信息，并将姓名、性别和爱好信息输出，如果爱好信息包含多项则以“、”分隔，如果提交的注册信息中无爱好信息则显示“无”，用户输入的注册信息可以包含中文，且中文能正常显示，文件代码如下。

```
<%@ page contentType="text/html; charset=UTF-8"%>
<html>
<head><title>注册处理</title></head>
<body>
<%
request.setCharacterEncoding("UTF-8");
String interest[]=request.getParameterValues("interest");
%>
<h1>注册成功！</h1>
注册信息如下：***********<p>
姓名：<%= request.getParameter("name")%><br>
性别：<%= request.getParameter("sex")%><br>
兴趣爱好：
<%
if(interest!=null){
    for(int i=0;i<interest.length;i++){
            out.println(interest[i]);
            if(i<interest.length-1)   out.println("、");
    }
```

```
    }
    else{
        out.println("无");
    }
    %>
    <p>
    **************************
    </body>
    </html>
```

(4) 在 Eclipse 中部署 test 项目，启动 Tomcat 服务器，访问 regist.html，在显示的页面中输入用户的注册信息后单击“提交”按钮，查看用户注册处理结果。

实验 5.2　20 以内加减速算

【实验目的】

(1) 掌握使用 response 对象进行页面重定向、网页定时跳转、自动刷新页面、设置响应的内容类型和禁用缓存的方法。

(2) 熟练掌握在 Eclipse 中编写 JSP 源代码的方法和过程。

【实验内容】

编写程序实现如图 5-2 所示的功能，要求：在如图 5-2 所示页面中随机生成一道 20 以内加、减算式，用户必须在 10 秒内输入答案并提交结果，否则系统将给出如图 5-3(b)的超时提示，如用户提交结果正确则得到如图 5-2(c)所示的显示结果，如果用户提交结果错误则得到如图 5-2(d)所示的显示结果。

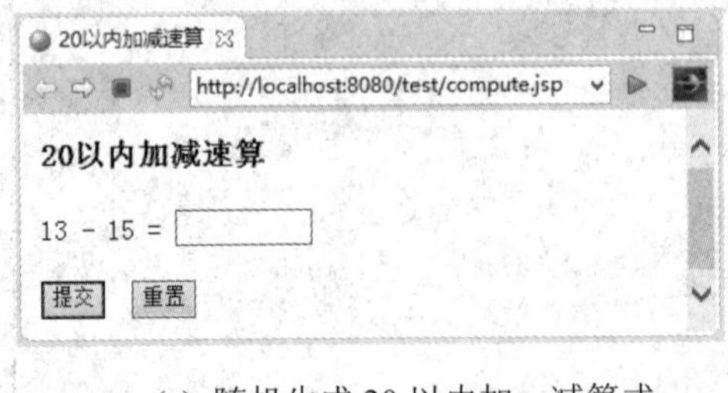

(a) 随机生成 20 以内加、减算式

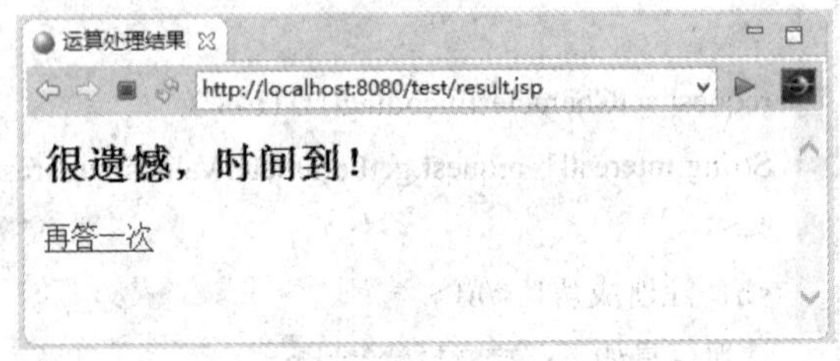

(b) 运算超时的显示结果

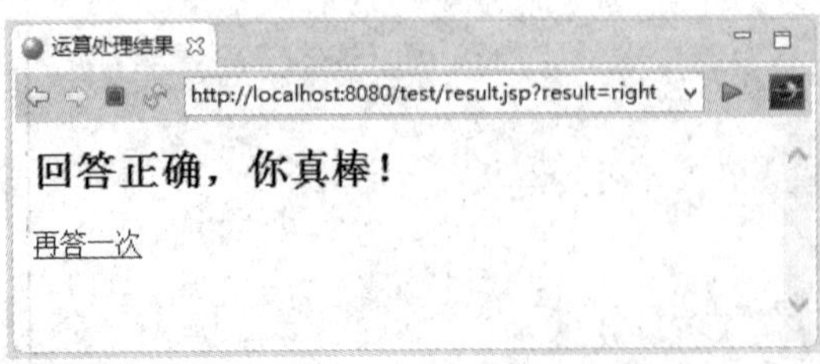

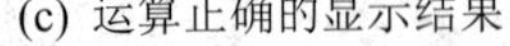

(c) 运算正确的显示结果

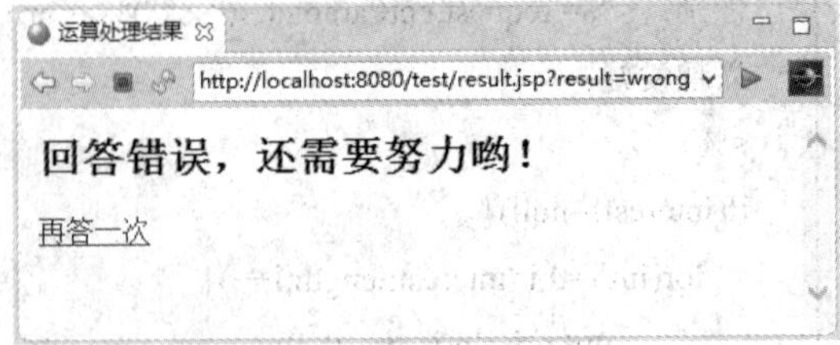

(d) 运算错误的显示结果

图 5-2　实验 5.2 的运行结果

【实验步骤】

(1) 在 Eclipse 中创建动态 Web 项目 test。

(2) 在 test 中创建并编写随机算式生成页面 compute.jsp，该页面能实现一个 20 以内加减算式的随机生成(两个操作数和加、减运算符都随机生成)，用户必须在 10 秒内完成运算结果的输入，并单击“提交”按钮将结果提交到运算结果处理页面 handle.jsp，超出时间则页面将自动跳转到结果显示页面 result.jsp，当用户单击“重置”按钮将清除页面中填写的运算结果，文件代码如下。

```
<%@ page language="java"  import="java.util.*"  pageEncoding="gb2312"%>
<%

int num1;
int num2;
char op;
int max=20;  //随机生成数的高限
int min=0;   //随机生成数的低限
Random random = new Random();

num1 = random.nextInt(max)%(max-min+1) + min;
num2 = random.nextInt(max)%(max-min+1) + min;
switch(random.nextInt(2)){
    case 0:op='+';break;
    case 1:op='-';break;
    default:op='+';
}

response.setHeader("refresh", "10; URL=result.jsp");  //每题思考时间 10 秒后跳转
%>
<html>
<head>
<title><%=max %>以内加减速算</title>
</head>
<body>
    <h3><%=max %>以内加减速算</h3>
        <form action="handle.jsp"  method="post">
            <%=num1 %> <%=op %> <%=num2 %> = <input type="text"  size="10"
name="answer" >
        <input type="hidden"  name="num1"  value=<%=num1 %>>
        <input type="hidden"  name="num2"  value=<%=num2 %>>
        <input type="hidden"  name="op"  value=<%=op %>> <p>
```

```
            <input type="submit" value="提交">  <input type="reset" value="重置">
        </form>
</body>
</html>
```

(3) 在 test 中创建并编写运算结果处理页面 handle.jsp，该文件提取由随机算式生成页面 compute.jsp 提交的所有信息(信息包括两个操作数、一个运算符和一个运算结果)，然后根据两个操作数和一个运算符计算正确的算式结果，并将结果与用户提交的结果进行比对(如果提交的运算结果为非数值则判定为错误)，最后跳转到结果显示页面 result.jsp，同时将运算结果的正误标记也发送到 result.jsp，文件代码如下。

```
<%@ page language="java" contentType="text/html; charset=gb2312"%>
<%
   String result="right";//默认结果正确
     char op;
   int num1,num2,answer;

   try{
          answer=Integer.parseInt(request.getParameter("answer"));
          num1=Integer.parseInt(request.getParameter("num1"));
          num2=Integer.parseInt(request.getParameter("num2"));
          op=request.getParameter("op").charAt(0);
          switch(op){
                 case '+':
                        if(num1+num2!=answer){
                               result="wrong";
                        }
                        break;
                 case '-':
                        if(num1-num2!=answer)
                               result="wrong";
                        break;
          }
   }
   catch(Exception e){//输入非数值，记为答错
          result="wrong";
   }

   response.sendRedirect("result.jsp?result="+result);
%>
```

(4) 在 test 中创建并编写结果显示页面 result.jsp，该文件提取由运算结果处理页面 handle.jsp 发送的标记信息，并根据此标记信息显示不同的提示信息，如果未收到标记信息则认为是因用户超时跳转到本页面，单击“再答一次”按钮将跳转到随机算式生成页面 compute.jsp，文件代码如下。

```
<%@ page language="java" pageEncoding="gb2312"%>
<html>
<head><title>运算处理结果</title></head>
 <body>
  <h2>
        <%
                try{
                        String result=request.getParameter("result");
                        if(result.equals("wrong"))
                                out.println("回答错误，还需要努力哟！<br>");
                        else
                                out.println("回答正确，你真棒！<br>");
                }
                catch(Exception e){     //未传入参数值
                        out.println("很遗憾，时间到！");
                }
        %>
  </h2>
                <p>
                <a href="compute.jsp">再答一次</a>
  </body>
</html>
```

(5) 在 Eclipse 中部署 test 项目，启动 Tomcat 服务器，访问 compute.jsp，在显示的页面中输入运算结果后单击“提交”按钮，查看运算处理结果。

实验 5.3　在线人数统计

【实验目的】

(1) 掌握使用 session 对象实现保存、获取、删除、销毁客户的会话信息的方法和步骤。

(2) 掌握使用 application 对象保存、获取、删除应用信息的方法和步骤。

(3) 熟练掌握在 Eclipse 中编写 JSP 源代码的方法和过程。

【实验内容】

编写程序实现如图 5-3 所示的信息管理系统，该系统功能包括：

(1) 用户打开登录页(显示效果如图 5-3(a)所示)，在页面中输入正确的名称和密码即可进入系统主页，输入错误的名称和密码则显示如图 5-3(b)所示错误提示信息。

(2) 系统主页能显示登录者的名字以及当前在线学生人数，显示效果如图 5-3(c)所示。

(3) 从系统退出后将重新打开登录页面，同时将当前在线学生人数减 1。

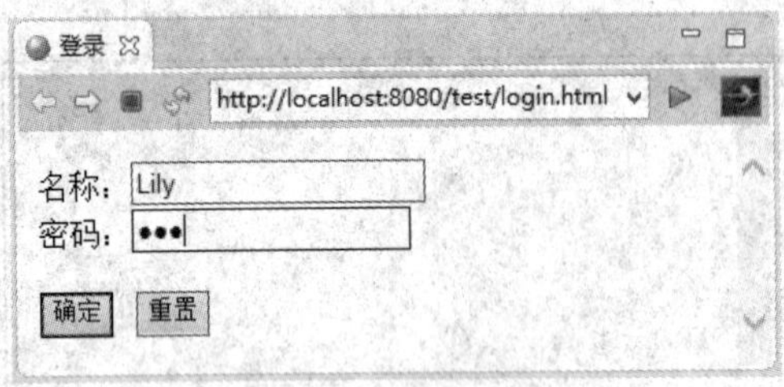

(a) 输入用户名和密码页面

(b) 登录失败页

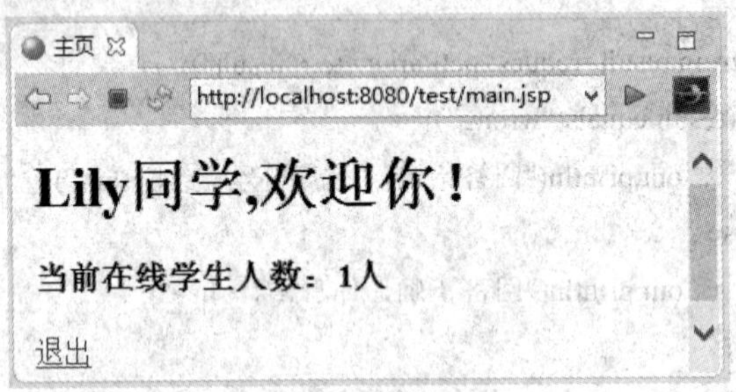

(c) 系统主页

图 5-3　实验 5.3 的运行结果

【实验步骤】

(1) 在 Eclipse 中创建动态 Web 项目 test。

(2) 在 test 中创建并编写登录页面 login.html，该页面用于用户输入登录名称和密码，单击“提交”按钮将提交输入数据到登录处理页面 loginHandle.jsp，单击“重置”按钮将清除页面中填写的所有信息，文件代码如下。

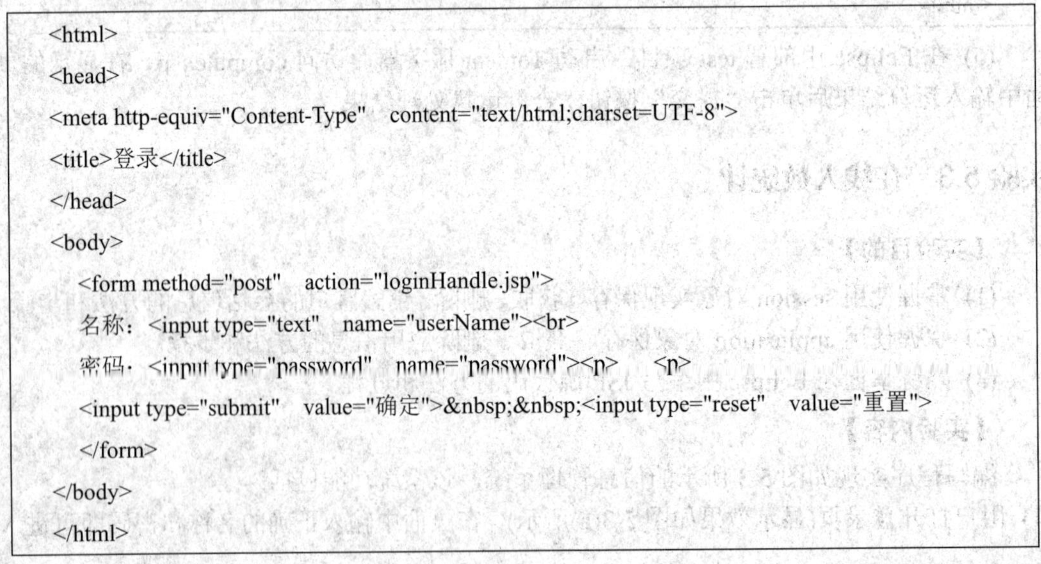

```
<html>
<head>
<meta http-equiv="Content-Type"  content="text/html;charset=UTF-8">
<title>登录</title>
</head>
<body>
  <form method="post"  action="loginHandle.jsp">
  名称：<input type="text"  name="userName"><br>
  密码：<input type="password"  name="password"><p>   <p>
  <input type="submit"  value="确定">  <input type="reset"  value="重置">
  </form>
</body>
</html>
```

(3) 在 test 中创建一个类文件 User.java 并编写类 User，该类包含两类信息：名称和密码，该类用于在登录处理页面 loginHandle.jsp 中创建合法用户对象，文件代码如下。

```
package beans;

public class User {
    private String name;
    private String password;

    public String getName() {
        return name;
    }

    public String getPassword() {
        return password;
    }

    public User(String name, String password) {
        this.name = name;
        this.password = password;
    }
}
```

(4) 在 test 中创建并编写登录处理页面 loginHandle.jsp，该文件提取由登录页面 login.html 提交的名称和密码，然后与预存在文件中的合法用户组依次比对，如果比对成功则更新在线人数、保存名称到会话中并跳转到主页 main.jsp，如果比对不成功则跳转到错误页 error.html，文件代码如下。

```
<%@ page language="java" contentType="text/html; charset=UTF-8"%>
<%@ page import="beans.User" %>
<html>
<head><title>登录处理</title></head>
<body>
<%
User[] users={new User("Lily","111"),new User("Lucy","222"),new User("Tom","333")};//合法用户信息

String name=request.getParameter("userName");
String password=request.getParameter("password");
boolean flag=false; //默认用户非法

for(int i=0;i<users.length;i++){
```

```
    if(name.equals(users[i].getName())&&password.equals(users[i].getPassword())){
        session.setAttribute("name", name);

        int stu_count=0;
        if(application.getAttribute("stu_count")==null)
            stu_count=1;
        else
            stu_count=(int)application.getAttribute("stu_count")+1;

        application.setAttribute("stu_count", stu_count);
        flag=true;          //用户合法
        break;
    }
}

if(flag){
    response.sendRedirect("main.jsp");              //用户合法则进入主页
}
else{
    response.sendRedirect("error.html");            //用户非法则跳转到错误页
}
%>
</body>
</html>
```

(5) 在 test 中创建并编写错误页面 error.html，该页面显示错误提示信息，单击“返回登录”超链接将跳转到登录页面 login.html，文件代码如下。

```
<html>
<head><title>登录失败</title></head>
  <body>
      <h1>用户名或密码错误！</h1>
          <a href="login.html">返回登录</a>
  </body>
</html>
```

(6) 在 test 中创建并编写主页面 main.jsp，该页面显示登录名称及在线学生人数，单击“退出”超链接将跳转到退出处理页面 exitHandle.jsp，文件代码如下：

```
<%@ page contentType="text/html; charset=UTF-8"%>
<html>
<head><title>主页</title></head>
```

```
<body>
<%
String name=session.getAttribute("name").toString();
out.print("<h1>"+name+"同学,欢迎你！</h1>");
out.print("<h3>当前在线学生人数："+(int)application.getAttribute("stu_count")+"人</h3>");
%>
<a href="exitHandle.jsp">退出</a>
</body>
</html>
```

(7) 在 test 中创建并编写退出处理页面 exitHandle.jsp，该页面将在线学生人数减 1，然后清除会话，最后跳转到登录页面 login.html，文件代码如下。

```
<%@ page language="java" contentType="text/html; charset=UTF-8"%>
<%
try{
   int stu_count=(int)application.getAttribute("stu_count")-1;
   application.setAttribute("stu_count", stu_count);
}
catch(Exception ex){                                    //应用变量 stu_count 若不存在则引发异常
   application.setAttribute("stu_count", 0);            //此时将在线人数设置为 0
}

session.invalidate();
response.sendRedirect("login.html");
%>
```

(8) 在 Eclipse 中部署 test 项目，启动 Tomcat 服务器，访问 login.html，在显示的页面中输用户名称和密码后单击“确定”按钮，查看登录结果。

实验 5.4　保存登录状态

【实验目的】

(1) 掌握 Web 服务器端将 Cookie 写到客户端的方法和步骤。

(2) 掌握 Web 服务器端读取客户端指定 Cookie 的方法和步骤。

(3) 熟练掌握在 Eclipse 中编写 JSP 源代码的方法和过程。

【实验内容】

编写程序实现如图 5-4 所示的信息管理系统，该系统功能包括：

(1) 用户打开登录页(显示效果如图 5-4(a)所示))，在页面中输入正确的名称和密码即可进入如图 5-4(b)所示的系统主页，输入错误的名称和密码则显示如图 5-4(c)所示的错误提示信息。

(2) 在登录页如果勾选“保存登录状态”，在下次打开登录页面时本次输入的用户名和密码将自动显示在对应文本框中，如果不勾选“保存登录状态”，在下次打开登录页面时用户名和密码框中为空白。

(3) 系统主页能显示登录者的名字，及退出系统的超链接，从系统退出后将重新打开登录页。

(a) 输入用户名和密码页面

(b) 系统主页　　　　(c) 登录失败页

图 5-4　实验 5.4 的运行结果

【实验步骤】

(1) 在 Eclipse 中创建动态 Web 项目 test。

(2) 在 test 中创建并编写登录页面 login.jsp，该页面用于用户输入登录名称和密码，如果上次登录时已将用户名和密码信息通过 Cookie 保存在客户端，则本次打开页面就能直接显示用户名和密码，无须再次输入。单击“提交”按钮将提交输入数据到登录处理页面 loginHandle.jsp，单击“重置”按钮将清除页面中填写的所有信息，文件代码如下。

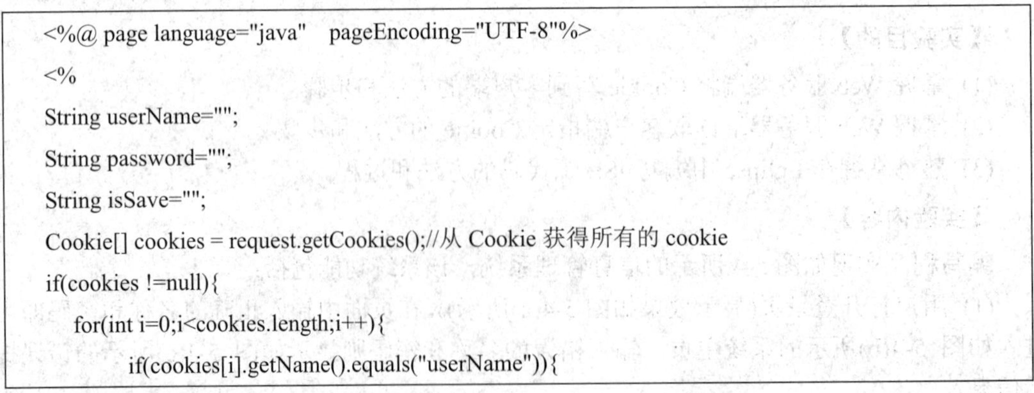

```
<%@ page language="java"  pageEncoding="UTF-8"%>
<%
String userName="";
String password="";
String isSave="";
Cookie[] cookies = request.getCookies();//从 Cookie 获得所有的 cookie
if(cookies !=null){
   for(int i=0;i<cookies.length;i++){
         if(cookies[i].getName().equals("userName")){
```

```
                userName =cookies[i].getValue();
            }
            else if(cookies[i].getName().equals("password")){
                password= cookies[i].getValue();
            }
            else if(cookies[i].getName().equals("isSave")){
                isSave= cookies[i].getValue();
            }
        }
    }
%>
  <html>
    <head><title>登录</title></head>
    <body>
    <h1>用户登录</h1>
    <form action="loginHandle.jsp" method="post">
        用户名：<input type="text" name="userName"    value="<%=userName%>"/><p>
        密    码：<input type="password" name="password"
value="<%=password%>"/><p>
        <input type="checkbox" name="isSave" value="yes"
<%if(isSave.equals("yes"))out.print("checked"); %>/>保存登录状态
        <input type="submit" value="确定">  <input type="reset" value="重置">
    </form>
    </body>
</html>
```

(3) 在 test 中创建一个类文件 User.java 并编写类 User，该类包含两类信息：名称和密码。该类用于在登录处理页面 loginHandle.jsp 中创建合法用户对象，文件代码如下。

```
package beans;

public class User {
    private String name;
    private String password;

    public String getName() {
        return name;
    }

    public String getPassword() {
```

```
            return password;
        }

        public User(String name, String password) {
            this.name = name;
            this.password = password;
        }
    }
```

(4) 在 test 中创建并编写登录处理页面 loginHandle.jsp，该文件提取由登录页面 login.jsp 提交的用户名、密码和保存状态标记信息，如果保存状态标记信息为“yes”，则将提取的用户名、密码和保存状态标记信息以 Cookie 的方式写回客户端，且有效期为 1 年，否则清空客户端原有的用户名、密码和保存状态标记信息，然后将用户名、密码与预存在文件中的合法用户组依次比对，如果比对成功则保存名称到会话中并跳转到主页 main.jsp，如果比对不成功则跳转到错误页 error.html，文件代码如下。

```
<%@ page language="java"    pageEncoding="UTF-8"%>
<%@ page import="beans.User" %>
<%
    User[] users={new User("Lily","111"),new User("Lucy","222"),new User("Tom","333")};
    //合法用户信息
    boolean flag=false;      //默认用户非法

    String userName=request.getParameter("userName");
    String password=request.getParameter("password");
    String isSave=request.getParameter("isSave");

    Cookie cookieUserName;
    Cookie cookiePassword;
    Cookie cookieIsSave;
    if(isSave!=null&&isSave.equals("yes")){ //用户勾选了“保存登录状态”
        //将用户名、密码和保存标记存入 Cookie
        cookieUserName = new Cookie("userName",userName);
        cookiePassword = new Cookie("password",password);
        cookieIsSave = new Cookie("isSave",isSave);
    }
    else{ //将原有用户名、密码和保存标记 cookie 清空
        cookieUserName = new Cookie("userName","");
        cookiePassword = new Cookie("password","");
        cookieIsSave = new Cookie("isSave","");
```

```
    }

    //设置 Cookie 的存活期为 1 年：60 秒*60 分钟*24 小时*365 天
     cookieUserName.setMaxAge(365*24*60*60);
     cookiePassword.setMaxAge(365*24*60*60);
     cookieIsSave.setMaxAge(365*24*60*60);

     //将 Cookie 保存于客户端
     response.addCookie(cookieUserName);
     response.addCookie(cookiePassword);
     response.addCookie(cookieIsSave);

     for(int i=0;i<users.length;i++){
          if(userName.equals(users[i].getName())&&password.equals(users[i].getPassword())){
               session.setAttribute("userName", userName);
               flag=true;          //用户合法
               break;
          }
    }

    if(flag){
          response.sendRedirect("main.jsp");          //用户合法则进入主页
    }
    else{
          response.sendRedirect("error.html");          //用户非法则跳转到错误页
    }
%>
```

(5) 在 test 中创建并编写错误页面 error.html，该页面显示错误提示系信息，单击“返回登录”超链接将跳转到登录页面 login.html，文件代码如下。

```
<html>
<head><title>登录失败</title></head>
  <body>
        <h1>用户名或密码错误！</h1>
              <a href="login.html">返回登录</a>
  </body>
</html>
```

(6) 在 test 中创建并编写主页面 main.jsp，该页面显示登录名称及在线学生人数，单击“退出”超链接将跳转到登录页面 login.jsp，文件代码如下。

```
<%@ page language="java" pageEncoding="UTF-8"%>
<html>
    <head><title>主页</title></head>
    <body >
    <h1><%=session.getAttribute("userName") %>，欢迎你！</h1>
    <a href="login.jsp">退出</a>
    </body>
</html>
```

(7) 在 Eclipse 中部署 test 项目，启动 Tomcat 服务器，访问 login.html，在显示的页面中输用户名称和密码，勾选“保存登录状态”后单击“确定”按钮，查看登录结果。

课 后 习 题

一、填空题

1. JSP 将一些使用频率较高的对象特殊处理，使这些对象无需创建就可以直接使用，这些对象被称为______________。

2. 经常在 JSP 的内置对象有_______、________、________、________、_________、page Context、page、config 和 exception。

3. 在 JSP 中提供了四种作用域：__________、__________、__________和__________。

4. out 对象的功能主要有两个：_________________________和_______________________。

5. print()及 println()方法的区别在于 println()方法在输出信息后还会输出____________。

6. __________对象封装了由客户端生成的 HTTP 请求的所有细节，通过这个对象提供的相应方法，可以处理客户端提交的 HTTP 请求中的各项参数。

7. ____________是页面间传递数据的重要载体，我们可以使用 3 种方式来创建它：一是使用表单，二是使用_____________，三是使用__________动作作为子动作的___________动作或____________动作标签。

8. 为了使接收表单提交信息的页面能正常显示中文(使用“UTF-8”编码集)，我们需要在该页面中添加下列语句____。

9. 提取变量名为 name 的 request 变量的值时应使用语句__________________________。

10. response 对象在___________有效，主要用于_________客户请求，向客户端_________。

11. 实现页面的跳转，可以使用________动作标签或 response 对象的____________方法。

12. response 对象 sendRedirect 方法的参数类型应该是__________。

13. 使用语句____________________________________可以使当前页面延迟 10 秒后自动跳转到 index.jsp 页面。

14. 使用语句____________________________可以使当前页面每隔 10 秒自动刷新一次。

15. 设置页面的响应内容类型可以使用 response 对象的_______________________方法或______________方法。

16. response 对象的________________________方法用于获取缓冲区大小，方法返回值为________型，单位为________。

17. response 对象的_________________方法用于设置缓冲区大小，若该方法的参数值设置为_______则表示不缓冲。

18. 使用_______________对象能实现同一请求范围内服务器端不同页面间的数据共享，使用__________对象能实现同一会话期间服务器端不同页面间的数据传递。

19. 提取变量名为 ID 的 session 变量的值时应使用语句______________________。

20. 删除变量名为 ID 的 session 变量时应使用语句____________________________。

21. 若我们要将 session 对象的有效时间设置为 2 小时，可以使用________________方法并将参数设置为_________，或在项目文件夹下的__________文件中进行配置。

22. 在 JSP 的内置对象中，如果希望在一次请求过程中多页面共享数据可以使用_____________对象，如果希望在一次会话中多页面共享数据可以使用_________对象，那么如果希望在多次会话中共享数据，或多客户间共享数据可以使用__________对象。

23. application 对象在服务器________时自动创建，在服务器________时自动销毁。

24. 提取变量名为 num 的 application 变量的值时应使用语句__________________。

25. 删除变量名为 num 的 application 变量时应使用语句_____________________。

26. 应用程序初始化参数在_________文件中设置。

27. _____________对象是 PageContext 类的实例，该对象代表__________________。

28. request、session、application 和____________对象都可以作为在 JSP 页面中存储信息的容器，存储在____________对象中的信息有效范围是 4 个容器对象中最小的，仅限于_____________。

29. 使用语句________________________可以将字符串"Lily"存入 page 域变量 name 中。

30. 使用语句___________________________可以提取 page 域变量 name 的值。

31. 假设已分别在 page 域和 request 域中存入 age 变量，值分别是 10 和 20，那么使用语句 pageContext.findAttribute("age");得到的结果是_______。

32. 每个 JSP 源文件都必须转换成对应的_________才能在 Web 服务器上编译和运行，这个转换工作由______________自动进行。

33. 每次运行 JSP 源文件得到的 JSP 页面实际上是该源文件转换成的 Servlet 类的一个实例，而这个实例在 JSP 中可以用内置对象_______来代表。

34. page 对象只有在_____________内才是合法的，类似于 Java 编程中的_______指针。

35. 在 JSP 源文件中使用 page 对象的 toString() 方法得到字符串"org.apache.jsp.NewFile_jsp@128af0f"，那么该 JSP 源文件的全名是___________，该页面对象的 hash 码为__________。

36. _______对象是 ServletConfig 类的实例，代表存放在服务器上与当前 JSP 相关的_______信息，这些信息来自配置文件________。

37. 在配置文件中<servlet-name>标签组用来配置______________，<init-param>标签组用来配置_________________________，该标签组的子标签组<param-name>用来配置_____________，而子标签组<param-value>用来配置____________。

38. 在 Web 服务器上有两个 web.xml 配置文件，一个是所有项目共有的___________，存放在 Tomcat 安装路径下的 conf 文件夹中，另一个是仅对当前项目有效的__________，存放在项目发布路径下的 WEB-INF 文件夹中。

39. 若在配置文件中对 JSP 文件 myFile.jsp 的配置信息如下面文本框中所示，假设该文件存放在项目 test 的根目录下，且 test 项目部署在本机，访问端口为 8080，那么如果需要访问 myFile.jsp 则需要在浏览器的地址栏输入的 URL 是________________________。

```
<servlet>
    <servlet-name>myFile</servlet-name>
    <jsp-file>/myFile.jsp</jsp-file>
</servlet>
<servlet-mapping>
    <servlet-name>myFile</servlet-name>
    <url-pattern>/myFile.jsp</url-pattern>
</servlet-mapping>
```

40. 在 JSP 中处理异常的方案有两种，一种是在可能发生异常的 JSP 文件中使用___________结构，另一种是编写一个专门的_______________，然后在可能发生异常的 JSP 文件中设置__________。

41. __________对象是 Throwable 类的实例，代表 JSP 脚本中产生的错误和异常。

42. 使用 exception 对象的 toString()方法和 getMessage()方法可以获取异常信息，其中____________方法获得的信息因为包含异常类型，专业性更强，更适于在程序员进行代码调试时使用，而______________方法的调用结果则更适用于客户端结果显示。

43. 可以使用_______________运算符来验证 exception 对象究竟属于哪类异常。

44. 使用 exception 对象的 JSP 源文件必须将 page 指令的_______________属性的值设置为__________。

45. 我们有两种用于保持 HTTP 状态的技术，一种是使用______________，另一种就是使用____________。

46. 每条 Cookie 信息是以____________的形式进行保存的。

47. 写 Cookie 的操作涉及三个步骤：第一步是____________________________，第二步是___________________________，第三步是___________________________。

48. 向客户端写入 Cookie 时需要用到__________对象的______________方法。

49. 服务器要提取 Cookie 信息时需要用到__________对象的______________方法，提取的结果是得到一个_________类型的_________。

二、选择题

1. 下列方法调用错误的是(　　)。

A. out.print()　　B. out.print("1")　　C. out.print(1)　　D. out.print(true)

2. 与语句<%out.println("1");%>不等价的语句是(　　)。

A. <%out.println(1);%>　　B. <%out.print("1\n");%>

C. <%out.print("1");%>　　D. <%out.println('1');%>

3. 下列方法中，是 out 对象用来向客户端输出信息的方法是(　　)。

A. clear()　　B. close ()　　C. println(Object ob)　　D. flush ()

4. 下列方法中，是 out 对象用来关闭输出流的方法是(　　)。

A. clear()　　B. close ()　　C. println(Object ob)　　D. flush()

5. 下列方法中，是 out 对象用来清除缓冲区数据，且在 flush 方法使用后使用不会引发异常的方法是(　　)。

A. clear()　　B. close ()　　C. clearBuffer()　　D. flush()

6. 若要使页面显示结果如下图所示，则方法调用语句应为(　　)。

```
Lily
Lucy
```

(页面运行结果示意图)

A.
```
<%
out.print("Lily");
out.print("Lucy");
%>
```

B.
```
<%
out.println("Lily");
out.println("Lucy");
%>
```

C.
```
<%
out.print("Lily\n");
out.print("Lucy");
%>
```

D.
```
<%
out.println("Lily<br>");
out.println("Lucy");
%>
```

7. 下列方法中，是 out 对象用来获取缓冲区空间大小的方法是(　　)。

A. clear ()　　B. getBufferSize ()　　C. getRemaining()　　D. flush()

8. 下面哪个功能不能使用 request 对象来实现？(　　)。

A. 实现页面的重定向　　B. 解决中文乱码问题

C. 请求转发时数据传递　　D. 获取客户端信息

9. 我们可以使用 request 对象的(　　)方法来获取请求参数的值。

A. getParameter()　　B. setAttribute()

C. getAttribute()　　D. getRequestURL()

10. 下列说法正确的是(　　)。

A. 使用请求变量能实现任意页面间的数据共享

B. 使用请求变量能实现使用 forward 动作跳转的页面间的数据共享

C. 使用请求变量能实现使用超链接跳转的页面间的数据共享

D. 使用请求变量能实现使用 response 对象的 sendRedirect()方法跳转的页面间的数据共享

11. 我们在进行请求转发时，需要将字符串“Tom”保存到请求变量 name 中，则下列语句正确的是(　　)。

A. request. setAttribute("Tom",name)　　B. request. setAttribute("Tom","name")

C. request. setAttribute(name, "Tom")　　D. request. setAttribute("name", "Tom")

12. 获取客户端的 IP 地址方法是(　　)。

A. getRemoteIP ()　　B. getRemoteHost()

C. getRemoteAddr ()　　D. getRequestURL()

13. 下列选项不能实现页面跳转的是(　　)。

A. <jsp:forward page="page1.jsp" >

B. <jsp:forward page="http://www.baidu.com" >

C. response.sendRedirect("page1.jsp")

D. response.sendRedirect("http://www.baidu.com")

14. 下列选项不能用作 response 对象 sendRedirect()方法的参数的是(　　)。

A. "page1.jsp"　　B. "/Exe/ page1.jsp "

C. "F:\Exe\page1.jsp "　　D. "http://www.baidu.com"

15. 要实现网页的定时跳转需要将 response 对象的 setHeader()方法的第一个参数设置为(　　)。

A. "refresh"　　B. "pragma "　　C. "Content-Type"　　D. "expires"

16. 设置页面的响应内容类型，需要将 response 对象的 setHeader()方法的第一个参数设置为(　　)。

A. "refresh"　　B. "pragma "　　C. "Content-Type"　　D. "expires"

17. 若是希望页面以图片方式打开，则需要将 response 对象的 setHeader()方法的第二个参数设置为(　　)。

A. "video/avi　　B. "image/bmp"

C. "text/html"　　D. "application/msword"

18. 下列语句不能实现禁用缓存的是(　　)。

A. response.setHeader("pragma", "no-cache");

B. response.setHeader("Cache-Control", "no-cache");

C. response.setHeader("Expires",　0);

D. response.setDateHeader("Expires",　0);

19. 下列方法属于 response 对象且可实现强制输出缓冲区内容到客户端的是(　　)。

A. flush();　　B. flushBuffer()　　C. clear()　　D. reset()

20. 以下关于 session 对象的说法错误的是(　　)。

A. session 在客户向服务器提出第一次请求时创建

B. session 在客户与服务器间的一次请求响应连接结束后自动销毁

C. session 对象能保存用户会话期间的所有信息

D. 系统为每个客户都设立一个独立的 session 对象，它们互不干扰

21. 我们在一次会话期间，需要将字符串“007”保存到 session 变量 ID 中，则下列语句正确的是(　　)。

A. session. setAttribute("007",ID)　　B. session. setAttribute("007","ID")

C. session. setAttribute(ID, "007")　　D. session. setAttribute("ID","007")

22. 下列说法正确的是(　　)。

A. 使用会话变量不能实现用 forward 动作跳转的页面之间的数据共享
B. 使用请求变量不能实现用 forward 动作跳转的页面之间的数据共享
C. 使用会话变量不能实现用 response 对象的 sendRedirect()方法跳转的页面间的数据共享
D. 使用请求变量不能实现用 response 对象的 sendRedirect()方法跳转的页面间的数据共享

23. 下列说法正确的是(　　)。
A. 只要服务器不关闭，无论客户端是否发出请求，session 将一直存在
B. 只要未超出有效期，本次会话的 session 对象在重新打开浏览器后还能继续使用
C. session 存在有效期，客户端超出有效期无请求，session 对象将自动销毁
D. 无论使用何种服务器，默认的 session 对象的有效期都是相同的

24. 若要手动销毁 session，需要使用 session 对象的(　　)方法。
A. invalidate()　　B. setAttribute()
C. getAttribute()　　D. setMaxInactiveInterval ()

25. 如果需要将整数 10 保存到 application 变量 num 中，则下列语句正确的是(　　)。
A. application. setAttribute(10, num)　　B. application. setAttribute(10, "num")
C. application. setAttribute(num,10)　　D. application. setAttribute("num", 10)

26. 应使用 application 对象的(　　)方法来获取指定的应用程序初始化参数的值。
A. getInitParameter ()　　B. getParameter ()
C. getAttribute()　　D. getInitInformation()

27. 下列说法正确的是(　　)。
A. 一个客户的多次请求可共用一个 request 对象
B. 一个客户的多次会话可共用一个 session 对象
C. 一个服务器上连接的多个客户可共用一个 application 对象
D. 一个服务器上连接的多个客户会各自独占一个 application 对象

28. 下列说法错误的是(　　)。
A. 一个服务器中可能存在多个 request 对象
B. 一个服务器中可能存在多个 session 对象
C. 一个服务器中可能存在多个 application 对象
D. 一个服务器中只能存在一个 application 对象

29. 下列 JSP 的内置对象中，有效期最长的是(　　)。
A. response 对象　　B. request 对象
C. session 对象　　D. application 对象

30. pageContext 对象用来获取内置对象 application 的方法是(　　)。
A. getException()　　B. getSession()
C. getServletConfig()　　D. getServletContext()

31. 下列方法中用来在四个域中查找指定的变量信息的方法是(　　)。
A. setAttribute ()　　B. getAttribute ()
C. findAttribute ()　　D. removeAttribute ()

32. 下列语句不正确的是(　　)。

A. String name=(String)pageContext.getAttribute("name") ;

B. int age=(int)pageContext.getAttribute("age");

C. Book book1=pageContext.getAttribute("book");

D. double price=(double)pageContext.getAttribute("price");

33. 下列 pageContext 对象的常量中用来表示 request 域常量是(　　)。

A. pageContext.PAGE_SCOPE　　B. pageContext.REQUEST_SCOPE

C. pageContext.SESSION_SCOPE　　D. pageContext.APPLICATION_SCOPE

34. 下列选项中用来删除 page 域变量 age 的正确语句是(　　)。

A. pageContext. removeAttribute("age") ;

B. pageContext. findAttribute("age") ;

C. pageContext. getAttribute("age") ;

D. pageContext. setAttribute("age") ;

35. 用来返回当前 page 对象所属类的方法是(　　)。

A. getClass()　　B. hashCode()　　C. equals()　　D. toString()

36. 获取当前 page 对象的哈希码并返回给调用者的方法是(　　)。

A. getClass()　　B. hashCode()　　C. equals()　　D. toString()

37. 下列说法正确的是(　　)。

A. <%=page.getClass() %>的结果不能得到 page 对象所属类所在的包名

B. <%=page.hashCode()%>的结果可以得到 page 对象的 hash 码，该码值是十六进制的

C. <%=page.hashCode()%>的结果可以得到 page 对象的 hash 码，该码值是十进制的

D. <%=page.toString()%>的结果可以得到 page 对象所属类名和 page 对象的 hash 码

38. 下列说法正确的是(　　)。

A. 一个 JSP 源文件每次运行会得到同一个 page 对象

B. 一个 JSP 源文件每次运行会得到不同的 page 对象

C. 一个 JSP 源文件每次运行得到的页面对象的 hash 一定是不同的

D. 一个 JSP 源文件每次运行得到的页面对象的 hash 一定是相同的

39. JSP 源文件运行结果为字符串 "org.apache.jsp.myFile_jsp"，则说明该文件使用的 JSP 表达式为(　　)。

A. <%=page.getClass() %>　　B. <%=page.hashCode()%>

C. <%=page.equals()%>　　D. <%=page.toString()%>

40. 下列说法错误的是(　　)。

A. config 对象仅在其所属的 Servlet 中有效

B. 在初始化 Servlet 时，web 服务器会自动创建 config 对象

C. 当 Servlet 对象销毁时，此 config 对象会随着一起销毁

D. 当 web.xml 文件删除时，其对应的 config 对象会随着一起销毁

41. 用于获取 config 对象所属 Servlet 的名字的方法是(　　)。

A. getServletContext ()　　B. getServletName ()

C. getInitParameter ()　　D. getInitParameterNames ()

42. 用于获取 config 对象配置信息中所有初始化参数名字的方法是(　　)。

A. getServletContext ()　　　　B. getServletName ()

C. getInitParameter ()　　　　D. getInitParameterNames ()

43. 在配置文件中用来配置 Servlet 的访问路径的标签组是(　　)。

A. <servlet-mapping></servlet-mapping >　　B. <servlet></servlet>

C. <init-param></init-param>　　　　D. <jsp-file></jsp-file>

44. 下列说法正确的是(　　)。

A. 对每个 JSP 源文件都必须在项目配置文件中进行 Servlet 的信息配置

B. JSP 源文件转换成 Servlet 的配置信息会在项目配置文件 web.xml 中默认生成

C. JSP 源文件转换成 Servlet 的配置信息会在服务器配置文件 web.xml 中默认生成

D. 若项目配置文件和服务器配置文件中都对 Servlet 进行了配置，则以服务器配置文件的信息为准

45. 下列说法错误的是(　　)。

A. exception 对象可以在产生异常的页面中直接使用

B. 当 JSP 脚本或表达式在运行时出现未被捕获的异常就会自动生成 exception 对象

C. exception 对象需要在专门的错误处理页中使用

D. 需要在使用 exception 对象的错误处理页与产生异常的页面进行关联

46. 若要将 handle.jsp 文件与其错误处理页关联起来，需要在 handle.jsp 中设置 page 指令的属性是(　　)。

A. import　　　　B. contentType

C. errorPage　　　　D. isErrorPage

47. 下列说法错误的是(　　)。

A. 一个 Cookie 就是存储在服务器中的一小段文本文件

B. Cookie 文件是纯文本形式

C. Cookie 文件中不包含任何可执行代码

D. 使用 Cookie 必须有浏览器的支持

三、读程序填空

1. 在下划线部分填写一条语句，使页面执行结果如图 1 所示。

```
<%@ page language="java"   contentType="text/html; charset=UTF-8" %>
<html>
    <head><title>练习 1</title></head>
    <body>
    <%
        out.println("Lily");
  ____________________
        out.println("Lucy");
    %>
    </body>
```

http://localhost:8080/test/5-1/outExercise.jsp

http://localhost:8080/test/5-1/outEx

Lucy

图 1

```
</html>
```

2. 在下划线部分填写一条语句，使页面执行结果如图 2 所示。

```
<%@ page language="java"    contentType="text/html; charset=UTF-8" %>
<html>
    <head><title>练习 2</title></head>
    <body>
    <%
        out.println("Lily");
    ______________________
        out.println("Lucy");
    %>
    </body>
</html
```

图 2

3. 在下划线部分填写一条语句，使页面执行结果如图 3 所示。

```
<%@ page language="java"    contentType="text/html; charset=UTF-8" %>
<html>
    <head><title>练习 3</title></head>
    <body>
    <%
        out.println("Lily");
______________________
        out.clearBuffer();
        out.println("Lucy");
    %>
    </body>
</html>
```

图 3

四、读程序写结果

1. 读 myFile.jsp 文件代码，写出使用浏览器访问 myFile.jsp 的显示结果。

myFile.jsp

```
<%@ page language="java" contentType="text/html; charset=UTF-8"    pageEncoding="UTF-8"%>
<html>
<body>
<%
pageContext. setAttribute("name","Tom");
request. setAttribute("name","Lily");
session. setAttribute("age",18);
%>
```

```
姓名：<%= pageContext.getAttribute("name") %><br>
姓名：<%= pageContext.findAttribute("name") %><br>
年龄：<%= pageContext.getAttribute("age")%><br>
年龄：<%= pageContext.findAttribute("age")%>
</body>
</html>
```

2. 读 myFile.jsp 文件代码，写出使用浏览器访问 myFile.jsp 的显示结果。

myFile.jsp

```
<%@ page language="java" contentType="text/html; charset=UTF-8"   pageEncoding="UTF-8"%>
<html><body>
<%
String str= "Hello";
out.println(page.equals(str)+"<br>");
out.println(page.equals(this));
%>
</body></html>
```

3. 读 web.xml 和 myFile.jsp 文件代码，写出使用浏览器访问 myFile.jsp 的显示结果。

web.xml

```
……
<servlet>
    <servlet-name>myFile</servlet-name>
    <jsp-file>/myFile.jsp</jsp-file>
    <init-param>
        <param-name>URL</param-name>
        <param-value>/test/myFile.jsp</param-value>
    </init-param>
</servlet>
<servlet-mapping>
    <servlet-name> myFile </servlet-name>   <!--Servlet 的名字-->
    <url-pattern>/ myFile.jsp</url-pattern> <!--访问本 Servlet 的 URL -->
</servlet-mapping>
……
```

myFile.jsp

```
<%@ page contentType="text/html; charset=UTF-8" pageEncoding="UTF-8"%>
<%=config.getServletName()%>   <br>
<%=config.getInitParameter("URL")%>   <br>
<%=config.getInitParameter("age")%>
```

4. 读 error.jsp 和 myFile.jsp 文件代码，写出使用浏览器访问 myFile.jsp 的显示结果。

myFile.jsp

```
<%@ page language="java" contentType="text/html; charset=UTF-8" errorPage="error.jsp"%>
<%
Int[] arr={1,2,3,4};
out.println(arr[4]);
%>
```

error.jsp

```
<%@ page language="java" contentType="text/html; charset=UTF-8" isErrorPage="true"%>
<%
if(exception instanceof ArithmeticException){
    out.println("运算错误！除法运算的除数不能为 0！ ");
}
else if(exception instanceof NumberFormatException){
    out.println("运算错误！操作数不能为非整数！ ");
}
else{
    out.println("运算错误！ ");
}
%>
```

五、编程题

1. 编写程序实现一个简单的调查问卷网站，要求如下：

① 编写调查问卷页 questionnaire.jsp，页面显示效果如图 5-5(a)所示，其中问题 Q2 的选项默认为“男”，问题 Q4 的选项默认为“无”。用户完成问卷内容填写后，单击“完成”按钮将提交表单数据到问卷处理页 questionnaireHandle.jsp。

② 编写问卷处理页 questionnaireHandle.jsp，该文件提取问卷页提交的数据并显示出来，如果用户在问卷页中回答了所有问题且填写的数据有效，则显示效果如图 5-5(b)所示，如果用户在问卷页中存在未回答的问题或填写的数据无效(如：年龄填写为非整数)，则显示相应的提示信息，且提示信息为红色，效果如图 5-5(c)所示。

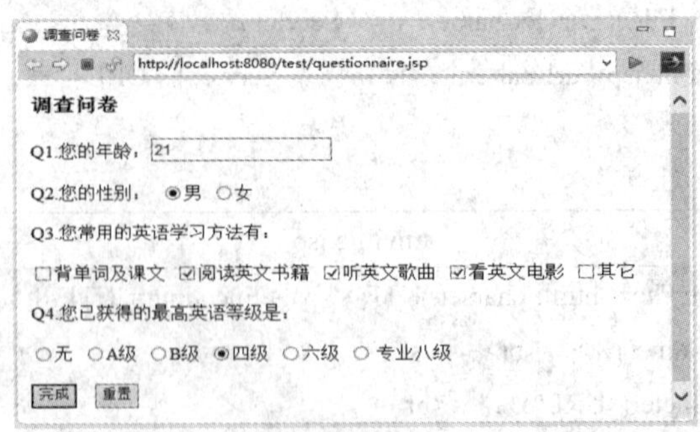

(a) 调查问卷页

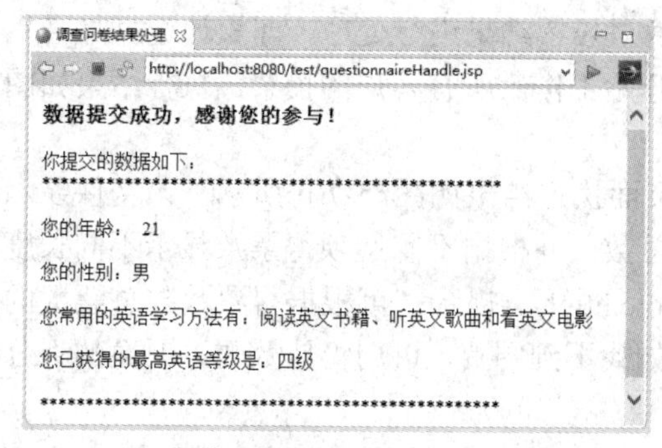

(b) 提交处理页(所有数据有效)

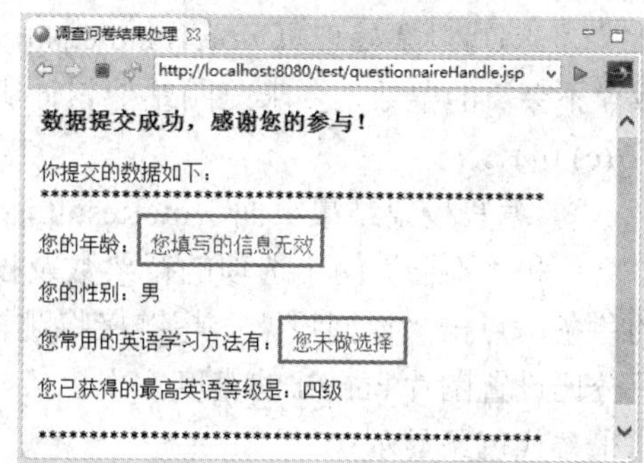

(c) 提交处理页(含对无效数据的提示)

图 5-5　题 1 的运行结果

2. 编程实现以下功能：

① 编写随机算式生成页 compute.jsp，页面显示效果如图 5-6(a)所示。该页面能随机生成一个 20 以内加减算式(两个操作数和加、减运算符都随机生成)，并且显示当前算式为第几道算式。用户必须在 10 秒内完成运算结果的输入并单击“提交”按钮将结果提交到 handle.jsp，否则当前页面自动跳转到 handle.jsp，当用户单击“重置”按钮将清除页面中填写的运算结果。

② 编写结果处理页 handle.jsp，该文件对用户提交的计算结果进行判断，同时根据判断结果更新正确题数或错误题数。用户一共需要完成 5 道算式的计算，当完成对第 5 题结果的判定后页面将跳转到 result.jsp 进行结果统计，否则跳转到 compute.jsp 生成下一题的算式。

③ 编写结果统计页面 result.jsp，页面显示结果如图 5-6(b)所示。该页面显示正确题数、错误题数和正确率，这些数据即是对用户计算的 5 个算式结果的正误结果统计。点击“再答一次”超链接将跳转到 compute.jsp。

(提示：可将一轮 5 个算式的生成和计算视为一次会话，将正确题数、错误题数、当前轮次数存入会话中)

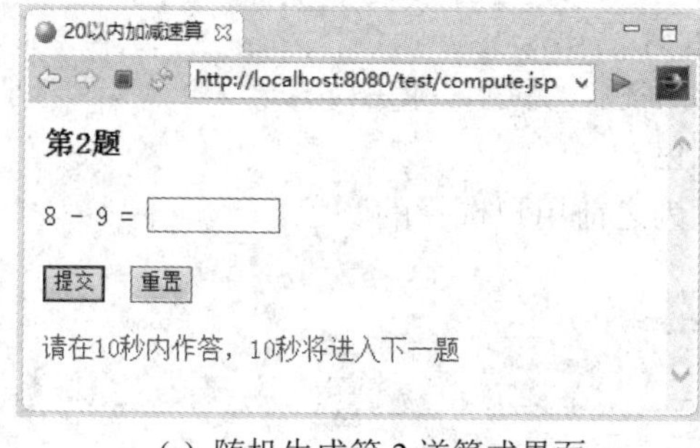

(a) 随机生成第 2 道算式界面

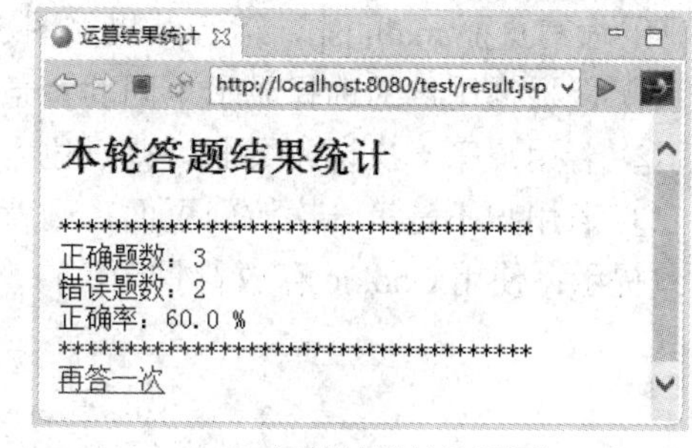

(b) 运算结果统计页面

图 5-6　题 2 的运行结果

3. 编程实现一个简单的投票网站，要求：

① 编写投票页面 vote.html，执行结果如图 5-7(a)所示，该页面只有一个单选按钮组，其中“会”选项为默认选中，用户选择“会”或“不会”后，单击“投票”按钮，页面将跳转到投票处理页 voteHandle.jsp，点击“查看投票结果”超链接将打开投票结果页 voteResult.jsp。

② 编写投票处理页 voteHandle.jsp，该文件对投票结果进行处理，即累计选择“会”或“不会”的票数，要求此网站能累计服务器开始工作后所有客户的投票，执行结果如图 5-7(c)所示。

③ 编写投票结果页面 voteResult.jsp，该页面执行结果如图 5-7(b)所示，该文件显示“会”和“不会”两个选项的得票数及投票人总数，并根据不同选项得票数显示不同长度的色条，点击“返回投票”超链接将跳转到 vote.html。(提示：可根据得票数与总票数的百分比设置图片 bar.gif 的宽度实现色条显示，如找不到图片，可用得票数与总票数的百分比来替代色条显示)。

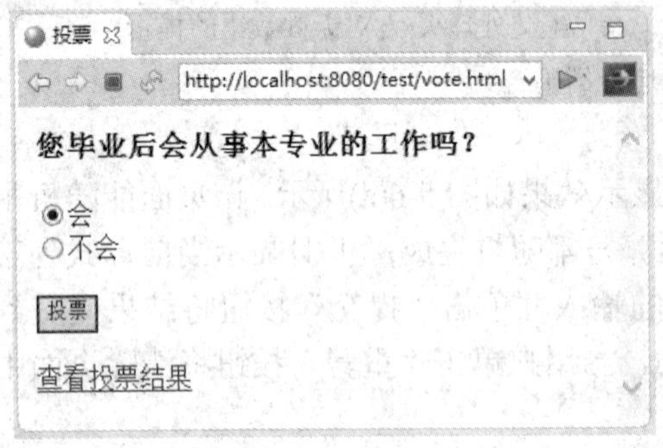

(a) 投票页显示结果

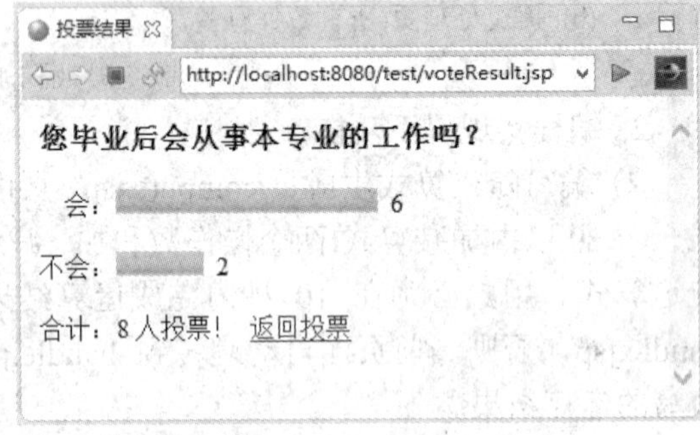

(b) 投票结果页显示结果

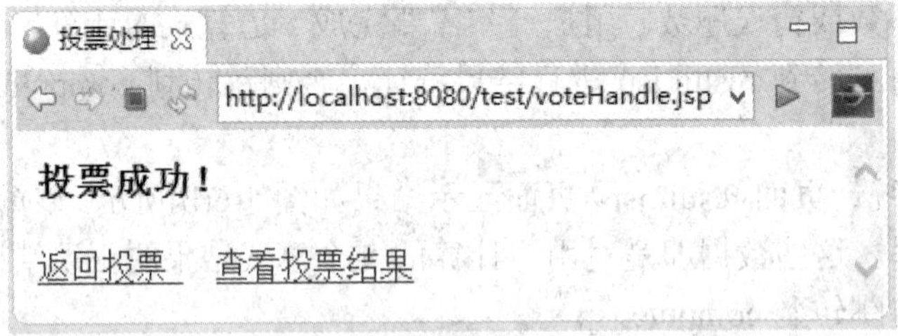

(c) 投票处理页显示结果

图 5-7　题 3 的运行结果

4. 编写页面 main.jsp，运行结果如图 5-8 所示，要求：

① 能根据用户的选择显示不同的背景色(粉红色、黄色、绿色)。

② 若用户第一次访问页面，背景色为粉红色。

③ 若用户不是第一次访问页面，则背景色为之前用户选择的颜色。

(提示：使用 Cookie 存放背景颜色)

图 5-8　题 4 的运行结果

第 6 章　JSP 访问数据库

【学习导航】

在本章中，我们将了解什么是 JDBC，并且以 MySQL 数据库为例，重点学习如何使用 JDBC 连接数据库，以及如何使用 JDBC 执行标准的 SQL 语句对数据库表信息进行增、删、查、改操作。除此以外，我们还将学习 JDBC 事务和元数据的概念，以及如何利用 JDBC API 进行事务控制和获取 JDBC 元数据。

【学习目标】

知 识 目 标	能 力 目 标
1. 理解 JDBC 的概念 2. 掌握 JDBC 连接数据库的步骤 3. 掌握 JDBC 对数据库的操作方法 4. 理解事务的基本概念 5. 理解 JDBC 对数据库元数据的操作	1. 能配置 JDBC 数据库驱动 2. 能完成 JDBC 连接数据库的操作 3. 能使用 JDBC 对数据库进行增、删、查、改 4. 能使用 JDBC 完成数据库基本事务操作 5. 能使用 JDBC 获取数据库元数据

6.1　JDBC 概述

6.1.1　JDBC 的概念

JDBC 的全称是 Java Database Connectivity(即 Java 数据库连接)，它是一种可以执行标准化查询语言的 Java API。不同种类的数据库(如 MySQL、Oracle 等)在其内部处理数据的方式是不同的，因此，JDBC 为数据库开发提供了标准的 API，以便使用 JDBC 开发的数据库应用可以跨平台运行，如图 6-1-1 所示，Java 程序可通过 JDBC API 连接到数据库，并使用标准 SQL 来完成对数据库的查询、更新。所谓跨平台是指，如果使用 JDBC 开发一个 Java 数据库应用，可以在 Windows 平台上运行，也可以在 Linux 等其他平台上运行，既可以使用 MySQL 数据库，也可以使用 SQLServer 等数据库，而无需对应用进行任何修改。

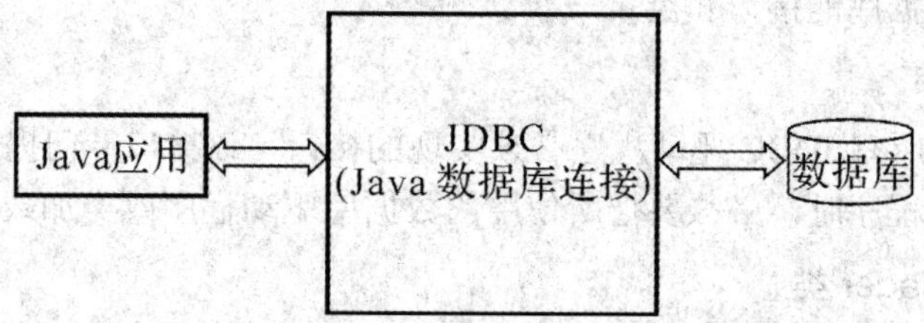

图 6-1-1　Java 使用 JDBC 连接数据库

6.1.2 JDBC 驱动

JDBC 应用之所以能够跨数据库，是因为不同的数据库厂商为 JDBC 提供符合标准 API 的驱动。JDBC 驱动程序是 JDBC API 与数据库之间的转换层，负责将 JDBC 调用转换为特定的数据库访问。

如图 6-1-2 所示，JDBC 驱动通常有 4 种连接方式：

(1) JDBC-ODBC 桥，将 JDBC 映射为 ODBC。ODBC 是 Open Database Connectivity，即开放数据库连接，这种方式在 JDK8.0 中已删除。

(2) 本地 JDBC API 桥，直接将 JDBC API 映射为数据库特定的包含本地代码的客户端 API。

(3) JDBC 中间件，纯网络(中间件)数据访问，主要是用于 Applet 阶段。

(4) 纯 JDBC 驱动，直接与数据库实例交互，是目前主流的 JDBC 驱动方式。

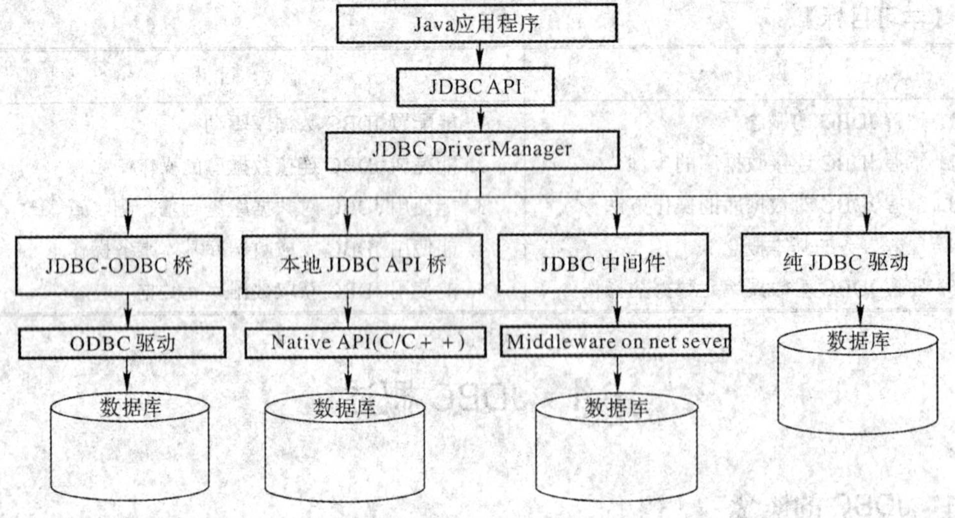

图 6-1-2　JDBC 驱动的 4 种连接方式

通常情况下，建议选择纯 JDBC 驱动方式，这种驱动不需要本地代码，减少了应用的复杂性。本章程序代码均使用该数据库驱动方式。

6.2 JDBC 常用的 API 接口与类

在开发 JDBC 程序前，首先需要了解一下 JDBC 常用的 API 接口与类。java.sql 包中定义了一系列访问数据库的接口和类。

1. Driver 接口

Driver 接口是所有 JDBC 驱动程序必须实现的接口，该接口专门提供给数据库厂商使用。在编写 JDBC 程序时，必须要把所使用的数据库驱动程序或类加载到项目中。

2. DriverManager 类

DriverManager 类用来管理数据库中的所有驱动程序，它是 JDBC 的管理层，作用于用户和驱动程序之间，跟踪可用的驱动程序，并在数据库的驱动程序之间建立连接。该类的常用方法如表 6-2-1 所示。

表 6-2-1　DriverManager 类的常用方法

方　法	功 能 描 述
Connection getConnection(String url, String user, String password)	指定 3 个入口参数(依次是连接数据库的 URL、用户名和密码)来获取与数据库的连接
void setLLoginTimeout(int time)	获取驱动程序试图登录到某一数据库时可以等待的最长时间，以秒为单位
void println(String message)	将一条消息打印到当前的 JDBC 日志流中

3. Connection 接口

Connection 接口用于与特定的数据库连接，在连接上下文中执行 SQL 语句并返回结果。该接口的常用方法如表 6-2-2 所示。

表 6-2-2　Connection 接口的常用方法

方　法	功 能 描 述
Statement createStatement()	创建一个 Statement 对象
PreparedStatement prearedStatement(String sql)	为指定 sql 语句创建预处理对象 PreparedStatement
void commit()	使上一次提交或回滚之后进行的更改成为持久更改，并释放此 Connection 对象当前所持有的所有数据库锁
void setAutoCommit(Boolean flag)	设置对数据库的更改是否为自动提交，true-自动提交，false-手动提交。若不显示调用该方法，则默认是自动提交
void rollback()	回滚当前事务中的所有改动，并释放当前连接持有的数据库锁
void close()	立即释放连接对象的数据库和 JDBC 资源

4. Statement 接口

Statement 接口用于在已经建立连接的基础上向数据库发送 SQL 语句，该接口的对象用于执行不带参数的简单的 SQL 语句。该接口的常用方法如表 6-2-3 所示。

表 6-2-3　Statement 接口的常用方法

方　法	功 能 描 述
ResultSet execute(String sql)	执行给定的不含参数的 sql 语句，返回多个 ResultSet 对象
ResultSet executeQuery(String sql)	执行给定的不含参数的 select 语句，返回单个 ResultSet 对象
int executeUpdate(String sql)	执行给定的不含参数的 update、insert 或 delete 语句，返回方法执行后影响的记录条数
void close()	释放 Statement 对象占用的数据库和 JDBC 资源

5. PreparedStatment 接口

PreparedStatment 接口继承自 Statement 接口，该接口的对象用于执行带参数的 SQL 语句，并将 SQL 语句的预编译结果保存到本接口实例中，从而提高再次执行该 SQL 语句时的效率，该接口的常用方法如表 6-2-4 所示。

表 6-2-4　PreparedStatment 接口的常用方法

方　法	功 能 描 述
void setType(int index, type value)	将序号为 index(从 1 开始编号)的参数的值设置为 type 类型的 value，type 泛指所有数据类型，如 String、double，int 等
void setNull(int index, int sqlType)	将序号为 index 的参数的值设置为 sqlType 类型的空值，sqlType 为 java.sql.Types 中定义的 SQL 类型
ResultSet executeQuery()	执行 PreparedStatment 对象中包含的预编译的含参数的 select 语句，返回单个 ResultSet 对象
int executeUpdate()	执行 PreparedStatment 对象中包含的预编译的含参数的 update、insert 或 delete 语句，返回方法执行后影响的记录条数

6. ResultSet 接口

ResultSet 接口对象类似于一个临时表(实际上也是一个缓存区)，用来暂时存放数据库查询操作所获得的结果集，其常用方法如表 6-2-5 所示。ResultSet 对象具有用于指向记录的指针，指针所指记录称为当前行记录，指针开始的位置在第一条记录之前。

表 6-2-5　ResultSet 接口的常用方法

方　法	功 能 描 述
type getType(int columnIndex)	获取 ResultSet 对象当前行列号为 columnIndex 列的值，type 泛指所有数据类型，如 String、double，int 等
type getType(String columnLabel)	获取 ResultSet 对象当前行列名为 columnLabel 列的值，type 泛指所有数据类型，如 String、double，int 等
boolean first()	将指针移到当前记录的第一行
boolean last()	将指针移到当前记录的最后一行
boolean next()	将指针向下移一行
boolean beforeFirst()	将指针移到数据集的开头(第一行之前的位置)
boolean afterLast()	将指针移到数据集的尾部(最后一行之后的位置)
boolean absolute(int index)	将指针移到数据集给定编号 index 的行
boolean isFirst()	判断指针是否位于当前数据集的第一行。如果是，返回 true，否则返回 false
boolean isLast()	判断指针是否位于当前数据集的最后一行。如果是，返回 true，否则返回 false
void updateType (int columnIndex, type value)	用 type 类型的值 value 更新当前行列号为 columnIndex 列的值。type 泛指所有数据类型，如 String、double，int 等
void updateType(String columnLabel, type value)	用 type 类型的值 value 更新当前行列名为 columnLabel 列的值。type 泛指所有数据类型，如 String、double，int 等
int getRow()	获取当前行的行号
void insertRow()	将数据集中新插入行的内容插入到数据库

续表

方　法	功 能 描 述
void updateRow()	将对数据集中当前行修改后的内容同步到数据库
void deleteRow()	删除数据集中的当前行，但是不同步到数据库中，而是在执行 close()方法之后同步到数据库中
void close()	释放数据集对象占用的数据库和 JDBC 资源

6.3　JDBC 访问数据库的步骤

在了解了 JDBC 常用的接口和类之后，下面就来学习如何进行 JDBC 编程。JDBC 编程访问数据库大致要按加载数据库驱动、获取数据库连接、创建执行语句对象、执行 SQL 语句并处理执行结果、异常处理及释放资源 5 个步骤进行。

6.3.1　加载数据库驱动

加载数据库驱动通常使用 Class 类的静态方法 forName()，该方法的调用语句如下：

```
Class.forName(String DriverName);
```

该语句在调用方法 forName 时需要设置一个字符串型的参数 DriverName，该参数为 JDBC 所连接数据库的驱动程序字符串，不同数据库类型的驱动程序字符串是不同的，常见的数据库驱动程序字符串如表 6-3-1 所示。

表 6-3-1　常见数据库的驱动程序字符串

数 据 库	驱动程序字符串
MySQL	com.mysql.jdbc.Driver
SQLServer2000 及以上	com.microsoft.sqlserver.jdbc.SQLServerDriver
Oracle 9i 及以上	oracle.jdbc.driver.OracleDriver
JDBC-ODBC 桥接	sun.jdbc.odbc.JdbcOdbcDriver

例如，示例 1 所示语句完成了对 MySQL 数据库驱动程序的加载，而示例 2 则完成了对 SQLServer 数据库驱动程序的加载。

示例 1	Class.forName("com.mysql.jdbc.Driver"); //加载 MySQL 数据库的驱动
示例 2	Class.forName("com.microsoft.sqlserver.jdbc.SQLServerDriver"); //加载 SQLServer 数据库的驱动

注意：

① 如果采用 JDBC-ODBC 桥接方式注册数据库驱动程序，需要确保已完成对 ODBC 数据源的配置。ODBC 数据源的配置方法大家可以在网络上查询相关内容。

② 如果采用纯 JDBC 驱动方式注册数据库驱动程序，需要到相应的数据库厂商网站上下载厂商驱动程序(即驱动 jar 包)，或者从数据库安装目录下找到相应的厂商驱动包，复制到如图 6-3-1 所示项目的 WEB-INF/lib 目录下。

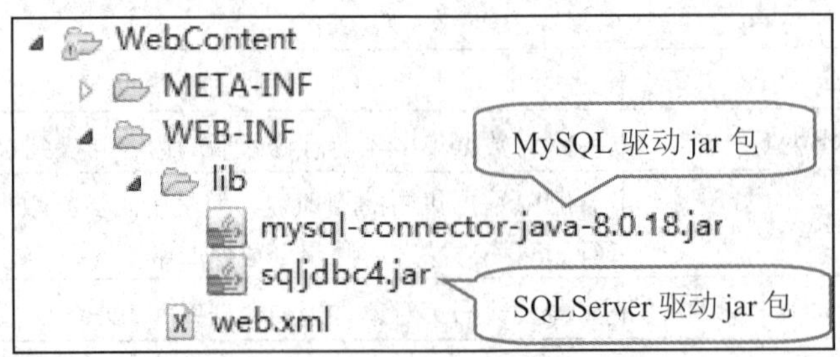

图 6-3-1　数据库驱动 jar 包在 Eclipse 项目中放置的位置

6.3.2　获取数据库连接

获取数据库连接即是创建 Connection 接口对象，需要用到 DriverManager 类的静态方法 getConnection()，创建连接对象的语句格式如下：

Connection 对象名 = DriverManager.getConnection(String url, String user, String password);

调用该方法时需要设置三个字符串型的参数，第一个参数值为 JDBC 连接不同数据库时的连接字符串，后两个参数值为登录该数据库的用户名和密码。

不同数据库类型的连接字符串是不同的，常见数据库的连接字符串如表 6-3-2 所示。

表 6-3-2　常见数据库的连接字符串(模板)

数据库	连接字符串(模板)
MySQL	jdbc:mysql://数据库服务器 IP:3306/数据库名
SQLServer2000 及以上	jdbc:sqlserver://数据库服务器 IP:1433;DatabaseName=数据库名
Oracle 9i 及以上	jdbc:oracle:thin:@数据库服务器 IP:1521:数据库名
JDBC-ODBC 桥接	jdbc:odbc:数据源名

表 6-3-2 中所示字符串仅仅是一个模板，在使用时需要根据实际情况，将汉字说明替换为相应的数据库信息。

例如，示例 3 为 MySql 数据库 education 创建了一个连接对象 conn，该数据库位于本机，登录用户名为 root，密码为 mysql2018。示例 4 为 SQLServer 数据库 education 创建了一个连接对象 conn，该数据库位于本机，登录用户名为 sa，密码为 sql123。

示例 3	//创建 MySQL 数据库 education 的连接对象 conn，数据库登录用户名为 root,密码为 mysql2018 Connection conn = DriverManager.getConnection("jdbc:mysql://localhost:3306/education", "root", "mysql2018");
示例 4	//创建 SQLServer 数据库 education 的连接对象 conn，数据库登录用户名为 sa,密码为 sql123. Connection conn = DriverManager.getConnection("jdbc:sqlserver://localhost:1433; databaseName=education", "sa", "sql123.");

6.3.3 创建执行语句对象

创建执行语句对象需要使用Connection对象，可创建的执行语句对象有两种：Statement对象和 PreparedStatement 对象。

1. 创建 Statement 对象

创建 Statement 对象需要使用 Connection 对象的 createStatement()方法，创建语句的语法格式如下：

Statement 对象名= Connection 对象.createStatement();

例如，示例 5 即通过之前已创建的数据库连接对象 conn 创建了一个 Statement 对象 sm。

示例 5	Statement sm= conn.createStatement();//使用连接对象 conn 创建执行语句对象 sm

2. 创建 PreparedStatement 对象

PreparedStatement 接口是 Statement 接口的子接口，用于发送准备好的基本 SQL 语句，使用该接口对象的好处有两点：一是为该接口对象中包含的 SQL 语句是预编译的，因此当需要多次执行同一条 SQL 语句时，可以大大提高执行效率；二是可以防止注入式攻击。

创建 PreparedStatement 对象需要使用 Connection 对象的 createStatement()方法，创建语句的语法格式如下：

PreparedStatement 对象名 = Connection 对象.prepareStatement(String sql);

该语句在调用 prepareStatement()方法时需要设置一个字符串型的参数，该参数即是要执行的 SQL 语句，需要注意的是，如果该 SQL 语可具有一个或多个待赋值的 IN 参数，其中每个 IN 参数用一个“?”作为占位符，然后在创建了 PreparedStatement 对象后，再使用该 PreparedStatement 对象调用实际的参数值去替换这些占位的“?”。

例如，在示例 6 中，首先创建了一个字符串 sql，其值为要执行的 SQL 语句，该 SQL 语句的功能是查询学生表 student 中的指定专业 major 的全部学生信息，因为查询条件中专业字段 major 的值是一个待输入的变量，因此使用“?”占位，然后通过之前已创建的数据库连接对象 conn 创建一个 prepareStatement 对象 ps，并设置该 prepareStatement 对象要执行的 SQL 语句为 sql，最后调用设置字符串的专用方法 setString()将 prepareStatement 对象 ps 预执行的 SQL 语句中第 1 个 IN 参数设置为变量 major 的值。

示例 6	String sql="SELECT * FROM student WHERE major = ? ";//根据专业查询学生表中的全部学生
	PreparedStatement ps = conn.prepareStatement(sql); //使用连接对象 conn 创建预执行语句对象 ps
	ps.setString(1,major);//将 ps 预执行的 SQL 语句中第 1 个 IN 参数设置为变量 major 的值

6.3.4 执行 SQL 语句并处理执行结果

SQL 语句执行后数据库表可能出现两种结果，一种不会改变数据库表中的原有数据，如使用 SQL 语句中的 Select 语句进行数据信息的查询；另一种则会使数据库表中的数据发生变化，如使用 SQL 语句中的 Insert、Update 和 Delete 语句进行数据信息的增加、修改和删除，因此对 SQL 语句的执行和处理就分为以下 2 种情况。

1. 查询数据信息

如果使用 Select 语句实现对数据库信息的查询，需要执行语句对象调用 executeQuery()方法并将查询后的结果放入数据集 ResultSet 类的对象中，然后根据实际需要对得到的数据集对象(类似一张二维表，一行对应一条查询记录)进行逐行处理，对数据集对象可以进行的操作可查看表 6-2-5。

如果使用 Statement 对象做执行语句对象，则使用以下语句创建数据集对象：

ResultSet 对象名 = Statement 对象.executeQuery(String sql);

如果使用 PreparedStatement 对象做执行语句对象，则使用以下语句创建数据集对象：

ResultSet 对象名 = PreparedStatement 对象.executeQuery();

此时，若是使用 Statement 对象调用 executeQuery()方法，需要设置一个字符串型的参数，该参数就是需要执行的 SQL 语句，若是使用 PreparedStatement 对象调用 executeQuery()方法，则无须设置参数，因为要执行的 SQL 语句在创建 PreparedStatement 对象时就已经完成设置了。

【例 6-3-1】 使用 Statement 对象查询指定数据库表信息。

input.html

```
<html>
<head><meta charset="UTF-8">
<title>输入数据</title></head>
<body>
<form action="select_Sta.jsp" method="post">
    请输入专业名称：<input name="major" type="text">
    <input type="submit" value="确定">
</form>
</body>
</html>
```

select_Sta.jsp

```
<%@ page contentType="text/html; charset=UTF-8"    pageEncoding="UTF-8"%>
<%@ page import="java.sql.*" %>

<html>
<body>
<table border="1" >
    <tr><th>学号</th><th>姓名</th><th>学院</th></tr>
<%
request.setCharacterEncoding("UTF-8");
String major=request.getParameter("major");
if(major==null || major==""){
    major="软件与信息服务";
```

```
13	}
14	Class.forName("com.microsoft.sqlserver.jdbc.SQLServerDriver"); //加载 SQLServer 数据库的驱动
15	Connection conn = DriverManager.getConnection("jdbc:sqlserver://localhost:1433;
databaseName=education ","sa","sql123."); //创建连接本机数据库 education 的连接对象 conn
16	Statement sm= conn.createStatement();//使用连接对象 conn 创建执行语句对象 sm
17	String sql="SELECT studentId,sname,college FROM student WHERE major ='"+major+"'";//根
据指定专业查询学生信息(学号、姓名、学院)
18	ResultSet rs = sm.executeQuery(sql); //通过执行语句对象 sm 执行指定 SQL 语句并生成数据集对象 rs
19	while(rs.next()){//逐行移动数据集对象 rs 的游标，直至最后
20		%>
21		<tr>
22		<td><%=rs.getString("studentId") %></td><%--读取数据集当前行中列 studentId 的值--%>
23		<td><%=rs.getString("sname") %></td><%--读取数据集当前行中列 sname 的值--%>
24		<td><%=rs.getString("college") %></td><%--读取数据集当前行中列 college 的值--%>
25		</tr>
26		<%
27	}
28	%>
29	</table>
30	</body>
31	</html>
```

例 6-3-1 由两个文件组成，input.html 文件用于输入专业名称并将客户输入的信息提交到 select_Sta.jsp 文件，select_Sta.jsp 文件根据输入的专业名称对学生信息进行过滤并将结果显示出来。

select_Sta.jsp 文件中源代码说明：

(1) 代码第 2 行使用 page 指令导入了 java.sql 包的全部类和接口，目的是保证在本例代码中使用的如 DriverManager、Connection 等 JDBC 常用的 API 接口与类能被正常识别。

(2) 代码第 10～13 行创建并设置了字符串变量 major 的值，该值来自输入本页的请求参数 major，如果未获得该请求参数，则变量值默认设置为“软件与信息服务”，该变量值将在后面的 SQL 语句中作为专业 major 字段的过滤条件。

(3) 代码第 14 行加载了 SQLServer 数据库的驱动程序。

(4) 代码第 15 行创建了连接本机数据库 education 的连接对象 conn，数据库所在服务器位于本机，登录用户名为 sa，密码为 sql123.。

(5) 代码第 16 行使用连接对象 conn 创建了执行语句对象 sm。

(6) 代码第 17 行定义了一个字符串变量 sql，该变量的值为一条根据指定专业 major 查询学生的学号 studentId、姓名 sname 和学院 college 信息的 SQL 语句。

(7) 代码第 18 行通过执行语句对象 sm 调用 executeQuery()方法来执行方法参数 sql 中指定的 SQL 语句，并根据查询结果生成数据集对象 rs，该数据集对象中包含所有符合查询条件的学生信息。

(8) 代码第 19～27 行使用 while 循环语句逐行读取数据集对象 rs 的记录，分别获取每

行记录中的列 studentId、sname 和 college 的值并通过 JSP 表达式输出到客户端。

例 6-3-1 中涉及数据库表 student 的字段信息如图 6-3-2(a)所示，该表中包含的数据信息如图 6-3-2(b)所示，代码执行结果如图 6-3-3 和图 6-3-4 所示，其中，图 6-3-3 为未输入查询条件时查询学生信息的显示结果，图 6-3-4 为输入查询条件为“软件工程”时查询学生信息的显示结果。

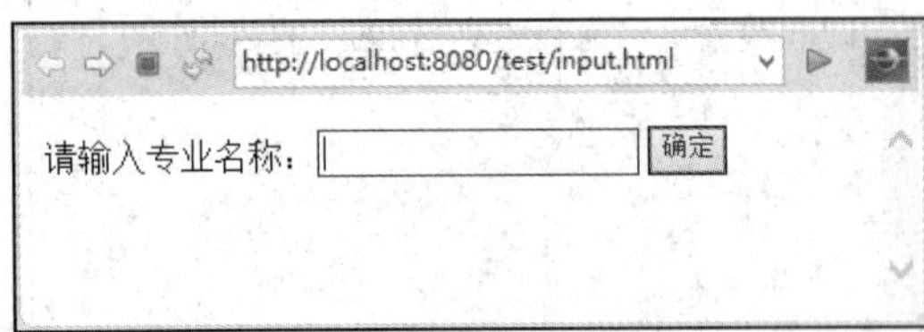

列名	数据类型	允许 Null 值
studentId	varchar(32)	☐
sname	varchar(64)	☐
college	varchar(64)	☐
major	varchar(64)	☐
phoneNumber	varchar(16)	☑

(a) 表 student 的字段信息

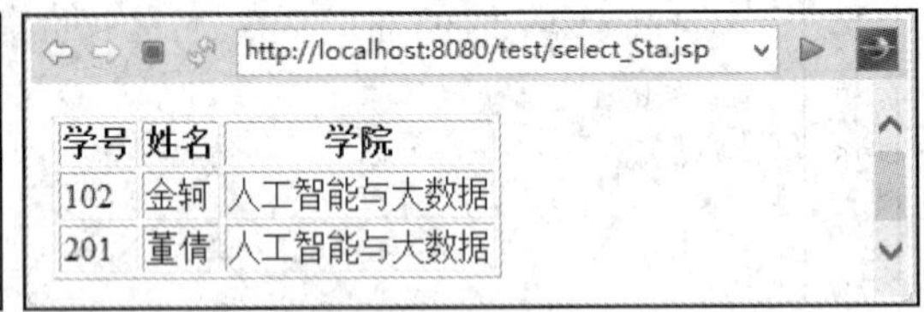

stu...	sname	college	major	phoneNumber
101	向羽	人工智能与大数据	软件工程	13883930313
102	金轲	人工智能与大数据	软件与信息服务	13114141414
201	董倩	人工智能与大数据	软件与信息服务	13678932568
202	洪启	人工智能与大数据	移动应用开发	13678932568
301	Tom	国际	汉语言文学	18949971259
302	Jerry	国际	汉语言文学	18949971259
NULL	NULL	NULL	NULL	NULL

(b) 表 student 中包含的记录信息

图 6-3-2　数据库表 student 的信息

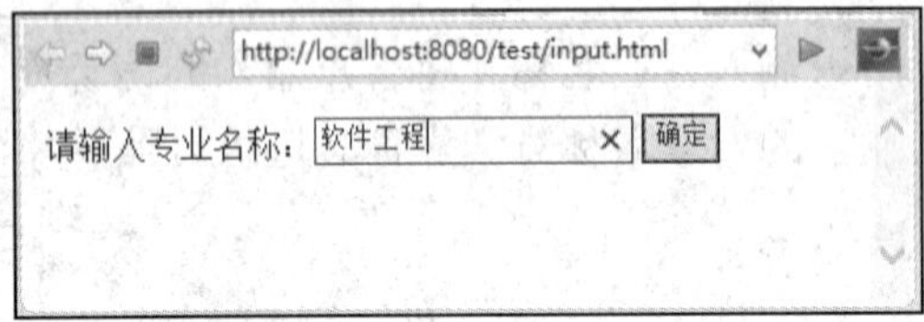

(a) 在 input.html 中未输入专业名称

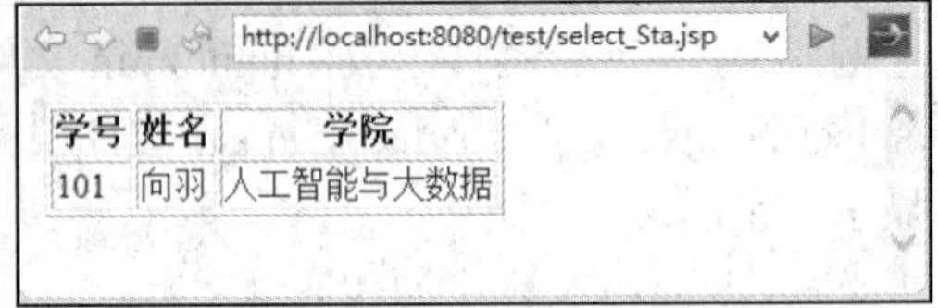

http://localhost:8080/test/select_Sta.jsp
学号 姓名 学院
102 金轲 人工智能与大数据
201 董倩 人工智能与大数据

(b) 访问 select_Sta.jsp 的显示结果

图 6-3-3　未输入查询条件时查询学生信息的显示结果

(a) 在 input.html 中输入专业名称“软件工程”　　(b) 访问 select_Sta.jsp 的显示结果

图 6-3-4　输入查询条件为“软件工程”时查询学生信息的显示结果

【例 6-3-2】 使用 PreparedStatement 对象查询指定数据库表信息。

input.html

```
<html>
<head><meta charset="UTF-8">
<title>输入数据</title></head>
<body>
<form action="select_Pre.jsp" method="post">
    请输入专业名称：<input name="major" type="text">
    <input type="submit" value="确定">
</form>
</body>
</html>
```

select_Pre.jsp

```
<%@ page contentType="text/html; charset=UTF-8"    pageEncoding="UTF-8"%>
<%@ page import="java.sql.*" %>

<html>
<body>
<table border="1" >
    <tr><th>学号</th><th>姓名</th><th>学院</th></tr>
<%
request.setCharacterEncoding("UTF-8");
String major=request.getParameter("major");
if(major==null || major==""){
    major="软件与信息服务";
}
Class.forName("com.microsoft.sqlserver.jdbc.SQLServerDriver"); //加载 SQLServer 数据库的驱动
Connection conn = DriverManager.getConnection("jdbc:sqlserver://localhost:1433;databaseName=education ","sa","sql123."); //创建连接本机数据库 education 的连接对象 conn
String sql="SELECT studentId,sname,college FROM student WHERE major =?";//根据指定专业查询学生信息(学号、姓名、学院)
PreparedStatement ps = conn.prepareStatement(sql); //使用连接对象 conn 创建预执行语句对象 ps
ps.setString(1,major);//将 ps 预执行的 SQL 语句中第 1 个 IN 参数设置为变量 major 的值
ResultSet rs = ps.executeQuery(); //通过预执行语句对象 ps 执行指定 SQL 语句并生成数据集对象 rs
while(rs.next()){//逐行移动数据集对象 rs 的游标，直至最后
    %>
    <tr>
    <td><%=rs.getString("studentId") %></td><%--读取数据集当前行中列 studentId 的值--%>
    <td><%=rs.getString("sname") %></td><%--读取数据集当前行中列 sname 的值--%>
    <td><%=rs.getString("college") %></td><%--读取数据集当前行中列 college 的值--%>
    </tr>
    <%
}
%>
</table>
</body>
</html>
```

例 6-3-2 由两个文件组成，input.html 文件用于输入专业名称并将客户输入的信息提交到 select_Pre.jsp 文件，select_Pre.jsp 文件的功能与例 6-3-1 中 select_Sta.jsp 文件相同，代码类似，下面我们仅对二者中代码的不同之处进行说明：

(1) 代码第 16 行用了一个字符串变量 sql，该变量的值为一条根据指定专业 major 查询学生的学号 studentId、姓名 sname 和学院 college 信息的 SQL 语句，其中 Where 子句中专业字段 major 的值使用“?”占位。

(2) 代码第 17 行使用连接对象 conn 调用 prepareStatement()方法创建了预执行语句对象 ps，并通过设置 prepareStatement()方法的参数来设置该 prepareStatement 对象要执行的 SQL 语句为 sql。

(3) 代码第 18 行通过预执行语句对象 ps 调用设置字符串的专用方法 setString()将 prepareStatement 对象 ps 预执行的 SQL 语句中第 1 个 IN 参数设置为变量 major 的值。

(4) 代码第 19 行通过预执行语句对象 ps 调用 executeQuery()方法执行指定 SQL 语句并生成数据集对象 rs，该数据集对象中包含所有符合查询条件的学生信息。

例 6-3-2 中涉及数据库表 student 的信息如图 6-3-2 所示，代码执行结果如图 6-3-5 和 6-3-6 所示，其中，图 6-3-5 为未输入查询条件时查询学生信息的显示结果，图 6-3-6 为输入查询条件为“汉语言文学”时查询学生信息的显示结果。

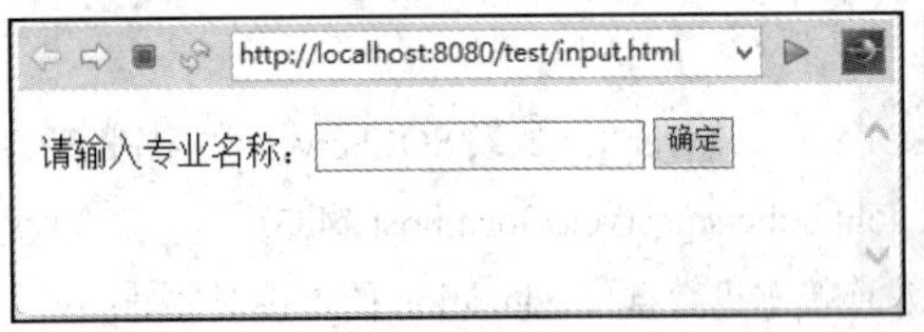

(a) 在 input.html 中未输入专业名称

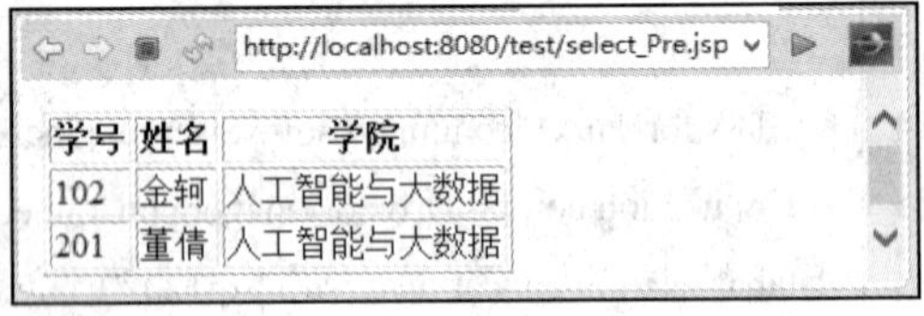

学号	姓名	学院
102	金轲	人工智能与大数据
201	董倩	人工智能与大数据

(b) 访问 select_Pre.jsp 的显示结果

图 6-3-5　未输入查询条件时查询学生信息的显示结果

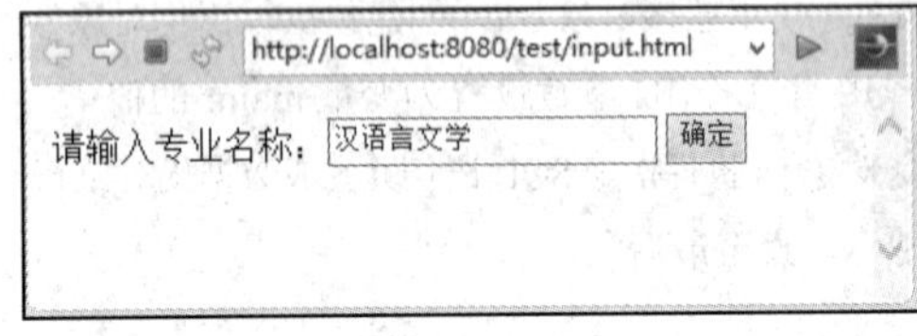

(a) 在 input.html 中输入专业名称“汉语言文学”

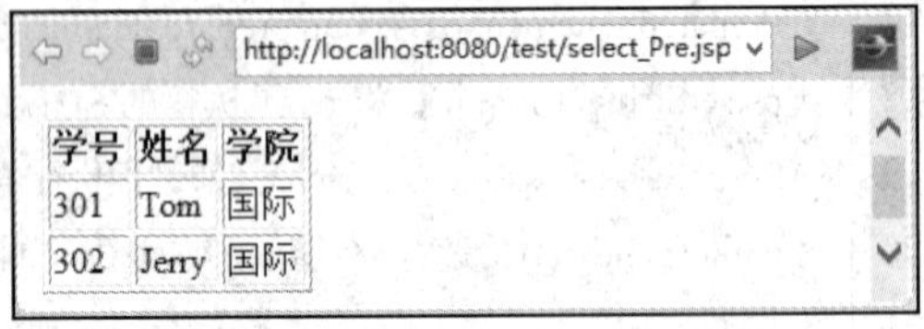

学号	姓名	学院
301	Tom	国际
302	Jerry	国际

(b) 访问 select_Pre.jsp 的显示结果

图 6-3-6　输入查询条件为“汉语言文学”时查询学生信息的显示结果

2. 修改数据信息

使用 SQL 语句中的 Insert、Update 和 Delete 语句进行数据信息的增加、修改和删除都会使被操作的数据库表的信息发生变化，因此 JSP 对此类 SQL 操作的处理方式是相同的，都是使用执行语句对象调用 executeUpdate()方法来执行指定的 SQL 语句，该方法调用后会返回一个整型值，该值即是执行 SQL 语句后对数据库表产生影响的信息记录条数。

如果使用 Statement 对象做执行语句对象，则使用以下语句执行指定 SQL 语句：

```
int 变量名= Statement 对象.executeUpdate(String sql);
```

如果使用 PreparedStatement 对象做执行语句对象，则使用以下语句执行指定 SQL 语句：

```
int 变量名= PreparedStatement 对象.executeUpdate();
```

此时，若是使用 Statement 对象调用 executeUpdate()方法，需要设置一个字符串型的参数，该参数就是需要执行的 SQL 语句，若是使用 PreparedStatement 对象调用 executeUpdate()方法，则无须设置参数，因为要执行的 SQL 语句在创建 PreparedStatement 对象时就已经完成设置了。

【例 6-3-3】 使用 Statement 对象插入一条信息到指定数据库表。

insert_Sta.jsp

```
1  <%@ page contentType="text/html; charset=UTF-8"   pageEncoding="UTF-8"%>
2  <%@ page import="java.sql.*" %>
3
4  <html>
5  <body>
6  <%
7  String studentId=request.getParameter("studentId");//学生学号
8  if(studentId==null || studentId==""){
9      studentId="401";
10 }
11
12 Class.forName("com.microsoft.sqlserver.jdbc.SQLServerDriver"); //加载 SQLServer 数据库的驱动
13 Connection conn = DriverManager.getConnection("jdbc:sqlserver://localhost:1433;
14 databaseName=education ","sa","sql123."); //创建连接本机数据库 education 的连接对象 conn
15 Statement sm= conn.createStatement();//使用连接对象 conn 创建执行语句对象 sm
   String sql="Insert into student values('"+studentId+"','王明','人工智能与大数据','软件工程',
16 '13683667755')";//向 student 表中插入一条学生记录
17 int count = sm.executeUpdate(sql); //通过执行语句对象 sm 执行指定 SQL 语句并返回影响记录
18 条数
19 if(count!=0){ //影响记录条数不为 0 则记录插入成功否则插入失败
20     out.println("数据信息插入成功！");
21 }
22 else{
23     out.println("数据信息插入失败！");
24 }
25 %>
26 </body>
27 </html>
```

例 6-3-3 源文件说明：

(1) 代码第 2 行使用 page 指令导入了 java.sql 包的全部类和接口，目的是保证在本例代码中使用的如 DriverManager、Connection 等 JDBC 常用的 API 接口与类能被正常识别。

(2) 代码第 7～10 行创建并设置了字符串变量 studentId 的值，该值来自本页的请求参数 studentId，如果未获得该请求参数，则变量值为默认设置为“401”，该变量值将在后面的 SQL 语句中作为学号 studentId 字段的值插入数据表 student 中。

(3) 代码第 12 行加载了 SQLServer 数据库的驱动程序。

(4) 代码第 13 行创建了连接数据库 education 的连接对象 conn，数据库所在服务器位于本机，登录用户名为 sa，密码为 sql123.。

(5) 代码第 14 行使用连接对象 conn 创建了执行语句对象 sm。

(6) 代码第 15 行定义了一个字符串变量 sql，该变量的值为一条 Insert 语句，该语句功能是向数据表 student 中插入一条学生记录，其中学号字段值为变量 studentId 的值，其余字段值为指定常量字符串。

(7) 代码第 16 行通过执行语句对象 sm 调用 executeUpdate()方法来执行方法参数 sql 中指定的 SQL 语句，并将返回的 Insert 语句执行后影响数据记录的条数存入整型变量 count。

(8) 代码第 17～22 行根据变量 count 的值来向客户端输出不同信息，如果 count 值不为 0，即影响记录条数不为 0，则向客户端输出记录插入成功的提示信息，否则向客户端输出记录插入失败的提示信息。

例 6-3-3 中涉及的数据表 student 在本例文件 insert_Sta.jsp 访问前的记录信息如图 6-3-2(b)所示，代码执行后结果如图 6-3-7 所示，其中，图 6-3-7(a)为访问 insert_Sta.jsp 的显示结果，图 6-3-7(b)为访问 insert_Sta.jsp 后数据表 student 中的记录信息，我们可以清楚看到在数据表 student 中增加了一条学生记录，记录中各字段值即是在 insert_Sta.jsp 文件源代码中设计的学生信息，说明本例功能成功实现。

(a) 访问 insert_Sta.jsp 的显示结果

stu...	sname	college	major	phoneNumber
101	向羽	人工智能与大数据	软件工程	13883930313
102	金轲	人工智能与大数据	软件与信息服务	13114141414
201	董倩	人工智能与大数据	软件与信息服务	13678932568
202	洪启	人工智能与大数据	移动应用开发	13678932568
301	Tom	国际	汉语言文学	18949971259
302	Jerry	国际	汉语言文学	18949971259
401	王明	人工智能与大数据	软件工程	13683667755
NULL	NULL	NULL	NULL	NULL

(b) 数据表 student 中的记录信息

图 6-3-7 例 6-3-3 的执行结果

【例 6-3-4】 使用 PreparedStatement 对象插入一条信息到指定数据库表。

insert_Pro.jsp

```
<%@ page contentType="text/html; charset=UTF-8"    pageEncoding="UTF-8"%>
<%@ page import="java.sql.*" %>

<html>
<body>
<%
String studentId=request.getParameter("studentId");//学生学号
if(studentId==null || studentId==""){
    studentId="402";
}

Class.forName("com.microsoft.sqlserver.jdbc.SQLServerDriver"); //加载 SQLServer 数据库的驱动
Connection conn = DriverManager.getConnection("jdbc:sqlserver://localhost:1433;
databaseName=education ","sa","sql123."); //创建连接本机数据库 education 的连接对象 conn
```

```
14  String sql="Insert into student values( ?,'李晓红','人工智能与大数据','移动应用开发',
'15977998866')";//向 student 表中插入一条学生记录
15  PreparedStatement ps= conn.prepareStatement(sql);//使用连接对象 conn 创建预执行语句对象 ps
16  ps.setString(1, studentId); //将 ps 预执行的 SQL 语句中第 1 个 IN 参数设置为变量 studentId 的值
17  int count = ps.executeUpdate(); //通过预执行语句对象 ps 执行指定 SQL 语句并返回影响记录条数
18  if(count!=0){ //影响记录条数不为 0 则记录插入成功否则插入失败
19      out.println("数据信息插入成功！");
20  }
21  else{
22      out.println("数据信息插入失败！");
23  }
24  %>
25  </body>
26  </html>
```

在例 6-3-4 中，insert_Pro.jsp 文件的功能与例 6-3-3 中 insert_Sta.jsp 文件相同，代码类似，下面我们仅对二者中代码的不同之处进行说明：

(1) 代码第 14 行定义了一个字符串变量 sql，该变量的值为一条 Insert 语句，该语句功能是向数据表 student 中插入一条学生记录，其中学号字段值使用“?”占位，其余字段值为指定常量字符串。

(2) 代码第 15 行使用连接对象 conn 调用 prepareStatement()方法创建了预执行语句对象 ps，并通过设置 prepareStatement()方法的参数来设置该 prepareStatement 对象要执行的 SQL 语句为 sql。

(3) 代码第 16 行通过预执行语句对象 ps 调用设置字符串的专用方法 setString()将 prepareStatement 对象 ps 预执行的 SQL 语句中第 1 个 IN 参数设置为变量 studentId 的值。

(4) 代码第 17 行通过预执行语句对象 ps 调用 executeUpdate()方法来执行指定的 SQL 语句，执行返回的 Insert 语句后将影响数据记录的条数存入整型变量 count。

例 6-3-4 中涉及的数据表 student 在本例文件 insert_Pro.jsp 访问前的记录信息如图 6-3-7(b)所示，代码执行后结果如图 6-3-8 所示，其中，图 6-3-8(a)为访问 insert_Pro.jsp 的显示结果，图 6-3-8(b)为访问 insert_Pro.jsp 后数据表 student 中的记录信息，我们可以清楚看到在数据表 student 中增加了一条学生记录，记录中各字段值即是在 insert_Pro.jsp 文件源代码中设计的学生信息，说明本例功能成功实现。

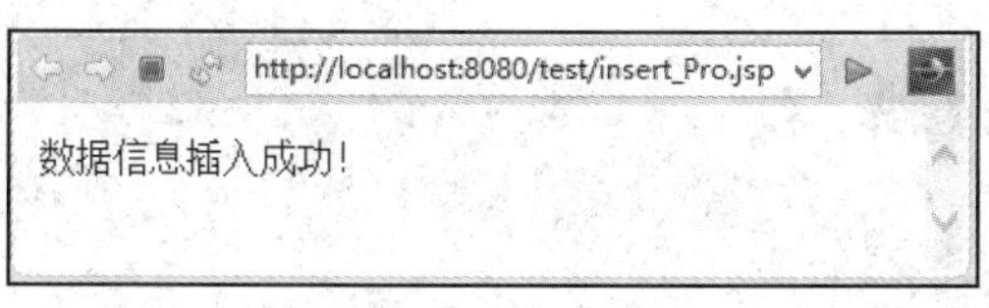

(a) 访问 insert_Pro.jsp 的显示结果

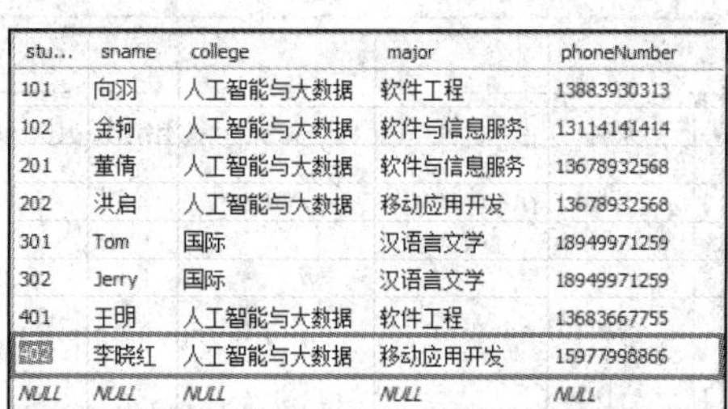

stu...	sname	college	major	phoneNumber
101	向羽	人工智能与大数据	软件工程	13883930313
102	金轲	人工智能与大数据	软件与信息服务	13114141414
201	董倩	人工智能与大数据	软件与信息服务	13678932568
202	洪启	人工智能与大数据	移动应用开发	13678932568
301	Tom	国际	汉语言文学	18949971259
302	Jerry	国际	汉语言文学	18949971259
401	王明	人工智能与大数据	软件工程	13683667755
402	李晓红	人工智能与大数据	移动应用开发	15977998866
NULL	NULL	NULL	NULL	NULL

(b) 数据表 student 中的记录信息

图 6-3-8　例 6-3-4 的执行结果

本小节中仅以向数据表中插入记录为例，向大家展示了如何使用 JDBC 更改数据库表中的记录信息，如果需要删除或修改数据表的指定信息，其操作步骤仅仅是执行的 SQL 语句不同，其余的操作步骤与插入数据完全相同，因此，我们就不再一一举例说明了，大家可以自行编写代码尝试。

6.3.5　异常处理及释放资源

由于大多数 JDBC 操作随时都有可能出现异常，如因为网络原因无法连接指定数据库服务器、数据库登录用户名密码错误无法登录指定数据库、对数据库的操作非法等，例如我们如果多次访问例 6-3-3 中的 insert_Sta.jsp 文件，又不在浏览器访问 URL 中设置请求参数 studentId 的值，就会使该文件代码中变量 studentId 的值一直默认为“401”，从而使文件中的 Insert 语句插入完全相同的学生信息，使插入操作因数据表 student 中关键字 studentId 字段的值相同而执行失败，出现如图 6-3-9 所示的访问错误。这些 JDBC 操作过程中的异常会导致 Java 虚拟机停止运行，因此我们需要对 JDBC 操作进行异常处理，使异常发生时 Java 虚拟机能跳过发生异常的代码，继续执行后续正常的代码。

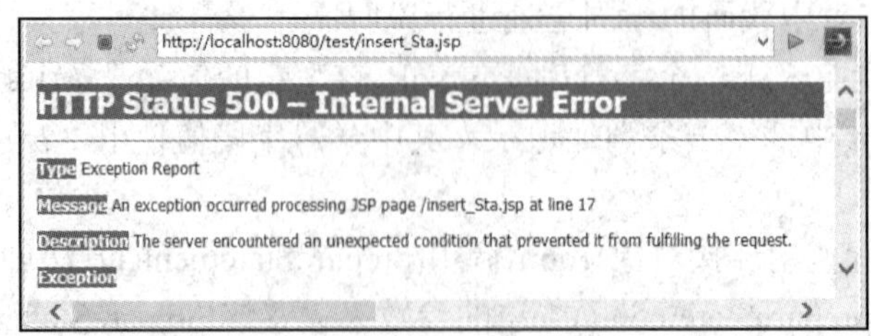

图 6-3-9　多次访问例 6-3-3 中的 insert_Sta.jsp 文件的显示结果

同时，在 Web 服务器与数据库服务器间的 JDBC 操作过程中会创建并使用很多对象，虽然 Java 虚拟机的垃圾回收机制也会定时释放这些不再使用的对象，但仍然会使这些对象被闲置一段时间，不利于提高系统的资源利用率，因此我们需要在 JDBC 操作结束后及时释放操作过程中占用的资源，如连接对象、执行语句对象、数据集对象等。

通常的做法是使用 try-catch-finally 语句结构，将 JDBC 访问数据库的所有操作代码放入 try 语句块中，根据可能出现的异常情况使用 1 个到多个 catch 语句块对各类异常进行处理，并在 finally 语句块中关闭数据库连接对象等一系列在 JDBC 操作中创建的对象。

【例 6-3-5】 使用 Statement 对象插入一条信息到指定数据库表，在 JDBC 操作中加入异常处理并及时释放资源。

insert_Sta.jsp

```
<%@ page contentType="text/html; charset=UTF-8"    pageEncoding="UTF-8"%>
<%@ page import="java.sql.*" %>

<html>
<body>
<%
String studentId=request.getParameter("studentId");//学生学号
```

```
8	if(studentId==null || studentId==""){
9		studentId="401";
10	}
11	
12	Connection conn=null; //声明数据连接对象 conn
13	Statement sm=null;      //声明执行语句对象 sm
14	try{
15		Class.forName("com.microsoft.sqlserver.jdbc.SQLServerDriver"); //加载 SQLServer 数据库的驱动
16		conn = DriverManager.getConnection("jdbc:sqlserver://localhost:1433;
databaseName=education ","sa","sql123."); //创建连接本机数据库 education 的连接对象 conn
17		sm= conn.createStatement();//使用连接对象 conn 创建执行语句对象 sm
18		String sql="Insert into student values('"+studentId+"','王明','人工智能与大数据','软件工程',
'13683667755')";//向 student 表中插入一条学生记录
19		int count = sm.executeUpdate(sql); //执行语句对象 sm 执行指定 SQL 语句并返回影响记录条数
20		if(count!=0){//影响记录条数不为 0 则记录插入成功否则插入失败
21			out.println("数据信息插入成功！");
22		}
23		else{
24			out.println("数据信息插入失败！");
25		}
26	}
27	catch(Exception ex){
28		out.println("数据库操作发生异常，数据信息插入失败！");
29	}
30	finally{
31		if(sm!=null) sm.close();      //如果执行语句对象 sm 已创建则关闭该对象
32		if(conn!=null) conn.close(); //如果数据连接对象 conn 已创建则关闭该对象
33	}
34	%>
35	</body>
36	</html>
```

例 6-3-5 中的代码是由例 6-3-3 中的 insert_Sta.jsp 文件经过修改得到的，需要特别说明的是：

(1) 代码第 12、13 行声明数据库连接对象 conn 和执行语句对象 sm 并赋初值 null。因为在 try 语句块和 finally 语句块中都需要使用到这两个对象，因此需要将对这两个对象的声明放在 try 语句块之前单独进行，而不能像例 6-3-3 中的 insert_Sta.jsp 文件那样放在 JDBC 操作过程中在一条语句中同时进行对象的声明和创建。

(2) 代码第 14～26 行是 try 语句块内容，该语句块中包含例 6-3-3 中的 insert_Sta.jsp 文件中全部 JDBC 操作代码，只是数据库连接对象 conn 和执行语句对象 sm 已在前面定义，故这段代码无需再次定义这两个变量，可直接使用它们。

(3) 代码 27～29 行是 catch 语句块内容，当 try 语句块中的 JDBC 操作发生异常就会执行该语句块的代码，向客户端输出一条数据库运行异常的提示信息。

(4) 代码第 30～33 行是 finally 语句块内容，在该语句块完成对数据库连接对象 conn 和执行语句对象 sm 的关闭操作，因为不确定前面的 JDBC 操作是否出现异常，从而不确定数据库连接对象 conn 和执行语句对象 sm 是否已创建，因此在关闭这两个对象前需要确认它们是否存在，只有不为 null 才能调用 close()方法关闭它们，否则关闭操作会引发新的异常。

例 6-3-5 运行结果如图 6-3-10 所示，如果多次访问 insert_Sta.jsp 文件且未在访问 URL 中设置请求参数 studentId 的值，访问结果如图 6-3-10(a)所示，该结果说明当 insert_Sta.jsp 文件因向数据表 student 插入学号字段 studentId 值重复的记录时会得到对应的异常处理，而不再会出现网页内部异常页面。而如果在访问 insert_Sta.jsp 文件时，在访问 URL 中设置请求参数 studentId 的值，且该值与数据表 student 已有记录无重复，则文件访问结果如图 6-3-10(b)所示，访问 insert_Pro.jsp 后数据表 student 中的记录信息如图 6-3-10(c)所示。

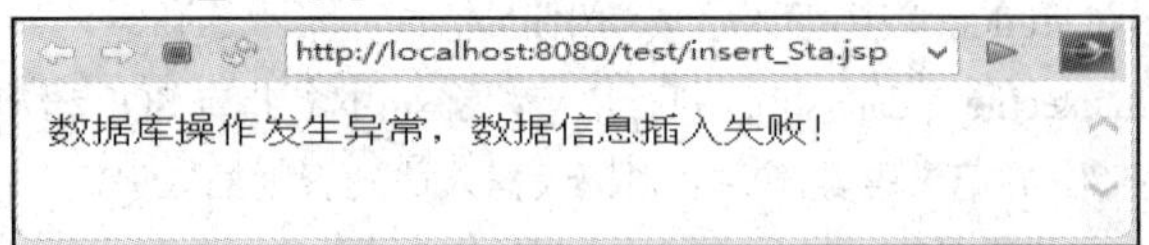

(a) 多次访问 insert_Sta.jsp 文件且未设置请求参数信息的显示结果

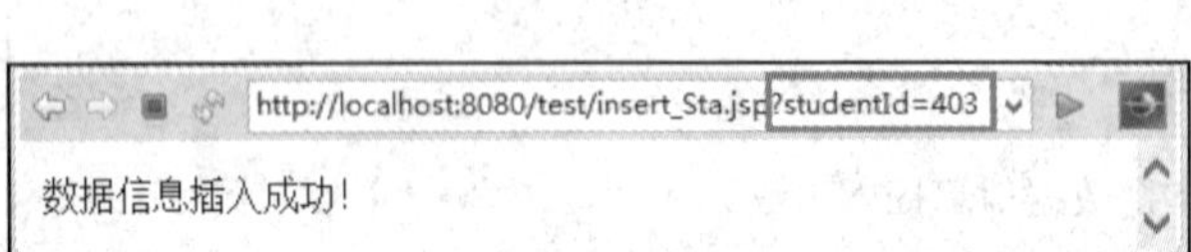

(b) 访问 insert_Pro.jsp 且设置请求参数信息的显示结果

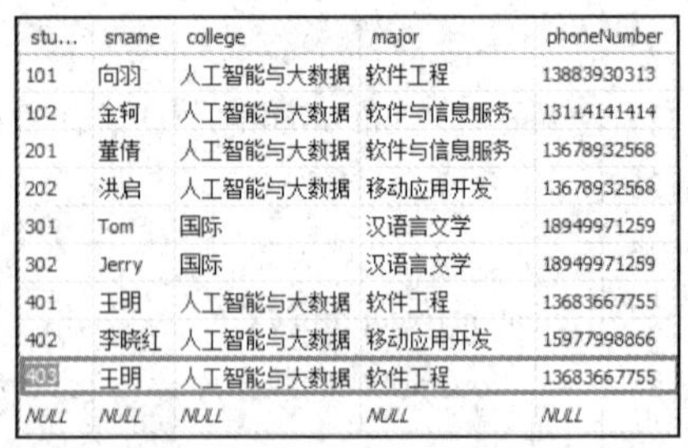

stu...	sname	college	major	phoneNumber
101	向羽	人工智能与大数据	软件工程	13883930313
102	金轲	人工智能与大数据	软件与信息服务	13114141414
201	董倩	人工智能与大数据	软件与信息服务	13678932568
202	洪启	人工智能与大数据	移动应用开发	13678932568
301	Tom	国际	汉语言文学	18949971259
302	Jerry	国际	汉语言文学	18949971259
401	王明	人工智能与大数据	软件工程	13683667755
402	李晓红	人工智能与大数据	移动应用开发	15977998866
403	王明	人工智能与大数据	软件工程	13683667755
NULL	NULL	NULL	NULL	NULL

(c) 数据表 student 中的记录信息

图 6-3-10　例 6-3-5 的执行结果

> **注意**：若出现 SQL Server 数据库连接失败，且异常提示如图 6-3-11 所示，则需要进入 SQL Server 的配置工具，在如图 6-3-12 所示窗口中设置该服务器的 TCP/IP 协议为“已启用”状态并重启该数据库服务器。

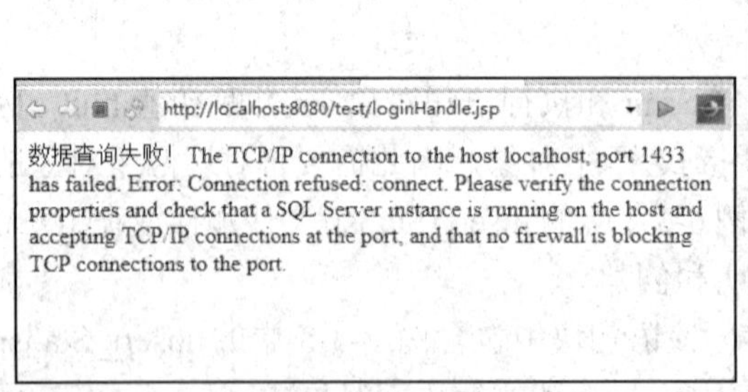

图 6-3-11　JDBC 异常提示信息

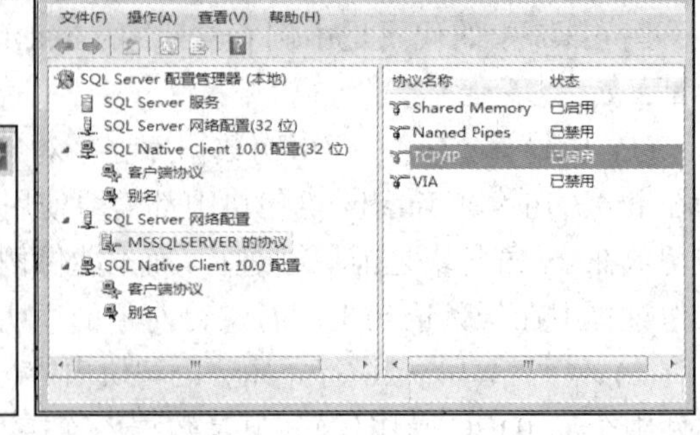

图 6-3-12　SQL Server 的配置工具窗口

6.4　JDBC 事务

6.4.1　什么是事务

事务是保证底层数据完整的重要手段，对于任何数据库应用，事务都是非常重要的。事务是由一步或几步数据库操作序列组成的逻辑执行单元，这系列操作要么全部执行，要么全部放弃执行。程序和事务是两个不同的概念，一般而言，一段程序中可能包含多个事务。

事务具备 4 个特性：原子性(Atomicity)、一致性(Consistency)、隔离性(Isolation)和持续性(Durability)，这 4 个特性也简称为 ACID 性。

(1) 原子性(Atomicity)：事务是应用中最小的执行单位，就如原子是自然界的组成分子的基本物质，具有不可再分的特征一样，事务是应用中不可再分的最小逻辑执行体。

(2) 一致性(Consistency)：事务执行的结果，使数据库从一个一致状态，变到另一个一致的状态。当数据库只包含事务成功提交的结果时，数据库处于一致性状态。如果系统运行发生中断，某个事务尚未完全完成而被迫中断，该事务对数据库所做的修改已被写入数据库，此时，数据库就可能处于一种不正确的状态。故一致性可以通过原子性来保证。

(3) 隔离性(Isolation)：各个事务的执行互不干扰，任意一个事务的内部操作对其他并发的事务都是隔离的。也就是说，并发执行的事务之间不能看到对方的中间状态，并发执行的事务之间不能互相影响。

(4) 持续性(Durability)：持续性也称为持久性(Persistence)，指事务一旦提交，对数据所做的任何改变都要记录到永久存储器中，通常就是保存至物理数据库。

数据库的事务可以由一组 DML 语句、一条 DDL 语句或 DCL 语句组成，其中，要求经过这组 DML 语句修改后的数据将保持较好的一致性，且如果包含 DDL 或 DCL 语句，则最多只能有一条，因为 DDL 和 DCL 语句都会导致事务立即提交。

当事务所包含的全部数据库操作都成功执行后，应该提交事务，使这些修改永久生效。事务提交有以下两种方式：

(1) 显式提交：使用 commit()方法。

(2) 自动提交：执行 DDL 或 DCL 语句，或者程序正常退出。

当事务所包含的任意一个数据库操作执行失败后，应该回滚事务，使该事务中所做的修改全部失效。事务回滚有以下两种方式：

(1) 显式回滚：使用 rollback()方法。

(2) 自动回滚：系统错误或者强行退出。

6.4.2　JDBC 事务操作

JDBC 事务操作的方法都位于接口 java.sql.Connection 中。JDBC 的事务操作默认是自动提交，也就是操作成功后，系统将自动通过连接对象调用 commit()方法来提交，否则将调用 rollback()方法来回退，相关方法的信息可查看表 6-2-2。

在 JDBC 中进行事务操作，可以采用如下方式：

```
try {
连接对象.setAutoCommit(false);              //将自动提交设置为 false
   执行语句对象.executeUpdate(SQL1);     //执行修改操作
   执行语句对象.executeQuery(SQL2);       //执行查询操作
   ……
   连接对象.commit();                          //当多个操作成功后手动提交
}
catch (Exception e) {
   连接对象.rollback();     //一旦其中一个操作异常都将回滚，使多个操作都不成功
}
```

以上操作方式通过连接对象显式调用 setAutoCommit()方法并设置该方法参数为 false 来禁止自动提交，之后就可以把多个数据库操作的表达式作为一个事务，在操作完成后调用 commit()来进行整体提交。若其中一个表达式操作失败，将产生响应的异常，就不会执行到 commit()，并且此时就可以在异常捕获时调用 rollback()进行回退。这样做可以保持多次更新操作后，相关数据的一致性。

【例 6-4-1】 使用 JDBC 的事务操作向数据表插入多条数据记录。

insertBatch.jsp

```
<%@ page contentType="text/html; charset=UTF-8"    pageEncoding="UTF-8"%>
<%@ page import="java.sql.*" %>

<html>
<body>
<%
String studentId=request.getParameter("studentId");//学生学号
if(studentId==null || studentId==""){
    studentId="100";
}

Connection conn=null;
Statement sm=null;
try{
    Class.forName("com.microsoft.sqlserver.jdbc.SQLServerDriver"); //加载SQLServer数据库的驱动
    conn = DriverManager.getConnection("jdbc:sqlserver://localhost:1433;
databaseName=education ","sa","sql123."); //创建连接本机数据库 education 的连接对象 conn
    sm= conn.createStatement();//使用连接对象 conn 创建执行语句对象 sm
    String sql1="Insert into student values('"+studentId+"','王明','人工智能与大数据','软件工程','
13683667755')";//向 student 表中插入一条学生记录
```

```
19        String sql2="Insert into student values('"+(Integer.parseInt(studentId)+1)+"','李志','人工智能与
     大数据','软件与信息服务','')";//向 student 表中插入一条学生记录，学号为前一条记录学号加 1
20
21        conn.setAutoCommit(false);              //将自动提交设置为 false
22        int count1 = sm.executeUpdate(sql1); //执行指定 SQL 语句 1 并返回影响记录条数
23        int count2 = sm.executeUpdate(sql2); //执行指定 SQL 语句 2 并返回影响记录条数
24            conn.commit();           //当两个操作成功后手动提交
25
26        out.println("成功插入"+(count1+count2)+"条数据信息！");
27    }
28    catch(Exception ex){
29          conn.rollback();       //一旦其中一个操作出错都将回滚，使两个操作都不成功
30        out.println("数据库操作发生异常，数据信息插入失败！");
31    }
32    finally{
33        if(sm!=null) sm.close();//如果执行语句对象 sm 已创建则关闭该对象
34        if(conn!=null) conn.close();//如果数据连接对象 conn 已创建则关闭该对象
35    }
36    %>
37    </body>
38    </html>
```

例 6-4-1 源文件说明：

(1) 代码第 18、19 行将两条 Insert 语句以字符串形式存入字符串变量 sql1 和 sql2 中，其中第 2 条 Insert 语句插入的学生记录的学号 studentId 是在第一条记录学号 studentId 基础上做算数加 1 得到。

(2) 代码第 21 行通过数据连接对象 conn 调用 setAutoCommit()方法，并通过设置该方法参数值为 false 禁用自动提交。

(3) 代码第 22、23 行分别使用执行语句对象 sm 执行两条 SQL 语句，此时事务的自动提交被关闭，因此插入的数据仅存放在缓存中，还未真正插入数据表 student 中。

(4) 代码第 24 行通过数据连接对象 conn 调用 commit()方法实现数据提交，此时之前通过 Insert 语句存入缓存中的插入数据进入数据表 student 中。

(5) 代码第 29 行通过数据连接对象 conn 调用 rollback()方法实现数据回滚，此语句位于 catch 语句块中，也就是说，若 JDBC 操作发生异常则此前所有对数据库的操作取消，数据状态恢复到操作之前。

例 6-4-1 运行前，数据表 student 的数据信息如图 6-3-2(b)所示，当不带任何请求参数访问本例文件 insertBatch.jsp 时，学号 studentId 值默认为“100”，文件中的第 1 条 Insert 语句能够正常执行，但第 2 条 Insert 语句会因计算得到的学号 studentId 的值为“101”而与 student 表中已有记录发生重复，从而导致操作异常，最终导致事务回滚，第 1 条插入操作也被取消，所以文件 insertBatch.jsp 的访问结果如图 6-4-1(a)所示，此时数据表 student

中的记录信息如图 6-4-1(b)所示。当设置请求参数访问本例文件 insertBatch.jsp 时，此时第 1 条 Insert 语句的学号 studentId 为“401”，第 2 条 Insert 语句的学号 studentId 为“402”，与数据表 student 中已有记录无重复，故都能正常执行，所以此次文件 insertBatch.jsp 的访问结果如图 6-4-1(c)所示，此时数据表 student 中的记录信息如图 6-4-1(d)所示。

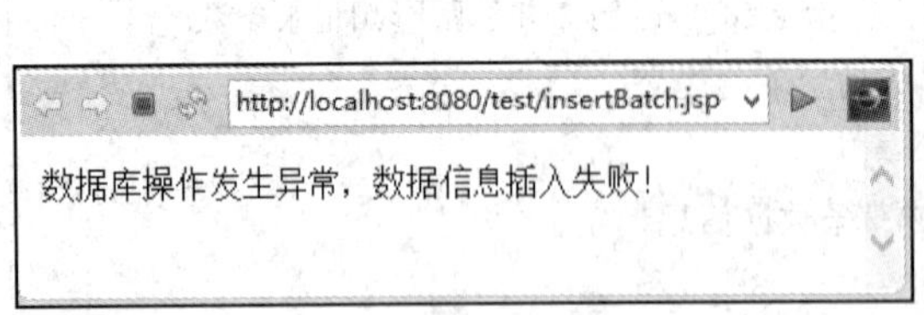

(a) 未设置请求参数访问 insertBatch.jsp 的显示结果

studentId	sname	college	major	phoneNumber
101	向羽	人工智能与大数据	软件工程	13883930313
102	金轲	人工智能与大数据	软件与信息服务	13114141414
201	董倩	人工智能与大数据	软件与信息服务	13678932568
202	洪启	人工智能与大数据	移动应用开发	13678932568
301	Tom	国际	汉语言文学	18949971259
302	Jerry	国际	汉语言文学	18949971259
NULL	NULL	NULL	NULL	NULL

(b) 事务失败后数据表 student 中的记录信息

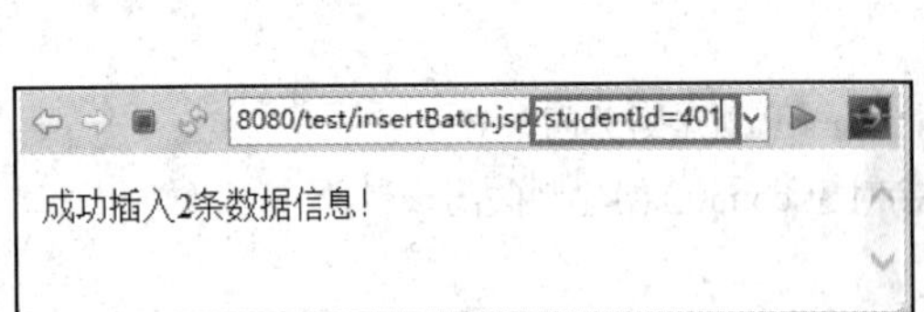

(c) 设置请求参数访问 insertBatch.jsp 的显示结果

studentId	sname	college	major	phoneNumber
101	向羽	人工智能与大数据	软件工程	13883930313
102	金轲	人工智能与大数据	软件与信息服务	13114141414
201	董倩	人工智能与大数据	软件与信息服务	13678932568
202	洪启	人工智能与大数据	移动应用开发	13678932568
301	Tom	国际	汉语言文学	18949971259
302	Jerry	国际	汉语言文学	18949971259
401	王明	人工智能与大数据	软件工程	13683667755
402	李志	人工智能与大数据	软件与信息服务	
NULL	NULL	NULL	NULL	NULL

(d) 事务成功后数据表 student 中的记录信息

图 6-4-1　例 6-4-1 的执行结果

6.5　JDBC 元数据

我们有时需要分析当前数据库的有关信息，例如当前数据库中有多少张表、某个表的结构如何等，这些都属于描述数据库中信息的数据，称为数据库的元数据。

1. 数据库元数据(DatabaseMetaData)

通过 JDBC 的数据连接类 Connection 对象的 getMetaData()方法，可以获得数据库对应元数据接口 DatabaseMetaData 的对象，该类常用方法如表 6-5-1 所示，通过 Database MetaData 类对象调用相应方法就可以获取数据库基本信息。

表 6-5-1　DatabaseMetaData 类的常用方法

方　法	功 能 描 述
String getDatabaseProductName()	返回数据库的产品名称
String getDatabaseProductVersion()	返回数据库的版本号
String getDriverName()	返回驱动程序的名称
String getURL()	返回数据库的 URL

【例 6-5-1】 使用 DatabaseMetaData 类对象获取数据库相关信息。

dbMetaData.jsp

```
1  <%@ page contentType="text/html; charset=UTF-8"    pageEncoding="UTF-8"%>
2  <%@ page import="java.sql.*" %>
3
4  <html>
5  <body>
6  <%
7  Connection conn=null;
8  try{
9     Class.forName("com.microsoft.sqlserver.jdbc.SQLServerDriver"); //加载SQLServer数据库的驱动
10    conn = DriverManager.getConnection("jdbc:sqlserver://localhost:1433;databaseName=education ","sa","sql123."); //创建连接本机数据库 education 的连接对象 conn
11    DatabaseMetaData dbMetaData = conn.getMetaData();//使用数据连接对象 conn 创建数据库的元数据对象
12    out.println("数据库的产品名称："+dbMetaData.getDatabaseProductName()+"<br>");
13    out.println("数据库的版本号："+dbMetaData.getDatabaseProductVersion()+"<br>");
14    out.println("数据库驱动程序："+dbMetaData.getDriverName()+"<br>");
15    out.println("数据库的 URL："+dbMetaData.getURL()+"<br>");
16 }
17 catch(Exception ex){
18    out.println("数据库操作发生异常，数据信息查询失败！");
19 }
20 finally{
21    if(conn!=null) conn.close();//如果数据连接对象 conn 已创建则关闭该对象
22 }
23 %>
24 </body>
25 </html>
```

例 6-5-1 源文件 dbMetaData.jsp 在代码第 11 行使用数据连接对象 conn 创建数据库的元数据对象 dbMetaData，并在代码第 12～15 行使用元数据对象 dbMetaData 调用相应方法获取数据库的相关信息，访问 dbMetaData.jsp 文件的显示结果如图 6-5-1 所示。

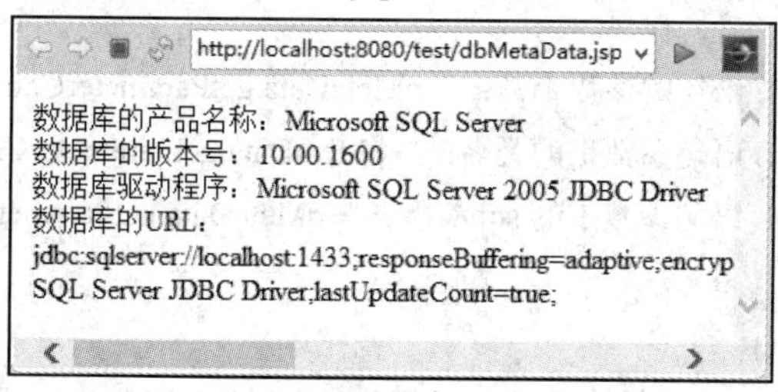

图 6-5-1　访问 dbMetaData.jsp 文件的显示结果

2. 参数元数据(ParameterMetaData)

通过预执行语句接口 PreparedStatement 的对象调用 getParameterMetaData()方法可以获得输入参数的元数据接口 ParameterMetaData 的对象，此类元数据用于获取 PreparedStatement 接口对象包含的预编译 SQL 语句的一些信息，该类的常用方法如表 6-5-2 所示。

表 6-5-2　ParameterMetaData 类的常用方法

方　法	功 能 描 述
int getParameterCount()	获取预编译 SQL 语句的参数的个数
String getParameterClassName(int index)	获取预编译 SQL 语句 index 号参数的类型名
String getParameterTypeName(int index)	获得预编译 SQL 语句 index 号参数的 SQL 类型

【例 6-5-2】 使用 ParameterMetaData 类对象获取 PreparedStatement 对象包含的预编译 SQL 语句相关信息。

pMetaData.jsp

```
<%@ page contentType="text/html; charset=UTF-8"    pageEncoding="UTF-8"%>
<%@ page import="java.sql.*" %>

<html>
<body>
<%
Connection conn=null;
PreparedStatement ps =null;

try{
   Class.forName("com.microsoft.sqlserver.jdbc.SQLServerDriver"); //加载SQLServer数据库的驱动
   conn = DriverManager.getConnection("jdbc:sqlserver://localhost:1433; databaseName=education ","sa","sql123."); //创建连接本机数据库 education 的连接对象 conn
   String sql="SELECT studentId,sname,college FROM student WHERE major =?";//根据指定专业查询学生信息(学号、姓名、学院)
   ps = conn.prepareStatement(sql); //使用连接对象 conn 创建预执行语句对象 ps
   ParameterMetaData pMetaData = ps.getParameterMetaData();//使用预执行语句对象 ps 创建参数元数据对象
   out.println("SQL 语句的参数个数："+pMetaData.getParameterCount()+"<br>");
   out.println("SQL 语句参数 1 的类名："+pMetaData.getParameterClassName(1)+"<br>");
   out.println("SQL 语句参数 1 的 sql 类型："+pMetaData.getParameterTypeName(1)+"<br>");
}
catch(Exception ex){
   out.println("数据库操作发生异常，数据信息查询失败！");
```

```
22      }
23      finally{
24          if(ps!=null) ps.close();//如果预处理对象 ps 已创建则关闭该对象
25          if(conn!=null) conn.close();//如果数据连接对象 conn 已创建则关闭该对象
26      }
27      %>
28      </body>
29      </html>
```

例 6-5-2 源文件 pMetaData.jsp 在代码第 15 行使用预执行语句对象 ps 创建参数元数据对象 pMetaData，并在代码第 16～18 行使用参数元数据对象 pMetaData 调用相应方法获取预编译 SQL 语句的参数个数、参数类型类名以及参数的 SQL 类型的相关信息。访问 pMetaData.jsp 文件的显示结果如图 6-5-2 所示。

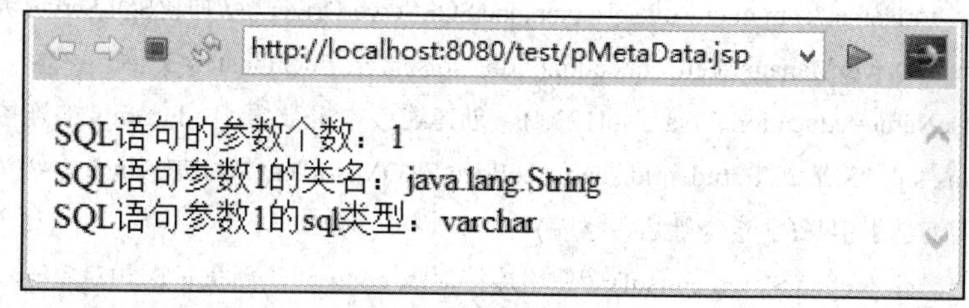

图 6-5-2　访问 pMetaData.jsp 文件的显示结果

3. 结果集元数据(ResultSetMetaData)

通过数据集类 ResultSet 的对象调用 getMetaData()方法可获得结果集元数据接口 ResultSetMetaData 的对象，该类对象的功能是获取 JDBC 操作返回的结果集信息。该类的常用方法如表 6-5-3 所示。

表 6-5-3　ResultSetMetaData 类的常用方法

方　法	功 能 描 述
int getColumnCount()	返回数据集 ResultSet 对象的列数
String getColumnName(int column)	获得数据集 ResultSet 对象 column 号列的名称
String getColumnTypeName(int column)	获得数据集 ResultSet 对象 column 号列的类型

【例 6-5-3】 使用 ResultSetMetaData 类对象获取数据集 ResultSet 对象的相关信息。

rsMetaData.jsp

```
<%@ page contentType="text/html; charset=UTF-8"    pageEncoding="UTF-8"%>
<%@ page import="java.sql.*" %>

<html>
<body>
<table border="1" >
```

```
    <tr><th>学号</th><th>姓名</th><th>学院</th></tr>
  <%
  request.setCharacterEncoding("UTF-8");
  String major=request.getParameter("major");
  if(major==null || major==""){
      major="软件与信息服务";
  }
  Connection conn=null;
  PreparedStatement ps =null;
  ResultSet rs =null;

  try{
      Class.forName("com.microsoft.sqlserver.jdbc.SQLServerDriver"); //加载SQLServer数据库的驱动
      conn = DriverManager.getConnection("jdbc:sqlserver://localhost:1433; databaseName=education ","sa","sql123."); //创建连接本机数据库 education 的连接对象 conn
      String sql="SELECT studentId,sname,college FROM student WHERE major =?";//根据指定专业查询学生信息(学号、姓名、学院)
      ps = conn.prepareStatement(sql); //使用连接对象 conn 创建预执行语句对象 ps
      ps.setString(1,major);//将 ps 预执行的 SQL 语句中第 1 个 IN 参数设置为变量 major 的值
      rs = ps.executeQuery(); //通过预执行语句对象 ps 执行指定 SQL 语句并生成数据集对象 rs

      ResultSetMetaData rsMetaData = rs.getMetaData();//通过数据集对象 rs 创建数据集元数据对象
      out.println("数据集的列数："+rsMetaData.getColumnCount()+"<br>");
      out.println("数据集第 1 列的名字："+rsMetaData.getColumnName(1)+"<br>");
      out.println("数据集第 2 列的类型："+rsMetaData.getColumnTypeName(2)+"<br>");
      while(rs.next()){
            %>
            <tr>
            <td><%=rs.getString("studentId") %></td><%--读取当前行列 studentId 的值--%>
            <td><%=rs.getString("sname") %></td><%--读取当前行列 sname 的值--%>
            <td><%=rs.getString("college") %></td><%--读取当前行列 college 的值--%>
            </tr>
            <%
      }
  }
  catch(Exception ex){
      out.println("数据库操作发生异常，数据信息查询失败！");
  }
  finally{
```

```
44          if(rs!=null) rs.close();//如果数据集对象 rs 已创建则关闭该对象
45          if(ps!=null) ps.close();//如果预处理对象 ps 已创建则关闭该对象
46          if(conn!=null) conn.close();//如果数据连接对象 conn 已创建则关闭该对象
47      }
48      %>
49      </table>
50      </body>
51      </html>
```

例 6-5-3 源文件 rsMetaData.jsp 在代码第 26 行使用数据集对象 rs 创建了数据集元数据对象 rsMetaData，并在代码第 27～29 行使用数据集元数据对象 rsMetaData 调用相应方法获取了数据集的列数、指定列的名称和类型的相关信息。访问 rsMetaData.jsp 文件的显示结果如图 6-5-3 所示。

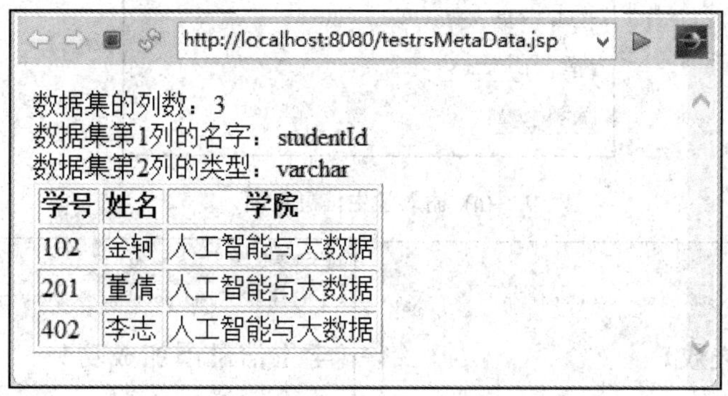

图 6-5-3　访问 rsMetaData.jsp 文件的显示结果

本 章 小 结

本章我们了解了什么是 JDBC 以及 JDBC 驱动常用的四种连接方式，学习了 Driver、DriverManager、Connection、Statement、PreparedStatment 和 ResultSet 等 JDBC 常用的 API 接口和类，重点学习了如何使用这些接口和类访问操作数据库的过程和方法、如何进行 JDBC 的事务操作以及如何通过 JDBC 元数据获取数据库、含参数的预编译 SQL 语句和结果集的相关信息。

上 机 实 验

实验 6.1　添加学生信息

【实验目的】

(1) 掌握在 SQLSERVER 中创建数据库表的流程。

(2) 掌握在 JSP 页面中使用 JDBC 连接数据库并操作数据库表的方法和步骤。

(3) 熟练掌握在 Eclipse 中编写 JSP 源代码的方法和过程。

【实验内容】

编写程序实现对学生信息的添加，功能效果如图 6-1 所示，其中图 6-1(a)所示为添加学生信息时的信息录入页面，图 6-1(b)所示为添加学生信息时因学号重复而导致添加失败的页面，图 6-1(c)为学生信息添加成功的页面。

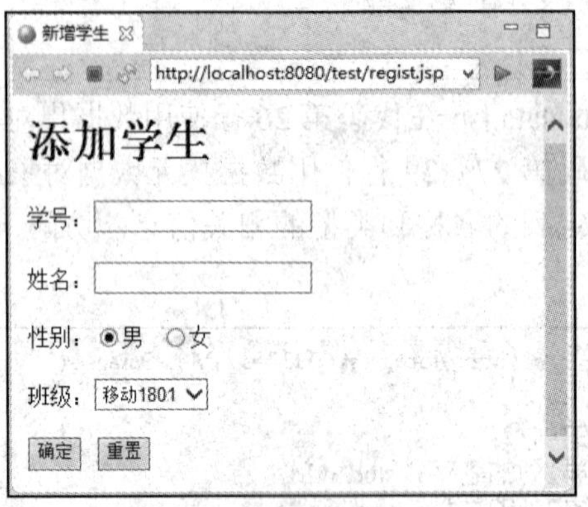

(a) 输入学生信息页面

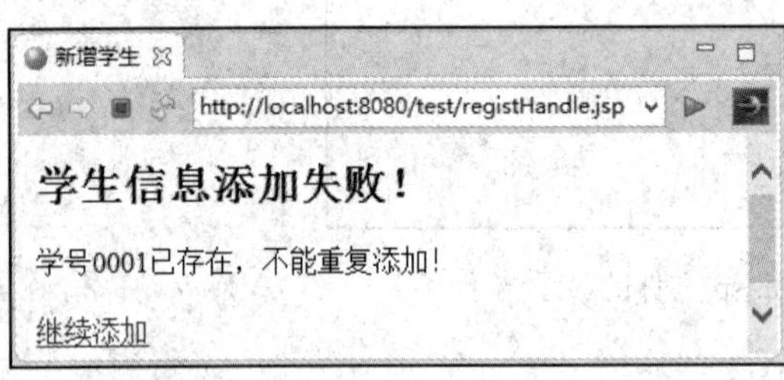

(b) 学生信息添加失败(学号冲突)

(c) 学生信息添加成功

图 6-1 实验 6.1 的运行结果

【实验步骤】

(1) 启动 SQL Server 服务器，在 SQLServer 中创建数据库 School。在 School 中创建表 T_Student 和 T_Class，SQL 脚本如下。

```
USE [School]
GO
SET ANSI_NULLS ON
GO
SET QUOTED_IDENTIFIER ON
GO
CREATE TABLE [dbo].[T_Student](
    [stuno] [nchar](10) NOT NULL,
    [stuname] [nchar](10) NULL,
    [stusex] [nchar](10) NULL,
```

```
    [stuclass] [nchar](10) NULL,
  CONSTRAINT [PK_T_Student] PRIMARY KEY CLUSTERED
(
    [stuno] ASC
)WITH (PAD_INDEX  = OFF, STATISTICS_NORECOMPUTE  = OFF, IGNORE_DUP_KEY =
OFF, ALLOW_ROW_LOCKS  = ON, ALLOW_PAGE_LOCKS  = ON) ON [PRIMARY]
) ON [PRIMARY]
GO
INSERT [dbo].[T_Student] ([stuno], [stuname], [stusex], [stuclass]) VALUES (N'0001      ', N'张三
', N'男         ', N'001       ')

SET ANSI_NULLS ON
GO
SET QUOTED_IDENTIFIER ON
GO
CREATE TABLE [dbo].[T_Class](
    [classid] [nchar](10) NOT NULL,
    [classname] [nchar](10) NULL,
  CONSTRAINT [PK_T_Class] PRIMARY KEY CLUSTERED
(
    [classid] ASC
)WITH (PAD_INDEX  = OFF, STATISTICS_NORECOMPUTE  = OFF, IGNORE_DUP_KEY =
OFF, ALLOW_ROW_LOCKS  = ON, ALLOW_PAGE_LOCKS  = ON) ON [PRIMARY]
) ON [PRIMARY]
GO
INSERT [dbo].[T_Class] ([classid], [classname]) VALUES (N'001       ', N'移动    ')
INSERT [dbo].[T_Class] ([classid], [classname]) VALUES (N'002       ', N'移动    ')
```

(2) 在 Eclipse 中创建动态 Web 项目 test。

(3) 在 test 中创建并编写注册页面 regist.jsp，实现学生学号、姓名、性别和班级的录入，其中学号和姓名以文本框形式录入，性别信息以单选按钮形式录入(包括“男”“女”两个选项，默认为“男”)，班级信息为下拉列表形式录入，列表信息由查询 T_Class 表得到，当用户单击“重置”按钮时将清除页面中填写的所有信息，当用户单击“提交”按钮时将提交页面信息到 registHandle.jsp。文件代码如下。

```
<%@ page language="java" import="java.sql.*" contentType="text/html; charset=UTF-8"
    pageEncoding="UTF-8"%>
<html>
<head>
<meta http-equiv="Content-Type" content="text/html; charset=UTF-8">
```

```
<title>新增学生</title>
</head>
<body>
<h1>添加学生</h1>
   <form method="post"   action="registHandle.jsp">
   学号：<input type="text"   name="stuno"><br><br>
   姓名：<input type="text"   name="stuname"><br><br>
   性别：<input type="radio"   name="stusex"   value="男" checked>男  
        <input type="radio"   name="stusex" value="女">女<p>
   班级：<select name="stuclass">
         <%
         Connection conn=null;
         Statement sm =null;
         ResultSet rs =null;
         try{
                Class.forName("com.microsoft.sqlserver.jdbc.SQLServerDriver");
                conn = DriverManager.getConnection("jdbc:sqlserver://localhost:1433;
DatabaseName=School;user=sa;password=sql123.");
                sm = conn.createStatement();
                String sql = "select * FROM T_Class";
                rs = sm.executeQuery(sql);
                while(rs.next()){
         %>
                      <option value="<%=rs.getString("classid") %>" > <%=rs.getString("classname")
%></option>
         <%
                }
         }
         catch(Exception ex){
                out.println("数据库操作发生异常，数据信息查询失败！");
         }
         finally{
                if(rs!=null) rs.close();//如果数据集对象 rs 已创建则关闭该对象
                if(sm!=null) sm.close();//如果预处理对象 ps 已创建则关闭该对象
                if(conn!=null) conn.close();//如果数据连接对象 conn 已创建则关闭该对象
         }
         %>
         </select><p>
   <input type="submit"   value="确定">  
```

```
    <input type="reset"    value="重置">
    </form>
</body>
</body>
</html>
```

(4) 在 test 中创建并编写注册处理页面 registHandle.jsp，该文件接收 regist.jsp 页面提交的学生学号、姓名、性别和班级信息(注意：存入的班级信息是班级编号而非班级名称)并存入数据库中。该文件能实现对新增学生信息中学号重复的情况进行提示，能根据执行结果提示“学生信息添加成功！”或“学生信息添加失败！”。单击页面所示超链接“继续添加”后能返回页面 regist.jsp。文件代码如下。

```
<%@ page language="java" import="java.sql.*" contentType="text/html; charset=UTF-8"
     pageEncoding="UTF-8"%>
<html>
<head>
<title>新增学生</title>
</head>
<body>
<%
request.setCharacterEncoding("UTF-8");
String stuno = request.getParameter("stuno");
String stuname = request.getParameter("stuname");
String stusex = request.getParameter("stusex");
String stuclass = request.getParameter("stuclass");

Connection conn=null;
Statement sm =null;
ResultSet rs =null;
try{
   Class.forName("com.microsoft.sqlserver.jdbc.SQLServerDriver");
   conn = DriverManager.getConnection("jdbc:sqlserver://localhost:1433;
DatabaseName=School;user=sa;password=sql123.");
   String sql = "SELECT * FROM T_STUDENT WHERE STUNO='"+stuno+"'";
   sm = conn.createStatement();
   rs = sm.executeQuery(sql);

   if(rs.next()) {
         out.println("<h2>学生信息添加失败！</h2>");
         out.println("学号"+stuno+"已存在，不能重复添加！");
```

```
    }
    else{
          sql = "INSERT INTO T_STUDENT(STUNO,STUNAME,STUSEX,STUCLASS)
VALUES('"+stuno+"','"+stuname+"','"+stusex+"','"+stuclass+"')";
          int count = sm.executeUpdate(sql);
          if(count==0) {
                out.println("<h2>学生信息添加失败！</h2>");
          }
          else{
                out.println("<h2>学生信息添加成功！</h2>");
          }
    }
}
catch(Exception ex){
    out.println("数据库操作发生异常，学生信息添加失败！");
}
finally{
    if(rs!=null) rs.close();
    if(sm!=null) sm.close();
    if(conn!=null) conn.close();
}
%>
<p>
<a href="regist.jsp">继续添加</a>
</body>
</html>
```

(5) 在 Eclipse 中部署 test 项目，启动 Tomcat 服务器，访问 regist.jsp，在显示的页面中输入学生信息后单击“确定”按钮，查看学生信息添加处理结果。

实验 6.2　查询学生信息

【实验目的】

(1) 掌握使用 PreparedStatement 接口执行 SQL 语句的方法。

(2) 掌握在 JSP 页面中使用 JDBC 连接数据库并操作数据库表的方法和步骤。

(3) 熟练掌握在 Eclipse 中编写 JSP 源代码的方法和过程。

【实验内容】

在实验 6.1 的基础上，编程实现学生信息的查询，功能效果如图 6-2 所示，其中图 6-2(a)所示为学生信息查询条件输入页面，图 6-2(b)所示为按指定条件查询学生信息后的结果页面。

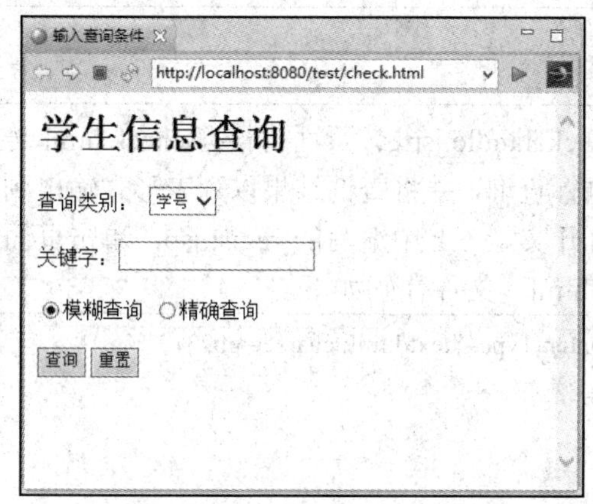

(a) 学生信息查询条件输入页

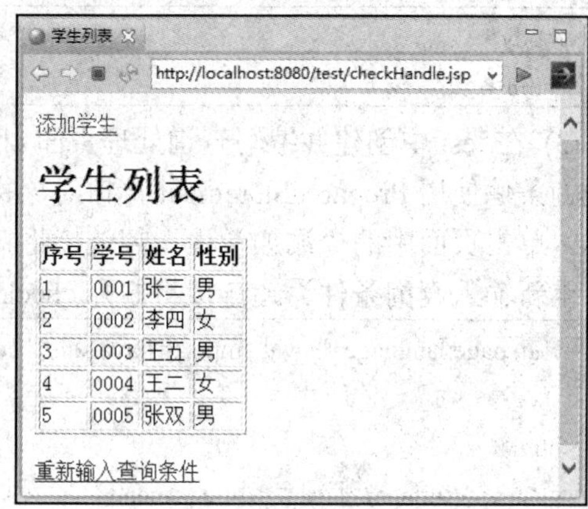

(b) 学生信息查询结果页

图 6-2　实验 6.2 的运行结果

【实验步骤】

(1) 在 Eclipse 中打开在实验 6.1 中创建的动态 Web 项目 test。

(2) 在 test 中创建并编写查询条件输入页面 check.html，可输入信息包括查询类别、关键字和查询方式，其中查询类别以下拉列表(包括学号、姓名和性别三个选项)方式录入，关键字以文本框形式录入，查询方式以单选按钮方式(包括“模糊查询”和“精确查询”两个选项，默认为“模糊查询”)录入。单击“查询”按钮会将本页表单信息提交至 checkHandle.jsp，单击“重置”按钮将清空表单信息，文件代码如下。

```
<html>
<head>
<meta charset="UTF-8">
<title>输入查询条件</title>
</head>
<body>
<h1>学生信息查询</h1>
<form action="checkHandle.jsp" method="post">
查询类别：
<select name="field">
   <option value="stuno">学号</option>
   <option value="stuname">姓名</option>
   <option value="stusex">性别</option>
</select><p>
关键字：<input type="text"  name="keyWord"><p>
<input  type="radio" name="mode" value="fuzzy"  checked>模糊查询 
<input  type="radio" name="mode" value="exact">精确查询<p>
<input  type="submit"  value="查询"> <input  type="reset"  value="重置">
</form>
```

```
</body>
</html>
```

(3) 在 test 中创建并编写查询处理页面 checkHandle.jsp，该页面将根据 check.html 传入的查询条件使用 PreparedStatement 接口对象执行查询，并将查询结果以列表形式输出到客户端。单击页面中的“添加学生”超链接将打开实验 6.1 中编写的 regist.jsp，单击页面中的“重新输入查询条件”超链接将打开 check.html。文件代码如下。

```
<%@ page language="java" import="java.sql.*" contentType="text/html; charset=gb2312"%>

<html>
   <head><title>学生列表</title></head>
   <body>
   <a href="regist.jsp">添加学生</a><p>
   <H1>学生列表</H1>
   <table border="1"   >
          <tr><th>序号</th><th>学号</th><th>姓名</th><th>性别</th></tr>
          <%
          request.setCharacterEncoding("UTF-8");
          String keyWord=request.getParameter("keyWord");
          String field=request.getParameter("field");
          String mode=request.getParameter("mode");

          //若未接收到信息则设置默认值：对学号的模糊查询，查询关键字为空
          if(keyWord==null)keyWord="";
          if(field==null) field="stuno";
          if(mode==null)mode="fuzzy";

          Connection conn=null;
          String sql="";
          PreparedStatement ps = null;
          ResultSet   rs=null;

          try{
                 Class.forName("com.microsoft.sqlserver.jdbc.SQLServerDriver");
                 conn = DriverManager.getConnection("jdbc:sqlserver://localhost:1433;
DatabaseName=School;user=sa;password=sql123.");
                 if (mode.equals("fuzzy")) {// 模糊查找
                        keyWord="%"+keyWord+"%";
                        sql = "SELECT * from T_STUDENT Where " + field + " like ? ";
                 }
   else {// 精确查找
```

```
                sql = "SELECT * from T_STUDENT   Where " + field + " =?";
            }
            ps = conn.prepareStatement(sql);
            ps.setString(1, keyWord);
            rs = ps.executeQuery();
            int i=1;
            while(rs.next()){
                %>
                    <tr>
                    <td><%=i++ %></td>
                    <td><%=rs.getString("STUNO")%></td>
                    <td><%=rs.getString("STUNAME")%></td>
                    <td><%=rs.getString("STUSEX")%></td>
                    </tr>
                <%
            }
        }
        catch(Exception ex){
            out.print("<h2>学生信息查询错误！</h2>");
        }
        finally{
            if (rs != null)      rs.close();
            if (ps != null) ps.close();
            if (conn != null) conn.close();
        }
        %>
    </table>
    <p>
      <a href="check.html">重新输入查询条件</a>
    </body>
</html>
```

(4) 启动 SQL Server 服务器，在 Eclipse 中启动 Tomcat 服务器，访问 check.html，在显示的页面中输入查询信息后单击“查询”按钮，查看学生信息查询结果。

课 后 习 题

一、填空题

1. __________的全称是 Java Database Connectivity(即 Java 数据库连接)，它是一种可以执行标准化查询语言的 Java API。

2. JDBC 常用的 API 接口与类都封装在__________包中。

3. ___________________接口继承自 Statement 接口，该接口的对象用于执行带参数的 SQL 语句，并将 SQL 语句的预编译结果保存到本接口实例中。

4. ResultSet 对象具有用于指向记录的指针，指针所指记录称为____________，指针开始的位置在_____________之前。

5. 使用 Eclipse 开发 Web 项目，如果采用纯 JDBC 驱动方式注册数据库驱动程序，需要把得到的厂商驱动包放置在 Web 项目 WebContent 文件夹下的_______________目录下。

6. 使用语句"Connection conn = DriverManager.getConnection("jdbc:sqlserver://localhost:1433; databaseName=school", "sa", "123456");"创建数据连接对象，则该对象连接的数据库类型是__________，数据库地址是__________，数据库名称是_________，数据库用户名是______，数据库密码是__________。

7. 若需要执行数据信息查询，则需要使用执行语句对象调用_______________方法，该方法调用后将得到_____________类型的返回值，若需要执行数据信息的删除，则需要使用执行语句对象调用__________________方法，该方法调用后将得到__________类型的返回值。

8. 在使用 try-catch-finally 语句结构处理 JDBC 异常时，通常的做法是将 JDBC 访问数据库的所有操作代码放入_______语句块中，将发生异常后的处理操作放入__________语句块中，将释放资源的操作放入__________语句块中。

9. _________是由一步或几步数据库操作序列组成的逻辑执行单元，这系列操作要么全部执行，要么全部放弃执行。

10. 事务具备 4 个特性：________、_________、_________和________，这 4 个特性也简称为 ACID 性。

11. JDBC 元数据有三类，分别是用于获取数据库基本信息的_______________，用于获取预编译 SQL 语句信息的____________和用于获取 JDBC 操作返回结果集信息的___________。

二、选择题

1. 以下说法错误的是(　　)。

A. JDBC-ODBC 桥，将 JDBC API 映射到 ODBC API，是早期的实现，目前几乎很少用

B. 本地 JDBC API 桥由于采用数据库本地代码，访问性能相对高，但增加了开发维护的复杂性

C. JDBC 中间件驱动支持通过中间件访问数据库，主要用于 Applet 阶段，支持三层构架

D. 纯 JDBC 驱动，直接与数据库交互，所以数据库驱动程序是通用的

2. 在 JDBC 中通常用于管理数据库中的所有驱动程序的类或接口是(　　)。

A. DriverManager　　B. Connection

C. Statement　　D. ResultSet

3. 下面的选项加载 SQLServer 驱动正确的是(　　)。

A. Class.forname("com.mysql.jdbc.Driver ");

B. Class.forname("com.microsoft.sqlserver.jdbc.SQLServerDriver ");

C. Class.forname("oracle.jdbc.driver.OracleDriver ");

D. Class.forname("sun.jdbc.odbc.JdbcOdbcDriver ");

4. 以下语句可以创建 Statement 接口对象的是(　　)。

A. Statement sm = new Statement()

B. Statement sm = conn. createStatement(); (注：conn 为数据连接对象)

C. Statement sm = conn. getStatement ();(注：conn 为数据连接对象)

D. Statement sm = conn. prepareStatement ();(注：conn 为数据连接对象)

5. 下面关于 PreparedStatement 接口说法错误的是(　　)。

A. PreparedStatement 接口继承自 Statement 接口

B. 使用 PreparedStatement 接口可以有效地防止 SQL 注入式攻击

C. PreparedStatement 接口不能用于批量更新的操作

D. PreparedStatement 接口可以存储预编译的 SQL 语句，从而提升执行效率

6. 如果数据库员工表 employee 中没有任何数据，那么使用 JDBC 执行 SQL 语句“SELECT COUNT(*) FROM employee”后得到的数据集对象中将会是(　　)。

A. null　　B. 有数据

C. 不为 null，但是没有数据　　D. 以上都选项都不对

7. 如果已使用预编译 SQL 语句“UPDATE emp SET ename=?,job=?,salary =? WHERE empno=?”创建了预执行语句对象 pst，若需要为该预编译 SQL 语句的第三个问号赋值，则以下语句正确的是(　　)。

A. pst.setInt("3", 2000);　　B. pst.setInt(3, 2000);

C. pst.setFloat("salary", 2000);　　D. pst.setString("salary","2000");

8. SQL 语句“SELECT name as employeeName, serialNo as employeeNo FROM employee”在 JDBC 编程中执行完后得到数据集对象 rs，则能读取数据集第一列数据的语句是(　　)。

A. rs.getString(0);　　B. rs.getString("name");

C. rs.getString(1);　　D. rs.getString("1");

9. 如果需要移动数据集中的指针下移一行需要使用的方法是(　　)。

A. next ()　　B. first()

C. last()　　D. close()

10. 下列关于 JDBC 事务说法错误的是(　　)。

A. 使用连接对象调用 commit()方法可提交当前事务

B. 使用连接对象调用 rollback()方法可使事务回滚到起点

C. 使用连接对象调用 setAutoCommit(false)可将事务设置为手动提交

D. JDBC 事务默认为禁止自动提交

11. 下列关于 JDBC 元数据说法错误的是(　　)。

A. 使用数据库元数据对象可获取有关于数据库的相关信息

B. 使用参数元数据对象可获取对于预编译 SQL 语句的相关信息

C. 使用 PreparedStatement 接口对象调用 getParameterMetaData()方法可获得结果集元数据对象

D. 通过 Connection 类对象调用 getDatabaseMetaData()方法可得到数据库元数据对象

三、简答题

1. JDBC 驱动程序的功能是什么？包括哪些连接方式？
2. 使用 JDBC 访问数据的步骤有哪些？
3. 为什么在 JDBC 操作中需要进行异常处理？
4. 为什么在 JDBC 操作结束后需要及时释放资源？

四、编程题

已创建数据库 School，表 T_USER 结构如图 6-3(a)所示，编写程序实现登录验证，要求：

① 编写登录页面 login.html，访问效果如图 6-3(b)所示，单击“确定”按钮将会把两个文本框中的输入的信息提交到登录处理页面 loginHandle.jsp，单击“重置”按钮将清除页面中填写的所有信息。

② 编写登录处理页面 loginHandle.jsp，该页面能根据 login.html 提交的用户名和密码查询 SQL Server 数据库 School 中的表 T_USER，判断当前用户是否是合法用户(存在记录则合法，不存在记录则非法)，如果是合法用户则打开主页 main.jsp，若不是合法用户则显示“用户名或密码错误！”，并显示返回登录页面 login.html 的超链接。该页面在处理登录验证时能防止 SQL 注入式攻击。

③ 编写主页 main.jsp，该页显示针对登录者的欢迎信息“XX，欢迎你！”，其中“XX”即是登录用户名。

列名	数据类型	允许 Null 值
userid	varchar(50)	☐
password	varchar(50)	☐

(a) T_USER 表结构

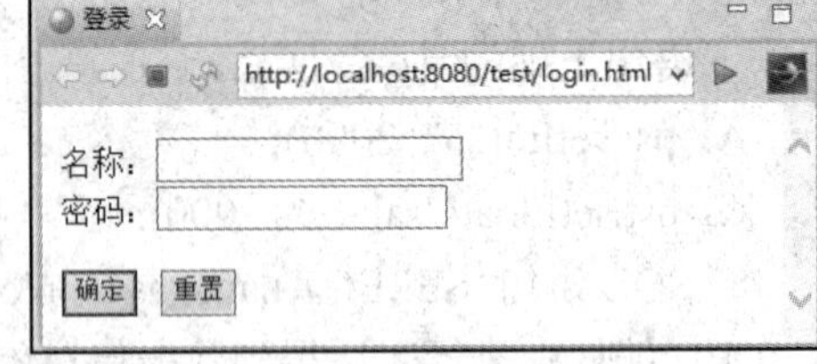

(b) 登录页面

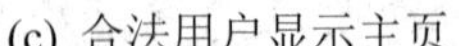

(c) 合法用户显示主页

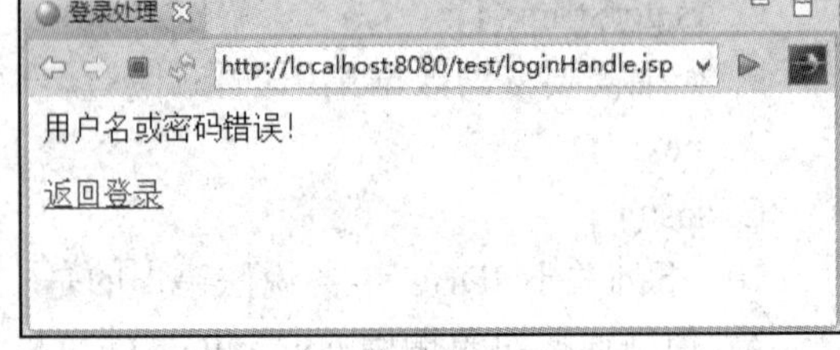

(d) 非法用户显示提示信息

图 6-3　登录验证程序的运行结果

第 7 章　Servlet 技术

【学习导航】

在本章我们将了解什么是 Servlet 以及什么是 Servlet 过滤器，还将学习在 Servlet 生命周期中实现预定功能的各个方法，学习如何创建、编写、配置和运行 Servlet，如何在 Servlet 中获取 JSP 内置对象、实现页面跳转、资源文件包含和读取配置参数的操作，以及如何创建、编写和配置 Servlet 过滤器来实现相关的过滤操作。

【学习目标】

知 识 目 标	能 力 目 标
1. 理解 Servlet 的概念、工作流程及其与 JSP 的区别 2. 理解 Servlet 的生命周期以及在生命周期中实现预定功能的各个方法 3. 掌握编写、配置和运行 Servlet 的方法 4. 掌握在 Servlet 中获取 JSP 内置对象，并实现页面跳转、资源文件包含和读取配置参数的方法 5. 理解 Servlet 过滤器的概念和作用 6. 掌握 Servlet 过滤器创建、编写和配置的方法	1. 能编写、配置和运行 Servlet 2. 能在 Servlet 中获取 JSP 内置对象，并实现页面的跳转、资源文件包含和读取配置参数的操作 3. 能编写和配置 Servlet 过滤器

7.1　Servlet 概述

7.1.1　什么是 Servlet

Servlet 原本是指在 Java API 中定义的一个接口，但在 Java Web 中则指实现了这个 Servlet 接口的类的实例，也就是说，Servlet 实际上是一种运行在 Web 服务器端的 Java 应用程序，属于客户与服务器应用程序的中间层，主要用于处理各种业务逻辑，也可以实现交互式浏览或生成动态的 Web 页面。

Servlet 只能在支持 Java 的应用服务器中运行，可以响应任何类型的请求，但绝大多数情况下 Servlet 都是处理基于 HTTP 协议的请求，Servlet 处理 HTTP 请求的过程如图 7-1-1 所示，分成以下 6 个步骤：

(1) 客户端通过浏览器向 Web 服务器提出 HTTP 请求。

(2) 服务器端对接收到的 HTTP 请求报文进行解析，然后通过 Servlet 容器将解析结果封装成 HttpServletRequest 类型的 request 对象发送给相应的 Servlet。

(3) Servlet 处理请求，如果这些请求涉及对数据库数据的处理，Servlet 就会访问数据库服务器并对数据库服务器返回的数据进行再处理。

(4) Servlet 将处理结果封装为 HttpServletResponse 类型的 response 对象并发送给 Servlet 容器。

(5) Servlet 容器将 response 对象转换成 HTTP 响应报文并发回客户端。

(6) 客户端浏览器解析 HTTP 响应报文并将结果显示出来。

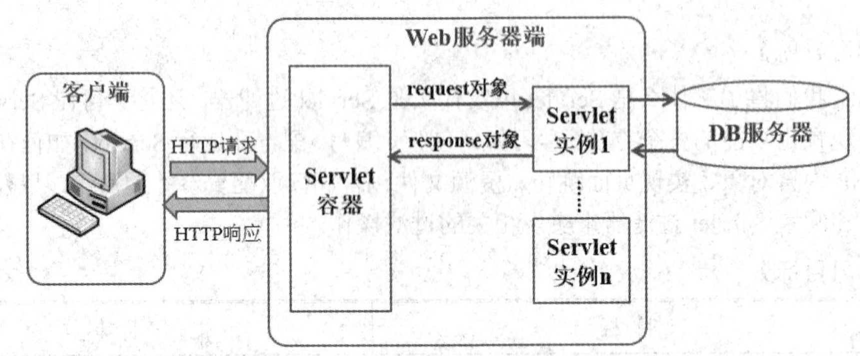

图 7-1-1　Servlet 处理 HTTP 请求的过程

虽然 JSP 源文件和 Servlet 源文件都能处理客户端的 HTTP 请求，但是二者有很大的区别：

(1) Servlet 的源代码是纯 Java 的代码，其编写要求严格遵循 Java 的语法规则，所有语句均要求位于完整的语法结构中。而 JSP 的源代码是在 HTML 的代码中插入一些 Java 代码片段、JSP 指令和 JSP 动作元素，JSP 中的这些 Java 的代码片段并不要求包含完整的语法结构，仅仅是零碎的 Java 语句，因此编写 JSP 比编写 Servlet 更容易一些。

(2) JSP 承担显示层角色，可以直接编写 HTML 的静态代码，因此，JSP 在界面显示方面的功能更强大。相对于 JSP 而言，Servlet 只有调用固定的方法才能将信息输出为静态的 HTML 代码，因此一般不用于向客户端输出大量信息，而是用于业务逻辑处理，也就是介于数据显示与数据存储之间的控制层角色。

(3) 无论是 JSP 源文件还是 Servlet 的源文件都需要编译成字节码文件后才能在 Java 虚拟机上解释运行，JSP 源文件的编译由 JSP 容器自动完成，而 Servlet 源文件的编译则必须由编程人员手动完成。因此，编程人员在完成 Web 应用程序的编写后，可以将 JSP 源文件直接部署到 Web 服务器中，但对于 Servlet 而言，部署到 Web 服务器中的不是 Servlet 源文件，而是将 Servlet 源文件编译后的字节码文件。

实际上，我们编写的 JSP 源文件最终在运行前都要转换成 Servlet 源文件，只是两个文件的转换和对 Servlet 文件的编译都是由 JSP 容器(例如 Tomcat)自动完成，对于用户而言是透明的，所以对于不知道 JSP 容器运行原理的用户而言，会误以为是直接运行的 JSP 源文件。

例如，我们将 Web 项目 test 部署到本机的 Tomcat 服务器上，该项目包含一个 Hello.jsp 源文件，项目文件结构如图 7-1-2 所示，当我们通过“http://localhost:8080/test/Hello.jsp”来访问 Hello.jsp 文件时，Tomcat 服务器会自动将 Hello.jsp 文件转换成 Hello_jsp.java 并自动编译该 Servlet 文件得到字节码文件 Hello_jsp.class，我们可在如图 7-1-3 所示的“%Tomcat 安装路径%/\work\Catalina\localhost\test\org\apache\jsp\”路径下找到这两个文件。

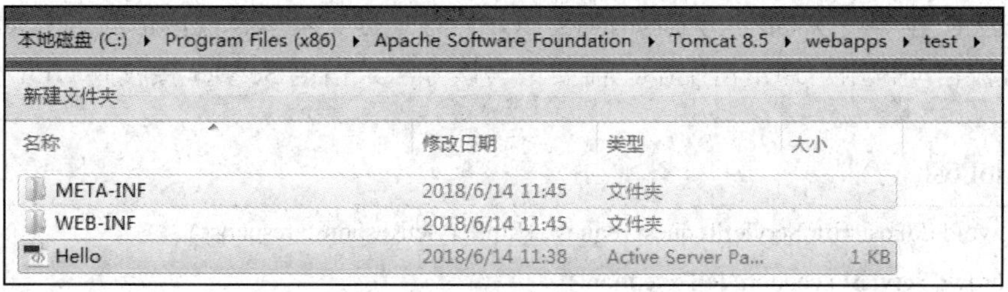

图 7-1-2　test 项目部署结构图

图 7-1-3　Hello.jsp 文件对应的 Servlet 文件和字节码文件

7.1.2　Servlet 的生命周期

在 Web 服务器中处理 HTTP 请求的 Servlet 是一个对象，存在自己的生命周期，这个周期包含 Servlet 从创建直到消亡的整个过程。在 Servlet 的整个生命周期中，Servlet 容器会根据需求和 Servlet 的生命状态自动调用 Servlet 中包含的一些方法来实现预定功能，下面分别介绍这些方法。

(1) init()方法。

```
public void init(ServletConfig config) throws ServletException {
}
```

该方法在 Servlet 实例化时由 Servlet 容器自动调用，因为一个 Servlet 类在 Web 服务器中最多只驻留一个实例，因此该方法仅会被调用一次。通常情况下，我们可以将一些初始化代码放在该方法内，用于创建或加载一些数据，这些数据可以在该 Servlet 的整个生命周期中访问。

(2) service()方法。

```
public void service(HttpServletRequest request, HttpServletRequest response)
throws ServletException, IOException{
}
```

该方法是执行实际任务的主要方法，在客户端对 Servlet 提出请求后由 Servlet 容器自动调用，并把响应结果返回给客户端。service()方法会根据收到的客户端请求类型在恰当的时候自动调用 doGet()或 doPost()方法。一般情况下无须重写该方法，而是根据客户端的请求类型来重写 doGet()或 doPost()方法。

(3) doGet()方法。

```
public void doGet(HttpServletRequest request, HttpServletResponse response)
    throws ServletException, IOException {
}
```

该方法在客户端以 GET 方式(如链接、GET 方式提交表单、直接访问 Servlet 等)请求 Servlet 时被自动调用。通常情况下，需要重写该方法来指定 Servlet 接收到 GET 类型请求后的操作。

(4) doPost()方法。

```
public void doPost(HttpServletRequest request, HttpServletResponse response)
    throws ServletException, IOException {
}
```

该方法在客户端以 POST 方式(如以 POST 方式提交表单)请求 Servlet 时被自动调用。通常情况下，需要重写该方法来指定 Servlet 接收到 POST 类型请求后的操作。

(5) destroy()方法。

```
public void destroy() {
}
```

该方法在 Servlet 实例消亡时由 Servlet 容器自动调用，因此只会被调用一次。通常情况下，我们可将 Servlet 消亡之前还必须进行的操作(如释放数据库连接资源、停止后台线程、将数据写入磁盘等)放在该方法中。在 destroy()方法调用完成后，servlet 对象才进行销毁。

注意：

① Servlet 实例并非仅存在于客户端的一次请求响应过程中，即并不会在完成一次客户端请求后就销毁，而是在创建后常驻内存，直到类被重新编译加载或 Servlet 容器关闭时才会销毁。

② destroy()方法是在 Servlet 实例销毁时被调用来做一些清扫工作，而不是调用 destroy()方法来销毁 Servlet 实例。

在 Servlet 的整个生命周期中，Servlet 容器对 Servlet 的操作存在以下 3 种情况：

(1) 当客户端第一次对某个 Servlet 提出请求后，因为服务器中不存在该 Servlet 的实例，因此 Servlet 容器首先将 Servlet 类加载到内存并实例化，再调用 init()方法初始化该 Servlet 对象，最后调用 service()方法，service()方法会再根据请求的类型自动调用 doPost()方法或 doGet()方法来处理客户端的请求并返回响应，操作过程如图 7-1-4 所示。

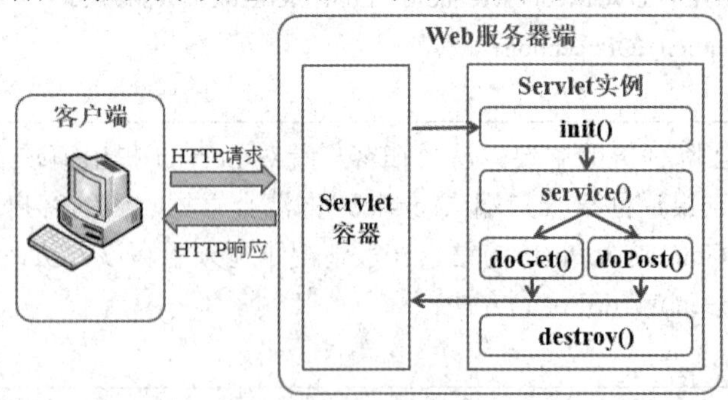

图 7-1-4　客户端第一次对 Servlet 提出请求时的操作流程

(2) 当客户端再次对某个 Servlet 提出请求时，因为当前服务器中存在该 Servlet 的实例，所以 Servlet 容器会直接调用 service()方法，service()方法会再根据请求的类型自动调用

doPost()方法或 doGet()方法来处理客户端的请求并返回响应，操作过程如图 7-1-5 所示。

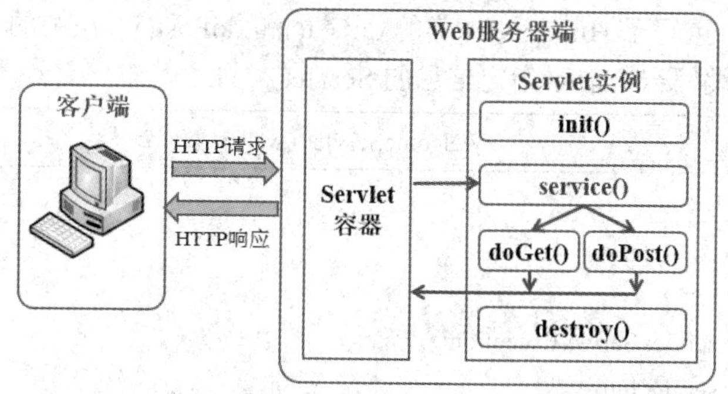

图 7-1-5　客户端再次对 Servlet 提出请求时的操作流程

(3) 当 servlet 类代码发生修改导致这个类被重新编译加载或 Servlet 容器关闭时，Servlet 容器会先自动调用 destroy()方法，然后再销毁 Servlet 对象，操作过程如图 7-1-6 所示。

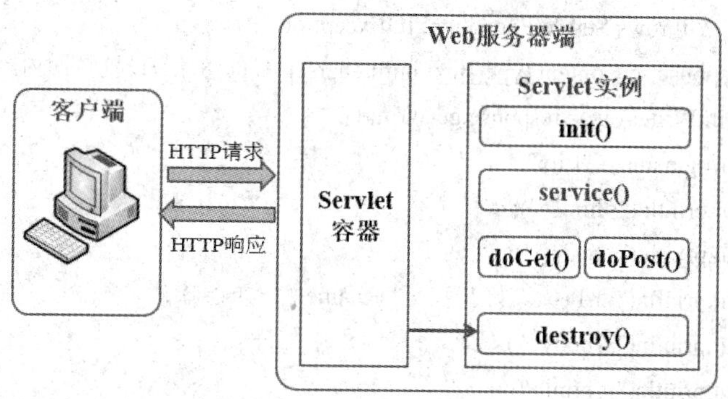

图 7-1-6　Servlet 销毁时的操作流程

7.2　Servlet 的开发

如果需要在浏览器中通过 URL 来访问 Servlet，首先需要对 Servlet 进行开发，开发 Servlet 程序来实现 Web 应用需求需要经过 3 个阶段：

(1) 创建 Servlet 源文件并编写代码。

(2) 对编写的 Servlet 进行配置，以实现 Servlet 与访问 URL 的关联。

(3) 在服务器上部署 Servlet。

我们可以纯手工或借助开发工具实现对 Servlet 的开发，本小节将分别对这两种开发方式进行介绍。

7.2.1　手工开发 Servlet

1. 编写 Servlet

通过前面的学习，我们已经知道 Servlet 就是一个在服务器端用于业务逻辑处理的 Java 类的对象，因此，编写 Servlet 实际上就是编写一个实现指定操作的 Java 类。但是，并非任何 Java 类都能作为 Servlet 类，它还需要满足以下 2 个条件：

(1) 这个类必须是 HttpServlet 类的子类。

(2) 这个类至少重写了 HttpServlet 类的 doGet()和 doPost()方法中的一个。

【例 7-2-1】 编写一个显示指定信息的 Servlet 类。

WelcomeServlet.java

```
1   package servlet;
2
3   import java.io.*;
4   import javax.servlet.ServletException;
5   import javax.servlet.http.*;
6
7   public class WelcomeServlet extends HttpServlet {
8       public void doGet(HttpServletRequest request, HttpServletResponse response)
9                   throws ServletException, IOException {
10          response.setContentType("text/html;charset=UTF-8"); //设置页面内容类型
11          PrintWriter out = response.getWriter();
12          String name = "Lily";
13          out.println("<html>");
14          out.println("<body>");
15          out.println("<h1>大家好！我是" + name + "</h1>");
16          out.println("</body>");
17          out.println("</html>");
18      }
19  }
```

例 7-2-1 的源代码说明：

(1) 为了便于对源代码的管理，我们通常会将一个项目中的 Servlet 类放在一个包中。代码第 1 行就将类 WelcomeServlet 放在了 servlet 包中。

(2) 在编写 Servlet 类时，需要导入 javax.servlet 包和 java.io 包中的一些类，代码 3～5 行就是实现指定包和类的导入工作。

(3) 代码 7～19 行编写了类 WelcomeServlet，该类是 HttpServlet 的子类，且包含一个成员方法 doGet()，在 doGet()方法中实现了向客户端写回 HTML 静态代码的功能。

(4) 因为写回客户端的信息包含中文，所以代码第 10 行使用 response 对象设置了写回客户端页面的内容类型，即页面为 html 类型的文本文件，该文件编码格式为支持中文的 UTF-8，这样才能保证写回的中文信息能在客户端正常显示。

(5) 代码第 11 行创建的 out 对象功能与 JSP 的内置对象 out 相同，但 Java 代码中不允许出现像 JSP 内置对象那样不经创建就直接使用的对象，因此需要严格按照 Java 语法格式创建该对象后才能使用该对象来向客户端返回信息。

在例 7-2-1 中，我们编写的类 WelcomeServlet 满足 Servlet 类的编写要求，因此该类就是一个 Servlet 类。我们可以创建一个空白的记事本文件，在文件中编写如例 7-2-1 所示代码，并修改文件名 WelcomeServlet.java，就完成了一个 Servlet 源文件的创建和编写。

2. 配置 Servlet

完成了 Servlet 源文件的编写后，我们还需要对该 Servlet 类进行配置才能通过 HTTP 请求来访问这个类，配置 Servlet 的实质就是设置 Servlet 类的访问 URL，方法有 2 种。

方法 1：在%项目文件夹%\WEB-INF\web.xml 文件中配置。

这种方法需要在%项目文件夹%\WEB-INF\web.xml 文件的<web-app>标签组中按照如下格式添加代码：

```
1  <servlet>
2  <servlet-name> Servlet 的名称 </servlet-name>
3      <servlet-class> Servlet 类的完整类名 </servlet-class>
4   </servlet>
5   <servlet-mapping>
6      <servlet-name> Servlet 的名称 </servlet-name>
7      <url-pattern> /访问 Servlet 的 URL </url-pattern>
8   </servlet-mapping>
```

说明：

(1) 添加的代码包括两个标签组，代码 1～4 行的<servlet>标签组用来关联 Servlet 和 Java 类，代码 5～8 行的<servlet-mapping>标签组用来关联 Servlet 与访问 URL，这两组标签必须同时添加。

(2) 代码第 2 行和第 6 行的<servlet-name>标签内容为自定义的 Servlet 名称，该名称可任意命名，但一般与 Servlet 类的类名一致。两个<servlet-name>标签内容必须相同，这样就能以 Servlet 名称为桥梁将访问 URL 与被访问的类关联了起来。

(3) 代码第 3 行的<servlet-class>标签用来设置 Servlet 类的类名，该名称必须是包含完整包名的 Java 类的名称。

(4) 代码第 7 行的<url-pattern>标签用来设置 Servlet 的访问 URL，该路径可任意设置，一般情况下设置为“/Servlet 类的名称”。设置后即可通过“http://服务器 IP:访问端口号/项目名/访问 Servlet 的 URL”来访问该 Servlet 了。

【例 7-2-2】 为例 7-2-1 中编写的 Servlet 类配置访问 URL 为“/WelcomeServlet”。

web.xml

```
<?xml version="1.0" encoding="UTF-8"?>
<web-app xmlns:xsi="http://www.w3.org/2001/XMLSchema-instance"
xmlns="http://xmlns.jcp.org/xml/ns/javaee"
xsi:schemaLocation="http://xmlns.jcp.org/xml/ns/javaee
http://xmlns.jcp.org/xml/ns/javaee/web-app_3_1.xsd" version="3.1">
    <servlet>
      <servlet-name>WelcomeServlet</servlet-name>        <!--Servlet 名称-->
      <servlet-class>servlet.WelcomeServlet</servlet-class><!--Servlet 类全名-->
    </servlet>
    <servlet-mapping>
```

```
11         <servlet-name>WelcomeServlet</servlet-name>      <!--Servlet 名称-->
12         <url-pattern>/WelcomeServlet</url-pattern>       <!--Servlet 的访问 URL-->
13      </servlet-mapping>
14    </web-app>
```

例 7-2-2 对例 7-2-1 中编写的 Servlet 类进行了配置，设置了类 servlet.WelcomeServlet (servlet 为包名，WelcomeServlet 为类名)对应的 Servlet 名称为 WelcomeServlet，并设置名称为 WelcomeServlet 的 Servlet 访问 URL 为“/WelcomeServlet”，这样我们就可以通过在浏览器地址栏输入“http://localhost:8080/项目名/WelcomeServlet”来访问指定项目中 servlet 包中的类 WelcomeServlet 了。

需要注意的是，如果%项目文件夹%\WEB-INF\web.xml 文件不存在，我们需要首先在%项目文件夹%\WEB-INF\路径下新建记事本文件，然后在文件中编写如例 7-2-2 中所示代码并修改文件名称为 web.xml；如果%项目文件夹%\WEB-INF\web.xml 文件存在，则需要保持 web.xml 文件原有代码不变，仅仅在该文件的<web-app>标签组中添加如例 7-2-2 中所示的 6～13 行的代码。

> **注意**：完成 web.xml 文件的创建或修改后，需要重启 Tomcat 服务器配置的内容才会起效。

方法 2：在 Servlet 源文件中添加注解语句进行配置。

这种方法需要在 Servlet 源文件中按以下语法格式添加注解语句：

```
@WebServlet("/访问 Servlet 的 URL")
```

> **注意：**
>
> ① 使用注解语句需要在 Servlet 类中导入 javax.servlet.annotation.WebServlet 类。
>
> ② 注解语句必须放置在 Servlet 类定义之前。
>
> ③ 使用注解语句来配置 Servlet 的访问 URL 仅对 Servlet3.0 及以上版本有效，也就是说，含有注解语句的 Servlet 类仅在 Tomcat7.0 及以上的 Tomcat 服务器中才能被正常访问。

【例 7-2-3】修改例 7-2-1 中 Servlet 类的代码，使用注解语句配置类的访问 URL 为“/WelcomeServlet1”。

WelcomeServlet1.java

```
package servlet;

import java.io.*;
import javax.servlet.ServletException;
import javax.servlet.http.*;
import javax.servlet.annotation.WebServlet;

@WebServlet("/WelcomeServlet1")
```

```
9    public class WelcomeServlet1 extends HttpServlet {
10       public void doGet(HttpServletRequest request, HttpServletResponse response)
11               throws ServletException, IOException {
12           response.setContentType("text/html;charset=UTF-8"); //设置页面内容类型
13           PrintWriter out = response.getWriter();
14           String name = "Lily";
15           out.println("<html>");
16           out.println("<body>");
17           out.println("<h1>大家好！我是" + name + "</h1>");
18           out.println("</body>");
19           out.println("</html>");
20       }
21   }
```

例 7-2-3 对例 7-2-1 中编写的 WelcomeServlet.java 进行了少量修改，仅添加了第 6 行的导入语句和第 8 行的注解语句，其中，注解语句中包含的常量字符串"/WelcomeServlet1"即是我们设置的对 WelcomeServlet1 类的访问 URL。

3. 部署 Servlet

通过前面的学习我们已经知道，在 Web 服务器中运行的不是 Servlet 的源文件，而是将源文件编译后的字节码文件，因此部署 Servlet 即是将 Servlet 类编译后的字节码文件放置在服务器的指定位置。因此，部署 Servlet 首先需要将 Servlet 源文件手工编译成字节码文件，编译过程如下：

(1) 使用组合键“Win +R”打开如图 7-2-1 所示的运行窗口，并在运行窗口中输入“cmd”，单击“确定”按钮即可打开如图 7-2-2 所示的命令行窗口。

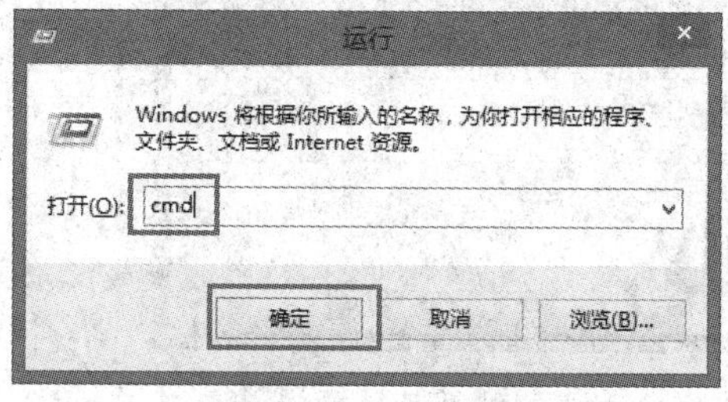

图 7-2-1　运行窗口

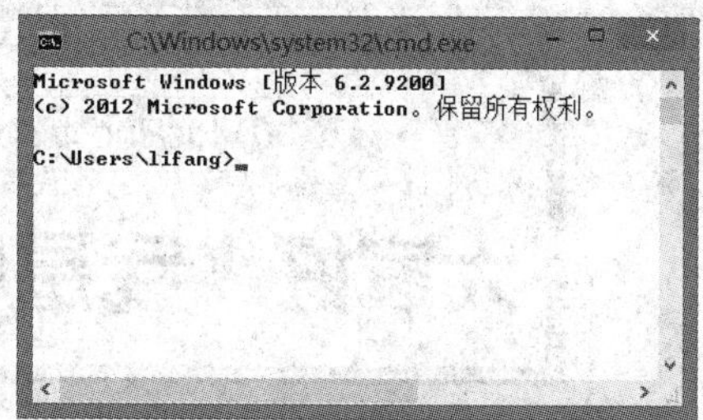

图 7-2-2　命令行窗口

(2) 在图 7-2-2 所示的命令行窗口中使用表 7-1-1 所示的 dos 命令对 Servlet 源文件进行编译，例如图 7-2-3 即是对例 7-2-1 中编写的 WelcomeServlet.java 进行编译的操作过程，编译结果如图 7-2-4 所示。

表 7-1-1　常用 dos 命令

命　令	功　能
盘符:	进入盘符指定分区中。
cd 文件路径	进入文件路径指定的文件夹中。
javac Java 源文件	编译指定 Java 源文件，并将得到的字节码文件放在同一文件夹中。

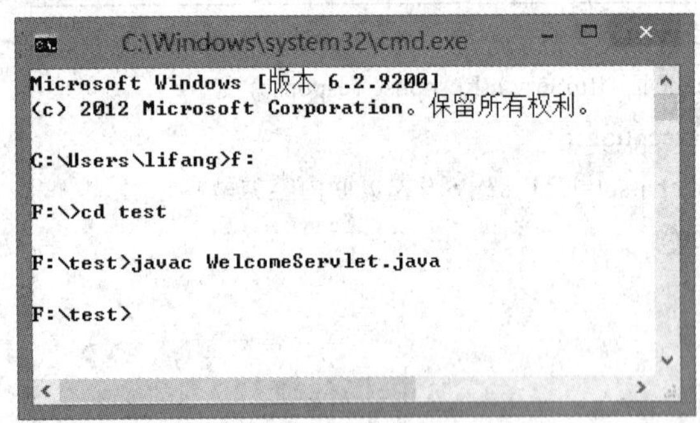

图 7-2-3　编译 WelcomeServlet.java 的操作过程

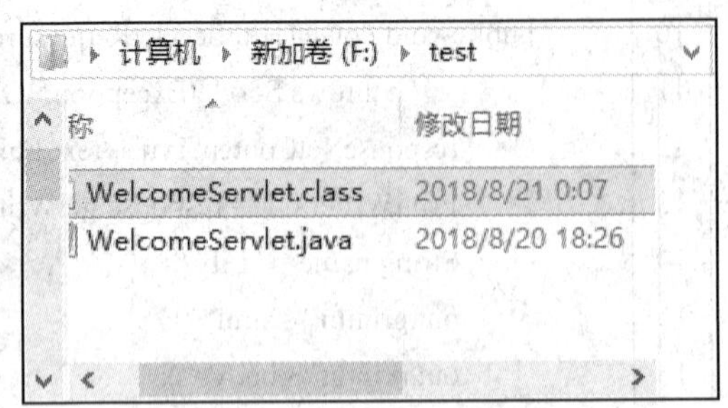

图 7-2-4　WelcomeServlet.java 的编译结果

完成了 Servlet 源文件的编译后，我们需要将该字节码文件部署在“%项目文件夹%\WEB-INF\classes\Servlet 类所属包名称\”路径下，例如，我们就需要将编译得到的 WelcomeServlet.class 文件放在已部署在 Tomcat 服务器上的 test 项目的指定路径下，该路径如图 7-2-5 所示。

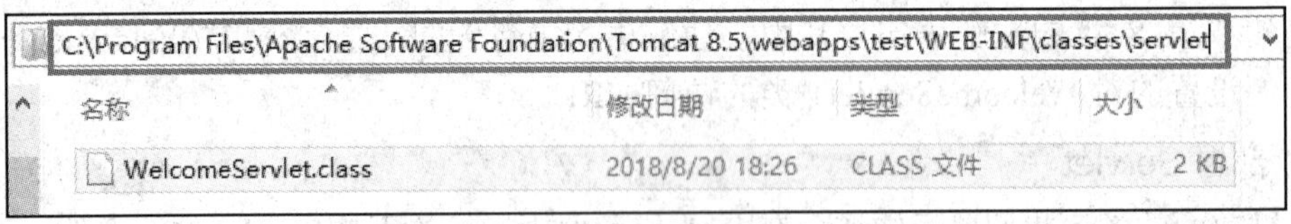

图 7-2-5　WelcomeServlet.class 的放置位置

完成了 Servlet 源文件对应的字节码文件的部署后，我们就可以使用配置时设置的访问 URL 来访问指定的 Servlet 了。例如，我们可以通过“http://localhost:8080/test/WelcomeServlet”来访问 WelcomeServlet.class 文件，运行结果如图 7-2-6 所示。

图 7-2-6　WelcomeServlet 的访问结果

7.2.2　在 Eclipse 中开发 Servlet

通过上一个小节的学习，我们已经可以手工完成 Servlet 的开发和访问了，但这个过程比较繁琐，不利于 Servlet 的快速开发，因此我们借助专门的开发工具能使这个过程更为简单高效，下面我们就来学习一下如何借助 Eclipse 这个开发工具来实现一个显示指定信息的 Servlet 的编写、配置、部署和访问。

(1) 如图 7-2-7 所示，在 Eclipse 主界面左侧的 Package Explorer 视图中右击项目名称，选择 New→Servlet 命令将打开“创建 Servlet——类描述”界面。

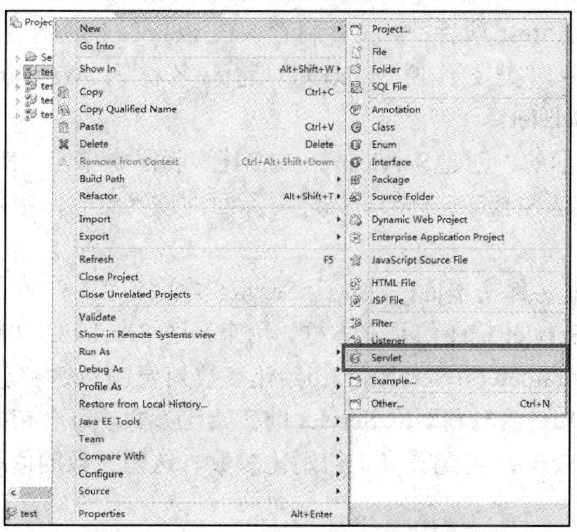

图 7-2-7　打开“创建 Servlet”界面操作示例

(2) 如图 7-2-8 所示的“创建 Servlet——类描述”界面的作用是设置要创建的 Servlet 类的基本信息，这些信息包括：

① Project：描述创建的 Servlet 类所属项目的名称，可在当前工作空间中已创建的项目中选择，默认为创建 Servlet 时所选的项目。

② Source Folder：描述 Servlet 类在项目中的存放位置，默认为项目中的 src 文件夹。

③ Java Package：描述 Servlet 类所属的包，包名可以直接在文本框中输入，也可单击该文本框后的“Browser”按钮，在打开的如图 7-2-9 所示的“包选择”界面中选择当前项目中已有包。

图 7-2-8　“创建 Servlet——类描述”界面

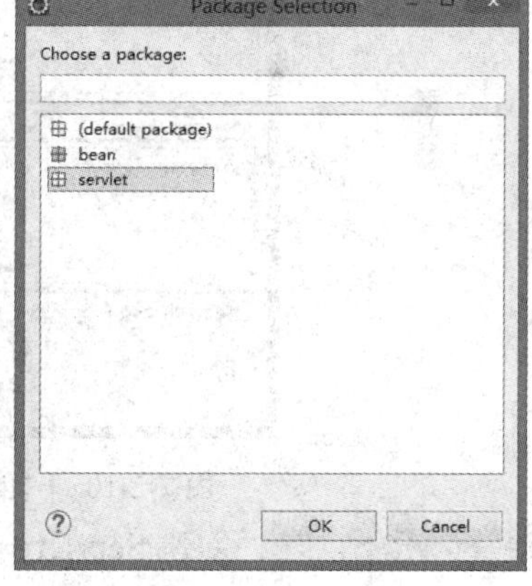

图 7-2-9　“包选择”界面

④ Class name：描述 Servlet 类名称，在输入时，必须保证在其所属包中名称的唯一性，否则“创建 Servlet——类描述”界面会给出类已存在的错误提示，且不能进行下一步操作。

⑤ Super class：描述 Servlet 类的父类，默认值为 javax.servlet.http.HttpServlet，由于 Servlet 类的必要条件之一就是必须为 HttpServlet 类的子类，因此该项值不能随意修改，只能是 HttpServlet 或其子类。

通常情况下，在“创建 Servlet——类描述”界面中只需要输入 Servlet 类的名称和其所属包的名称，其余各项均保留默认值即可。例如，在如图 7-2-8 所示界面中设置的信息表明创建的 Servlet 类属于 test 项目，源文件将存放在 Eclipse 的工作空间中 test 项目文件夹中的 src 子文件夹中，类文件属于 servlet 包，名称为 WelcomeServlet，其父类为 javax.servlet.http.HttpServlet。

(3) 在图 7-2-8 所示的“创建 Servlet——类描述”界面中单击“Next”按钮，将打开如图 7-2-10 所示的“创建 Servlet——部署描述”界面，该界面的作用是设置 Servlet 的配置信息，这些信息包括：

① Name：Servlet 名称文本框，默认为 Servlet 类的名字。

② Description：Servlet 描述信息文本框，用来描述 Servlet 的功能等信息，默认为空。

③ Initialization parameters：Servlet 的初始化参数列表，默认为空，可通过“Add”“Edit”“Remove”按钮来添加、编辑和删除 Servlet 的初始化参数，每个初始化参数可包括名称、值和描述信息。一个 Servlet 可配置多个初始化参数，这些参数的值可在 Servlet 类中使用固定方法来读取。

④ URL mappings：Servlet 的访问 URL 列表，默认为“/Servlet 名称”，可通过“Add”“Edit”“Remove”按钮来添加、编辑和删除访问 URL，一个 Servlet 可配置多个访问 URL，这些 URL 都以“/”开头，都指向同一个 Servlet。

图 7-2-10　“创建 Servlet——部署描述”界面

通常情况下，在“创建 Servlet——部署描述”界面中保留默认设置即可，无需做过多的信息添加和修改。例如，在如图 7-2-10 所示界面中设置的信息表明创建的 Servlet 名字叫 WelcomeServlet，其访问 URL 为“/WelcomeServlet”。

(4) 在图 7-2-10 所示的“创建 Servlet——部署描述”界面中单击“Next”按钮，将打开如图 7-2-11 所示的“创建 Servlet——修饰符、接口和方法描述”界面，该界面的作用是设置 Servlet 类定义的基本信息，目的是帮助 Eclipse 自动生成 Servlet 类的部分代码，从而简化编程工作，这些信息包括：

① Modifiers：Servlet 类的修饰符，必须为公共的、非抽象的，默认为非终结的。

② Interfaces：Servlet 类的实现接口列表，默认为空，可通过单击“Add”和“Remove”

按钮来添加和删除 Servlet 类要实现的接口。一个 Servle 类可实现多个接口。

③ Servlet 类的候选方法列表：这部分包括 Servlet 类的构造方法以及所有可从父类 HttpServlet 中继承得到的方法，此处勾选的方法将在 Eclipse 自动生成的 Servlet 类体中生成相应的方法体为空的成员方法。

通常情况下，在“创建 Servlet——修饰符、接口和方法描述”界面中只需根据功能需要勾选要在 Servlet 类中包含的方法，其他选项保持默认设置即可。例如，在如图 7-2-11 所示界面中设置的信息表明创建的 Servlet 类为公共类，只包含 doGet()方法。

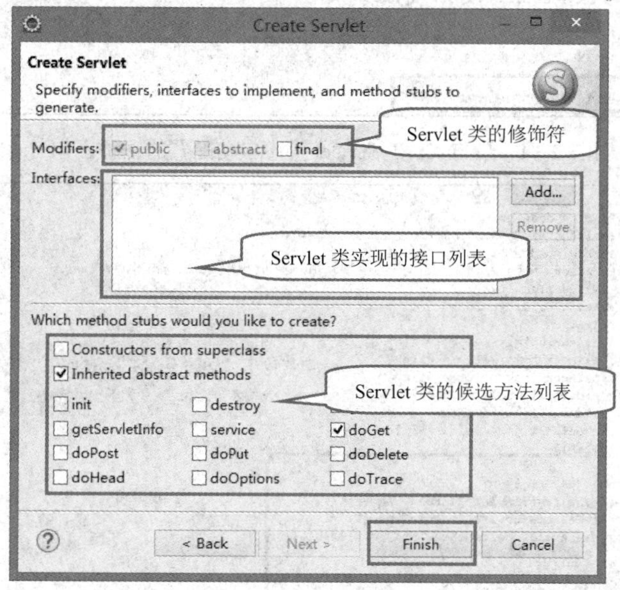

图 7-2-11　“创建 Servlet——修饰符、接口和方法描述”界面

(5) 在图 7-2-11 所示的“创建 Servlet——修饰符、接口和方法描述”界面中单击“Finish”按钮，就完成了在 Eclipse 中创建 Servlet 的所有操作。

此时，根据在图 7-2-8 所示“创建 Servlet——类描述”界面中设置的信息，Eclipse 会创建一个 Servlet 源文件并将其放入如图 7-2-12 所示的指定路径下。根据图 7-2-11 所示“创建 Servlet——修饰符、接口和方法描述”界面中设置的信息，Eclipse 会自动生成如图 7-2-13 所示的 Servlet 类的部分代码。

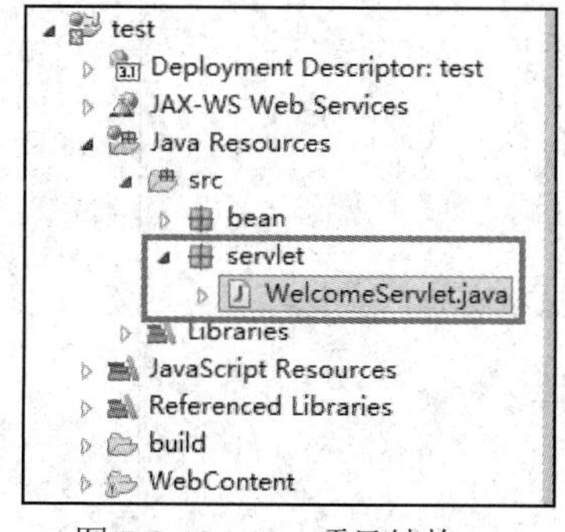

图 7-2-12　test 项目结构

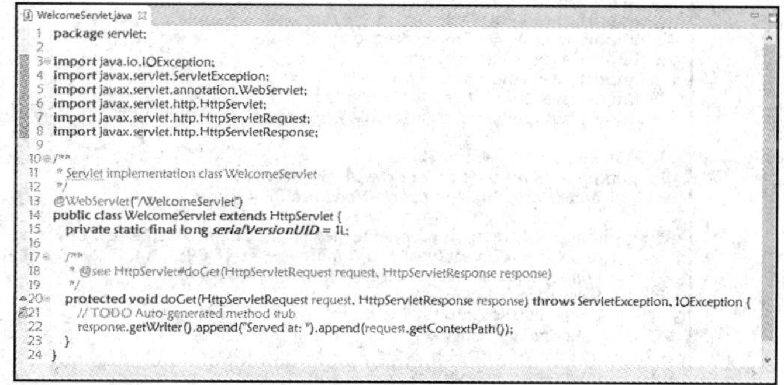

图 7-2-13　Eclipse 自动生成的 WelcomeServlet.java 文件源代码

同时，根据图 7-2-10 所示“创建 Servlet——部署描述”界面中设置的信息，Eclipse 会自动配置 Servlet，如果在 Eclipse 中配置的是 Tomcat7.0 及以上版本，则会在创建的 Servlet

源文件中添加如图 7-2-14 所示的注解语句，如果在 Eclipse 中配置的是 Tomcat7.0 以下版本，则将自动在项目中的 WEB-INF\web.xml 文件中添加如图 7-2-15 所示的配置代码。

```java
WelcomeServlet.java
package servlet;

import java.io.IOException;
import javax.servlet.ServletException;
import javax.servlet.annotation.WebServlet;
import javax.servlet.http.HttpServlet;
import javax.servlet.http.HttpServletRequest;
import javax.servlet.http.HttpServletResponse;

/**
 * Servlet implementation class WelcomeServlet
 */
@WebServlet("/WelcomeServlet")
```

Servlet3.0即Tomcat7.0及以上服务器版本默认生成配置语句

图 7-2-14　Eclipsez 在 Servlet 类中自动配置的注解语句

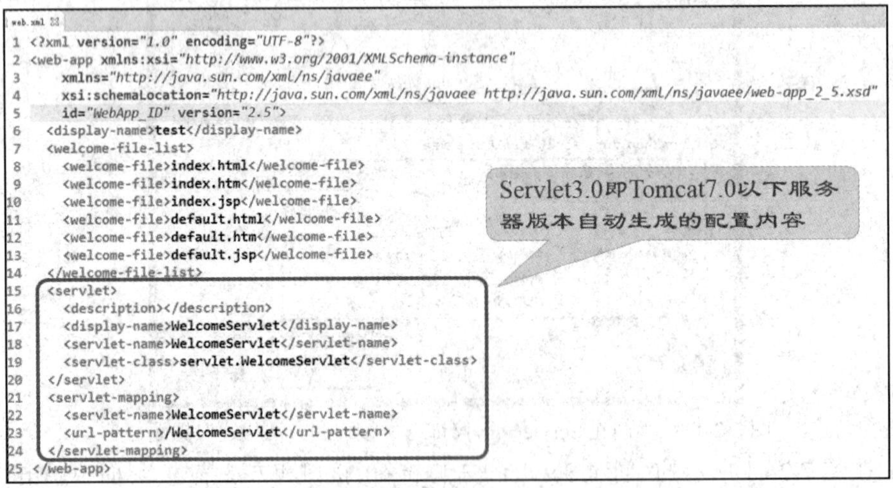

```xml
web.xml
<?xml version="1.0" encoding="UTF-8"?>
<web-app xmlns:xsi="http://www.w3.org/2001/XMLSchema-instance"
    xmlns="http://java.sun.com/xml/ns/javaee"
    xsi:schemaLocation="http://java.sun.com/xml/ns/javaee http://java.sun.com/xml/ns/javaee/web-app_2_5.xsd"
    id="WebApp_ID" version="2.5">
  <display-name>test</display-name>
  <welcome-file-list>
    <welcome-file>index.html</welcome-file>
    <welcome-file>index.htm</welcome-file>
    <welcome-file>index.jsp</welcome-file>
    <welcome-file>default.html</welcome-file>
    <welcome-file>default.htm</welcome-file>
    <welcome-file>default.jsp</welcome-file>
  </welcome-file-list>
  <servlet>
    <description></description>
    <display-name>WelcomeServlet</display-name>
    <servlet-name>WelcomeServlet</servlet-name>
    <servlet-class>servlet.WelcomeServlet</servlet-class>
  </servlet>
  <servlet-mapping>
    <servlet-name>WelcomeServlet</servlet-name>
    <url-pattern>/WelcomeServlet</url-pattern>
  </servlet-mapping>
</web-app>
```

Servlet3.0即Tomcat7.0以下服务器版本自动生成的配置内容

图 7-2-15　Eclipse 自动配置的 web.xml 文件

(6) 在 Eclipse 中创建了 Servlet 源文件后，我们就可以根据功能需要删除文件中部分无用代码，并在 Servlet 类的成员方法中添加功能语句了，添加结果如图 7-2-16 所示。

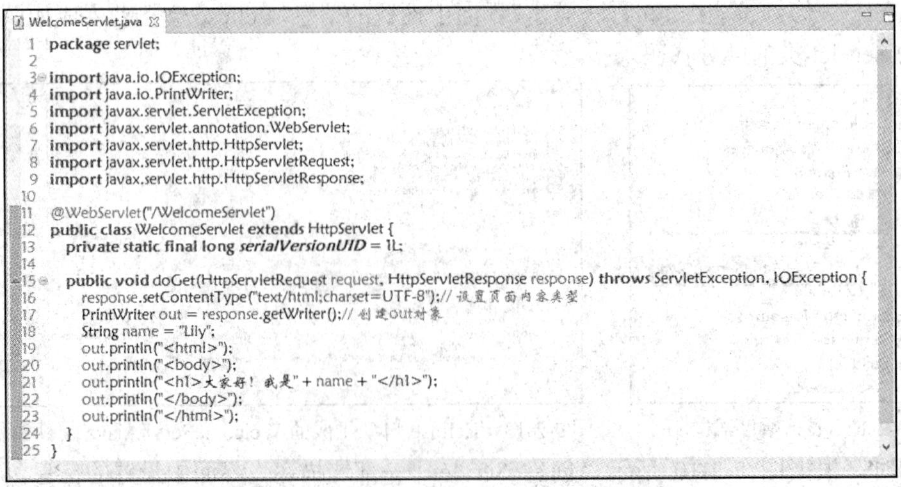

```java
WelcomeServlet.java
package servlet;

import java.io.IOException;
import java.io.PrintWriter;
import javax.servlet.ServletException;
import javax.servlet.annotation.WebServlet;
import javax.servlet.http.HttpServlet;
import javax.servlet.http.HttpServletRequest;
import javax.servlet.http.HttpServletResponse;

@WebServlet("/WelcomeServlet")
public class WelcomeServlet extends HttpServlet {
  private static final long serialVersionUID = 1L;

  public void doGet(HttpServletRequest request, HttpServletResponse response) throws ServletException, IOException {
    response.setContentType("text/html;charset=UTF-8");// 设置页面内容类型
    PrintWriter out = response.getWriter();// 创建out对象
    String name = "Lily";
    out.println("<html>");
    out.println("<body>");
    out.println("<h1>大家好！我是" + name + "</h1>");
    out.println("</body>");
    out.println("</html>");
  }
}
```

图 7-2-16　在 Eclipse 中编写的 WelcomeServlet.java 文件

在 Eclipse 中完成了 Servlet 源文件的编写后，只要保证如图 7-2-17 所示，在 Eclipse 主界面菜单栏中 Project→Build Automatically 选项处于选中状态，一旦保存 Servlet 源文件，Eclipse 就会自动对该源文件进行编译，并将编译结果存储在 Eclipse 工作空间中的“项目文件夹\build\class\”路径下。例如，Eclipse 会自动编译 WelcomeServlet.java 文件，并将编译结果放在如图 7-2-18 所示的文件夹中。

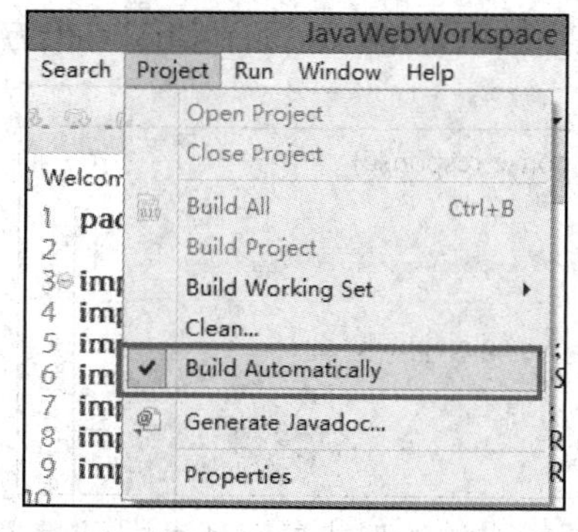

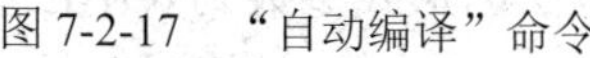
图 7-2-17　“自动编译”命令

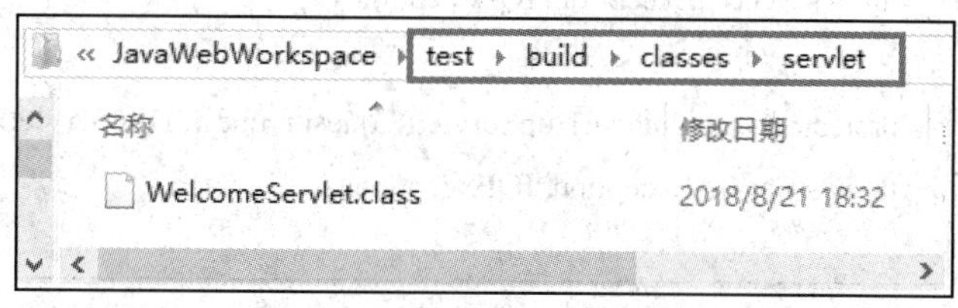

图 7-2-18　WelcomeServlet.class 文件的存放路径

注意：有时即便 Project→Build Automatically 选项已处于选中状态，但 Eclipse 也可能未及时编译 Servlet 类，这时，我们可以通过点击 Project→Build Project 命令来对项目中的 Java 源文件进行手动编译。

(7) 完成了 Servlet 源文件的编写并由 Eclipse 完成自动编译后，我们单击 Eclipse 主界面工具栏中的 图标，Eclipse 会根据对 Servlet 的配置信息自动生成对 Servlet 的访问 URL，并在 Eclipse 的内部浏览器中显示运行结果，例如，图 7-2-19 即为通过 HTTP 请求访问 WelcomeServlet 的响应结果。

图 7-2-19　访问 WelcomeServlet 的显示结果

7.3　在 Servlet 中的常见操作

7.3.1　创建/获取 JSP 内置对象

内置对象是 JSP 中一类特定的对象，它们由 JSP 容器自动创建，在 JSP 源文件中可以直接使用，因为内置对象具有强大的功能，所以在 Web 应用程序中经常被使用。而在 Servlet 中实际上并不存在内置对象，由于 Servlet 类是标准的 Java 类，需要严格遵循 Java 的编程规则，不允许存在不经显式声明就直接使用的对象，因此所有在 Servlet 中使用的对象都需要在 Servlet 中显式的声明或创建。一旦创建或获取这批与 JSP 内置对象同类型的对象后，它们的功能和使用方式与 JSP 的内置对象相同，因此为了便于理解记忆，我们在 Servlet 中也将这些对象称为内置对象，并且对这些对象的命名也与 JSP 中各内置对象保持一致。

如果要在 Servlet 中使用内置对象则首先需要创建它们，接下来，我们就来学习一下如何在 Servlet 中创建或获取这些内置对象。

1. 获取 request/response 对象

通常情况下，使用 request 对象和 response 对象都是在 Servlet 的 doGet()或 doPost()方法中，doGet()或 doPost()方法的语法格式如下：

```
protected void doGet(HttpServletRequest request, HttpServletResponse response)
throws ServletException, IOException {
}
protected void doPost(HttpServletRequest request, HttpServletResponse response)
throws ServletException, IOException {
}
```

从上述语法格式中可以看出，在 doGet()方法和 doPost()方法的形式参数列表中已声明了分别与 request 对象和 response 对象同类型的两个形式参数，当 Servlet 被请求时这两个方法将由 Servlet 容器自动调用，此时，request 对象和 response 对象将作为实参输入这两个方法，因此在实现 Servlet 类主体功能的 doGet()方法和 doPost()方法中，我们可以将方法参数 request 和 response 视为 request 和 response 对象，直接使用这两个对象，无需再另外创建它们。

【例 7-3-1】 在 Servlet 中使用 request 对象和 response 对象。

ExampleServlet1.java

```
package servlet;

import java.io.IOException;
import javax.servlet.ServletException;
import javax.servlet.annotation.WebServlet;
import javax.servlet.http.HttpServlet;
import javax.servlet.http.HttpServletRequest;
import javax.servlet.http.HttpServletResponse;

@WebServlet("/ExampleServlet1")
public class ExampleServlet1 extends HttpServlet {
    private static final long serialVersionUID = 1L;

    protected void doGet(HttpServletRequest request, HttpServletResponse response)
            throws ServletException, IOException {
        request.getParameter("name"); //获取请求参数 name 的值
        response.setContentType("text/html;charset=UTF-8"); //设置页面内容类型
```

```
18        }
19    }
```

在例 7-3-1 中，代码第 16 行使用 doGet()方法的参数 request 来获取请求参数 name 的值，参数功能与 JSP 内置对象 request 相同；代码第 17 行使用 doGet()方法的参数 response 设置写回页面的内容类型，表明写回页面为文本类型的 HTML 文件，页面编码类型为 UTF-8，参数功能与 JSP 内置对象 response 相同。

2. 创建 out 对象

在 Servlet 中创建 out 对象的语句如下：

```
PrintWriter out = response.getWriter();
```

需要注意的是，使用上述方法创建 out 对象前一定不要忘记导入 java.io.PrintWriter 类。

【例 7-3-2】 在 Servlet 中使用 out 对象输出信息。

ExampleServlet1.java

```
1   package servlet;
2
3   import java.io.IOException;
4   import java.io.PrintWriter;
5   import javax.servlet.ServletException;
6   import javax.servlet.annotation.WebServlet;
7   import javax.servlet.http.HttpServlet;
8   import javax.servlet.http.HttpServletRequest;
9   import javax.servlet.http.HttpServletResponse;
10
11  @WebServlet("/ExampleServlet1")
12  public class ExampleServlet1 extends HttpServlet {
13      private static final long serialVersionUID = 1L;
14
15      protected void doGet(HttpServletRequest request, HttpServletResponse response)
16              throws ServletException, IOException {
17          String name = request.getParameter("name"); //获取请求参数 name 的值
18          response.setContentType("text/html;charset=UTF-8"); //设置页面内容类型
19          PrintWriter out = response.getWriter();                //创建 out 对象
20          out.println("<h3>大家好，我是" + name + "!</h3>");//写回指定信息
21      }
22  }
```

在例 7-3-2 中，代码第 19 行创建了 out 对象，代码第 20 行使用 out 对象向客户端写回一段 HTML 代码，因为在默认情况下，out 对象无法打印中文，所以代码第 18 行设置了客户端页面的内容类型，指明客户端页面使用支持中文的编码格式。当我们在浏览器地址栏

输入 ExampleServlet1 的访问路径并添加指定的含参字符串时，得到的运行结果如图 7-3-1 所示。

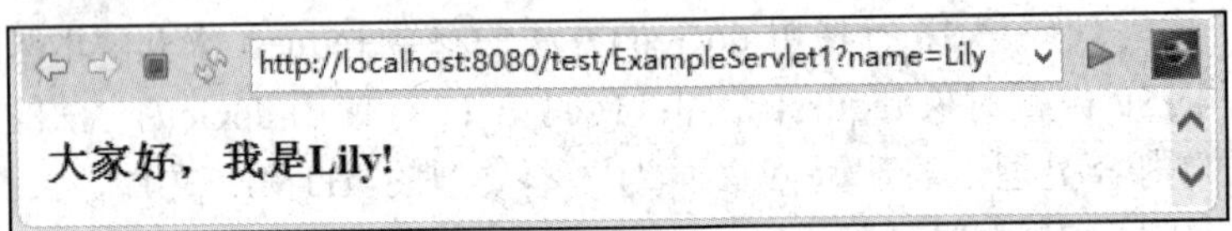

图 7-3-1　带参访问 ExampleServlet1 的显示结果

3. 创建 session 对象

在 Servlet 中使用 session 对象前首先需要创建该对象，创建语句如下：

```
HttpSession session = request.getSession();
```

需要注意的是，使用上述方法创建 session 对象前一定不要忘记导入 javax.servlet.http.HttpSession 类。

【例 7-3-3】 在 Servlet 中使用 session 对象实现跨页面信息的共享。

ExampleServlet2_1.java

```
package servlet;

import java.io.IOException;
import java.io.PrintWriter;
import javax.servlet.ServletException;
import javax.servlet.annotation.WebServlet;
import javax.servlet.http.HttpServlet;
import javax.servlet.http.HttpServletRequest;
import javax.servlet.http.HttpServletResponse;
import javax.servlet.http.HttpSession;

@WebServlet("/ExampleServlet2_1")
public class ExampleServlet2_1 extends HttpServlet {
    private static final long serialVersionUID = 1L;

    protected void doGet(HttpServletRequest request, HttpServletResponse response)
                throws ServletException, IOException {
        HttpSession session = request.getSession();        //创建 session 对象
        session.setAttribute("name", "Lily");              //设置 session 变量 name 的值
        response.setContentType("text/html;charset=UTF-8");   //设置页面内容类型
        PrintWriter out = response.getWriter();             //创建 out 对象
        out.println("<a href=\"ExampleServlet2_2\">查看</a>");//写回 HTML 代码
    }
}
```

ExampleServlet2_2.java

```
1  package servlet;
2  
3  import java.io.IOException;
4  import java.io.PrintWriter;
5  import javax.servlet.ServletException;
6  import javax.servlet.annotation.WebServlet;
7  import javax.servlet.http.HttpServlet;
8  import javax.servlet.http.HttpServletRequest;
9  import javax.servlet.http.HttpServletResponse;
10 import javax.servlet.http.HttpSession;
11 
12 @WebServlet("/ExampleServlet2_2")
13 public class ExampleServlet2_2 extends HttpServlet {
14     private static final long serialVersionUID = 1L;
15 
16     protected void doGet(HttpServletRequest request, HttpServletResponse response)
17             throws ServletException, IOException {
18         HttpSession session = request.getSession();         //创建 session 对象
19         String name=(String)session.getAttribute("name");//读取 session 变量 name 的值
20         response.setContentType("text/html;charset=UTF-8"); //设置页面内容类型
21         PrintWriter out = response.getWriter();              //创建 out 对象
22         out.println("<h3>大家好，我是" + name + "!</h3>");//写回 HTML 代码
23     }
24 }
```

例 7-3-3 的功能由两个 Servlet 实现，ExampleServlet2_1 是第一个 Servlet，功能是将字符串常量“Lily”保存在 session 变量中并使客户端显示一个超链接，访问该 Servlet 的显示结果如图 7-3-2(a)所示，ExampleServlet2_2 是第二个 Servlet，它通过点击 Example Servlet 2_1 显示的超链接来访问，该 Servlet 的功能是读取 session 变量的值并显示在客户端，访问该 Servlet 的显示结果如图 7-3-2(b)所示。在两个 Servlet 源文件中，都在代码第 18 行创建了 session 对象，ExampleServlet2_1.java 的第 19 行将字符串“Lily”存入 session 变量 name，ExampleServlet2_2.java 的第 19 行读取 session 变量 name 的值。

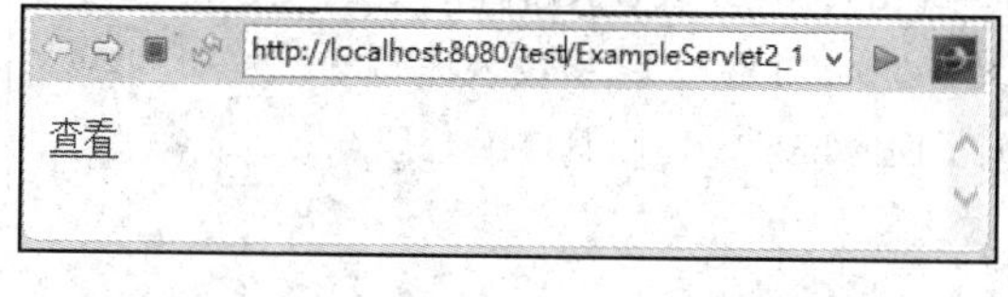

(a) 访问 ExampleServlet2_1 的显示结果

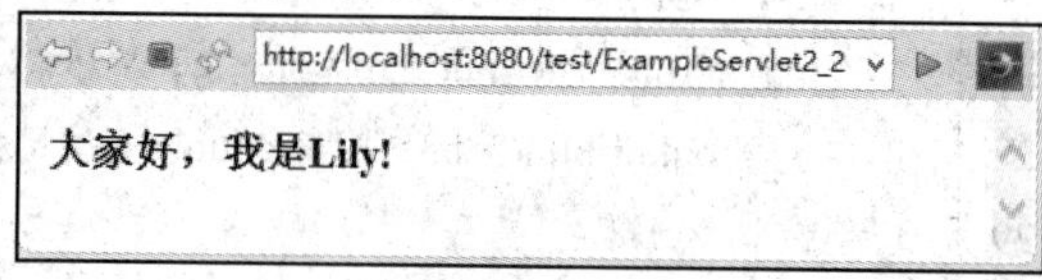

(b) 访问 ExampleServlet2_2 的显示结果

图 7-3-2

4. 创建 application 对象

在 Servlet 中使用 application 对象前首先需要创建该对象，创建语句如下：

```
ServletContext application = this.getServletContext();
```

需要注意的是，使用上述方法创建 application 对象前一定不要忘记导入 javax.servlet. ServletContext 类。

【例 7-3-4】 在 Servlet 中使用 application 对象实现页面访问计数。

ExampleServlet3.java

```
1   package servlet;
2
3   import java.io.IOException;
4   import java.io.PrintWriter;
5   import javax.servlet.ServletContext;
6   import javax.servlet.ServletException;
7   import javax.servlet.annotation.WebServlet;
8   import javax.servlet.http.HttpServlet;
9   import javax.servlet.http.HttpServletRequest;
10  import javax.servlet.http.HttpServletResponse;
11
12  @WebServlet("/ExampleServlet3")
13  public class ExampleServlet3 extends HttpServlet {
14      private static final long serialVersionUID = 1L;
15
16      protected void doGet(HttpServletRequest request, HttpServletResponse response)
17              throws ServletException, IOException {
18          int count = 0;
19          ServletContext application = this.getServletContext();//创建 application 对象
20          if (application.getAttribute("count") == null) {
21              count = 1;
22          } else {
23              count = (int) application.getAttribute("count") + 1;
24          }
25          application.setAttribute("count", count);//更新 application 变量 count 的值
26          response.setContentType("text/html;charset=UTF-8"); //设置页面内容类型
27          PrintWriter out = response.getWriter();//创建 out 对象
28          out.println("<h3>第" + count + "次访问页面!</h3>");//写回 HTML 代码
29      }
30  }
```

在例 7-3-4 中，代码第 19 行创建了 application 对象，在语句中的 this 代表当前 Servlet

对象；代码第 20～24 行完成对局部变量 count 的赋值，赋值时，根据判断 application 变量 count 是否存在来为局部 count 赋不同的值；代码第 25 行完成对 application 变量 count 值的更新，因此 application 变量 count 即是当前页面访问次数的计数器。访问 ExampleServlet3 的显示结果如图 7-3-3 所示。

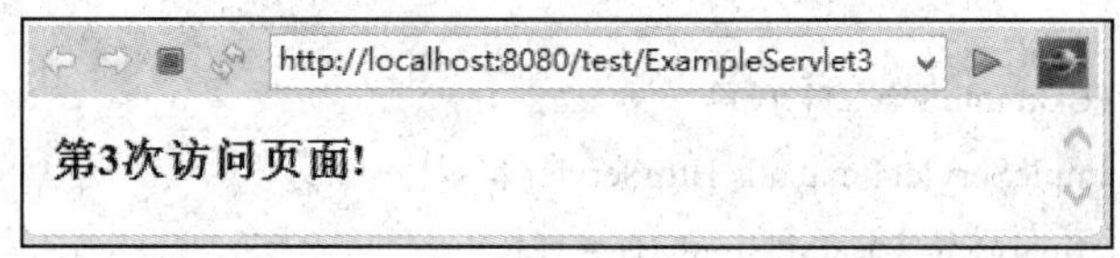

图 7-3-3　第 3 次访问 ExampleServlet3 的显示结果

5. 创建 pageContext 对象

在 Servlet 中使用 pageContext 对象前首先需要创建该对象，创建语句如下：

```
JspFactory fac=JspFactory.getDefaultFactory();
PageContext pageContext= fac.getPageContext(this,request,response,null,true,8*1024,true);
```

使用上述方法创建 pageContext 对象时先要创建 JspFactory 类的对象，然后再使用该对象的 getPageContext()方法来创建 pageContext 对象，在调用 getPageContext()方法时需要输入 7 个参数：

参数 1：需要创建 pageContext 对象的 Servlet 对象，通常使用 this 代表当前 Servlet 对象。

参数 2：当前 Servlet 接收请求的 request 对象。

参数 3：当前 Servlet 回复响应的 response 对象。

参数 4：请求当前 Servlet 错误后跳转错误页的 URL，如果没有错误页则值为 null。

参数 5：是否将当前 Servlet 放入会话中，true 表示放入，false 表示不放入。

参数 6：分配给当前 Servlet 的缓冲区大小(以字节为单位)，如果值为 PageContext. DEFAULT_BUFFER 表示使用默认值，如果值为 PageContext.NO_BUFFER 表示无缓冲，也可设置具体数值。

参数 7：如果缓冲区溢出时是否将缓冲区内容自动刷新到输出流，true 表示刷新，false 表示不刷新。

因此，我们可以根据实际情况对创建 pageContext 对象时调用的 getPageContext()方法参数做部分修改。需要注意的是，使用上述方法创建 pageContext 对象前一定不要忘记导入 javax.servlet. jsp.JspFactory 和 javax.servlet.jsp.PageContext 这两个类。

【例 7-3-5】 在 Servlet 中使用 pageContext 对象实现页面信息的读写。

ExampleServlet4.java

```java
package servlet;

import java.io.IOException;
import java.io.PrintWriter;
import javax.servlet.ServletException;
import javax.servlet.annotation.WebServlet;
import javax.servlet.http.HttpServlet;
```

```
8   import javax.servlet.http.HttpServletRequest;
9   import javax.servlet.http.HttpServletResponse;
10  import javax.servlet.jsp.JspFactory;
11  import javax.servlet.jsp.PageContext;
12
13  @WebServlet("/ExampleServlet4")
14  public class ExampleServlet4 extends HttpServlet {
15      private static final long serialVersionUID = 1L;
16
17      protected void doGet(HttpServletRequest request, HttpServletResponse response)
18              throws ServletException, IOException {
19          JspFactory fac = JspFactory.getDefaultFactory();
20          PageContext pageContext = fac.getPageContext(this, request, response, null, true, 8 * 1024,
21  true); //创建 pageContext 对象
22          pageContext.setAttribute("name", "Lily"); //将"Lily"存入 page 域变量 name 中
23           //读取 page 域变量 name 的值
24          String name = (String) pageContext.getAttribute("name");
25          response.setContentType("text/html;charset=UTF-8"); //设置页面内容类型
26          PrintWriter out = response.getWriter();                //创建 out 对象
27          out.println("<h3>大家好，我是" + name + "!</h3>");//写回 HTML 代码
28      }
29  }
```

在例 7-3-5 中，代码第 19～21 行创建了一个 pageContext 对象，然后在第 22 行使用 pageContext 对象设置了 page 域变量 name 的值，在第 24 行使用 pageContext 对象获取了 page 域变量 name 的值，访问 ExampleServlet4 的显示结果如图 7-3-4 所示。

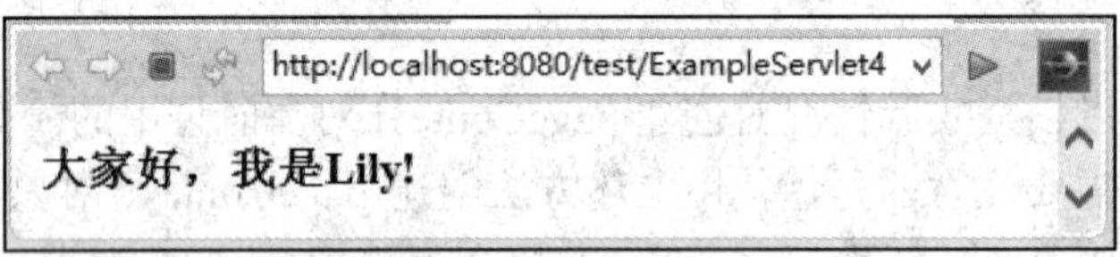

图 7-3-4　访问 ExampleServlet4 的显示结果

6. 创建 page 对象

通常情况下，在 Servlet 中无需创建 page 对象，而是使用 this 来替代 page，当然也可使用下列语句来创建 page 对象：

```
Object page = this;
```

【例 7-3-6】 在 Servlet 中获取页面对象的 hash 码信息。

ExampleServlet5.java

```
package servlet;

```

```
3   import java.io.IOException;
4   import java.io.PrintWriter;
5   import javax.servlet.ServletException;
6   import javax.servlet.annotation.WebServlet;
7   import javax.servlet.http.HttpServlet;
8   import javax.servlet.http.HttpServletRequest;
9   import javax.servlet.http.HttpServletResponse;
10
11  @WebServlet("/ExampleServlet5")
12  public class ExampleServlet5 extends HttpServlet {
13      private static final long serialVersionUID = 1L;
14
15      protected void doGet(HttpServletRequest request, HttpServletResponse response)
16              throws ServletException, IOException {
17          Object page = this;   //创建 page 对象
18          response.setContentType("text/html;charset=UTF-8"); // 设置页面内容类型
19          PrintWriter out = response.getWriter(); //创建 out 对象
20          out.println("page 对象的 hash 码：" + page.hashCode() + "<br>");
21  out.println("当前 Servlet 对象的 hash 码：" + this.hashCode() + "<br>");
22      }
23  }
```

在例 7-3-6 中，代码第 17 行创建了 page 对象，第 20 行通过 page 对象调用 hashCode()方法来向客户端写回 page 对象的 hash 码值，第 21 行则通过 this 对象调用 hashCode()方法来向客户端写回当前 Servlet 对象的 hash 码值，访问 ExampleServlet5 的显示结果如图 7-3-5 所示，两种方式的输出结果相同，但明显直接使用 this 对象调用 hashCode()方法的方式更为简便。

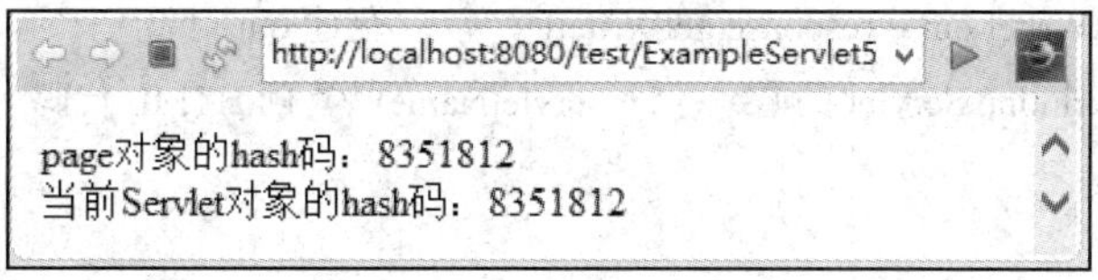

图 7-3-5　访问 ExampleServlet5 的显示结果

7. 获取 config 对象

通常情况下，使用 config 对象都是在 Servlet 的 init()方法中，init()方法的语法格式如下：

```
public void init(ServletConfig config) throws ServletException {
}
```

从上述语法格式中可以看出，在 init()方法的形式参数列表中已声明了与 config 对象同类型的形式参数，当 Servlet 初始化时，init()方法由 Servlet 容器自动调用，此时，config 对象将作为实参传入该方法，因此在 init()方法中，我们可以将方法参数 config 视为 config 对象，直接使用而无需再另外创建它。

【例 7-3-7】 在 Servlet 中使用 config 对象获取配置信息。

ExampleServlet6.java

```
1   package servlet;
2
3   import java.io.IOException;
4   import java.io.PrintWriter;
5   import javax.servlet.ServletConfig;
6   import javax.servlet.ServletException;
7   import javax.servlet.annotation.WebServlet;
8   import javax.servlet.http.HttpServlet;
9   import javax.servlet.http.HttpServletRequest;
10  import javax.servlet.http.HttpServletResponse;
11
12  @WebServlet("/ExampleServlet6")
13  public class ExampleServlet6 extends HttpServlet {
14      private static final long serialVersionUID = 1L;
15      private String servletName;
16
17      public void init(ServletConfig config) throws ServletException {
18          servletName = config.getServletName();
19      }
20
21      protected void doGet(HttpServletRequest request, HttpServletResponse response)
22                  throws ServletException, IOException {
23          response.setContentType("text/html;charset=UTF-8"); //设置页面内容类型
24          PrintWriter out = response.getWriter();          //创建 out 对象
25          out.println("Servlet 的名字：" + servletName);//写回 HTML 代码
26      }
27  }
```

在例 7-3-7 中，类 ExampleServlet6 重写了父类 HttpServlet 派生的两个方法——init()和 doGet()，代码第 18 行即在 init()方法中使用方法参数 config 获取了当前 Servlet 的名字并将其存放在成员变量 servletName 中，参数功能与 JSP 内置对象 config 相同；代码第 25 行即在 doGet()方法中将成员变量 servletName 的值写回客户端，访问 ExampleServlet6 的显示结果如图 7-3-6 所示。

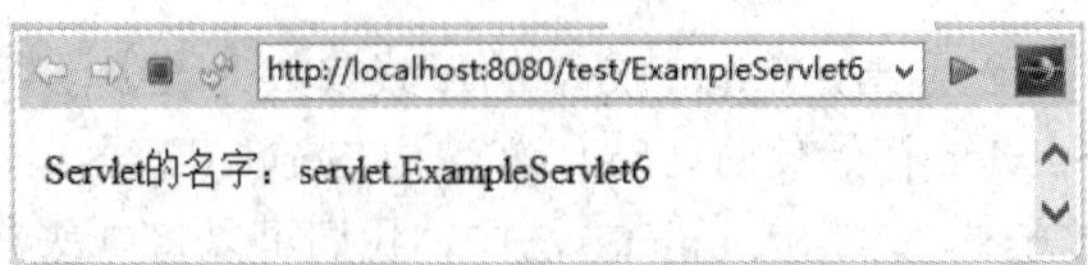

图 7-3-6　访问 ExampleServlet6 的显示结果

通过例 7-3-7 可看出，在 Servlet 中如果要读取 Servlet 的配置信息，通常的做法是在 init() 方法中读取这些信息并存储到成员变量中，然后在 Servlet 类的其他方法中通过读取成员变量的值间接得到这些配置信息。

8. Servlet 中的异常处理

通常情况下，在 Servlet 类中发生异常时，可直接使用 try-catch-finally 结构捕获并处理当前异常，也可将异常抛给调用者处理，因此在 Servlet 中并不会单独使用 exception 对象，也就不需要创建该对象了。

【例 7-3-8】 在 Servlet 中的异常处理。

ExampleServlet7.java

```java
package servlet;

import java.io.IOException;
import java.io.PrintWriter;
import javax.servlet.ServletException;
import javax.servlet.annotation.WebServlet;
import javax.servlet.http.HttpServlet;
import javax.servlet.http.HttpServletRequest;
import javax.servlet.http.HttpServletResponse;

@WebServlet("/ExampleServlet7")
public class ExampleServlet7 extends HttpServlet {
    private static final long serialVersionUID = 1L;

    protected void doGet(HttpServletRequest request, HttpServletResponse response)
                throws ServletException, IOException {
            String name[] = { "Lily", "Lucy", "Jim", "Kate" };
            response.setContentType("text/html;charset=UTF-8"); //设置页面内容类型
            PrintWriter out = response.getWriter(); //创建 out 对象
            try {
                int i = Integer.parseInt(request.getParameter("i")); //获取请求参数 i 的值
                out.println("<h3>大家好，我是" + name[i] + "!</h3>");
            } catch (NumberFormatException e) {             //序号格式转换异常处理
                out.println("序号应为整数！");
            } catch (ArrayIndexOutOfBoundsException e) {   //序号超出边界异常处理
                out.println("序号应为 0 - " + (name.length - 1) + "的整数！");
            } catch (Exception e) {                        //其他异常处理
                out.println("运行错误！");
            }
    }
}
```

例 7-3-8 的功能是根据输入的参数值读取对应序号位置的数组元素的值，在代码第 20～29 行使用 try-catch 结构对输入不合法序号时引发的异常情况进行了分类处理，当我们在浏览器地址栏输入 ExampleServlet7 的访问路径结合含参字符串时，请求参数值为字符 a、整数 6 和整数 1 时显示结果如图 7-3-7(a)～(c)所示。

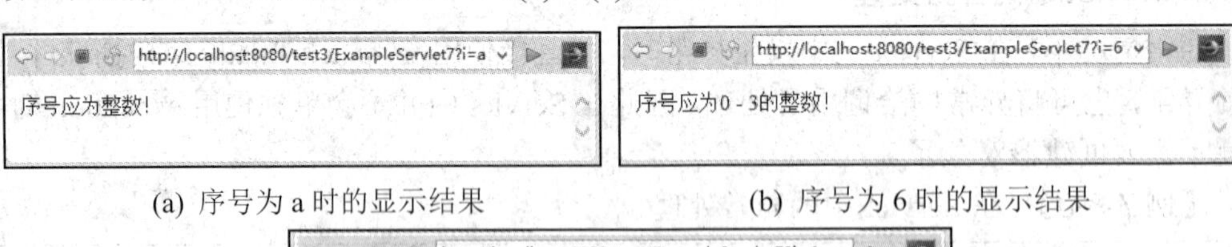

(a) 序号为 a 时的显示结果　　(b) 序号为 6 时的显示结果

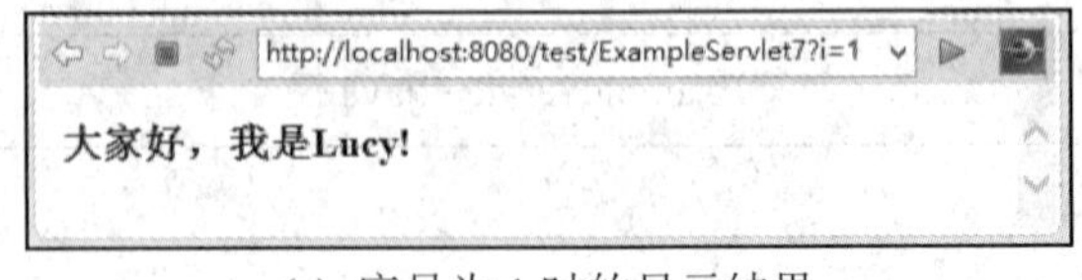

(c) 序号为 1 时的显示结果

图 7-3-7　访问 ExampleServlet7 的显示结果

7.3.2　实现页面跳转

跨页面的跳转在 Servlet 编程中是经常要实现的功能需求，在 Servlet 中进行页面跳转有 2 种情况：

(1) 页面重定向。这种页面跳转会首先将跳转目的页的访问地址作为当前页面请求的响应结果返回客户端，然后要求客户端将返回的目的页的访问地址加载在新的 HTTP 请求中重新访问该地址指定的页面。因为重定向前后的页面分属两个不同的 HTTP 请求，因此，在客户端浏览器上显示的将是重定向后目的页的访问地址。

(2) 页面转发。这种页面跳转会将对当前页的 HTTP 请求转送给所在 Web 服务器中的目的页，然后让目的页去生成响应数据。因为转发前后的页面都在同一个 HTTP 请求中，因此显示在客户端浏览器地址栏中的仍然是转发前页面的访问地址，这样对于用户而言页面的转发动作就是透明的了。

针对这两种不同的跳转需求，我们可以采用两种不同的方法来实现。

1. 使用 response 对象的 sendRedirect()方法实现页面重定向

使用 response 对象的 sendRedirect()方法实现页面重定向的语法格式如下：

```
response.sendRedirect(目的页 URL);
```

上述语句在调用 sendRedirect()方法时需要传入一个字符串型的参数，该参数即是要重定向的目的页 URL，它可以是相对路径也可以是绝对路径，sendRedirect()方法首先会按照以下的规则 1 或规则 2 生成重定向目的页的虚拟路径，然后按照规则 3 生成目的页的访问地址，最后将此地址写回客户端并要求客户端以此地址提出新的访问请求。

规则 1：如果参数值为相对路径，目的页的虚拟路径=当前 Servlet 的上级目录+参数值。

规则 2：如果参数值为绝对路径，目的页的虚拟路径=参数值。

规则 3：目的页的访问地址="http://"+服务器 IP 地址+":"+端口号+目的页虚拟路径。

【例 7-3-9】　在 Servlet 中实现页面重定向。

input1.html

```
<html>
<head><meta charset="UTF-8"></head>
<body>
<form action="RedirectServlet" method="get">
    选择页面跳转方式：
   <select name="flag" >
        <option value="1" >相对路径重定向</option>
        <option value="2" >绝对路径重定向</option>
        <option value="3" >其他方式重定向</option>
   </select>  
   <input   type="submit"   value="确定">
</form>
</body>
</html>
```

RedirectServlet.java

```
package servlet;
import java.io.IOException;
import javax.servlet.ServletException;
import javax.servlet.annotation.WebServlet;
import javax.servlet.http.HttpServlet;
import javax.servlet.http.HttpServletRequest;
import javax.servlet.http.HttpServletResponse;
import javax.servlet.http.HttpSession;

@WebServlet("/RedirectServlet")
public class RedirectServlet extends HttpServlet {
   private static final long serialVersionUID = 1L;

   protected void doGet(HttpServletRequest request, HttpServletResponse response)
              throws ServletException, IOException {
        int flag = Integer.parseInt(request.getParameter("flag")); //获取跳转方式标记
        HttpSession session = request.getSession(); //创建 session 对象
        session.setAttribute("flag", flag);              //设置 session 变量 flag
        if (flag == 1)
              response.sendRedirect("dest1.jsp");        //使用相对路径重定向
        else if (flag == 2)
              response.sendRedirect("/test/dest1.jsp"); //使用绝对路径重定向
        else
              response.sendRedirect("/dest1.jsp");      //使用错误路径重定向
   }
}
```

dest1.jsp

```
<%@ page contentType="text/html; charset=UTF-8"%>
<html>
<body>
<%
int flag=(int)session.getAttribute("flag");
switch(flag){
    case 1: out.println("<h3>使用相对路径打开本页！ </h3>");break;
    case 2:out.println("<h3>使用绝对路径打开本页！ </h3>");break;
}
%>
</body>
</html>
```

例 7-3-9 的功能由 3 个文件共同实现：

(1) input1.html(虚拟路径为/test/input1.html)用于输入页面跳转方式。

(2) RedirectServlet.java(类文件的虚拟路径为/test/RedirectServlet)将 input1.html 传入的跳转方式标记保存在 session 变量 flag 中并据此进行页面跳转。

(3) dest1.jsp(虚拟路径为/test/dest1.jsp)根据保存在 session 变量 flag 中的跳转方式标记进行信息显示。

由于重定向前后的两个页面不在同一个请求范围内，因此在本例中使用 session 变量来保存两个页面中需要共享的跳转方式标记信息。当在 input1.html 中选择“相对路径重定向”方式、“绝对路径重定向”方式和“其他方式重定向”方式时，访问 dest1.jsp 的显示结果如图 7-3-8(a)～(c)所示。

(a) 选择“相对路径重定向”方式的显示结果

(b) 选择“绝对路径重定向”方式的显示结果

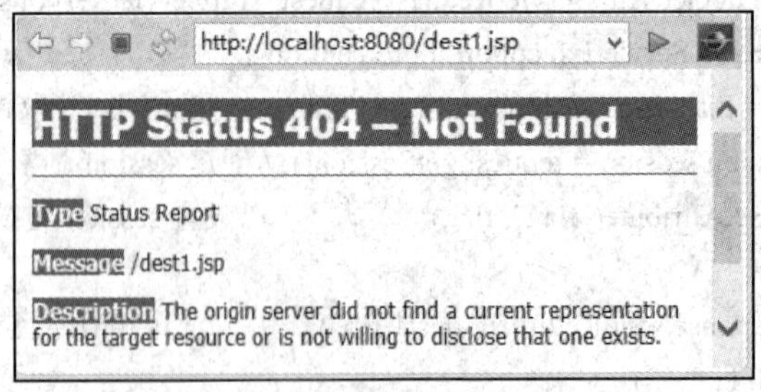

(c) 选择“其他方式重定向”方式的显示结果

图 7-3-8　访问 dest1.jsp 的显示结果

从图 7-3-8 所示的运行结果可看出，进行页面重定向时：

(1) 无论使用相对路径(RedirectServlet.java 代码第 20 行)还是包含根目录的绝对路径

(RedirectServlet.java 代码第 22 行)都能正常跳转到目的页 dest1.jsp，因为在这两种情况下 sendRedirect()方法生成的目的页虚拟路径均为“/test/dest1.jsp”，这是 dest1.jsp 在服务器上的正确存放位置。

(2) 使用不含根目录的绝对路径(RedirectServlet.java 代码第 24 行)会出现如图 7-3-8(c)所示的找不到页面的错误，因为此时 sendRedirect()方法生成的目的页虚拟路径为“/dest1.jsp”，这不是 dest1.jsp 在服务器上正确的存放位置。

综上所述，可以得出结论，在 Servlet 中进行页面重定向时，可使用目的页相对路径和含虚拟根目录的绝对路径，但不能使用不含虚拟根目录的绝对路径。

2. 使用 RequestDispatcher 接口的 forward ()方法实现页面转发

RequestDispatcher 接口的 forward ()方法的功能是将对当前 Servlet 的请求转发到同一服务器上的另一个资源(servlet、JSP 文件或 HTML 文件)，让转发的目的资源去生成响应数据。RequestDispatcher 接口对象的创建有两种方式，若 RequestDispatcher 类对象的创建方式不同，则使用该对象来调用 forward()方法进行页面转发时，对设置的转发目的页路径的要求会有所不同，下面我们分别对这两种方式进行介绍。

(1) 使用 request 对象创建 RequestDispatcher 对象。

如果使用 request 对象创建 RequestDispatcher 对象，页面转发语句语法格式如下：

```
RequestDispatcher 对象名=request.getRequestDispatcher(目的页 URL);
对象名.forward(request, response);
```

上述语句在创建 RequestDispatcher 对象时，需要向调用的 getRequestDispatcher()方法传入一个字符串型的参数，该参数可以是相对路径或是绝对路径。getRequestDispatcher()方法会按照以下规则生成转发目的页的虚拟路径，然后以此虚拟路径直接访问当前服务器的 Web 资源。

规则 1：如果参数值为相对路径，目的页的虚拟路径=当前 Servlet 的上级目录+参数值。

规则 2：如果参数值为绝对路径，目的页的虚拟路径=虚拟根目录+参数值。

(2) 使用 application 对象创建 RequestDispatcher 对象。

如果使用 application 对象创建 RequestDispatcher 对象，页面转发语句语法格式如下：

```
ServletContext application=this.getServletContext();
RequestDispatcher 对象名=application.getRequestDispatcher(目的页 URL);
对象名.forward(request, response);
```

上述语句在创建 RequestDispatcher 对象时，需要向调用的 getRequestDispatcher()方法传入一个字符串型的参数，该参数只能是绝对路径。getRequestDispatcher()方法会以“虚拟根目录+参数值”的规则生成转发目的页的虚拟路径，并以此虚拟路径直接访问当前服务器的 Web 资源。

【例 7-3-10】 在 Servlet 中实现页面的转发。

input2.html

```
<html>
<head><meta charset="UTF-8"></head>
```

```
<body>
<form action="ForwardServlet" method="get">
    RequestDispatcher 对象的创建者：
    <input type="radio" name="creater"  value="request" checked>request 对象
    <input type="radio" name="creater"  value="application">application 对象
      <p>页面跳转方式：
    <select name="flag" >
          <option value="1" >相对路径转发</option>
          <option value="2" >绝对路径(不含根目录)转发</option>
          <option value="3" >绝对路径(含根目录)转发</option>
    </select>
    <p><input  type="submit"  value="确定">
</form>
</body>
</html>
```

RedirectServlet.java

```
package servlet;

import java.io.IOException;
import javax.servlet.RequestDispatcher;
import javax.servlet.ServletContext;
import javax.servlet.ServletException;
import javax.servlet.annotation.WebServlet;
import javax.servlet.http.HttpServlet;
import javax.servlet.http.HttpServletRequest;
import javax.servlet.http.HttpServletResponse;

@WebServlet("/ForwardServlet")
public class ForwardServlet extends HttpServlet {
    private static final long serialVersionUID = 1L;

    protected void doGet(HttpServletRequest request, HttpServletResponse response)
                throws ServletException, IOException {
        int flag = Integer.parseInt(request.getParameter("flag")); //  获取跳转方式标记
        String creater = request.getParameter("creater"); //获取 RequestDispatcher 对象的创建者
        RequestDispatcher rd;

        if (creater.equals("request")) {
```

```
                if (flag == 1)
                    rd = request.getRequestDispatcher("dest2.jsp");      //相对路径
                else if (flag == 2)
                    rd = request.getRequestDispatcher("/dest2.jsp");     //绝对路径
                else
                    rd = request.getRequestDispatcher("/test/dest2.jsp"); //错误路径
            } else {
                ServletContext application = this.getServletContext();
                if (flag == 1)
                    rd = application.getRequestDispatcher("dest2.jsp"); // 错误路径
                else if (flag == 2)
                    rd = application.getRequestDispatcher("/dest2.jsp"); //绝对路径
                else
                    rd = application.getRequestDispatcher("/test/dest2.jsp"); //错误路径
            }
            rd.forward(request, response);
        }
    }
```

dest2.jsp

```
<%@ page contentType="text/html; charset=UTF-8"%>
<html>
<body>
<%
int flag = Integer.parseInt(request.getParameter("flag")); //获取跳转方式标记
switch(flag){
    case 1: out.println("<h3>使用相对路径转发至本页！</h3>");break;
    case 2:out.println("<h3>使用绝对路径转发至本页！</h3>");break;
}
%>
</body>
</html>
```

例 7-3-10 的功能由 3 个文件共同实现：

(1) input2.html(虚拟路径为/test/input2.html)用于输入 RequestDispatcher 对象的创建者和页面跳转方式。

(2) ForwardServlet.java(类文件的虚拟路径为/test/ForwardServlet)根据 input2.html 传入的两个选择结果进行页面跳转。

(3) dest2.jsp(虚拟路径为/test/ dest2.jsp)根据保存在 request 对象中的跳转方式标记进行信息显示。

与例 7-3-9 不同的是，由于转发前后的页面处于同一请求范围内，因此可以直接在 dest2.jsp 中获取请求参数 flag，而无需在 ForwardServlet.java 中进行转存。当在 input2.html 中选择不同的跳转方式和 RequestDispatcher 对象创建者时，运行结果如图 7-3-9 所示。

(a) 选择“request 对象”+“相对路径转发”方式的显示结果

(b) 选择“request 对象”+“绝对路径(不含根目录)转发”方式的显示结果

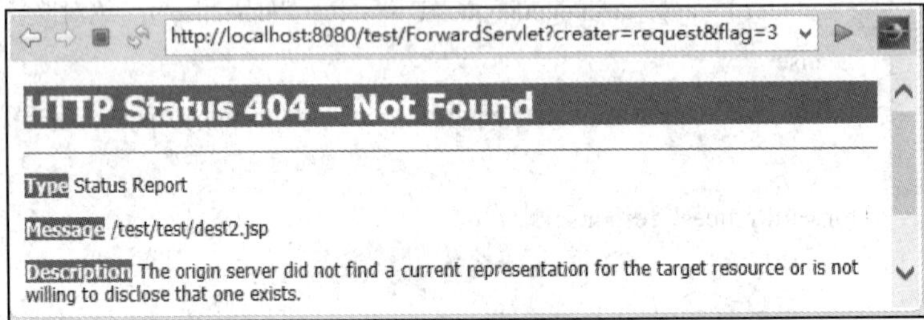

(c) 选择“request 对象”+“绝对路径(含根目录)转发”方式的显示结果

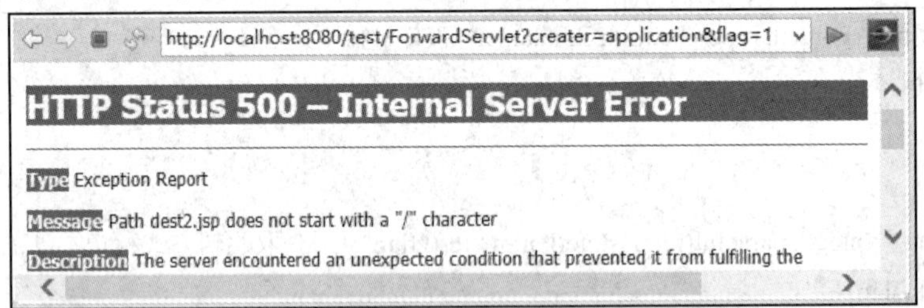

(d) 选择“application 对象”+“相对路径转发”方式的显示结果

(e) 选择“application 对象”+“绝对路径(不含根目录)转发”方式的显示结果

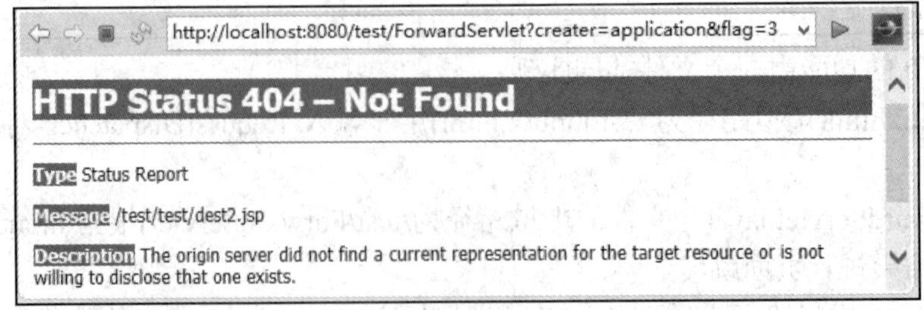

(f) 选择“application 对象”+“绝对路径(含根目录)转发”方式的显示结果

图 7-3-9　例 7-3-10 的显示结果

从图 7-3-9(a)～(c)所示的运行结果可看出，若使用 request 对象来创建 RequestDispatcher 对象，那么页面转发时：

(1) 无论使用相对路径(ForwardServlet.java 代码第 24 行)还是不含根目录的绝对路径(ForwardServlet.java 代码第 26 行)都能正常跳转到目的页 dest2.jsp，因为在这两种情况下 getRequestDispatcher()方法生成的目的页虚拟路径均为“/test/dest2.jsp”，这是 dest2.jsp 在服务器上的正确存放位置。

(2) 使用包含根目录的绝对路径(ForwardServlet.java 代码第 28 行)则会出现如图 7-3-9(c)所示的找不到页面的错误，因为此时 getRequestDispatcher()方法生成的目的页虚拟路径为“/test/test/dest2.jsp”，这不是 dest2.jsp 在服务器上正确的存放位置。

从图 7-3-9(d)～(f)所示的运行结果可看出，若使用 application 对象来创建 RequestDispatcher 对象，那么页面转发时：

(1) 使用不含根目录的绝对路径(ForwardServlet.java 代码第 34 行)能正常跳转到目的页 dest2.jsp，因为 getRequestDispatcher()方法生成的目的页虚拟路径为“/test/dest2.jsp”，这是 dest2.jsp 在服务器上的正确位置。

(2) 使用相对路径(ForwardServlet.java 代码第 32 行)会导致出现如图 7-3-9(d)所示的运行异常，因为此时 getRequestDispatcher()方法要求的参数值必须以“/”开头，而相对路径“dest2.jsp”是不满足要求的。

(3) 使用含根目录的绝对路径(ForwardServlet.java 代码第 37 行)会导致出现如图 7-3-9(f)所示的找不到页面的错误，因为此时 getRequestDispatcher()方法生成的目的页虚拟路径为“/test/test/dest2.jsp”，这不是 dest2.jsp 在服务器上正确的存放位置。

> **注意**：在 sendRedirect()方法或 forward()方法调用前，如果当前 Servlet 对客户端的响应已经提交(如使用 out.flush()强制刷新缓冲区数据)，则客户端能收到正常的响应结果，但 sendRedirect()方法或 forward()方法的功能无法实现，且在服务器端控制台会抛出 IllegalStateException 异常。

7.3.3　实现页面包含

在 Web 应用程序中为了界面风格统一和提高开发效率，我们常常需要在一个动态 Web 页中包含其他的资源文件(servlet、JSP 文件或 HTML 文件)，这样，当这些动态 Web 页被请求时，实际上是由这个 Web 页面和包含其中的多个资源文件共同工作来处理这个 HTTP 请求。在 JSP 中我们可以使用 include 指令<%@include%>或 include 动作标签<jsp:include>来实现页面包含，而在 Servlet 中要实现页面包含则需要使用 RequestDispatcher 接口的 include()方法，该方法在实现页面包含时与 JSP 中的 include 动作相同，也就是包含页和被包含页各自独立运行，然后将被包含页的输出包含到包含页的输出中，最后一起返回客户端。

RequestDispatcher 接口对象的创建有两种方式，若 RequestDispatcher 对象的创建方式不同，则使用该对象来调用 include()方法进行页面包含时，对设置的包含资源文件路径的要求也会有所不同，下面我们分别对这两种方式进行介绍。

(1) 使用 request 对象创建 RequestDispatcher 对象。

如果使用 request 对象创建 RequestDispatcher 对象，页面包含语句语法格式如下：

```
RequestDispatcher 对象名=request.getRequestDispatcher(包含页 URL);
对象名.include(request, response);
```

上述语句在创建 RequestDispatcher 对象时，需要向调用的 getRequestDispatcher()方法传入一个字符串型的参数，该参数可以是相对路径或是绝对路径。getRequestDispatcher()方法会按照以下规则生成包含页的虚拟路径，然后以此虚拟路径直接访问当前服务器的 Web 资源，并将该资源文件的响应结果包含在本 Web 页的响应之中。

规则 1：如果参数值为相对路径，包含页的虚拟路径 = 当前 Servlet 的上级目录 + 参数值。

规则 2：如果参数值为绝对路径，包含页的虚拟路径 = 虚拟根目录 + 参数值。

(2) 使用 application 对象创建 RequestDispatcher 对象。

如果使用 application 对象创建 RequestDispatcher 对象，页面包含语句语法格式如下：

```
ServletContext application=this.getServletContext();
RequestDispatcher 对象名=application.getRequestDispatcher(包含页 URL);
对象名.include(request, response);
```

上述语句在创建 RequestDispatcher 对象时，需要向调用的 getRequestDispatcher()方法传入一个字符串型的参数，该参数只能是绝对路径。getRequestDispatcher()方法会以“虚拟根目录+参数值”的规则生成包含页的虚拟路径，然后以此虚拟路径直接访问当前服务器的 Web 资源，并将该资源文件的响应结果包含在本 Web 页的响应之中。

【例 7-3-11】 在 Servlet 中实现单个 Web 文件包含。

input1.html

```
<html>
<head><meta charset="UTF-8"></head>
<body>
<form action="SingleIncludeServlet" method="get">
     RequestDispatcher 对象的创建者：
   <input type="radio" name="creater"   value="request" checked>request 对象
   <input type="radio" name="creater"   value="application">application 对象
     <p>页面包含方式：
   <select name="flag" >
          <option value="1" >相对路径</option>
          <option value="2" >绝对路径(不含根目录)</option>
          <option value="3" >绝对路径(含根目录)</option>
   </select>  
   <input   type="submit"   value="确定">
</form>
</body>
</html>
```

SingleIncludeServlet.java

```
package servlet;

import java.io.IOException;
import java.io.PrintWriter;
import javax.servlet.RequestDispatcher;
import javax.servlet.ServletContext;
import javax.servlet.ServletException;
import javax.servlet.annotation.WebServlet;
import javax.servlet.http.HttpServlet;
import javax.servlet.http.HttpServletRequest;
import javax.servlet.http.HttpServletResponse;

@WebServlet("/SingleIncludeServlet")
public class SingleIncludeServlet extends HttpServlet {
    private static final long serialVersionUID = 1L;

    protected void doGet(HttpServletRequest request, HttpServletResponse response)
            throws ServletException, IOException {
        response.setContentType("text/html;charset=UTF-8");//设置页面内容类型
        PrintWriter out = response.getWriter();//创建 out 对象
        int flag = Integer.parseInt(request.getParameter("flag")); //获取包含方式标记
        String creater = request.getParameter("creater");//获取 RequestDispatcher 对象的创建者
        RequestDispatcher rd;

        if (creater.equals("request")) {
            if (flag == 1) //使用相对地址包含
                rd = request.getRequestDispatcher("ResourceServlet1");
            else if (flag == 2) //使用绝对地址(不含根目录)包含
                rd = request.getRequestDispatcher("/ResourceServlet1");
            else//使用绝对地址(含根目录)包含——错误
                rd = request.getRequestDispatcher("/test/ResourceServlet1");
        } else {
            ServletContext application = this.getServletContext();
            if (flag == 1) //使用相对地址包含——错误
                rd = application.getRequestDispatcher("ResourceServlet");
            else if (flag == 2) //使用绝对地址(不含根目录)包含
                rd = application.getRequestDispatcher("/ResourceServlet1");
            else//使用绝对地址(含根目录)包含——错误
                rd = application.getRequestDispatcher("/test/ResourceServlet1");
        }
```

```
            out.println("<h2>SingleIncludeServlet 的输出信息！</h2>");
            rd.include(request, response); //包含资源文件
        }
    }
```

ResourceServlet1.java

```
package servlet;

import java.io.IOException;
import java.io.PrintWriter;
import javax.servlet.ServletException;
import javax.servlet.annotation.WebServlet;
import javax.servlet.http.HttpServlet;
import javax.servlet.http.HttpServletRequest;
import javax.servlet.http.HttpServletResponse;

@WebServlet("/ResourceServlet1")
public class ResourceServlet1 extends HttpServlet {
    private static final long serialVersionUID = 1L;

    public void doGet(HttpServletRequest request, HttpServletResponse response) throws
ServletException, IOException {
            response.setContentType("text/html;charset=UTF-8");//设置页面内容类型
            PrintWriter out = response.getWriter();// 创建 out 对象
            int flag = Integer.parseInt(request.getParameter("flag")); //获取包含方式标记
            switch (flag) {
            case 1:     out.println("<h3>使用相对路径包含本页！</h3>"); break;
            case 2:     out.println("<h3>使用绝对路径(不含根目录)包含本页！</h3>"); break;
            }
    }
}
```

例 7-3-11 功能由 3 个文件共同实现：

(1) input1.html(虚拟路径为/test/input1.html)用于输入 RequestDispatcher 对象的创建者和页面包含方式。

(2) SingleIncludeServlet.java(类文件的虚拟路径为/test/SingleIncludeServlet)根据 input1.html 传入的选择结果采用不同的形式对 ResourceServlet1 进行页面包含。

(3) ResourceServlet1.java(类文件的虚拟路径为/test/ResourceServlet1)根据保存在 request 对象中的包含方式标记进行信息显示。

因为包含页与被包含页处于同一请求范围内，因此可以直接在 ResourceServlet1.java 中获取请求参数 flag，而无需在 SingleIncludeServlet.java 中进行转存。当在 input1.html 中选择不同的 RequestDispatcher 对象的创建者和包含方式时，运行结果如图 7-3-10 所示。

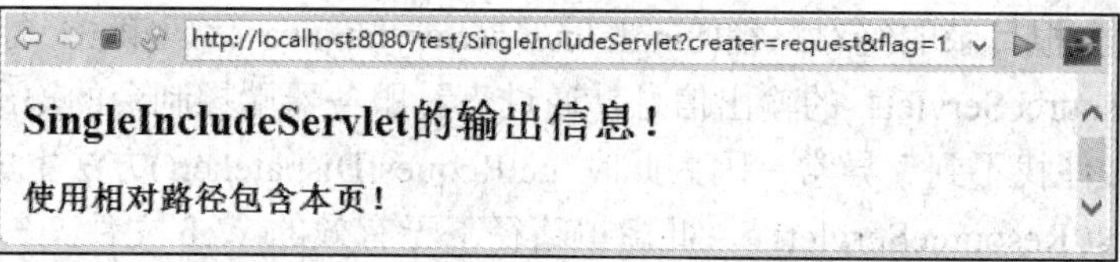

(a) 选择“request 对象”+“相对路径”方式的显示结果

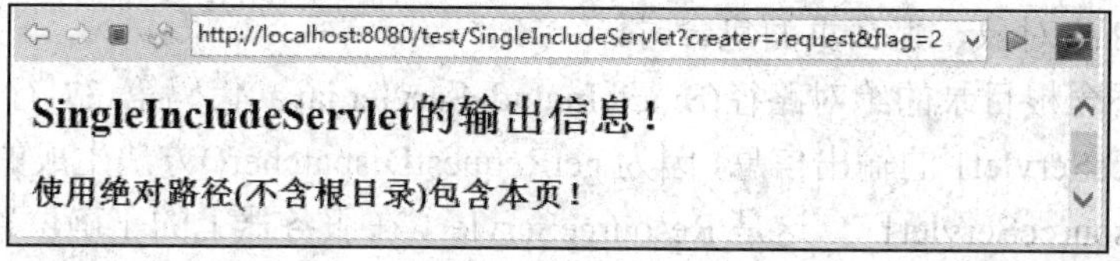

(b) 选择“request 对象”+“绝对路径(不含根目录)”方式的显示结果

(c) 选择“request 对象”+“绝对路径(含根目录)”方式的显示结果

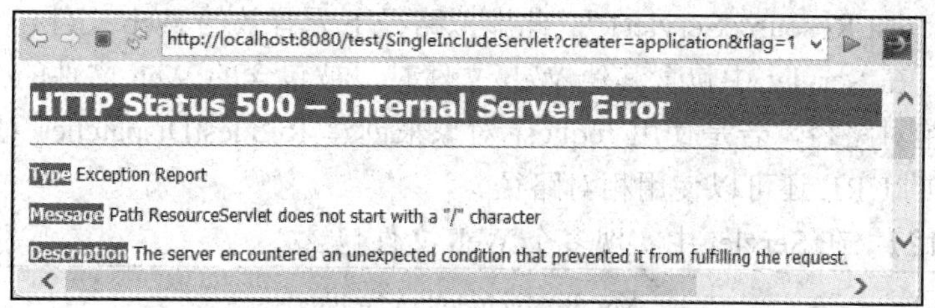

(d) 选择“application 对象”+“相对路径”方式的显示结果

(e) 选择“application 对象”+“绝对路径(不含根目录)”方式的显示结果

(f) 选择“application 对象”+“绝对路径(含根目录)”方式的显示结果

图 7-3-10　例 7-3-11 的运行结果

从图 7-3-10(a)～(c)所示的运行结果可看出，若使用 request 对象来创建 RequestDispatcher 对象，那么页面包含时：

(1) 无论使用相对路径(SingleIncludeServlet.java 代码第 27 行)还是不含根目录的绝对路径(SingleIncludeServlet.java 代码第 29 行)都能正常显示被包含的 ResourceServlet1 的输出信息，因为在这两种情况下 getRequestDispatcher()方法生成的被包含文件虚拟路径均为“/test/ResourceServlet1”，这是 ResourceServlet1 在服务器上的正确存放位置。

(2) 使用包含根目录的绝对路径(SingleIncludeServlet.java 代码第 31 行)则不能正常显示被包含的 ResourceServlet1 的输出信息，通过查看服务器端控制台的输出信息可发现，此时发生了“文件找不到”异常，因为此时 getRequestDispatcher()方法生成的包含页虚拟路径为“/test/test/ResourceServlet1”，此虚拟路径下无有效的 Web 文件。

从图 7-3-10(d)～(f)所示的运行结果可看出，若使用 application 对象来创建 RequestDispatcher 对象，那么页面包含时：

(1) 使用不含根目录的绝对路径(SingleIncludeServlet.java 代码第 37 行)能正常显示被包含的 ResourceServlet1 的输出信息，因为 getRequestDispatcher()方法生成的目的页虚拟路径为“/test/ResourceServlet1”，这是 ResourceServlet1 在服务器上的正确位置。

(2) 使用相对路径(SingleIncludeServlet.java 代码第 35 行)会导致出现如图 7-3-9(d)所示的运行异常，因为此时 getRequestDispatcher()方法要求的参数值必须以“/”开头，而相对路径“ResourceServlet1”是不满足要求的。

(3) 使用含根目录的绝对路径(SingleIncludeServlet.java 代码第 39 行)不能正常显示被包含的 ResourceServlet1 的输出信息，通过查看服务器端控制台的输出信息可发现，此时发生了“文件找不到”异常，因为此时 getRequestDispatcher()方法生成的被包含文件的虚拟路径为“/test/test/ResourceServlet1”，此虚拟路径下无有效的 Web 文件。

综上所述，在 Servlet 中包含其他 Web 文件时，被包含的 Web 文件的 URL 可以使用不含根目录的绝对路径，若是使用 request 对象来创建 RequestDispatcher 对象，那么被包含的 Web 文件的 URL 还可以使用相对路径。

【例 7-3-12】 在 Servlet 中实现多个 Web 文件包含。

MultipleIncludeServlet.java

```java
package servlet;

import java.io.IOException;
import java.io.PrintWriter;
import javax.servlet.RequestDispatcher;
import javax.servlet.ServletException;
import javax.servlet.annotation.WebServlet;
import javax.servlet.http.HttpServlet;
import javax.servlet.http.HttpServletRequest;
import javax.servlet.http.HttpServletResponse;

@WebServlet("/MultipleIncludeServlet")
public class MultipleIncludeServlet extends HttpServlet {
    private static final long serialVersionUID = 1L;

    protected void doGet(HttpServletRequest request, HttpServletResponse response)
                throws ServletException, IOException {
        response.setContentType("text/html;charset=UTF-8"); //设置页面内容类型
        PrintWriter out = response.getWriter();              //创建 out 对象
```

```java

        RequestDispatcher rdHead = request.getRequestDispatcher("/head.jsp");
        RequestDispatcher rdFoot = request.getRequestDispatcher("/foot.html");

        rdHead.include(request, response); //包含 head.jsp
        out.println("<h2>页面主体信息！ </h2>");
        rdFoot.include(request, response); //包含 foot.html
    }
}
```

head.jsp

```html
<%@ page contentType="text/html; charset=UTF-8"%>
<html>
<body>
<h4>head.jsp</h4>
<hr>
</body>
</html>
```

foot.html

```html
<html>
<body>
<hr>
<h4>foot.html</h4>
</body>
</html>
```

例 7-3-12 的功能由 MultipleIncludeServlet.java、head.jsp 和 foot.html 三个文件共同实现，其中 head.jsp 和 foot.html 为被 MultipleIncludeServlet.java 包含的 Web 文件，用于显示指定信息。在客户端访问 MultipleIncludeServlet 的显示结果如图 7-3-11 所示。

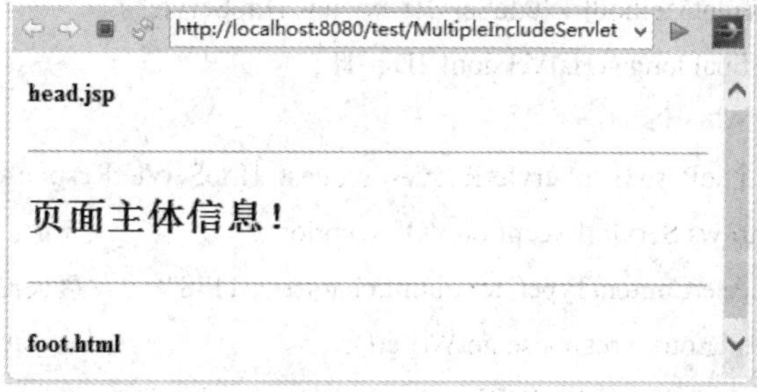

图 7-3-11　访问 MultipleIncludeServlet 的显示结果

从例 7-3-12 可看出，在 Servlet 中进行页面包含不仅仅能包含 Servlet 文件，也能包含 JSP 或 HTML 文件，同时对被包含的 Web 文件个数没限制。被包含的 Web 文件的执行顺序以及输出信息在主页面的显示位置与在 Servlet 中使用 include()方法包含这些 Web 文件的语句顺序一致。

【例 7-3-13】 对 Servlet 与被包含的 Web 文件在请求方式一致性上的验证。

input2.html

```
<html>
<head><meta charset="UTF-8"></head>
<body>
<form action="DifferentMethodIncludeServlet" method="post">
    使用 POST 方式访问 Servlet  <input    type="submit"    value="确定">
</form>
<form action="DifferentMethodIncludeServlet" method="get">
    使用 GET 方式访问 Servlet  <input    type="submit"    value="确定">
</form>
</body>
</html>
```

DifferentMethodIncludeServlet.java

```
package servlet;

import java.io.IOException;
import java.io.PrintWriter;
import javax.servlet.RequestDispatcher;
import javax.servlet.ServletException;
import javax.servlet.annotation.WebServlet;
import javax.servlet.http.HttpServlet;
import javax.servlet.http.HttpServletRequest;
import javax.servlet.http.HttpServletResponse;

@WebServlet("/DifferentMethodIncludeServlet")
public class DifferentMethodIncludeServlet extends HttpServlet {
    private static final long serialVersionUID = 1L;

    protected void doPost(HttpServletRequest request, HttpServletResponse response)
            throws ServletException, IOException {
        response.setContentType("text/html;charset=UTF-8"); //设置页面内容类型
        PrintWriter out = response.getWriter();              //创建 out 对象
        out.println("<h2>使用 POST 方式访问本页！</h2>");

        RequestDispatcher rd = request.getRequestDispatcher("/ResourceServlet2");
        rd.include(request, response);// 包含资源文件
    }

```

```
    public void doGet(HttpServletRequest request, HttpServletResponse response)
            throws ServletException, IOException {
        response.setContentType("text/html;charset=UTF-8"); //设置页面内容类型
        PrintWriter out = response.getWriter();                //创建 out 对象
        out.println("<h2>使用 GET 方式访问本页！ </h2>");

        RequestDispatcher rd = request.getRequestDispatcher("/ResourceServlet2");
        rd.include(request, response); //包含资源文件
    }
}
```

ResourceServlet2.java

```
package servlet;

import java.io.IOException;
import java.io.PrintWriter;
import javax.servlet.ServletException;
import javax.servlet.annotation.WebServlet;
import javax.servlet.http.HttpServlet;
import javax.servlet.http.HttpServletRequest;
import javax.servlet.http.HttpServletResponse;

@WebServlet("/ResourceServlet2")
public class ResourceServlet2 extends HttpServlet {
    private static final long serialVersionUID = 1L;

    public void doPost(HttpServletRequest request, HttpServletResponse response)
            throws ServletException, IOException {
        response.setContentType("text/html;charset=UTF-8") ;//设置页面内容类型
        PrintWriter out = response.getWriter();                //创建 out 对象
        out.println("<h3>使用 POST 方式包含本页！ </h3>");
    }

    public void doGet(HttpServletRequest request, HttpServletResponse response)
            throws ServletException, IOException {
        response.setContentType("text/html;charset=UTF-8"); //设置页面内容类型
        PrintWriter out = response.getWriter();                //创建 out 对象
        out.println("<h3>使用 GET 方式包含本页！ </h3>");
    }
}
```

例 7-3-13 的功能由 input2.html、DifferentMethodIncludeServlet.java 和 ResourceServlet2.java 3 个文件共同实现，运行结果如图 7-3-12 所示。

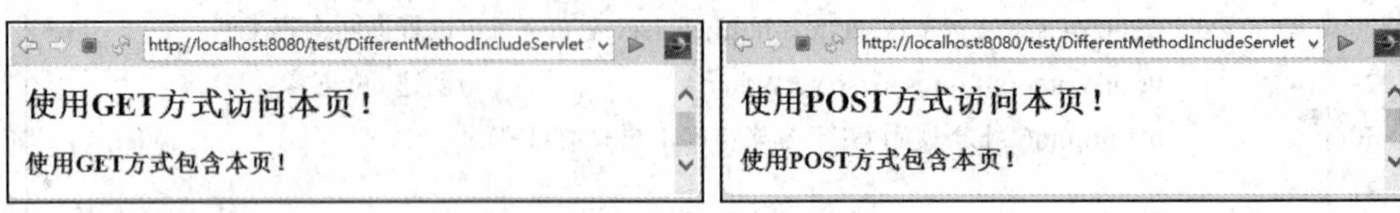

(a) 以 Post 方式访问 Servlet 的显示结果　　(b) 以 Get 方式访问 Servlet 的显示结果

图 7-3-12　例 7-3-13 的运行结果

从例 7-3-13 可以看到，当以 Post 方式请求 Servlet 时，Servlet 的 doPost()方法会被自动调用，在该方法中使用 include()方法包含另一个 Servlet 时，也会自动调用被包含 Web 文件的 doPost()方法，因此会出现如图 7-3-12(a)所示的运行结果。当以 Get 方式请求 Servlet 时，Servlet 的 doGet()方法会被自动调用，在该方法中使用 include()方法包含另一个 Servlet 时，会自动调用被包含 Web 文件的 doGet()方法，因此会出现如图 7-3-12(b)所示的运行结果。因此，大家要记住这个一致性原则，根据对 Servlet 的不同请求方式在恰当的方法中编写功能语句。

> **注意：**
>
> ① 当前 Servlet 与被包含 Web 文件的输出信息不要出现标记嵌套冲突(如：<html><body> <html><body>...</body></html></body></html>)，这将影响客户端浏览器对输出信息的解析。
>
> ② 若在 include()方法调用前，当前 Servlet 对客户端的响应已经提交(如使用 out.flush()强制刷新缓冲区数据)，不会影响 include()方法功能的执行，且当前 Servlet 和被包含的 Web 文件的输出信息都能正常返回客户端。但若在 include()方法调用前，当前 Servlet 已使用 out.close()关闭了对客户端的输出，虽然 include()方法仍然会正常执行指定 Web 文件的包含，但当前 Servlet 在 out.close()之后的输出信息以及被包含 Web 文件的输出信息都不能返回客户端。

7.3.4　读取初始化参数

在 Servlet 编程中，对于一些会随需求而变化的常量信息(如页面的编码字符集、数据库的连接字符串等)我们通常不是直接写在代码中，而是将这些信息按照一定的格式配置成参数写在配置文件中，这样一旦需求发生变化，我们就只需要修改配置文件中的配置信息，而不用修改源代码，从而避免对 Servlet 的重新编译和部署。这些写在配置文件中，在 Web 服务器启动或 Servlet 对象创建时随之创建的参数被称为初始化参数，根据它们的作用域范围不同分为上下文初始化参数和 Servlet 初始化参数两种，在本小节中我们就来学习一下这两种初始化参数的配置和读取方法。

1. 上下文初始化参数的配置和读取

上下文初始化参数在 Web 服务器启动时就会被创建，其作用域范围是整个 Web 应用，是被应用程序中所有的 Servlet 所共享的参数，因此也称全局初始化参数，它需要在项目配置文件 web.xml 的<web-app></web-app>标签组中按照如下格式进行配置：

```
<context-param>
    <param-name>参数名</param-name>
    <param-value>参数值</param-value>
</context-param>
```

完成了上下文初始化参数的配置后，我们就可以在 Servlet 中使用如下语句来读取它们的值，并在 Servlet 中使用这些信息了。

```
ServletContext application=this.getServletContext();
String 变量名= application.getInitParameter("参数名");
```

【例 7-3-14】 将字符编码集 UTF-8 配置为上下文初始化参数，并在 Servlet 中读取和使用该参数值。

web.xml

```
<?xml version="1.0" encoding="UTF-8"?>
<web-app xmlns:xsi="http://www.w3.org/2001/XMLSchema-instance"
xmlns="http://xmlns.jcp.org/xml/ns/javaee" xsi:schemaLocation="http://xmlns.jcp.org/xml/ns/javaee
http://xmlns.jcp.org/xml/ns/javaee/web-app_3_1.xsd" version="3.1">
    <context-param>   <!--上下文初始化参数，设置字符编码集-->
        <param-name>characterEncoding</param-name><!--初始化参数名-->
        <param-value>UTF-8</param-value>                <!--初始化参数值-->
    </context-param>
</web-app>
```

ContextParamServlet.java

```
package servlet;

import java.io.IOException;
import java.io.PrintWriter;
import javax.servlet.ServletContext;
import javax.servlet.ServletException;
import javax.servlet.annotation.WebServlet;
import javax.servlet.http.HttpServlet;
import javax.servlet.http.HttpServletRequest;
import javax.servlet.http.HttpServletResponse;

@WebServlet("/ContextParamServlet")
public class ContextParamServlet extends HttpServlet {
    private static final long serialVersionUID = 1L;

```

```
        public void doGet(HttpServletRequest request, HttpServletResponse response) throws
ServletException, IOException {
                ServletContext application = this.getServletContext();
                String charset = application.getInitParameter("characterEncoding");//读取上下文初始化参数

                response.setContentType("text/html;charset=" + charset); //设置页面内容类型
                PrintWriter out = response.getWriter();                    //创建 out 对象
                out.println("<h3>设置的字符编码集为：" + charset + "</h3>");
        }
    }
```

例 7-3-14 的功能由项目配置文件 web.xml 与 ContextParamServlet.java 两个文件共同实现，web.xml 中配置了一个上下文初始化参数 characterEncoding，其值为 UTF-8。ContextParamServlet.java 文件则读取初始化参数 characterEncoding 的值，使用该值来设置响应页的内容类型，并将值输出显示到客户端，访问 ContextParamServlet 的显示结果如图 7-3-13 所示。

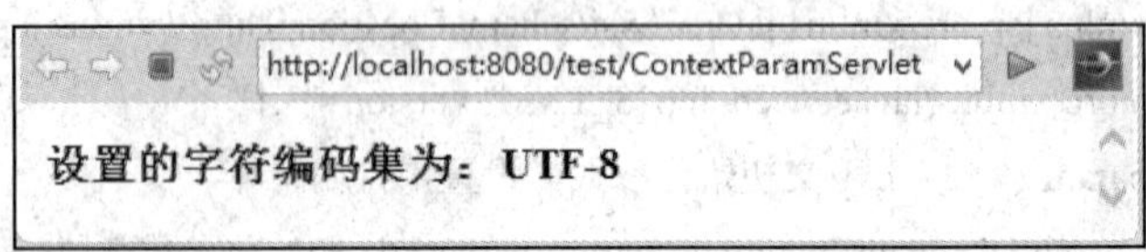

图 7-3-13　访问 ContextParamServlet 的显示结果

> 注意：
>
> ① 在 web.xml 文件中配置的参数值均为字符串，因此在 Servlet 中读取得到的这些参数值的类型也是字符串类型。
>
> ②在 web.xml 文件中可配置多个上下文初始化参数，但一个<context-param></context-param>标签组只能设置一个，若要设置多个需要使用多个<context-param>标签组。
>
> ③ 修改 web.xml 文件后需要重启服务器，这样修改内容才会生效。

2. Servlet 初始化参数的配置和读取

Servlet 初始化参数会在指定的 Servlet 对象创建时随之创建，只能被该 Servlet 访问，其作用域范围仅仅在这一个 Servlet 之内，因此也称局部初始化参数，它的配置方法有 2 种：

(1) 在 web.xml 文件中配置。

这种配置方法需要在 web.xml 文件中完成指定 Servlet 的配置并在该 Servlet 的配置标签组<servlet></servlet>中添加如下内容：

```
<init-param>
      <param-name>参数名</param-name>
      <param-value>参数值</param-value>
</init-param>
```

使用这种配置方法来配置 Servlet 初始化参数后需要重启服务器配置才能生效，以后修改参数信息只需修改配置文件 web.xml 即可，无需修改 Servlet 源文件内容，当然若要修改内容生效仍然需要重启服务器。

(2) 使用注解配置。

这种配置方法需要在 Servlet 源代码中按如下格式添加注解语句：

```
@WebServlet(
urlPatterns = { "访问 URL" },
initParams = { @WebInitParam(name = "参数名 1", value = "参数值 1"),
@WebInitParam(name = "参数名 2", value = "参数值 2"),
……
})
```

使用这种配置方法来配置 Servlet 初始化参数需要修改 Servlet 源文件内容，因此如果修改初始化参数就必须重新编译 Servlet 源文件才能生效，并且这种配置方法只适用于 Servlet3.0 及以上版本，即在 Tomcat7.0 及以上的 Tomcat 服务器中才有效。

完成了 Servlet 初始化参数的配置后，我们就可以读取它们的值了，在 Servlet 中读取 Servlet 初始化参数的方法也有 2 种：

(1) 使用 config 对象来读取。

```
ServletConfig config = this.getServletConfig();
String 变量名= config.getInitParameter("参数名");
```

(2) 使用当前 Servlet 对象来读取。

```
String 变量名= this.getInitParameter("参数名");
```

以上两种方法达到的效果是一样的，但相比而言使用第二种方法，也就是使用当前 Servlet 对象来读取 Servlet 初始化参数更为简便。

【例 7-3-15】 在项目配置文件中配置默认背景色信息，并以此在 Servlet 中设置响应页的背景颜色。

web.xml

```
<?xml version="1.0" encoding="UTF-8"?>
<web-app xmlns:xsi="http://www.w3.org/2001/XMLSchema-instance"
xmlns="http://xmlns.jcp.org/xml/ns/javaee" xsi:schemaLocation="http://xmlns.jcp.org/xml/ns/javaee
http://xmlns.jcp.org/xml/ns/javaee/web-app_3_1.xsd" version="3.1">
    <servlet>
        <servlet-name>InitParamServlet1</servlet-name>      <!--Servlet 名称-->
        <servlet-class>servlet.InitParamServlet1</servlet-class> <!--Servlet 类全名-->
        <init-param>        <!--Servlet 初始化参数，设置背景颜色-->
          <param-name>bgcolor</param-name>    <!--初始化参数名-->
          <param-value>pink</param-value>       <!--初始化参数值-->
        </init-param>
```

```
    </servlet>
    <servlet-mapping>
        <servlet-name>InitParamServlet1</servlet-name> <!--Servlet 名称-->
        <url-pattern>/InitParamServlet1</url-pattern>    <!--Servlet 的访问 URL-->
    </servlet-mapping>
</web-app>
```

InitParamServlet1.java

```
package servlet;

import java.io.IOException;
import java.io.PrintWriter;
import javax.servlet.ServletConfig;
import javax.servlet.ServletException;
import javax.servlet.http.HttpServlet;
import javax.servlet.http.HttpServletRequest;
import javax.servlet.http.HttpServletResponse;

public class InitParamServlet1 extends HttpServlet {
    private static final long serialVersionUID = 1L;

    protected void doGet(HttpServletRequest request, HttpServletResponse response)
                throws ServletException, IOException {
        ServletConfig config = this.getServletConfig();          //获取 config 对象
        String bgcolor1 = config.getInitParameter("bgcolor"); //以 config 对象获取初始化参数
        String bgcolor2 = this.getInitParameter("bgcolor");   //以当前 Servlet 对象获取初始化参数
        response.setContentType("text/html;charset=UTF-8");//设置页面内容类型
        PrintWriter out = response.getWriter();                  //创建 out 对象
        out.println("<html>");
        out.println("<body style=\"background-color:" + bgcolor1 + "\">");
        out.println("<h2>在配置文件中配置参数信息</h2>");
        out.println("设置的背景色为(config 获取)：" + bgcolor1 + "<p>");
        out.println("设置的背景色为(this 获取)：" + bgcolor2);
        out.println("</body>");
        out.println("</html>");
    }
}
```

例 7-3-15 的功能由项目配置文件 web.xml 与 InitParamServlet1.java 两个文件共同实现，在 web.xml 中对 InitParamServlet1 进行了配置，并在该 Servlet 中配置了一个上下文初始化参数 bgcolor，其值为 pink。InitParamServlet1.java 文件则读取初始化参数 bgcolor 的值，使

用该值来设置写回客户端的<body>标签 style 属性中的背景色，并将值输出显示到客户端，访问 InitParamServlet1 的显示结果如图 7-3-14 所示。

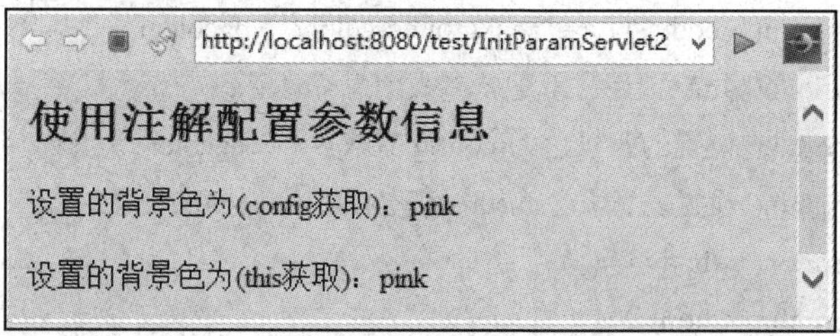

图 7-3-14　访问 InitParamServlet1 的显示结果

> **注意：**一个 Servlet 中可配置多个 Servlet 初始化参数，但一个<init-param></init-param>标签组只能设置一个，若要设置多个需要使用多个<init-param>标签组。

【例 7-3-16】 在 Servlet 源文件中使用注解配置初始化参数，用来存储默认背景色信息，并以此在 Servlet 中设置响应页的背景颜色。

web.xml

```
package servlet;

import java.io.IOException;
import java.io.PrintWriter;
import javax.servlet.ServletConfig;
import javax.servlet.ServletException;
import javax.servlet.annotation.WebInitParam;
import javax.servlet.annotation.WebServlet;
import javax.servlet.http.HttpServlet;
import javax.servlet.http.HttpServletRequest;
import javax.servlet.http.HttpServletResponse;

@WebServlet( urlPatterns = { "/InitParamServlet2" },
        initParams = { @WebInitParam(name = "bgcolor", value = "yellow") })
public class InitParamServlet2 extends HttpServlet {
    private static final long serialVersionUID = 1L;

    protected void doGet(HttpServletRequest request, HttpServletResponse response)
                throws ServletException, IOException {
            ServletConfig config = this.getServletConfig();          //获取 config 对象
            String bgcolor1 = config.getInitParameter("bgcolor"); //以 config 对象获取初始化参数
            String bgcolor2 = this.getInitParameter("bgcolor");    //以当前 Servlet 对象获取初始化参数
            response.setContentType("text/html;charset=UTF-8"); //设置页面内容类型
```

```
24            PrintWriter out = response.getWriter();                //创建 out 对象
25            out.println("<html>");
26            out.println("<body style=\"background-color:" + bgcolor1 + "\">");
27            out.println("<h2>使用注解配置参数信息</h2>");
28            out.println("设置的背景色为(config 获取)：" + bgcolor1 + "<p>");
29            out.println("设置的背景色为(this 获取)：" + bgcolor2);
30            out.println("</body>");
31            out.println("</html>");
32        }
33    }
```

例 7-3-16 仅有 InitParamServlet2.java 这一个文件，在该源文件中使用注解配置了一个上下文初始化参数 bgcolor，并设置其值为 yellow(源代码第 14 行)，然后在 doGet()方法中读取初始化参数 bgcolor 的值，使用该值来设置写回客户端的<body>标签 style 属性中的背景色，并将值输出显示到客户端，访问 InitParamServlet2 的显示结果如图 7-3-15 所示。

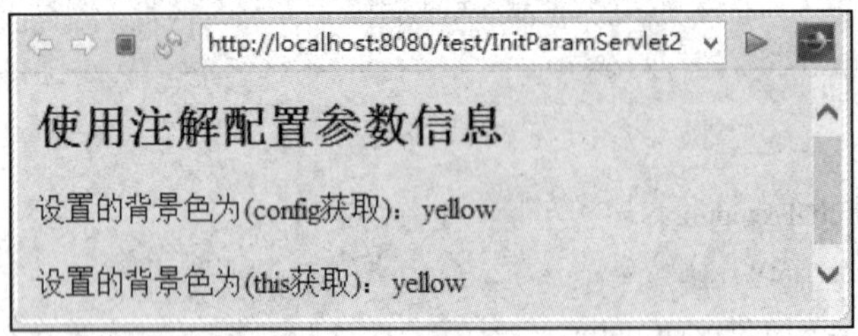

图 7-3-15　访问 InitParamServlet2 的显示结果

注意：我们可以借助 Eclipse 开发工具，在如图 7-3-16 所示的“创建 Servlet——部署描述”界面中添加 Servlet 的初始化参数，然后由 Eclipse 自动生成配置信息，这样就只需要在 Servlet 中编写读取配置信息的语句即可。

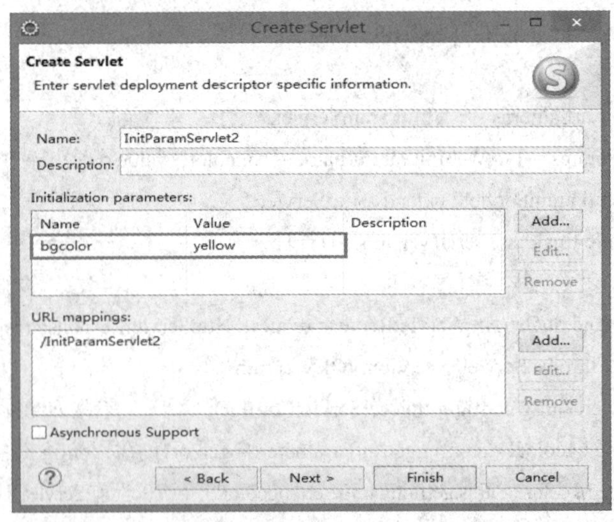

图 7-3-16　在“创建 Servlet——部署描述”界面中添加 Servlet 的初始化参数

7.4　Servlet 过滤器

7.4.1　过滤器概述

1. 什么是过滤器

在 Web 项目开发过程中，在多个不同的 Web 应用程序中常常会存在重复的操作(如设置页面字符编码集为支持中文的 UTF-8，验证当前用户是否正确登录等)，为了提高代码的开发效率以及便于以后对代码的修改和维护，我们通常的做法是将这些操作重复的代码抽取出来形成一个个独立的 Web 组件，通过将它们放置在客户端与 Web 应用程序的之间以实现对服务器与客户端交互信息的“过滤”处理，因此这些 Web 组件被称为 Servlet 过滤器。

Servlet过滤器的本质是实现Filter接口的类的实例，是一种运行在Web服务器端的Java应用程序，它并不会单独运行，而是以组件的形式插入客户端与 Web 应用程序之间，其目的是在不修改源程序代码的情况下，通过拦截输入服务器的请求和输出服务器的响应，查看、提取或者以某种方式操作在客户端和服务器之间进行交换的数据，实现对 Web 应用程序的前期处理或后期处理。过滤器是在 Servlet 2.3 之后增加的新功能，它通过配置文件 web.xml 来灵活的声明，因此添加或删除它们都非常方便，并独立于任何平台和 web 容器。

2. 过滤器的生命周期

过滤器的本质是一个 Filter 接口对象，存在自己的生命周期，这个周期包含过滤器对象从创建直到消亡的整个过程。在过滤器对象的整个生命周期中，Web 容器会根据需求和过滤器对象的生命状态自动调用该对象包含的一些方法来实现预定功能，下面分别介绍一下这些方法。

(1) init()方法。

```
public void init(FilterConfig filterConfig) throws ServletException{
    //过滤器对象的初始化代码
}
```

当 Web 服务器启动后，Web 容器就会自动为所有在 web.xml 文件中进行了配置的过滤器创建对象，紧接着便立即调用该过滤器对象的 init()方法。由于每个过滤器对象创建后将一直保存在服务器内存中直到服务器关闭，因此每个过滤器对象只会创建一次，相应的 init()方法在该对象的生命周期中也仅会执行一次。

Web 容器在调用 init()方法时，会向该方法传递一个 FilterConfig 接口对象，通过该参数对象调用表 7-4-1 所示的方法可以得到在 web.xml 文件中配置的过滤器信息和运行环境信息，并借助这些信息在 init()方法中完成一些过滤器对象的初始化操作。

表 7-4-1　FilterConfig 接口的常用方法

方　法	功 能 描 述
public String getFilterName()	获取过滤器的名称
public ServletContext getServletContext()	获取当前 Servlet 上下文对象
public String getInitParameter(String name)	获取名称为 name 的过滤器初始化参数
public Enumeration getInitParameterNames()	以枚举形式返回过滤器所有初始化参数的名字

(2) doFilter()方法。

```
public void doFilter(ServletRequest request, ServletResponse response, FilterChain chain)
  throws IOException, ServletException{
    //对 Web 应用程序的前期处理代码
    chain.doFilter(request,response); //向过滤器链上的下一个节点传递请求
    //对 Web 应用程序的后期处理代码
}
```

在客户端请求某个 Web 应用程序时，Web 容器会自动调用与该 Web 应用程序相关联的过滤器对象的 doFilter()方法，因为一个过滤器对象可以关联多个 Web 应用程序，一个 Web 应用程序可能被客户端多次请求，因此在过滤器对象的生命周期中 doFilter()方法可能被多次调用。doFilter()方法是过滤器的核心方法，该方法通常被用来实现对传入关联 Web 应用程序的数据或从关联 Web 应用程序传出的数据的“过滤”操作。

Web 容器在调用 doFilter()方法时，会向该方法传递 3 个参数：

① ServletRequest 类对象 request 为过滤器链的上一个节点(即 Web 容器或另一个过滤器对象)传递过来的请求对象。

② ServletResponse 类对象 response 为过滤器链的上一个节点(即 Web 容器或另一个过滤器对象)传递过来的响应对象。

③ FilterChain 接口对象 chain 为当前过滤器链对象。

在 doFilter()方法中我们通常完成对关联 Web 应用程序的特定控制操作，并通过传入的参数 chain 去调用 doFilter(request,response)方法来向过滤器链上的下一个节点传递操作请求。因此，在 chain.doFilter(request,response)语句前的操作是针对传入请求信息的过滤，而该语句之后的操作则是针对返回响应信息的过滤。

(3) destroy()方法。

```
public void destroy(){
    //释放过滤器中使用的资源代码
}
```

该方法在 Web 容器卸载过滤器对象之前被调用，因此只会被调用一次，当该方法执行完毕后即刻销毁过滤器对象。通常情况下，我们可在该方法中对过滤器使用的资源进行释放。

3. 过滤器的工作原理

一个过滤器可以对一个或多个不同的 Web 应用程序进行过滤，其工作流程如图 7-4-1 所示，一个 Web 应用程序也可以配置一个或多个过滤器，其工作流程如图 7-4-2 所示，如果为一个 Web 应用程序配置了多个过滤器则会形成一个过滤器链，按照这些过滤器在链上的排列顺序依次完成传入的请求数据和传出的响应数据的过滤。

接下来我们就以一个含两个过滤器的过滤器链为例具体介绍一下过滤器是如何实现对请求和响应信息的过滤处理的。假设我们已为某个 Web 应用程序配置了两个过滤器，当客户端请求该 Web 应用时，服务器对该请求的处理流程如图 7-4-3 所示，包括以下几个步骤：

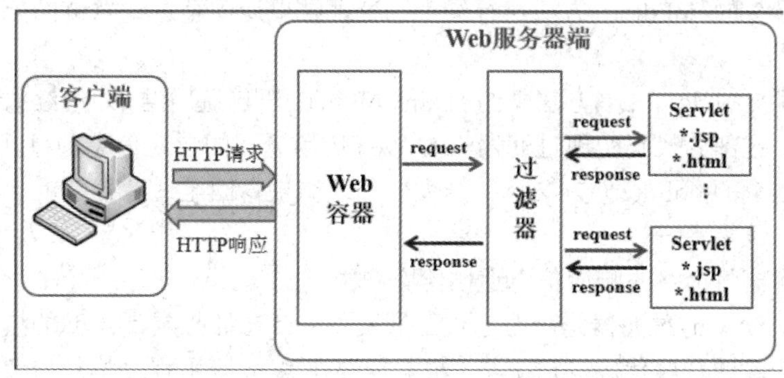

图 7-4-1　一个过滤器过滤多个 Web 应用程序示意图

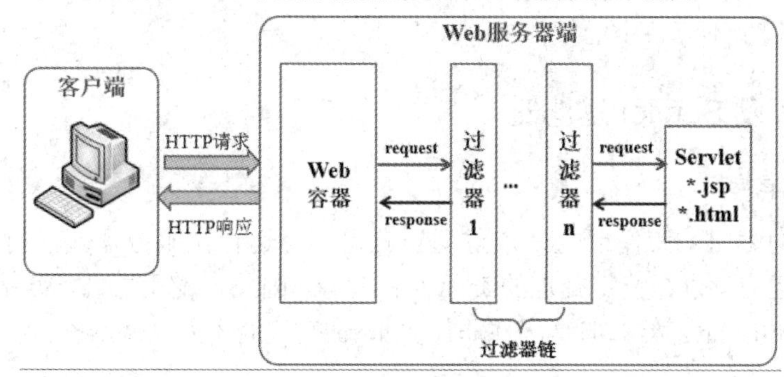

图 7-4-2　一个 Web 应用程序配置多个过滤器示意图

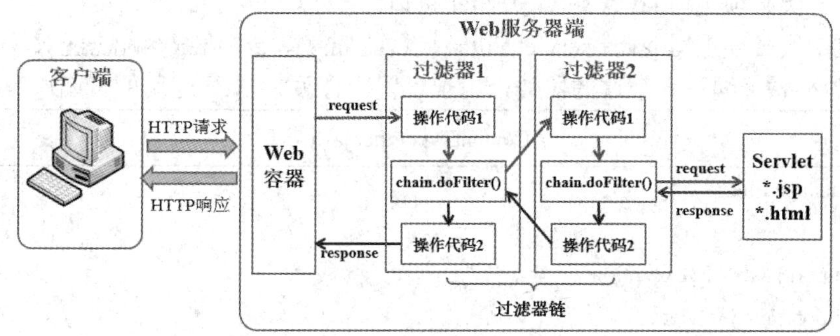

图 7-4-3　使用过滤器的 HTTP 请求响应处理流程

(1) Web 容器自动调用过滤器链上的第一个过滤器对象即过滤器 1 的 doFilter()方法。

(2) 执行过滤器 1 的 doFilter()方法中的操作代码 1，这部分代码实现过滤器 1 对请求信息的过滤操作，然后通过该方法中的 chain.doFilter()语句将请求传递给当前过滤器链的下一个节点，也就是过滤器 2。

(3) 执行过滤器 2 的 doFilter()方法中的操作代码 1，这部分代码实现过滤器 2 对请求信息的过滤操作，然后同样通过该方法中 chain.doFilter()语句将请求传递给当前过滤器链的下一个节点，也就是最终要访问的 Web 应用程序。

(4) Web 应用程序处理客户端的请求，并将处理结果返回至过滤器链的上一个节点，即过滤器 2。

(5) 过滤器 2 的 doFilter()方法中的 chain.doFilter()语句调用结束，继续执行该方法剩下的操作代码 2，这部分代码实现过滤器 2 对 Web 应用返回的响应信息的过滤操作。

(6) 过滤器 2 的 doFilter()方法执行结束，处理结果返回至过滤器链的上一个节点，即过滤器 1。

(7) 过滤器 1 的 doFilter()方法中的 chain.doFilter()语句调用结束，继续执行该方法剩下的操作代码 2，这部分代码实现过滤器 1 对 Web 应用返回的响应信息的过滤操作。

(8) 过滤器 1 的 doFilter()方法执行结束，处理结果返回至过滤器链的上一个节点，即 Web 容器。

(9) Web 容器将最终的响应信息返回给客户端。

总的来说，Servlet 过滤器是一个通过配置文件 web.xml 来灵活声明的模块化可重用组件，可以在不修改源程序代码的情况下，根据需要在 Web 应用程序执行前或执行后添加特定的控制操作，并且还可也通过配置实现对多个 Web 应用程序的批量控制和多重控制，因此是 Servlet 编程中不可缺少的重要部分。

7.4.2 手工开发 Servlet 过滤器

1. 编写过滤器

通过前面的学习，我们已经知道过滤器就是一个运行在服务器端，对客户端与某一 Web 应用间交互信息进行特定处理的 Java 类的对象，因此，编写过滤器实际上就是编写一个实现指定操作的 Java 类。但是，并非任何 Java 类都能作为过滤器类，它还需要满足以下两个条件：

(1) 这个类必须实现 javax.servlet.Filter 接口。

(2) 这个类必须重写 javax.servlet.Filter 接口的 init()、doFilter()和 destroy()方法。

【例 7-4-1】 编写一个过滤器类，用于设置所有关联 Web 应用的页面内容类型。

ContentTypeFilter.java

```
package filter;

import java.io.IOException;
import javax.servlet.*;

public class ContentTypeFilter implements Filter {
    public void init(FilterConfig fConfig) throws ServletException { }

    public void doFilter(ServletRequest request, ServletResponse response, FilterChain chain)
                throws IOException, ServletException {
        response.setContentType("text/html;charset=UTF-8");// 设置页面内容类型
        chain.doFilter(request, response);
    }

    public void destroy() { }
}
```

例 17-4-1 源代码说明：

(1) 为了便于对源代码的管理，我们通常会将一个项目中的过滤器类放在一个包中。代码第 1 行就将类 ContentTypeFilter 放在了 filter 包中。

(2) 在编写过滤器类时，需要用到 javax.servlet 包和 java.io 包中的一些类和接口，代码 3、4 行就是实现指定包和类的导入工作。

(3) 代码第 6～16 行编写了类 ContentTypeFilter，该类实现了接口 Filter，且重写了 Filter 接口的所有方法。

(4) 代码第 11 行使用 response 对象设置了写回客户端页面的内容类型，即页面为 html 类型的文本文件，该文件编码格式为支持中文的 UTF-8，这样才能保证该过滤器的关联类写回客户端的响应信息包含的中文能正常显示。

(5) 代码第 12 行通过传入的 FilterChain 类对象 chain 调用 doFilter()方法将请求继续传向过滤器链的下个节点。

在例 7-4-1 中，我们编写的类 ContentTypeFilter 满足过滤器类的编写要求，因此该类就是一个过滤器类。我们可以创建一个空白的记事本文件，在文件中编写如例 7-4-1 所示代码，并修改文件名为 ContentTypeFilter.java，这样就完成了一个过滤器源文件的创建和编写。

2. 配置过滤器

完成了过滤器类源文件的编写后，我们还需要对该类进行配置，配置过滤器的实质就是说明该过滤器对哪些 Web 应用程序起过滤的作用，方法有两种。

方法 1：在%项目文件夹%\WEB-INF\web.xml 文件中配置。

这种方法需要在%项目文件夹%\WEB-INF\web.xml 文件的<web-app>标签组中按照如下格式添加代码：

```
1  <filter>
2  <filter-name>过滤器的名称</filter-name>
3      <filter-class>过滤器类的完整类名</filter-class>
4  </filter >
5  <filter-mapping>
6      <filter-name>过滤器的名称</filter-name>
7      <url-pattern>过滤范围</url-pattern>
8  </filter-mapping>
```

说明：

(1) 添加的代码包括两个标签组，代码第 1～4 行的<filter>标签组用来关联过滤器与 Java 类，代码第 5～8 行的<filter-mapping>标签组用来设置过滤器的过滤范围，这两组标签必须同时添加。

(2) 代码第 2 行和第 6 行的<filter-name>标签内容为自定义的过滤器名称，该名称可任意命名，但一般与过滤器类的类名一致。两个<filter-name>标签内容必须相同，这样就以过滤器名称为桥梁将过滤器类与过滤范围关联了起来。

(3) 代码第 3 行的<filter-class>标签用来设置过滤器类的类名，该名称必须是包含完整包名的 Java 类的名称。

(4) 代码第 7 行的<url-pattern>标签用来设置过滤器的过滤范围，有 3 种表示形式：

① /*：表示过滤项目中的所有文件。

② /路径/Servlet 名或 JSP 名：表示过滤项目中指定路径下的某个 Servlet 或 JSP 页面。

③ /路径/*：表示过滤项目中指定路径下的所有文件。

【例 7-4-2】 配置例 7-4-1 中编写的过滤器类，使其能对项目中的 WelcomeServlet 起过滤作用。

web.xml

```
1  <?xml version="1.0" encoding="UTF-8"?>
2  <web-app xmlns:xsi="http://www.w3.org/2001/XMLSchema-instance"
3  xmlns="http://xmlns.jcp.org/xml/ns/javaee"
4  xsi:schemaLocation="http://xmlns.jcp.org/xml/ns/javaee
5  http://xmlns.jcp.org/xml/ns/javaee/web-app_3_1.xsd" version="3.1">
6      <servlet>
7        <servlet-name>WelcomeServlet</servlet-name>      <!--Servlet 名称-->
8        <servlet-class>servlet.WelcomeServlet</servlet-class><!--Servlet 类全名-->
9      </servlet>
10     <servlet-mapping>
11       <servlet-name>WelcomeServlet</servlet-name>      <!--Servlet 名称-->
12       <url-pattern>/WelcomeServlet</url-pattern>       <!--Servlet 的访问 URL-->
13     </servlet-mapping>
14     <filter>
15        <filter-name>ContentTypeFilter</filter-name>     <!--过滤器名称-->
16        <filter-class>filter.ContentTypeFilter</filter-class> <!--过滤器类全名-->
17     </filter >
18     <filter-mapping>
19        <filter-name>ContentTypeFilter</filter-name>     <!--过滤器名称-->
20        <url-pattern>/WelcomeServlet</url-pattern>       <!--过滤器的过滤范围-->
21     </filter-mapping>
22  </web-app>
```

例 7-4-2 对例 7-4-1 中编写的过滤器类进行了配置，在例 7-2-2 的基础上添加了第 14～21 行代码，设置了类 filter.ContentTypeFilte 对应的过滤器名称为 ContentTypeFilte，以及该过滤器的过滤范围为“/WelcomeServlet”，即只对 WelcomeServlet 进行过滤，我们也可以将第 20 行代码的过滤范围设置为“/*”，这样该过滤器就能对当前项目中的所有 Web 应用进行过滤，当然也能实现对 WelcomeServlet 的过滤。

需要注意的是，在例 7-2-2 中我们已经创建了项目配置文件 web.xml，并配置了 WelcomeServlet，因此，此时我们需要保持 web.xml 文件原有代码不变，仅仅在该文件的<web-app>标签组中添加如例 7-4-2 中所示的第 14～21 行的代码即可。

方法 2：在过滤器源文件中添加注解语句进行配置。

这种方法需要在过滤器源文件中按以下语法格式添加注解语句，这种方法在配置过滤范围时也可使用与第一种方法一样的三种表示形式。

```
@ WebFilter ("过滤范围")
```

> **注意：**
>
> ① 使用注解语句需要在过滤器类中导入 javax.servlet.annotation. WebFilter 类。
>
> ② 注解语句必须放置在过滤器类定义之前。
>
> ③ 使用注解语句来配置过滤器仅对 Servlet3.0 及以上版本有效，也就是说，含有注解语句的过滤器类仅在 Tomcat7.0 及以上的 Tomcat 服务器中才能被正常访问。

【例 7-4-3】 修改例 7-4-1 中过滤器类的代码，使其能对项目中的 WelcomeServlet 起过滤作用。

ContentTypeFilter1.java

```
1   package filter;
2
3   import java.io.IOException;
4   import javax.servlet.*;
5   import javax.servlet.annotation.WebFilter;
6
7   @WebFilter("/WelcomeServlet")
8   public class ContentTypeFilter1 implements Filter {
9       public void init(FilterConfig fConfig) throws ServletException { }
10
11      public void doFilter(ServletRequest request, ServletResponse response, FilterChain chain)
12                  throws IOException, ServletException {
13          response.setContentType("text/html;charset=UTF-8");// 设置页面内容类型
14          chain.doFilter(request, response);
15      }
16
17      public void destroy() { }
18  }
```

例 7-4-3 对例 7-4-1 中编写的 ContentTypeFilter.java 进行了少量修改，仅添加了第 5 行的导入语句和第 7 行的注解语句，其中，注解语句中包含的常量字符串"/WelcomeServlet"即是我们为当前过滤器 ContentTypeFilter1 设置的过滤范围。

3. 部署过滤器

部署过滤器与部署 Servlet 一样，也需要将过滤器类进行手工编译，编译的操作过程如图 7-4-4 所示，编译结果如图 7-4-5 所示。

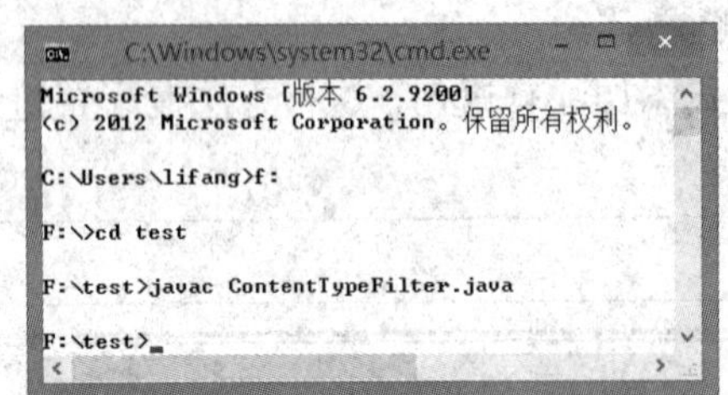

图 7-4-4　编译 ContentTypeFilte.java 的操作过程

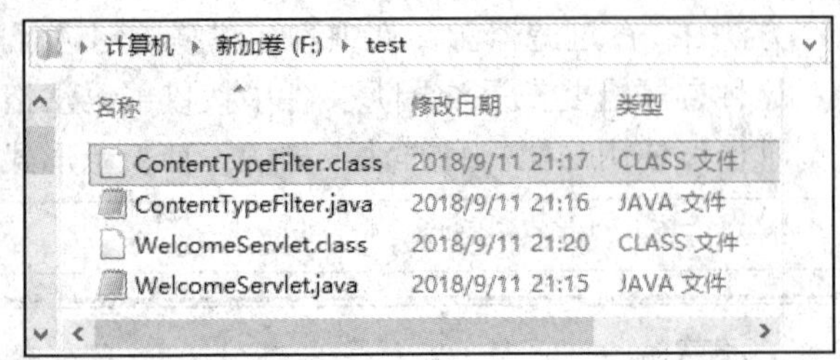

图 7-4-5　ContentTypeFilte.java 的编译结果

完成了过滤器源文件的编译后，我们需要将编译得到的字节码文件部署在“%项目文件夹%\WEB-INF\classes\过滤器类所属包名称\”路径下，例如，我们就需要将编译得到的 ContentTypeFilter.class 文件放在已部署在 Tomcat 服务器上的 test 项目的指定路径下，该路径如图 7-4-6 所示。

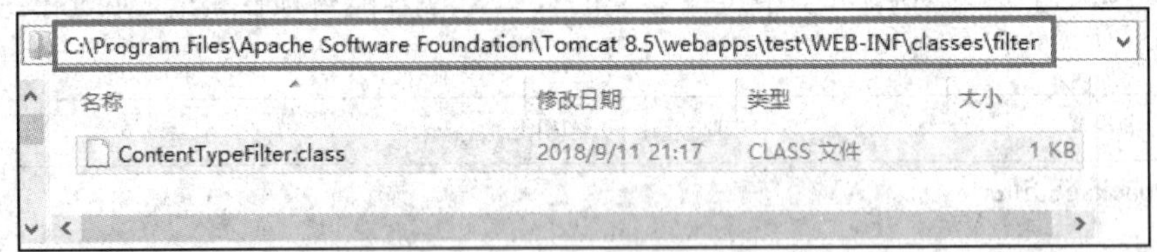

图 7-4-6　ContentTypeFilte.class 的放置位置

完成了过滤器的部署后，我们就可以使用该过滤器来对过滤范围内的 Web 应用程序进行过滤操作了。例如，我们对例 7-2-1 中的 WelcomeServlet.java 进行修改，注释掉该代码中第 10 行使用 response 对象的 setContentType()方法设置页面内容类型的语句，并对该文件进行重新编译和部署。在部署过滤器 ContentTypeFilter 前，访问 WelcomeServlet 得到的显示结果如图 7-4-7(a)所示，我们看到页面中所有中文信息都不能正常显示，在部署过滤器 ContentTypeFilter 后，再访问 WelcomeServlet 得到的显示结果如图 7-4-7(b)所示，我们看到页面中所有中文信息都能正常显示了，说明过滤器 ContentTypeFilter 在 WelcomeServlet 运行前已完成了“过滤”，即在 WelcomeServlet 写回响应信息前完成了设置页面内容类型的操作，使响应页的字符编码更改为支持中文的 UTF-8。

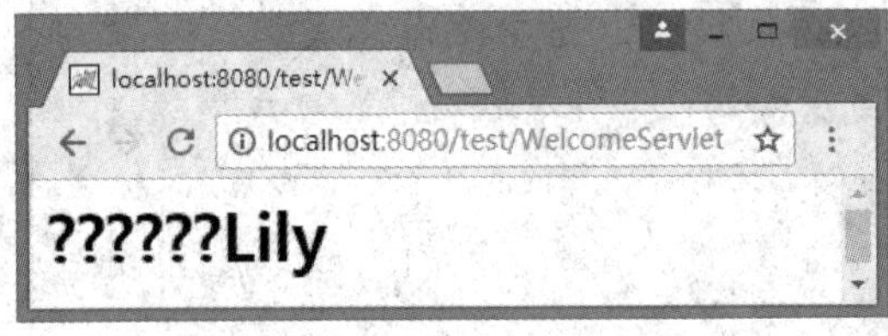

(a) 部署过滤器 ContentTypeFilte 前

(b) 部署过滤器 ContentTypeFilte 后

图 7-4-7　访问 WelcomeServlet 的显示结果

> **注意：** 过滤器不能单独访问，只能附属于某个 Web 应用程序，因此，我们只能通过查看其过滤范围内 Web 应用的访问效果来检验过滤器是否起作用。

7.4.3　在 Eclipse 中开发 Servlet 过滤器

通过上一个小节的学习，我们已经可以手工完成过滤器的开发了，但这个过程比较繁琐，不利于过滤器的快速开发，如果我们借助专门的开发工具则会使这个过程更为简便高效，下面我们就来学习一下如何借助 Eclipse 这个开发工具来实现一个过滤器的编写、配置、部署，该过滤器能设置有效范围内所有 Web 应用程序的页面内容类型。

(1) 如图 7-4-8 所示，在 Eclipse 主界面左侧的 Package Explorer 视图中右击项目名称，选择 New→Filter 命令将打开“创建 Filter——类描述”界面。

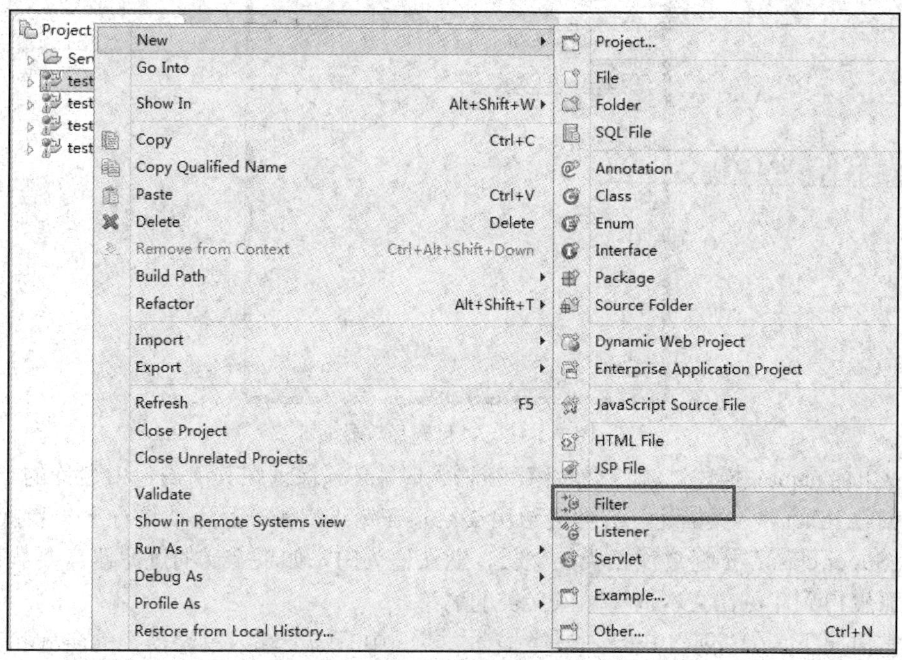

图 7-4-8　打开“创建 Filter”界面操作示例

(2) 如图 7-4-9 所示的“创建 Filter——类描述”界面的作用是设置要创建的过滤器类的基本信息，这些信息包括：

① Project：描述创建的过滤器类所属项目的名称，可在当前工作空间中已创建的项目中选择，默认为创建过滤器时所选的项目。

② Source Folder：描述过滤器类在项目中的存放位置，默认为项目中的 src 文件夹。

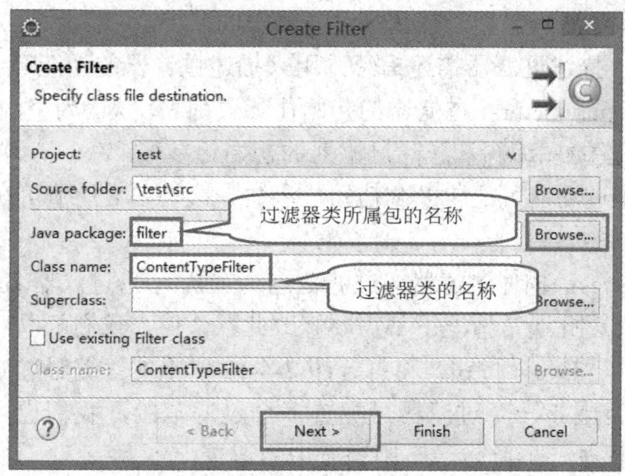

图 7-4-9　“创建 Filter——类描述”界面

③ Java Package：描述过滤器类所属的包，包名可以直接在文本框中输入，也可单击该文本框后的“Browser”按钮，在打开的如图 7-4-10 所示的“包选择”窗口中选择当前项目中已有包。

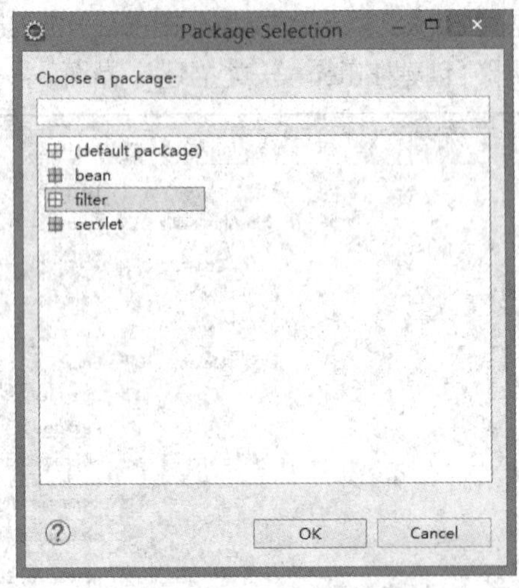

图 7-4-10　“包选择”界面

④ Class name：描述过滤器类名称，在输入时，必须保证在其所属包中名称的唯一性，否则“创建 Filter——类描述”界面会给出类已存在错误提示，且不能进行下一步操作。

⑤ Super class：描述过滤器类的父类，默认值为空，如果定义的过滤器需要从某个已有类中派生得到，可在文本框中输入父类的名称。

通常情况下，在“创建 Filter——类描述”界面中只需要输入过滤器类的名称和其所属包的名称，其余各项均保留默认值即可。例如，在如图 7-4-9 所示界面中设置的信息表明创建的过滤器类属于 test 项目，源文件将存放在 Eclipse 的工作空间中 test 项目文件夹中的 src 子文件夹中，类文件属于 filter 包，名称为 ContentTypeFilte，无父类。

(3) 在图 7-4-9 所示的“创建 Filter——类描述”界面中单击“Next”按钮，将打开如图 7-4-11 所示的“创建 Filter——部署描述”界面，该界面的作用是设置过滤器的配置信息，这些信息包括：

① Name：描述过滤器名称，默认为过滤器类的名字。

② Description：描述过滤器描述信息，用来描述过滤器的功能等信息，默认为空。

③ Initialization parameters：过滤器的初始化参数列表，默认为空，可通过“Add”“Edit”和“Remove”按钮来添加、编辑和删除过滤器的初始化参数，每个初始化参数可包括名称、值和描述信息。一个过滤器可配置多个初始化参数，这些参数的值可在过滤器类中使用固定方法来读取。

④ Filter mappings：描述过滤器的过滤范围，默认为“/过滤器名称”，因为自己过滤自己是没有意义的，因此通常情况下都需要修改此默认值，我们可以双击要修改的项或选中要修改的项并单击“Edit”按钮，将打开图 7-4-12 所示的“编辑过滤映射”窗口，通过该窗口来设置过滤范围。一个过滤器可配置多个过滤范围，我们也可以通过“Add”和“Remove”按钮来添加、删除过滤范围列表中的记录。

例如，在如图 7-4-11 所示界面中设置的信息表明创建的过滤器名字叫

ContentTypeFilter，其过滤范围为“/WelcomeServlet”。

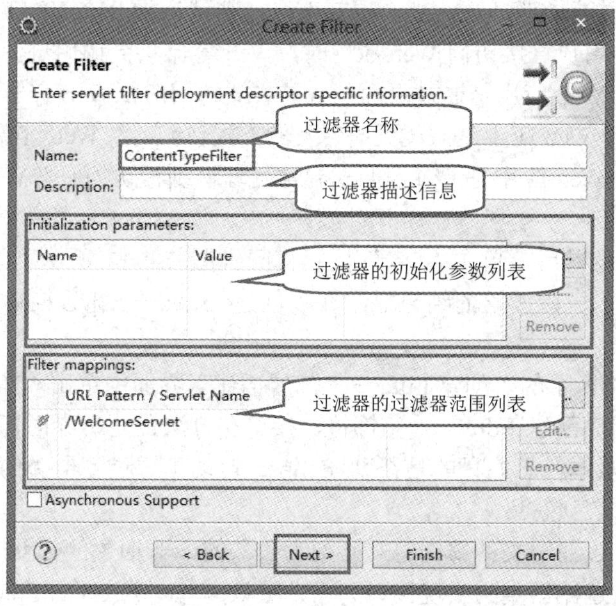

图 7-4-11　“创建 Filter——部署描述”界面

(4) 图 7-4-12 所示的“编辑过滤映射”窗口的作用是设置过滤器的映射信息，这些信息包括：

① 过滤范围：在窗口中提供两种设置范围的方式。

Servlet 方式：当选择单选按钮“Servlet”后会出现 Servlet 的候选列表，在列表中展示了当前项目中的全部有效 Servlet，此时可以在列表中选择某一 Servlet 作为设置的过滤范围，例如在图 7-4-12 就选择了 WelcomeServlet 作为过滤器要进行过滤处理的 Servlet。

URL pattern 方式：当选择单选按钮“URL pattern”后会出现一个空白文本框，此时可以在文本框中输入有效的 URL 路径作为设置的过滤范围，例如图 7-4-13 就选择输入过滤范围为“/WelcomeServlet”。

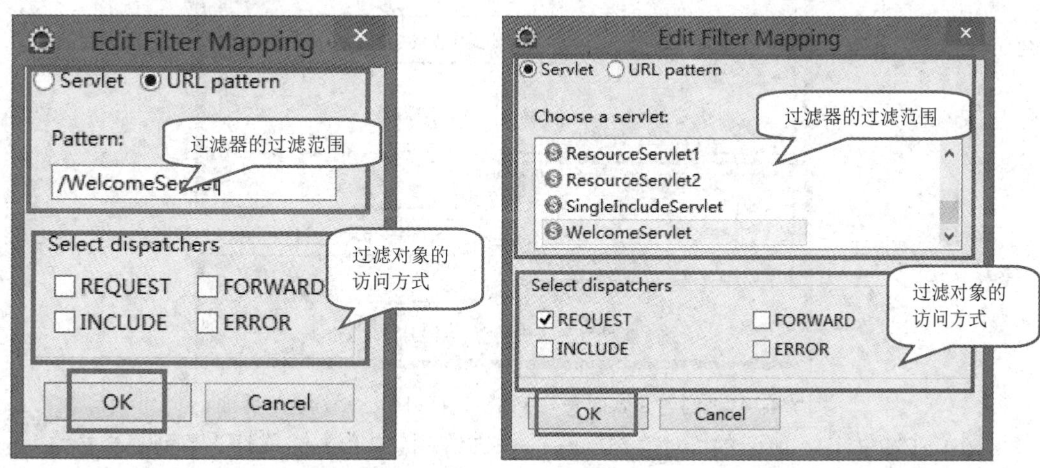

图 7-4-12　Servlet 方式设置过滤范围　　图 7-4-13　URL pattern 方式设置过滤范围

② dispatchers：用于指定当 Web 容器采用哪些调用方式访问 Web 应用时过滤器才进

行过滤操作。一共有四种候选的调用方式，我们可以同时选择多项来指定过滤器对资源的多种调用方式进行过滤处理，若此处一项都不选，则默认为 REQUEST 调用方式。

REQUEST：当用户直接访问 Web 应用时，Web 容器将会调用过滤器。

INCLUDE：当 Web 应用是通过页面包含的方式访问时，Web 容器将会调用过滤器。

FORWARD：当 Web 应用是通过页面转发的方式访问时，Web 容器将会调用过滤器。

ERROR：如果 Web 应用是通过声明式异常处理机制被访问时，Web 容器将会调用过滤器。

完成本窗口的设置后，单击“OK”按钮将回到图 7-4-11 所示“创建 Filter——部署描述”界面，并将本窗口设置的结果显示在“创建 Filter——部署描述”界面的过滤范围列表中。

(5) 在图 7-4-11 所示的“创建 Filter——部署描述”界面中单击“Next”按钮，将打开如图 7-4-14 所示的“创建 Filter——修饰符、接口和方法描述”界面，该界面的作用是设置过滤器类定义的基本信息，目的是帮助 Eclipse 自动生成过滤器类的部分代码，从而简化编程工作，这些信息包括：

① Modifiers：过滤器类的修饰符，必须为公共的、非抽象的，默认为非终结的。

② Interfaces：过滤器类的实现接口列表，默认为 javax.servlet.Filter 接口，这个接口是过滤器类必须要实现的接口，因此是不能删除的。一个过滤器类可实现多个接口，我们可以通过“Add”和“Remove”按钮来添加和删除过滤器类要实现的其他接口。

③ 过滤器类的候选方法列表：包括 init()、doFilter()和 destroy()方法，这是创建过滤器类必须满足的要求，因此该部分内容不可修改。

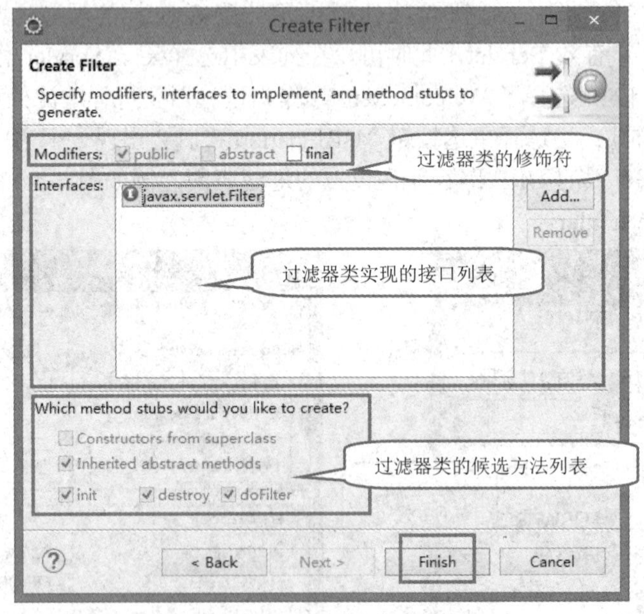

图 7-4-14 “创建 Servlet——修饰符、接口和方法描述”界面

(6) 在图 7-4-14 所示的“创建 Filter——修饰符、接口和方法描述”界面中单击“Finish”按钮，就完成了在 Eclipse 中创建过滤器的所有操作。

此时，根据在图 7-4-9 所示“创建 Filter——类描述”界面中设置的信息，Eclipse 会创建一个过滤器源文件并将其放入如图 7-4-15 所示的指定路径下。根据在图 7-4-14 所示“创建 Filter——修饰符、接口和方法描述”界面中设置的信息，Eclipse 会自动生成如图 7-4-16 所示的过滤器类的部分代码。与 Servlet 一样，Eclipse 也会自动配置过滤器，因此可看到根据图 7-4-11 所示“创建 Filter——部署描述”界面中过滤器的过滤器范围列表中设置的信息而在源代码中添加的注解语句。

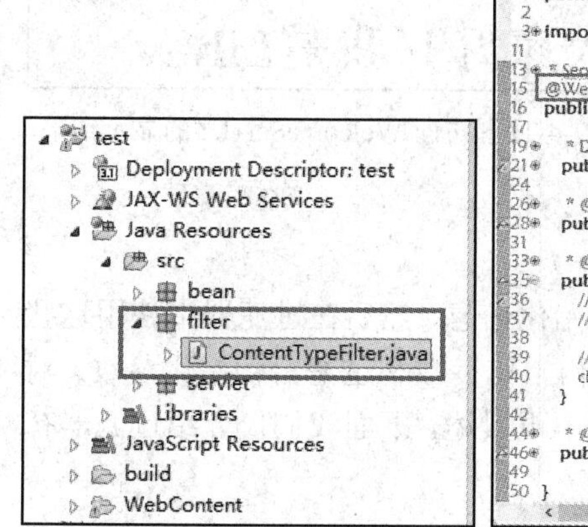

图 7-4-15　test 项目结构

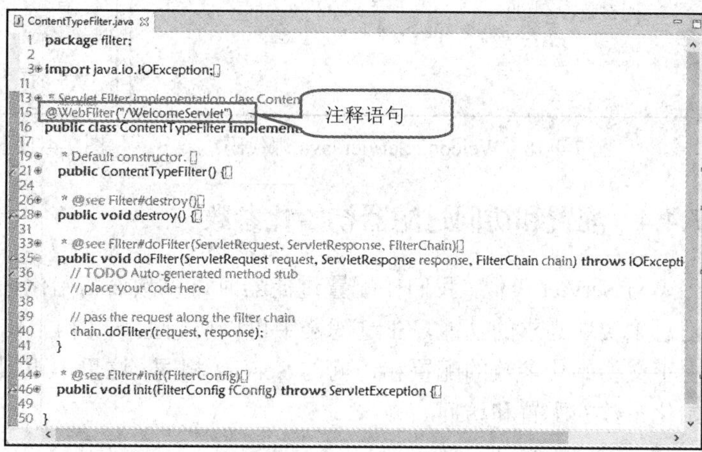

图 7-4-16　Eclipse 自动生成的 ContentTypeFilter.java 源代码

(7) 在 Eclipse 中创建了过滤器源文件后，我们就可以根据功能需要删除文件中部分无用代码，并在类的成员方法中添加功能语句了，添加结果如图 7-4-17 所示。

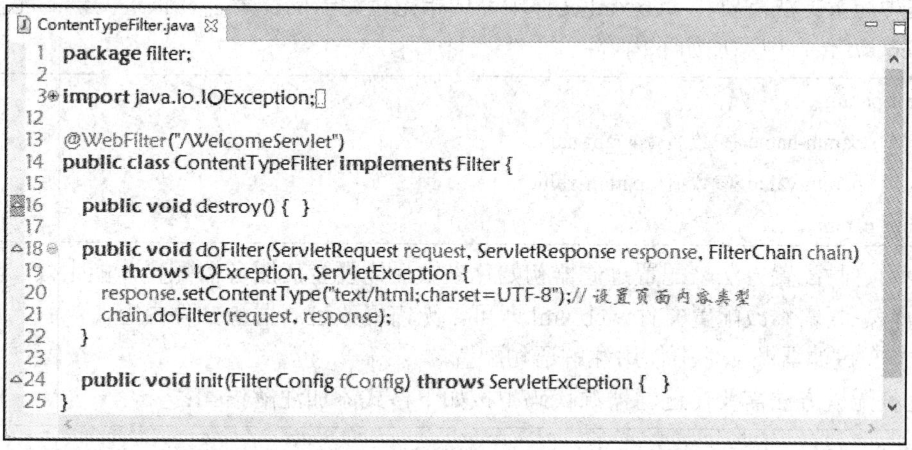

```
ContentTypeFilter.java
package filter;

import java.io.IOException;

@WebFilter("/WelcomeServlet")
public class ContentTypeFilter implements Filter {

    public void destroy() {  }

    public void doFilter(ServletRequest request, ServletResponse response, FilterChain chain)
            throws IOException, ServletException {
        response.setContentType("text/html;charset=UTF-8");// 设置页面内容类型
        chain.doFilter(request, response);
    }

    public void init(FilterConfig fConfig) throws ServletException {  }
}
```

图 7-4-17　根据功能编写的 ContentTypeFilter.java 文件

在 Eclipse 中完成了 Servlet 源文件的编写后，只要保证在 Eclipse 主界面菜单栏中 Project→Build Automatically 选项处于选中状态，一旦保存过滤器源文件，Eclipse 就会自动对该源文件进行编译，并将编译结果存储在 Eclipse 工作空间中的“项目文件夹\build\class\”路径下。

(8) 完成了过滤器源文件的编写并由 Eclipse 完成自动编译和部署后，我们在 Eclipse 的内部浏览器中访问 WelcomeServlet(代码如图 7-4-18 所示)，就能得到如图 7-4-19 所示的响应结果，虽然 WelcomeServlet 中并没有设置响应页的内容类型，但因为配置的过滤器 ContentTypeFilter 的作用，响应页中的中文信息仍能正常显示。

```java
package servlet;

import java.io.IOException;

@WebServlet("/WelcomeServlet")
public class WelcomeServlet extends HttpServlet {
    private static final long serialVersionUID = 1L;

    public void doGet(HttpServletRequest request, HttpServletResponse response)
            throws ServletException, IOException {
        PrintWriter out = response.getWriter();// 创建out对象
        String name = "Lily";
        out.println("<html>");
        out.println("<body>");
        out.println("<h1>大家好！我是" + name + "</h1>");
        out.println("</body>");
        out.println("</html>");

    }
}
```

图 7-4-18　WelcomeServlet.java 源代码

图 7-4-19　访问 WelcomeServlet 的显示结果

7.4.4　配置和访问过滤器初始化参数

与 Servlet 类似，我们在配置过滤器时可以预设初始化信息，然后在过滤器中使用这些信息来实现需求的功能，在过滤器中可以访问上下文初始化参数和过滤器初始化参数，对上下文初始化参数的配置和访问与 Servlet 相同，这里不再累述，下面我们仅介绍过滤器初始化参数的配置和访问。

1. 配置初始化参数

为过滤器配置初始化信息的方法有 2 种：

(1) 在项目配置文件 web.xml 中配置。

这种配置方法需要在 web.xml 文件中完成指定过滤器的配置并在该过滤器的配置标签组<filter></filter>中添加如下内容：

```
<init-param>
    <param-name>参数名</param-name>
    <param-value>参数值</param-value>
</init-param>
```

使用这种配置方法来配置过滤器初始化参数后需要重启服务器配置才能生效，以后修改参数信息只需修改配置文件 web.xml 即可，无需修改过滤器源文件内容。

(2) 在过滤器源文件中使用注解语句配置。

这种配置方法需要在过滤器源代码中按如下格式添加注解语句：

```
@WebFilter(
urlPatterns = { "过滤范围" },
initParams = { @WebInitParam(name = "参数名 1", value = "参数值 1"),
@WebInitParam(name = "参数名 2", value = "参数值 2"),
...
})
```

使用这种配置方法来配置过滤器初始化参数需要修改过滤器源文件内容，因此如果修改初始化参数就必须重新编译过滤器源文件才能生效，并且这种配置方法只适用于 Servlet3.0 及以上版本，即在 Tomcat7.0 及以上的 Tomcat 服务器中才有效。

2. 读取初始化参数

完成了过滤器初始化参数的配置后，我们就可以读取它们的值了，读取步骤如下：

(1) 在过滤器中定义一个私有的成员变量。

(2) 在 init()方法中使用方法参数 FilterConfig 类对象的 getInitParameter()方法获取次初始化参数，并赋值给第一步定义的成员变量。

(3) 在 doFilter()方法中使用第二步中已赋值的成员变量。

【例 7-4-4】在过滤器类中读取 web.xml 中配置的初始化参数并共享给关联 Web 应用。

web.xml

```
<?xml version="1.0" encoding="UTF-8"?>
<web-app xmlns:xsi="http://www.w3.org/2001/XMLSchema-instance"
xmlns="http://xmlns.jcp.org/xml/ns/javaee"xsi:schemaLocation="http://xmlns.jcp.org/xml/ns/javaee
http://xmlns.jcp.org/xml/ns/javaee/web-app_3_1.xsd" version="3.1">
  <filter>
     <filter-name>InitParamFilter1</filter-name>    <!--过滤器名称-->
     <filter-class>filter.InitParamFilter1</filter-class> <!--过滤器类全名-->
     <init-param> <!--设置过滤器的初始化参数-->
        <param-name>name</param-name> <!--初始化参数名称-->
        <param-value>Lily</param-value> <!--初始化参数值-->
     </init-param>
  </filter >
  <filter-mapping>
     <filter-name>InitParamFilter1</filter-name>    <!--过滤器名称-->
     <url-pattern>/TestServlet1</url-pattern>     <!--过滤器的过滤范围-->
  </filter-mapping>
</web-app>
```

InitParamFilter1.java

```
package filter;

import java.io.IOException;
import javax.servlet.Filter;
import javax.servlet.FilterChain;
import javax.servlet.FilterConfig;
import javax.servlet.ServletException;
import javax.servlet.ServletRequest;
import javax.servlet.ServletResponse;

public class InitParamFilter1 implements Filter {
    private String name;
```

```java

    public void destroy() {}

    public void doFilter(ServletRequest request, ServletResponse response, FilterChain chain)
            throws IOException, ServletException {
        response.setContentType("text/html;charset=UTF-8"); //设置关联 Web 页面内容类型
        request.setAttribute("name", name);   //设置请求变量 name 的值
        chain.doFilter(request, response);
    }

    public void init(FilterConfig fConfig) throws ServletException {
        name = fConfig.getInitParameter("name");   //读取初始化参数 name
    }
}
```

TestServlet1.java

```java
package servlet;

import java.io.IOException;
import java.io.PrintWriter;
import javax.servlet.ServletException;
import javax.servlet.annotation.WebServlet;
import javax.servlet.http.HttpServlet;
import javax.servlet.http.HttpServletRequest;
import javax.servlet.http.HttpServletResponse;

@WebServlet("/TestServlet1")
public class TestServlet1 extends HttpServlet {
    private static final long serialVersionUID = 1L;

    public void doGet(HttpServletRequest request, HttpServletResponse response)
throws ServletException, IOException {
            PrintWriter out = response.getWriter();// 创建 out 对象
            String name = (String) request.getAttribute("name");// 读取请求变量 name 的值
            out.println("<h1>大家好！我是" + name + "</h1>");
    }
}
```

例 7-4-4 功能由 web.xml、InitParamFilter1.java 和 TestServlet1.java 三个文件共同实现，项目配置文件 web.xml 中配置了一个对 TestServlet1 起过滤操作的过滤器 InitParamFilter1，

其初始化参数为 name，其值为 Lily。过滤器 InitParamFilter1.java 文件读取初始化参数 name 的值，并将值保存在请求变量 name 中，Servlet 源文件 TestServlet1.java 则读取请求变量 name 的值并将值输出显示到客户端，访问 TestServlet1 的显示结果如图 7-4-20 所示。

图 7-4-20　访问 TestServlet1 的显示结果

【例 7-4-5】 在过滤器类中读取注解语句配置的初始化参数并共享给关联 Web 应用。

InitParamFilter2.java

```
package filter;

import java.io.IOException;
import javax.servlet.Filter;
import javax.servlet.FilterChain;
import javax.servlet.FilterConfig;
import javax.servlet.ServletException;
import javax.servlet.ServletRequest;
import javax.servlet.ServletResponse;
import javax.servlet.annotation.WebFilter;
import javax.servlet.annotation.WebInitParam;

@WebFilter(
        urlPatterns = { "/TestServlet1" },
        initParams = { @WebInitParam(name = "name", value = "Lily")
})
public class InitParamFilter2 implements Filter {
    private String name;

    public void destroy() { }

    public void doFilter(ServletRequest request, ServletResponse response, FilterChain chain)
            throws IOException, ServletException {
        response.setContentType("text/html;charset=UTF-8");// 设置页面内容类型
        request.setAttribute("name", name);// 设置请求变量 name 的值
        chain.doFilter(request, response);
    }

```

```
29     public void init(FilterConfig fConfig) throws ServletException {
30         name = fConfig.getInitParameter("name");    //读取初始化参数 name
31     }
32 }
```

在例 7-4-5 中，InitParamFilter2.java 是在 InitParamFilter1.java 的基础上添加了类的导入语句(代码第 10、11 行)以及注解语句(代码第 13～16 行)得到，在注解语句中配置了初始化参数 name 及其值 Lily，该过滤器对 Web 应用 TestServlet1 其过滤作用。实际上，InitParamFilter2.java 完成的工作等效于例 7-4-4 中 InitParamFilter1.java 以及在 web.xml 中对该过滤器进行配置的工作之和。使用 InitParamFilter2 来作为 TestServlet1 的过滤器，访问 TestServlet1 的结果与例 7-4-4 中访问 TestServlet1 得到的显示结果相同。

> **注意**：我们可以借助 Eclipse 开发工具，在如图 7-4-21 所示的“创建 Filter——部署描述”界面中添加过滤器的初始化参数，然后由 Eclipse 自动生成配置信息，这样就只需要在过滤器中编写读取配置信息的语句即可。

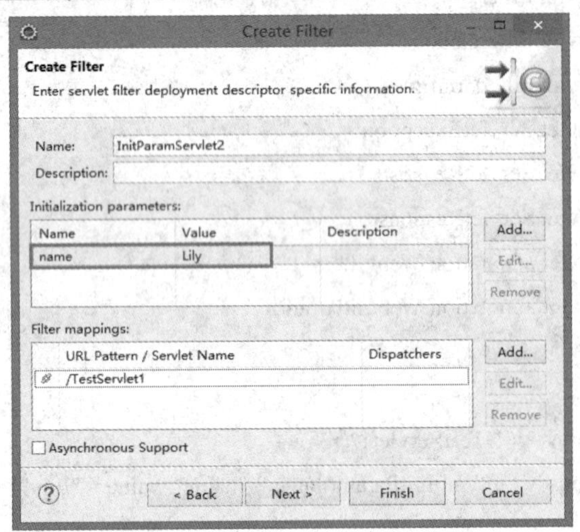

图 7-4-21　在“创建 Filter——部署描述”界面中添加过滤器的初始化参数

7.4.5　过滤器链的配置和使用

在实际应用中，经常会存在几个过滤器对同一个 Web 应用都进行过滤操作的情况，此时这些过滤器会形成一个过滤器链，按照过滤器在链上的排列顺序依次对客户端与 Web 应用程序间的交互数据进行过滤。因此，我们在开发过滤器链时，需要首先按照需求编写多个关联于同一个 Web 应用的过滤器，然后再设置过滤器在链上的排列顺序。因为对过滤器的配置方法有两种，一种是在项目配置文件 web.xml 中进行配置，另一种是直接在过滤器源文件中使用注解语句来配置，因此针对这两种配置方法，为过滤器链上的过滤器设置排列顺序就需要使用不同的方法。

(1) 如果已在项目配置文件 web.xml 中完成了过滤器的配置，那么需要按需求调整各个过滤器的配置代码在 web.xml 文件中的先后顺序，这个先后顺序即是各过滤器在过滤器链上的排列顺序。

(2) 如果已使用注解语句完成了过滤器的配置，那么需要调整各个过滤器的类名，保证这些类名按字符排列的先后顺序与这些过滤器在过滤器链上需求的排列顺序一致。

【例 7-4-6】 在 web.xml 中配置过滤器链，并设置该链作用于 TestServlet2。

web.xml

```
<?xml version="1.0" encoding="UTF-8"?>
<web-app xmlns:xsi="http://www.w3.org/2001/XMLSchema-instance"
xmlns="http://xmlns.jcp.org/xml/ns/javaee"xsi:schemaLocation="http://xmlns.jcp.org/xml/ns/javaee
http://xmlns.jcp.org/xml/ns/javaee/web-app_3_1.xsd" version="3.1">
    <filter>  <!--第一个过滤器-->
        <filter-name>ChainFilter1</filter-name>
        <filter-class>filter.ChainFilter1</filter-class>
        <init-param>
            <param-name>name</param-name>
            <param-value>Lily</param-value>
        </init-param>
    </filter>
    <filter-mapping>
        <filter-name>ChainFilter1</filter-name>
        <url-pattern>/TestServlet2</url-pattern>
    </filter-mapping>
    <filter>     <!--第二个过滤器-->
        <filter-name>ChainFilter2</filter-name>
        <filter-class>filter.ChainFilter2</filter-class>
        <init-param>
            <param-name>age</param-name>
            <param-value>18</param-value>
        </init-param>
    </filter>
    <filter-mapping>
        <filter-name>ChainFilter2</filter-name>
        <url-pattern>/TestServlet2</url-pattern>
    </filter-mapping>
</web-app>
```

ChainFilter1.java

```
package filter;

import java.io.IOException;
import javax.servlet.Filter;
```

```java
import javax.servlet.FilterChain;
import javax.servlet.FilterConfig;
import javax.servlet.ServletException;
import javax.servlet.ServletRequest;
import javax.servlet.ServletResponse;

public class ChainFilter1 implements Filter {
    private String name;

    public void destroy() { }

    public void doFilter(ServletRequest request, ServletResponse response, FilterChain chain)
                throws IOException, ServletException {
        response.setContentType("text/html;charset=UTF-8");// 设置页面内容类型
        request.setAttribute("name", name);// 设置请求变量 name 的值
        System.out.println("ChainFilter1 开始");// 在控制台输出信息
        chain.doFilter(request, response);
        System.out.println("ChainFilter1 结束");// 在控制台输出信息
    }

    public void init(FilterConfig fConfig) throws ServletException {
        name = fConfig.getInitParameter("name");// 读取过滤器初始化参数 name
    }
}
```

ChainFilter2.java

```java
package filter;

import java.io.IOException;
import javax.servlet.Filter;
import javax.servlet.FilterChain;
import javax.servlet.FilterConfig;
import javax.servlet.ServletException;
import javax.servlet.ServletRequest;
import javax.servlet.ServletResponse;

public class ChainFilter2 implements Filter {
    private int age;

    public void destroy() { }

```

```java
    public void doFilter(ServletRequest request, ServletResponse response, FilterChain chain)
            throws IOException, ServletException {
        request.setAttribute("age", age);// 设置请求变量 age 的值
        System.out.println("ChainFilter2 开始");// 在控制台输出信息
        chain.doFilter(request, response);
        System.out.println("ChainFilter2 结束");// 在控制台输出信息
    }

    public void init(FilterConfig fConfig) throws ServletException {
        age = Integer.parseInt(fConfig.getInitParameter("age"));// 读取初始化参数 age
    }
}
```

TestServlet2.java

```java
package servlet;

import java.io.IOException;
import java.io.PrintWriter;
import javax.servlet.ServletException;
import javax.servlet.annotation.WebServlet;
import javax.servlet.http.HttpServlet;
import javax.servlet.http.HttpServletRequest;
import javax.servlet.http.HttpServletResponse;

@WebServlet("/TestServlet2")
public class TestServlet2 extends HttpServlet {
    private static final long serialVersionUID = 1L;

    public void doGet(HttpServletRequest request, HttpServletResponse response)
throws ServletException, IOException {
        PrintWriter out = response.getWriter();// 创建 out 对象
        String name = (String) request.getAttribute("name");// 读取请求变量 name 的值
        int age = (int) request.getAttribute("age");// 读取请求变量 age 的值
        out.println("<h1>大家好！我是" + name + "，我" + age + "岁了！</h1>");
        System.out.println("TestServlet2");
    }
}
```

例 7-4-6 的功能由 4 个文件共同实现：

(1) web.xml 是项目配置文件，在该文件中对 ChainFilter1 和 ChainFilter2 两个过滤器进行了配置，这两个过滤器均对 TestServlet2 起过滤作用，各自包含一个初始化参数，且二者的过滤顺序是 ChainFilter1 在 ChainFilter2 之前。

(2) ChainFilter1.java 是过滤器 ChainFilter1 的源文件，该过滤器设置了 Web 应用响应页的内容类型，读取 web.xml 中配置的初始化参数值并存入请求变量 name 中。

(3) ChainFilter2.java 是过滤器 ChainFilter2 的源文件，该过滤器读取 web.xml 中配置的初始化参数值并存入请求变量 age 中。

(4) TestServlet2.java 是 Web 应用 TestServlet2 的源文件，该 Web 应用读取了请求参数 name 和 age 的值，并将这些值写回并显示到客户端。

访问 TestServlet2 的显示结果如图 7-4-22 所示。

图 7-4-22　访问 TestServlet2 的显示结果

为了验证过滤器链上各节点的运行顺序，我们在 ChainFilter1.java、ChainFilter2.java 以及 TestServlet2.java 文件中添加了一些输出语句，将指定的标记信息输出到服务器控制窗口中。按例 7-4-6 中 web.xml 文件的配置结果，在客户端得到如图 7-4-22 所示的响应结果的同时，还能在服务器控制窗口中得到如图 7-4-23(a)所示的输出信息。如果更改 web.xml 文件中两个过滤器配置代码的顺序，将 ChainFilter2 的配置代码放置在 ChainFilter1 的配置代码之前，则客户端访问 TestServlet2 得到的结果不变，但在服务器控制窗口中将得到如图 7-4-23(b)所示的输出信息。对比图 7-4-23 中的两张输出结果图可以看出，通过调整过滤器在 web.xml 文件中的配置代码顺序可调整 Web 容器调用过滤器的先后顺序。

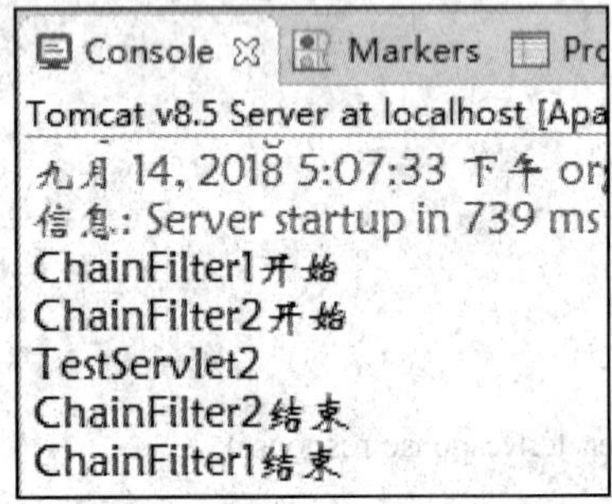

(a) ChainFilter1 在 ChainFilter2 之前

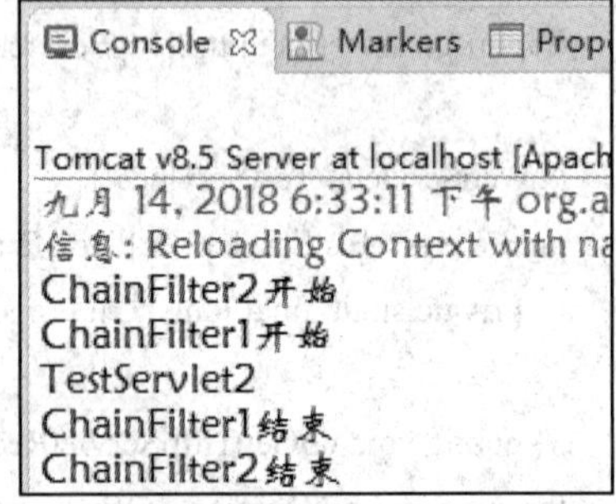

(b) ChainFilter2 在 ChainFilter1 之前

图 7-4-23　访问 TestServlet1 时在控制窗口中得到的输出信息

【例 7-4-7】 使用注解配置过滤器，并通过过滤器类名配置过滤器链。

ChainFilter3.java

```
package filter;

import java.io.IOException;
import javax.servlet.Filter;
import javax.servlet.FilterChain;
import javax.servlet.FilterConfig;
```

```
import javax.servlet.ServletException;
import javax.servlet.ServletRequest;
import javax.servlet.ServletResponse;
import javax.servlet.annotation.WebFilter;
import javax.servlet.annotation.WebInitParam;

@WebFilter(urlPatterns = { "/TestServlet2" }, initParams = { @WebInitParam(name = "name",
value = "Lily") })
public class ChainFilter3 implements Filter {
    private String name;

    public void destroy() { }

    public void doFilter(ServletRequest request, ServletResponse response, FilterChain chain)
            throws IOException, ServletException {
        response.setContentType("text/html;charset=UTF-8");// 设置页面内容类型
        request.setAttribute("name", name);// 设置请求变量 name 的值
        System.out.println("ChainFilter3 开始");// 在控制台输出信息
        chain.doFilter(request, response);
        System.out.println("ChainFilter3 结束");// 在控制台输出信息
    }

    public void init(FilterConfig fConfig) throws ServletException {
        name = fConfig.getInitParameter("name");// 读取初始化参数 name
    }
}
```

ChainFilter4.java

```
package filter;

import java.io.IOException;
import javax.servlet.Filter;
import javax.servlet.FilterChain;
import javax.servlet.FilterConfig;
import javax.servlet.ServletException;
import javax.servlet.ServletRequest;
import javax.servlet.ServletResponse;
import javax.servlet.annotation.WebFilter;
import javax.servlet.annotation.WebInitParam;

```

```
@WebFilter(urlPatterns = { "/TestServlet2" }, initParams = { @WebInitParam(name = "age",
value = "18") })
public class ChainFilter4 implements Filter {
    private int age;

    public void destroy() { }

    public void doFilter(ServletRequest request, ServletResponse response, FilterChain chain)
            throws IOException, ServletException {
        request.setAttribute("age", age);// 设置请求变量 age 的值
        System.out.println("ChainFilter4 开始");// 在控制台输出信息
        chain.doFilter(request, response);
        System.out.println("ChainFilter4 结束");// 在控制台输出信息
    }

    public void init(FilterConfig fConfig) throws ServletException {
        age = Integer.parseInt(fConfig.getInitParameter("age"));// 读取初始化参数 age
    }
}
```

在例 7-4-7 中，ChainFilter3.java 和 Chain Filter4.java 的功能与例 7-4-6 中的 Chain Filter1.java 和 Chain Filter2.java 的功能相同，只是这两个文件使用的是注解配置来为两个过滤器设置过滤范围和初始化参数，并根据需要修改了部分在服务器控制窗口中的输出信息。根据配置可知这两个过滤器仍然是对例 7-4-6 中编写的 Test Servlet2 起过滤作用，因此客户端访问 Test Servlet2 的响应结果与图 7-4-22 相同，而在控制窗口的输出信息如图 7-4-24(a)所示，若更改 Chain Filter4.java 的源文件名为 Chain Filter0.java，并相应修改类名，再次访问 Test Servlet2 的响应结果仍与图 7-4-22 相同，但在控制窗口的输出信息则如图 7-4-24(b)所示。对比图 7-4-24 所示的两张结果图可看到，通过更改过滤器类的名字，调整类名在所有过滤器类名中按字符排序的顺序就能调整 Web 容器调用过滤器的先后顺序。

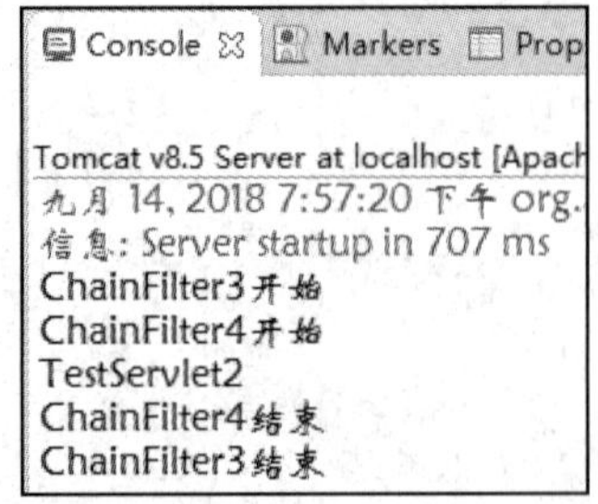

(a) ChainFilter3 在 ChainFilter4 之前

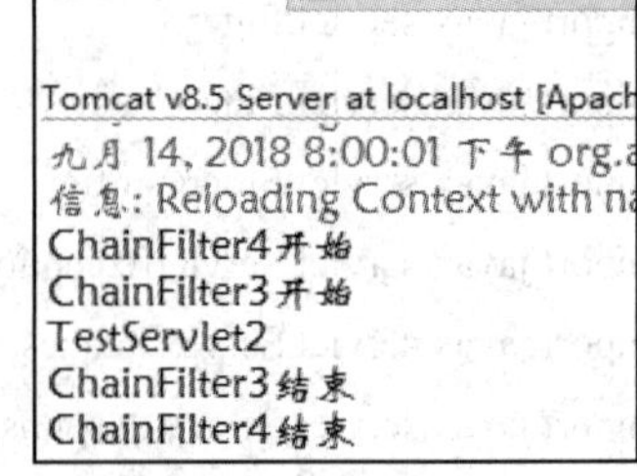

(b) ChainFilter0 在 ChainFilter3 之前

图 7-4-24　访问 TestServlet1 时在控制窗口中得到的输出信息

本 章 小 结

本章了解了什么是 Servlet、过滤器以及在 Servlet 中包含的 init()、doGet()、doPost()等重要方法，学习了如何手工开发 Servlet 和过滤器，重点学习了如何在 Eclipse 中开发 Servlet 和过滤器，如何在 Servlet 中创建、获取 JSP 内置对象、实现页面跳转和包含、读取初始化参数以及如何配置和使用过滤器链。

上 机 实 验

实验 7.1　手工开发 Servlet

【实验目的】

(1) 掌握 Servlet 类的编写方法和编写规则。

(2) 掌握两种 Servlet 的配置方法。

(3) 掌握在 Tomcat 中部署 Servlet 的方法和过程。

【实验内容】

编写一个 Servlet 类，该类的功能是输出 1～100 累加和，运行效果如图 7-1 所示，在 Tomcat 服务器上部署一个 Web 项目 test，将该 Servlet 配置并部署到 Web 项目 test 中，启动 Tomcat 服务器，使用浏览器访问 Servlet 并查看访问结果。

图 7-1　访问 GetSumServlet1 文件的显示结果

【实验步骤】

(1) 在 D 盘根目录下创建一个记事本文档，将该文档重命名为 GetSumServlet1.java，以记事本方式打开 GetSumServlet1.java 文件，并在文件中添加如下代码。

```
package servlets;

import java.io.*;
import javax.servlet.ServletException;
import javax.servlet.http.*;

public class GetSumServlet1 extends HttpServlet {
```

```
    protected void doGet(HttpServletRequest request, HttpServletResponse response)
                throws ServletException, IOException {
            response.setContentType("text/html;charset=UTF-8"); // 设置页面内容类型
            PrintWriter out = response.getWriter();
            int sum = 0;
            for (int i = 1; i <= 100; i++) {
                sum += i;
            }
            out.println("<html>");
out.println("<head><title>计算累加和</title></head>");
            out.println("<body>");
            out.println("<h1>1~100 的累加和为：" + sum + "</h1>");
            out.println("</body>");
            out.println("</html>");
    }
}
```

(2) 在 Tomcat 安装目录下的 webapps 文件夹中创建项目文件夹 test，在 test 文件夹中创建文件夹 WEB-INF，在 WEB-INF 文件夹中创建记事本文件，并将文件重命名为 web.xml，以记事本方式打开 web.xml 文件，并在文件中添加以下代码。

```
<?xml version="1.0" encoding="UTF-8"?>
<web-app xmlns:xsi="http://www.w3.org/2001/XMLSchema-instance"
xmlns="http://xmlns.jcp.org/xml/ns/javaee" xsi:schemaLocation="http://xmlns.jcp.org/xml/ns/javaee
http://xmlns.jcp.org/xml/ns/javaee/web-app_3_1.xsd" version="3.1">
  <servlet>
    <servlet-name>GetSumServlet1 </servlet-name>      <!--Servlet 名称-->
    <servlet-class>servlets.GetSumServlet1</servlet-class><!--Servlet 类全名-->
  </servlet>
  <servlet-mapping>
    <servlet-name>GetSumServlet1 </servlet-name>     <!--Servlet 名称-->
    <url-pattern>/GetSumServlet 1</url-pattern>        <!--Servlet 的访问 URL-->
  </servlet-mapping>
</web-app>
```

(3) 使用组合键“Win+R”打开运行窗口，并在运行窗口中输入“cmd”，单击“确定”按钮，打开命令行窗口。

(4) 在命令行窗口中输入命令“d:”并输入回车进入到 D 盘根目录下，然后输入命令“javac GetSumServlet1.java”并输入回车完成对 java 源文件的编译，在 D 盘根目录下得到字节码文件 GetSumServlet1.class。

(5) 在 WEB-INF 文件夹中创建文件夹 classes，在 classes 文件夹中创建文件夹 servlets，将 GetSumServlet1.class 文件放入 servlets 文件夹中。

(6) 启动 Tomcat 服务器，打开浏览器，在浏览器地址栏输入“http://localhost:8080/test/GetSumServlet1”，查看访问结果。

(7) 在 D 盘根目录下创建一个记事本文档，将该文档重命名为“GetSumServlet2.java”，以记事本方式打开 GetSumServlet2.java 文件，并在文件中添加如下代码。

```
package servlets;

import java.io.*;
import javax.servlet.ServletException;
import javax.servlet.http.*;
import javax.servlet.annotation.WebServlet;

@WebServlet("/GetSumServlet2")
public class GetSumServlet2 extends HttpServlet {
    protected void doGet(HttpServletRequest request, HttpServletResponse response)
                throws ServletException, IOException {
            response.setContentType("text/html;charset=UTF-8"); // 设置页面内容类型
            PrintWriter out = response.getWriter();
            int sum = 0;
            for (int i = 1; i <= 100; i++) {
                sum += i;
            }
            out.println("<html>");
out.println("<head><title>计算累加和</title></head>");
            out.println("<body>");
            out.println("<h1>1~100 的累加和为：" + sum + "</h1>");
            out.println("</body>");
            out.println("</html>");
    }
}
```

(8) 使用组合键“Win+R”打开运行窗口，并在运行窗口中输入“cmd”，单击“确定”按钮打开命令行窗口。

(9) 在命令行窗口中输入命令“d: ”并输入回车进入到 D 盘根目录下，然后输入命令“javac GetSumServlet2.java”并输入回车完成对 java 源文件的编译，在 D 盘根目录下得到字节码文件 GetSumServlet2.class。

(10) 将 GetSumServlet2.class 文件放入 servlets 文件夹中。

(11) 启动 Tomcat 服务器，打开浏览器，在浏览器地址栏输入“http://localhost:8080/test/

GetSumServlet2”，查看访问结果。

实验 7.2　在 Eclipse 中开发 Servlet

【实验目的】

掌握在 Eclipse 开发 Servlet 的方法和过程。

【实验内容】

在 Eclipse 中创建、编写、配置和部署一个 Servlet，该 Servlet 的功能是输出 1～100 累加和，运行效果如图 7-2 所示，在 Eclipse 中访问该 Servlet 并查看访问结果。

图 7-2　访问 GetSumServlet 文件的显示结果

【实验步骤】

(1) 在 Eclipse 中新建一个 Web 项目 test。

(2) 在 Eclipse 主界面左侧的 Package Explorer 视图中右击项目 test 名称，选择 New→Servlet 命令打开“创建 Servlet——类描述”界面。

(3) 在“创建 Servlet——类描述”界面中“Java Package”文本框中输入包名“servlets”，在“Class name”文本框中输入 Servlet 类的名称“GetSumServlet”，其余各项均保留默认值，单击“Next”按钮，打开“创建 Servlet——部署描述”界面。

(4) 在“创建 Servlet——部署描述”界面中各项均保留默认值，单击“Next”按钮，打开“创建 Servlet——修饰符、接口和方法描述”界面。

(5) 在“创建 Servlet——修饰符、接口和方法描述”界面中的 Servlet 类的候选方法列表部分取消“Constructors from superclass”和“doPost”选项的选中状态，单击“Finish”按钮，完成 Servlet 类文件的创建工作。

(6) 在 Eclipse 中打开 GetSumServlet.java 文件，并添加、修改文件代码，得到如下代码：

```
package servlets;

import java.io.IOException;
import java.io.PrintWriter;
import javax.servlet.ServletException;
import javax.servlet.annotation.WebServlet;
import javax.servlet.http.HttpServlet;
import javax.servlet.http.HttpServletRequest;
```

```
import javax.servlet.http.HttpServletResponse;

@WebServlet("/GetSumServlet")
public class GetSumServlet extends HttpServlet {
    private static final long serialVersionUID = 1L;

    protected void doGet(HttpServletRequest request, HttpServletResponse response)
                throws ServletException, IOException {
            response.setContentType("text/html;charset=UTF-8"); // 设置页面内容类型
            PrintWriter out = response.getWriter();
            int sum = 0;
            for (int i = 1; i <= 100; i++) {
                    sum += i;
            }
            out.println("<html>");
out.println("<head><title>计算累加和</title></head>");
            out.println("<body>");
            out.println("<h1>1~100 的累加和为：" + sum + "</h1>");
            out.println("</body>");
            out.println("</html>");
    }
}
```

(7) 保存 GetSumServlet.java 文件，点击 Eclipse 主界面工具栏中的图标，查看浏览器中显示的运行结果。

实验 7.3　Servlet 处理登录验证

【实验目的】

(1) 掌握在 Servlet 中获取常用内置对象(out、request、response、session、application)的方法。

(2) 掌握在 Servlet 中实现页面跳转及页面包含的方法。

(3) 掌握对初始化参数的配置以及在 Servlet 中读取初始化参数的方法。

(4) 掌握在 Eclipse 开发 Servlet 的方法和过程。

【实验内容】

编写程序实现如图 7-3 所示的网站，该网站功能包括：

(1) 用户打开如图 7-3(a)所示的登录页，在登录页面中输入正确的名称和密码即可进入网站主页，主页显示效果如图 7-3(b)所示，在登录页面中输入错误的名称和密码则进入错误页，显示效果如图 7-3(c)所示。

(2) 主页的欢迎信息字体为楷体，字号为 4，错误页的错误提示信息字体为楷体，字号为 5。

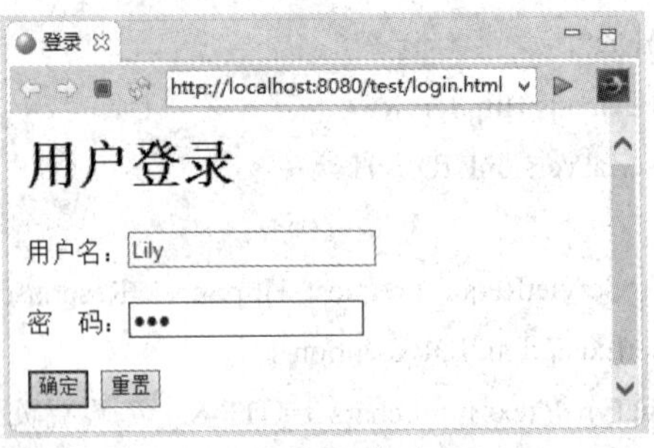

(a) 登录页面

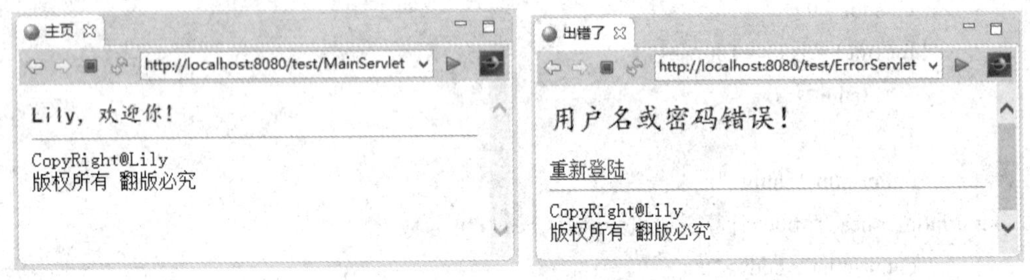

(b) 主页　　(c) 错误页

图 7-3　实验 7.3 的运行结果

【实验步骤】

(1) 在 Eclipse 中新建一个 Web 项目 test。

(2) 在 test 中创建并编写登录页面 login.html，该页面用于用户输入登录名称和密码，单击“提交”按钮将提交输入数据到登录处理页 LoginHandle，单击“重置”按钮将清除页面中填写的所有信息，文件代码如下：

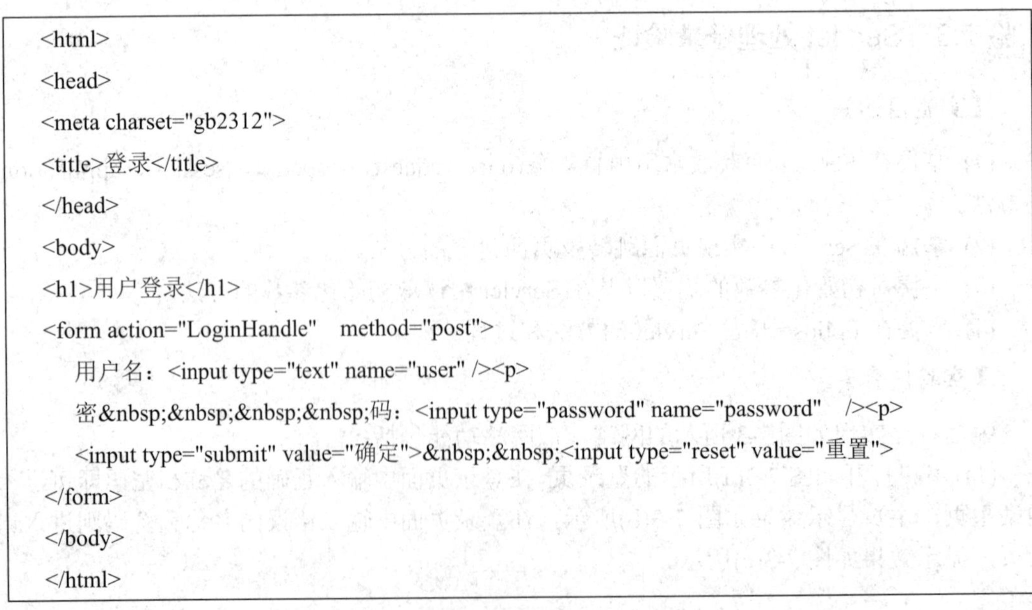

```
<html>
<head>
<meta charset="gb2312">
<title>登录</title>
</head>
<body>
<h1>用户登录</h1>
<form action="LoginHandle"   method="post">
   用户名：<input type="text" name="user" /><p>
   密    码：<input type="password" name="password"   /><p>
   <input type="submit" value="确定">  <input type="reset" value="重置">
</form>
</body>
</html>
```

(3) 在 test 中创建一个类文件 User.java 并编写类 User，该类包含两类信息：名称和密码，该类用于在登录处理页 LoginHandle 中创建合法用户对象，文件代码如下。

```
package beans;

public class User {
    private String name;
    private String password;

    public String getName() {
        return name;
    }

    public String getPassword() {
        return password;
    }

    public User(String name, String password) {
        this.name = name;
        this.password = password;
    }
}
```

(4) 在 test 中创建并编写用于登录处理的 Servlet 源文件 LoginHandle.java，该 Servlet 属于包 servlet，功能是提取由登录页面 login.html 提交的用户名和密码，然后与预存在文件中的合法用户组依次比对，如果比对成功则保存用户名到会话中并跳转到主页 MainServlet，如果比对不成功则跳转到错误页 ErrorServlet，文件代码如下。

```
package servlet;

import java.io.IOException;
import javax.servlet.ServletException;
import javax.servlet.annotation.WebServlet;
import javax.servlet.http.*;
import beans.User;

@WebServlet("/LoginHandle")
public class LoginHandle extends HttpServlet {
User[] users = { new User("Lily", "111"), new User("Lucy", "222"), new User("Tom", "333") };// 合法用户

protected void doPost(HttpServletRequest request, HttpServletResponse response)
```

```
throws ServletException, IOException {
    String user = (String) request.getParameter("user");
    String password = (String) request.getParameter("password");
    HttpSession session = request.getSession();
    boolean flag = false; // 默认用户非法

    for (int i = 0; i < users.length; i++) {
        if (user.equals(users[i].getName()) && password.equals(users[i].getPassword())) {
            flag = true; // 标记用户合法
            session.setAttribute("user", user);// 将用户名保存到 session 变量 user
            break;
        }
    }

    if (flag) {
        response.sendRedirect("MainServlet"); // 用户合法则进入主页
    } else {
        response.sendRedirect("ErrorServlet"); // 用户非法则跳转到错误页
        }
    }
}
```

(5) 在test中创建并编写用于错误信息显示的Servlet源文件ErrorServlet.java，该Servlet显示错误提示信息，并包含版权页 copyRight.html，显示的信息所用字体和字号信息来自初始化参数，单击“重新登录”超链接将跳转到登录页面 login.html，文件代码如下。

```
package servlet;

import java.io.*;
import javax.servlet.*;
import javax.servlet.http.*;

public class ErrorServlet extends HttpServlet {
    protected void doGet(HttpServletRequest request, HttpServletResponse response)
                throws ServletException, IOException {
        response.setContentType("text/html;charset=gb2312"); // 设置页面内容类型
        PrintWriter out = response.getWriter();// 创建 out 对象
        ServletContext application = this.getServletContext();
// 读取上下文初始化参数值，用于设置字体
        String font_face = application.getInitParameter("font_face");
```

```
    // 读取 Servlet 初始化参数，用于设置字体大小
    String font_size = this.getInitParameter("font_size");

            out.println("<html>");
            out.println("<head><title>出错了</title></head>");
            out.println("<body>");
            out.println("<font face=\"" + font_face + "\" size=\"" + font_size + "\">用户名或密码错误！
</font><P>");
            out.println("<a href=\"login.html\">重新登陆</a>");
              // 使用绝对地址包含版权页
            RequestDispatcher rd = request.getRequestDispatcher("/copyRight.html");
    rd.include(request, response);// 包含资源文件
            out.println("</body></html>");
        }
    }
```

(6) 在 test 中创建配置文件 web.xml，该文件用于实现对上下文初始化参数——“字体”以及 ErrorServlet 的配置，文件代码如下。

```
  <?xml version="1.0" encoding="UTF-8"?>
  <web-app xmlns:xsi="http://www.w3.org/2001/XMLSchema-instance"
xmlns="http://xmlns.jcp.org/xml/ns/javaee" xsi:schemaLocation="http://xmlns.jcp.org/xml/ns/javaee
http://xmlns.jcp.org/xml/ns/javaee/web-app_3_1.xsd" version="3.1">
    <context-param>
        <param-name>font_face</param-name>
        <param-value>楷体</param-value>
    </context-param>
    <servlet>
        <servlet-name>ErrorServlet</servlet-name>
        <servlet-class>servlet.ErrorServlet</servlet-class>
        <init-param>
            <param-name>font_size</param-name>
            <param-value>5</param-value>
        </init-param>
    </servlet>
    <servlet-mapping>
        <servlet-name>ErrorServlet</servlet-name>
        <url-pattern>/ErrorServlet</url-pattern>
    </servlet-mapping>
</web-app>
```

(7) 在test中创建并编写用于主页信息显示的Servlet源文件MainServlet.java，该Servlet能显示对登录者的欢迎信息，并包含版权页 copyRight.html，显示的信息所用字体和字号大小信息来自初始化参数，文件代码如下。

```
package servlet;

import java.io.*;
import javax.servlet.*;
import javax.servlet.annotation.*;
import javax.servlet.http.*;

@WebServlet(urlPatterns = { "/MainServlet" }, initParams = {
        @WebInitParam(name = "font_size", value = "4", description = "字体大小") })
public class MainServlet extends HttpServlet {
    protected void doGet(HttpServletRequest request, HttpServletResponse response)
                throws ServletException, IOException {
            response.setContentType("text/html;charset=gb2312"); // 设置页面内容类型
            PrintWriter out = response.getWriter();// 创建 out 对象
            ServletContext application = this.getServletContext();
            HttpSession session = request.getSession();
            // 读取上下文初始化参数值，用于设置字体
            String font_face = application.getInitParameter("font_face");
            // 读取 Servlet 初始化参数，用于设置字体大小
            String font_size = this.getInitParameter("font_size");
            String user = (String) session.getAttribute("user");

            out.println("<html>");
            out.println("<head><title>主页</title></head>");
            out.println("<body>");
            out.println("<font face=\"" + font_face + "\" size=\"" + font_size + "\">" + user + "，欢迎你！
</font>");
            // 使用绝对地址包含版权页
            RequestDispatcher rd = request.getRequestDispatcher("/copyRight.html");
            rd.include(request, response);// 包含资源文件
            out.println("</body></html>");
    }
}
```

(8) 在 Eclipse 中部署 test 项目，启动 Tomcat 服务器，访问 login.html，在显示的页面中输用户名称和密码后单击“确定”按钮，查看登录结果。

实验 7.4 手工开发过滤器

【实验目的】

(1) 掌握过滤器类的编写方法和编写规则。

(2) 掌握两种过滤器的配置方法。

(3) 掌握在 Tomcat 中部署过滤器的方法和过程。

【实验内容】

编写一个过滤器类 SetNameFilter，该过滤器的功能是预先设置请求变量以便当其过滤范围内的 JSP 页面 function.jsp 不能提取请求参数时使用，同时在对请求和响应进行过滤时输出指定信息，访问 function.jsp 页面的显示效果如图 7-4 所示，其中，图 7-4(a)所示页面为未输入请求参数时的访问结果，而图 7-4(b)所示页面为输入请求参数值为 Tom 时的访问结果。在 Tomcat 服务器上部署一个 Web 项目 test，将该过滤器配置并部署到 Web 项目 test 中，启动 Tomcat 服务器，使用浏览器访问 JSP 页面并查看过滤结果。

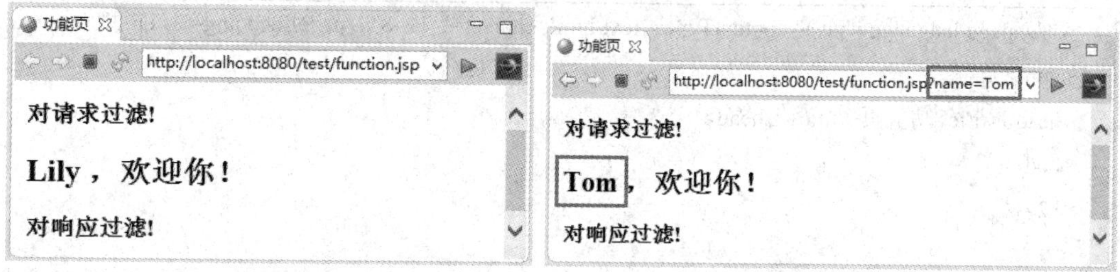

(a) 未输入请求参数　　(b) 输入请求参数

图 7-4 实验 7.4 的运行结果

【实验步骤】

(1) 在 D 盘根目录下创建一个记事本文档，将该文档重命名为 SetNameFilter.java，以记事本方式打开 SetNameFilter.java 文件，并在文件中添加如下代码。

```
package filters;

import java.io.*;
import javax.servlet.*;

public class SetNameFilter implements Filter {
    public void destroy() {  }

    public void doFilter(ServletRequest request, ServletResponse response, FilterChain chain)
                throws IOException, ServletException {
        response.setContentType("text/html;charset=UTF-8"); // 设置页面内容类型
        PrintWriter out = response.getWriter(); // 创建 out 对象
```

```
            out.println("<h3>对请求过滤!</h3>");// 写回指定信息
            request.setAttribute("name", "Lily");// 设置请求变量 name

            chain.doFilter(request, response);

            out.println("<h3>对响应过滤!</h3>");// 写回指定信息
        }

    public void init(FilterConfig fConfig) throws ServletException {     }
}
```

(2) 在 Tomcat 安装目录下的 webapps 文件夹中创建项目文件夹 test，在 test 文件夹中创建记事本文档，将该文档重命名为 function.jsp，以记事本方式打开 function.jsp 文件，并在文件中添加如下代码。

```
<%@ page language="java" contentType="text/html; charset=UTF-8"    pageEncoding="UTF-8"%>
<html>
<head><title>功能页</title></head>
<body>
<h2>
<%
if(request.getParameter("name")==null)
    out.print(request.getAttribute("name"));
else
    out.print(request.getParameter("name"));
%>
，欢迎你！</h2>
</body>
</html>
```

(3) 在 test 文件夹中创建文件夹 WEB-INF，在 WEB-INF 文件夹中创建记事本文件，并将文件重命名为 web.xml，以记事本方式打开 web.xml 文件，并在文件中添加以下代码。

```
<?xml version="1.0" encoding="UTF-8"?>
<web-app xmlns:xsi="http://www.w3.org/2001/XMLSchema-instance"
xmlns="http://xmlns.jcp.org/xml/ns/javaee" xsi:schemaLocation="http://xmlns.jcp.org/xml/ns/javaee
http://xmlns.jcp.org/xml/ns/javaee/web-app_3_1.xsd" version="3.1">
    <filter>
      <filter-name>SetNameFilter</filter-name>     <!--过滤器名称-->
      <filter-class>filter.SetNameFilter</filter-class> <!--过滤器类全名-->
    </filter >
```

```
  <filter-mapping>
    <filter-name>SetNameFilter</filter-name>    <!--过滤器名称-->
    <url-pattern>/function.jsp</url-pattern>    <!--过滤器的过滤范围-->
  </filter-mapping>
</web-app>
```

(4) 使用组合键“Win+R”打开运行窗口，并在运行窗口中输入“cmd”，单击“确定”按钮打开命令行窗口。

(5) 在命令行窗口中输入命令“d:”并输入回车进入到 D 盘根目录下，然后输入命令“javac SetNameFilter.java”并输入回车完成对 java 源文件的编译，在 D 盘根目录下得到字节码文件 SetNameFilter.class。

(6) 在 WEB-INF 文件夹中创建文件夹 classes，在 classes 文件夹中创建文件夹 filters，将 SetNameFilter.class 文件放入 filters 文件夹中。

(7) 启动 Tomcat 服务器，打开浏览器，在浏览器地址栏输入“http://localhost:8080/test/function.jsp”，查看访问结果。

(8) 在浏览器地址栏输入“http://localhost:8080/test/ function.jsp ?name=Tom”，查看访问结果。

(9) 修改 SetNameFilter.java 文件代码，在文件中添加注解语句得到如下代码。

```
package filters;

import java.io.*;
import javax.servlet.*;
import javax.servlet.annotation.WebFilter;

@WebFilter("/function.jsp")
public class SetNameFilter implements Filter {
    public void destroy() {   }

    public void doFilter(ServletRequest request, ServletResponse response, FilterChain chain)
            throws IOException, ServletException {
        response.setContentType("text/html;charset=UTF-8"); // 设置页面内容类型
        PrintWriter out = response.getWriter(); // 创建 out 对象

        out.println("<h3>对请求过滤!</h3>");// 写回指定信息
        request.setAttribute("name", "Lily");// 设置请求变量 name

        chain.doFilter(request, response);

        out.println("<h3>对响应过滤!</h3>");// 写回指定信息
```

```
    }

    public void init(FilterConfig fConfig) throws ServletException {        }
}
```

(10) 按照步骤 4～5 重新编译 SetNameFilter.java，并将得到的新的 SetNameFilter.class 文件放入 filters 文件夹中替换原有的同名文件。

(11) 删除在 WEB-INF 文件夹中的 web.xml 文件。

(12) 启动 Tomcat 服务器，打开浏览器，在浏览器地址栏输入“http://localhost:8080/test/function.jsp”，查看访问结果。

(13) 在浏览器地址栏输入“http://localhost:8080/test/function.jsp ?name=Tom”，查看访问结果。

实验 7.5　在 Eclipse 中开发过滤器

【实验目的】

掌握在 Eclipse 开发过滤器的方法和过程。

【实验内容】

编写一个过滤器类 SetNameFilter，该过滤器的功能是预先设置请求变量以便当其过滤范围内的 JSP 页面 function.jsp 不能提取请求参数时使用，同时在对请求和响应进行过滤时输出指定信息，访问 function.jsp 页面的显示效果如图 7-4 所示。在 Eclipse 中访问 JSP 页面并查看过滤结果。

【实验步骤】

(1) 在 Eclipse 中新建一个 Web 项目 test。

(2) 在项目 test 中添加一个 JSP 文件 function.jsp，文件代码如下：

```
<%@ page language="java" contentType="text/html; charset=UTF-8"    pageEncoding="UTF-8"%>
<html>
<head><title>功能页</title></head>
<body>
<h2>
<%
if(request.getParameter("name")==null)
    out.print(request.getAttribute("name"));
else
    out.print(request.getParameter("name"));
%>
，欢迎你！ </h2>
</body>
</html>
```

(3) 在 Eclipse 主界面左侧的 Package Explorer 视图中右击项目 test 名称，选择 New→Filter 命令打开“创建 Filter——类描述”界面。

(4) 在“创建 Filter——类描述”界面中“Java Package”文本框中输入包名“filters”，在“Class name”文本框中输入过滤器类的名称“SetNameFilter”，其余各项均保留默认值，点击“Next”按钮，打开“创建 Filter——部署描述”界面。

(5) 在“创建 Filter——部署描述”界面的“Filter mappings”列表中双击默认生成的过滤范围“/SetNameFilter”打开“编辑过滤映射”窗口，在窗口中选中“URL pattern 方式”并在“pattern”文本框中输入“/function.jsp”，单击“OK”结束对过滤器过滤范围的设置，保持“创建 Filter——部署描述”界面其余各项的默认值，单击“Next”按钮，打开“创建 Servlet——修饰符、接口和方法描述”界面。

(6) 在“创建 Servlet——修饰符、接口和方法描述”界面中保持各选项的默认值，单击“Finish”按钮，完成过滤器类文件的创建工作。

(7) 在 Eclipse 中打开 SetNameFilter.java 文件，并添加、修改文件代码，得到如下代码。

```
package filters;


import java.io.IOException;
import java.io.PrintWriter;
import javax.servlet.Filter;
import javax.servlet.FilterChain;
import javax.servlet.FilterConfig;
import javax.servlet.ServletException;
import javax.servlet.ServletRequest;
import javax.servlet.ServletResponse;
import javax.servlet.annotation.WebFilter;

@WebFilter("/function.jsp")
public class SetNameFilter implements Filter {
    public void destroy() {  }

    public void doFilter(ServletRequest request, ServletResponse response, FilterChain chain)
            throws IOException, ServletException {

        response.setContentType("text/html;charset=UTF-8"); // 设置页面内容类型
        PrintWriter out = response.getWriter(); // 创建 out 对象

        out.println("<h3>对请求过滤!</h3>");// 写回指定信息
        request.setAttribute("name", "Lily");
```

```
        chain.doFilter(request, response);

        out.println("<h3>对响应过滤!</h3>");// 写回指定信息
    }

    public void init(FilterConfig fConfig) throws ServletException {    }
}
```

(8) 保存 SetNameFilter.java 文件，在 Eclipse 主界面的代码编辑区切换到 function.jsp 文件，单击 Eclipse 主界面工具栏中的图标，查看浏览器中显示的运行结果。

(9) 在浏览器地址栏输入“http://localhost:8080/test/function.jsp ?name=Tom”，查看访问结果。

实验 7.6　过滤器链的应用

【实验目的】

(1) 掌握过滤器的编写和应用。

(2) 掌握过滤器链的配置和使用。

(3) 掌握对过滤器初始化参数的配置以及在过滤器中读取初始化参数的方法。

(4) 掌握在 Eclipse 开发过滤器的方法和过程。

【实验内容】

编写程序实现如图 7-5 所示的网站，该网站功能包括：

(1) 用户打开如图 7-5(a)所示的登录页，在登录页面中输入正确的名称和密码即可进入网站主页，主页显示效果如图 7-5(b)所示，在登录页面中输入错误的名称和密码则进入错误页，显示效果如图 7-5(c)所示，如果没有登录就直接访问主页也进入错误页，显示效果如图 7-5(d)所示。

(2) 主页的欢迎信息字体为楷体，字号为 4，错误页的错误提示信息字体为楷体，字号为 5。

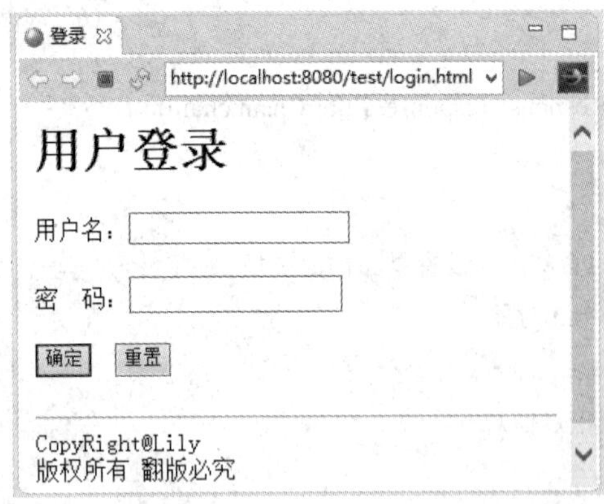

(a) 登录页面

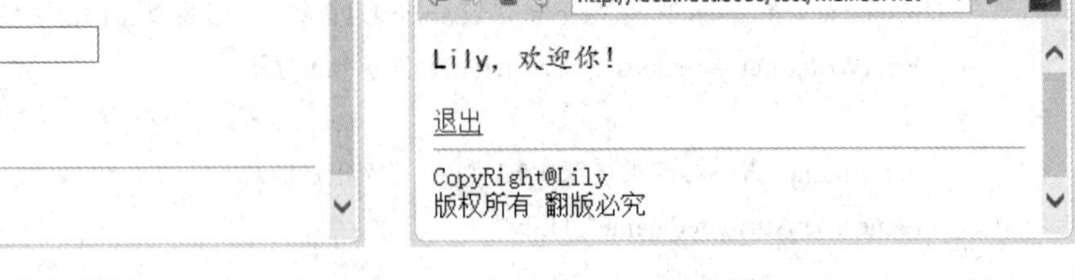

(b) 主页

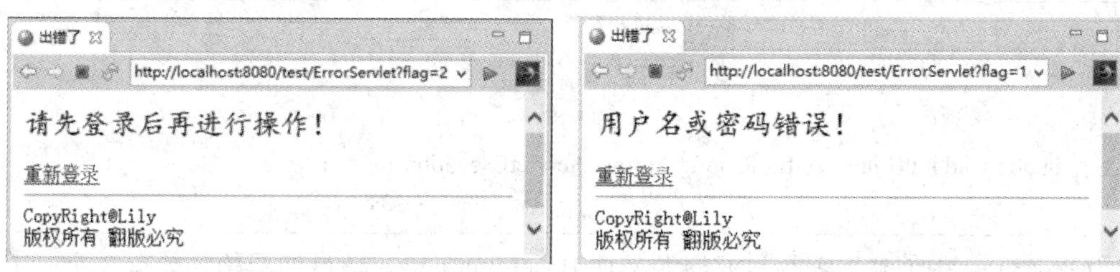

(c) 错误页——输入错误的登录信息　　(d) 错误页——访问主页前未登录

图 7-5　实验 7.6 的运行结果

【实验步骤】

(1) 在 Eclipse 中新建一个 Web 项目 test。

(2) 在 test 中创建并编写过滤器源文件 LoginValidateFilter.java，该过滤器的功能是检查访问器作用范围内的 Web 应用文件前是否已登录(即检查会话中是否存放用户名)，如果未登录则跳转到错误页，文件代码如下。

```
package filters;

import java.io.IOException;
import javax.servlet.Filter;
import javax.servlet.FilterChain;
import javax.servlet.FilterConfig;
import javax.servlet.ServletException;
import javax.servlet.ServletRequest;
import javax.servlet.ServletResponse;
import javax.servlet.http.HttpServletRequest;
import javax.servlet.http.HttpServletResponse;
import javax.servlet.http.HttpSession;

public class LoginValidateFilter implements Filter {

    public void destroy() {   }

    public void doFilter(ServletRequest request, ServletResponse response, FilterChain chain)
            throws IOException, ServletException {
        HttpSession session = ((HttpServletRequest) request).getSession();

        if (session.getAttribute("user") == null) {// 访问页面前未登录
            ((HttpServletResponse) response).sendRedirect("ErrorServlet?flag=2");// 跳转到错误页
        } else {
            chain.doFilter(request, response);
```

```
        }
    }

    public void init(FilterConfig fConfig) throws ServletException {      }
}
```

(3) 在 test 中创建并编写过滤器源文件 BaseFilter.java，该过滤器的功能有 3 个：①设置其作用范围内所有页面的页面内容类型；②读取过滤器初始化参数并存入请求变量；③在其作用范围内所有页面中包含版权页，文件代码如下。

```
package filters;

import java.io.IOException;
import javax.servlet.Filter;
import javax.servlet.FilterChain;
import javax.servlet.FilterConfig;
import javax.servlet.RequestDispatcher;
import javax.servlet.ServletException;
import javax.servlet.ServletRequest;
import javax.servlet.ServletResponse;

public class BaseFilter implements Filter {
    private String font_face;// 字体

    public void destroy() {   }

    public void doFilter(ServletRequest request, ServletResponse response, FilterChain chain)
            throws IOException, ServletException {
        response.setContentType("text/html;charset=gb2312"); // 设置页面内容类型
        request.setAttribute("font_face", font_face);// 设置请求变量

        chain.doFilter(request, response);

        RequestDispatcher rd = request.getRequestDispatcher("/copyRight.html"); //包含版权页
        rd.include(request, response);// 包含资源文件
    }

    public void init(FilterConfig fConfig) throws ServletException {
        // 读取过滤器初始化参数 font_face，用于设置字体
font_face = fConfig.getInitParameter("font_face");
```

```
    }
}
```

(4) 在 test 中创建并编写登录页面 login.html，该页面用于用户输入登录名称和密码，单击“提交”按钮将提交输入数据到登录处理页 LoginHandle，单击“重置”按钮将清除页面中填写的所有信息，文件代码如下。

```
<html>
<head>
<meta charset="gb2312">
<title>登录</title>
</head>
<body>
<h1>用户登录</h1>
<form action="LoginHandle"   method="post">
    用户名：<input type="text" name="user" /><p>
    密  码：<input type="password" name="password"   /><p>
    <input type="submit" value="确定">  <input type="reset" value="重置">
</form>
</body>
</html>
```

(5) 在 test 中创建一个类文件 User.java 并编写类 User，该类包含两类信息：名称和密码。该类用于在登录处理页 LoginHandle 中创建合法用户对象，文件代码如下。

```
package beans;

public class User {
    private String name;
    private String password;

    public String getName() {
        return name;
    }

    public String getPassword() {
        return password;
    }

    public User(String name, String password) {
        this.name = name;
        this.password = password;
```

```
    }
}
```

(6) 在 test 中创建并编写用于登录处理的 Servlet 源文件 LoginHandle.java，该 Servlet 属于包 servlet，功能是提取由登录页面 login.html 提交的用户名和密码，然后与预存在文件中的合法用户组依次比对，如果比对成功则保存用户名到会话中并跳转到主页 MainServlet，如果比对不成功则跳转到错误页 ErrorServlet，文件代码如下。

```
package servlet;

import java.io.IOException;
import javax.servlet.ServletException;
import javax.servlet.annotation.WebServlet;
import javax.servlet.http.*;
import beans.User;

@WebServlet("/LoginHandle")
public class LoginHandle extends HttpServlet {
  User[] users = { new User("Lily", "111"), new User("Lucy", "222"), new User("Tom", "333") };
  // 合法用户

protected void doPost(HttpServletRequest request, HttpServletResponse response)
        throws ServletException, IOException {
          String user = (String) request.getParameter("user");
          String password = (String) request.getParameter("password");
          HttpSession session = request.getSession();
          boolean flag = false; // 默认用户非法

      for (int i = 0; i < users.length; i++) {
          if (user.equals(users[i].getName()) && password.equals(users[i].getPassword())) {
          flag = true; // 标记用户合法
          session.setAttribute("user", user);// 将用户名保存到 session 变量 user
          break;
      }
  }

  if (flag) {
      response.sendRedirect("MainServlet"); // 用户合法则进入主页
  } else {
      response.sendRedirect("ErrorServlet?flag=1"); // 用户非法则跳转到错误页
```

```
        }
    }
}
```

(7) 在test中创建并编写用于错误信息显示的Servlet源文件ErrorServlet.java，该Servlet根据接收到的请求参数显示不同的错误提示信息，显示的错误提示信息所用字体信息来自于请求变量，字号信息来自初始化参数，单击“重新登录”超链接将跳转到登录页面login.html，文件代码如下。

```
package servlet;

import java.io.IOException;
import java.io.PrintWriter;
import javax.servlet.ServletException;
import javax.servlet.http.HttpServlet;
import javax.servlet.http.HttpServletRequest;
import javax.servlet.http.HttpServletResponse;

public class ErrorServlet extends HttpServlet {
    private static final long serialVersionUID = 1L;

    protected void doGet(HttpServletRequest request, HttpServletResponse response)
            throws ServletException, IOException {
        PrintWriter out = response.getWriter();// 创建 out 对象

        String font_size =this.getInitParameter("font_size"); //读取 Servlet 初始化参数，用于设置字号
        String font_face = (String) request.getAttribute("font_face"); // 读取请求变量，用于设置字体
        String flag = request.getParameter("flag"); // 读取请求参数，该参数值标记不同的错误

// 如果未接收到请求参数则表明是直接通过在地址栏输入访问地址来访问，则视为未登录访问
        if (flag == null)  flag = "2";

        out.println("<html>");
        out.println("<head><title>出错了</title></head>");
        out.println("<body>");
        out.println("<font face=\"" + font_face + "\" size=\"" + font_size + "\">");
        switch (flag) {
          case "1":  out.println("用户名或密码错误！");   break;
          case "2":  out.println("请先登录后再进行操作！");   break;
          default: out.println("其他错误！");   break;
```

```
            }
            out.println("</font>");
            out.println("<P><a href=\"login.html\">重新登陆</a>");
            out.println("</body></html>");
        }
    }
```

(8) 在 test 中创建配置文件 web.xml，该文件用于实现对过滤器 LoginValidateFilter 和 BaseFilter 以及 ErrorServlet 的配置，其中过滤器 LoginValidateFilter 的作用范围仅限 MainServlet，而过滤器 BaseFilter 的作用范围则包括本项目的所有 Web 应用文件，文件代码如下。

```
<?xml version="1.0" encoding="UTF-8"?>
<web-app xmlns:xsi="http://www.w3.org/2001/XMLSchema-instance"
xmlns="http://xmlns.jcp.org/xml/ns/javaee" xsi:schemaLocation="http://xmlns.jcp.org/xml/ns/javaee
http://xmlns.jcp.org/xml/ns/javaee/web-app_3_1.xsd" version="3.1">
<!-- 配置过滤器 LoginValidateFilter，其作用范围仅包含 MainServlet -->
    <filter>
<filter-name>LoginValidateFilter</filter-name>
<filter-class>filters.LoginValidateFilter</filter-class>
  </filter >
  <filter-mapping>
     <filter-name>LoginValidateFilter</filter-name>
     <url-pattern>/MainServlet</url-pattern>
  </filter-mapping>
<!-- 配置过滤器 BaseFilter，其作用范围为本项目所有 Web 应用程序 -->
   <filter>
     <filter-name>BaseFilter</filter-name>
     <filter-class>filters.BaseFilter</filter-class>
     <init-param> <!-- 设置过滤器初始化参数 -->
          <param-name>font_face</param-name>
          <param-value>楷体</param-value>
     </init-param>
  </filter>
  <filter-mapping>
     <filter-name>BaseFilter</filter-name>
     <url-pattern>/*</url-pattern>
  </filter-mapping>
<!-- 配置 ErrorServlet，其访问 URL 为/ErrorServlet -->
   <servlet>
```

```
        <servlet-name>ErrorServlet</servlet-name>
        <servlet-class>servlet.ErrorServlet</servlet-class>
        <init-param>
            <param-name>font_size</param-name>
            <param-value>5</param-value>
        </init-param>
    </servlet>
    <servlet-mapping>
        <servlet-name>ErrorServlet</servlet-name>
        <url-pattern>/ErrorServlet</url-pattern>
    </servlet-mapping>
</web-app>
```

(9) 在test中创建并编写用于主页信息显示的Servlet源文件MainServlet.java，该Servlet能显示对登录者的欢迎信息以及退出登录状态的超链接“退出”，单击“退出”将跳转到ExitHandle，显示的欢迎信息所用字体信息来自于请求变量，字号信息来自初始化参数，文件代码如下。

```
package servlet;

import java.io.IOException;
import java.io.PrintWriter;
import javax.servlet.ServletException;
import javax.servlet.annotation.WebInitParam;
import javax.servlet.annotation.WebServlet;
import javax.servlet.http.HttpServlet;
import javax.servlet.http.HttpServletRequest;
import javax.servlet.http.HttpServletResponse;
import javax.servlet.http.HttpSession;

@WebServlet(urlPatterns = { "/MainServlet" }, initParams = {
        @WebInitParam(name = "font_size", value = "4", description = "字体大小") })
public class MainServlet extends HttpServlet {
    private static final long serialVersionUID = 1L;

    protected void doGet(HttpServletRequest request, HttpServletResponse response)
            throws ServletException, IOException {
        PrintWriter out = response.getWriter();// 创建 out 对象
        HttpSession session = request.getSession();
```

```
        String font_face = (String) request.getAttribute("font_face");// 读取请求变量值，用于设置字体
        String font_size = this.getInitParameter("font_size");//读取 Servlet 初始化参数，用于设置字号
        String user = (String) session.getAttribute("user");

        out.println("<html>");
        out.println("<head><title>主页</title></head>");
        out.println("<body>");
        out.println("<font face=\"" + font_face + "\" size=\"" + font_size + "\">" + user + "，欢迎你！
</font>");
        out.println("<p><a href=\"ExitHandle\">退出</a>");
        out.println("</body></html>");
    }
}
```

(10) 在 test 中创建并编写用于退出处理的 Servlet 源文件 ExitHandle.java，该 Servlet 清空会话中保存的用户名并跳转到登录页 login.html，文件代码如下。

```
package servlet;

import java.io.IOException;
import javax.servlet.ServletException;
import javax.servlet.annotation.WebServlet;
import javax.servlet.http.HttpServlet;
import javax.servlet.http.HttpServletRequest;
import javax.servlet.http.HttpServletResponse;
import javax.servlet.http.HttpSession;

@WebServlet("/ExitHandle")
public class ExitHandle extends HttpServlet {
    private static final long serialVersionUID = 1L;

    protected void doGet(HttpServletRequest request, HttpServletResponse response)
                throws ServletException, IOException {
        HttpSession session = request.getSession();
        session.setAttribute("user", null);// 清空会话中保存的用户名
        response.sendRedirect("login.html");
    }
}
```

(11) 在 Eclipse 中部署 test 项目，启动 Tomcat 服务器，访问 login.html，在显示的页面中输用户名称和密码后单击“确定”按钮，查看登录结果。

课后习题

一、填空题

1. Servlet 本是指在 Java API 中定义的一个接口，但在 Java Web 中则指实现了这个 Servlet 接口的________。

2. JSP 源文件最终在运行前都要转换成________，这个转换工作是由________自动完成的。

3. 在 Servlet 的整个生命周期中，________方法在 Servlet 实例化时被自动调用，用于创建或加载一些数据，________方法在 Servlet 实例消亡时被自动调用，用于完成 Servlet 消亡之前的一些善后工作。

4. 当客户端对 Servlet 提出请求后由 Servlet 容器自动调用 service 方法，该方法会根据收到的客户端请求类型在恰当的时候自动调用________或________方法。

5. Servlet 就是一个在________端用于业务逻辑处理的________类的对象。

6. Servlet 类必须是________类的子类，且至少重写了该类的________和________方法之一。

7. 配置 Servlet 的实质就是设置 Servlet 类的________，而部署 Servlet 即是将 Servlet 类编译后的________文件放置在服务器的指定位置。

8. 配置 Servlet 的方法有两种，一种是在项目配置文件________中配置，另一种是在 Servlet 源文件中添加________进行配置。

9. 如果希望通过“http://localhost:8080/test/FirstServlet”来访问本机 test 项目中的 FirstServlet.class 文件，则需要将该文件的访问 URL 配置为________。

10. 要在 Eclipse 中某项目中新建一个 Servlet 类文件需要在 Eclipse 主界面左侧的 Package Explorer 视图中右击项目名称，选择 New→________命令。

11. 在 Eclipse 中创建 Servlet 时若要为创建的 Servlet 类设置其类的名称需要在“创建 Servlet——类描述”界面中的________文本框中填写类名。

12. 在 Servlet 中创建 out 对象时需要导入________类。

13. application 对象是________类的实例。

14. 在 Servlet 中创建 pageContext 对象时，需要先创建________的对象，然后再使用该对象调用________方法来实现。

15. 在 Servlet 类中发生异常时，可直接使用________结构捕获并处理当前异常，也可将异常抛给________处理。

16. 在 Servlet 中进行页面跳转有两种情况，一种是________，另一种是________。

17. 在 Servlet 中实现页面转发时，需要首先使用________或________对象调用________方法创建 RequestDispatcher 对象，然后再通过 RequestDispatcher 对象调用________方法。

18. 在 Servlet 中要实现页面包含则需要使用________接口的________方法。

19. 当以 Post 方式请求 Servlet 时，Servlet 的__________方法会被自动调用，在该方法中使用 include()方法包含另一个 Servlet 时，会自动调用被包含文件的_________方法。

20. 在 Web 服务器启动或 Servlet 对象创建时随之创建的参数被称为______________，根据它们的作用域范围不同分为_________________和_________________两种。

21. __________________在 Web 服务器启动时就会被创建，其作用域范围是整个 Web 应用，是被应用程序中所有的 Servlet 所共享的参数，因此也称全局初始化参数，它需要在文件__________中进行配置。

22. _________________会在指定的 Servlet 对象创建时随之创建，只能被该 Servlet 访问，其作用域范围仅仅在这一个 Servlet 之内，因此也称局部初始化参数，它的配置方法有两种，一种是在文件_________中进行配置，另一种是使用_________。

23. Servlet 过滤器的本质是实现__________________接口的类的_________，是一种运行在_________的 Java 应用程序。

24. 在过滤器对象的整个生命周期中的多个方法中，_________方法在过滤器创建后立即被调用，__________方法在客户端请求某个 Web 应用程序时被调用，____________方法在 Web 容器卸载过滤器对象之前被调用。

25. 一个过滤器对象可以关联_________个 Web 应用程序，一个 Web 应用程序可以配置_________个过滤器。

26. 过滤器类需要满足两个条件：一是该类必须实现___________________接口，二是该类必须重写接口的_________、_________和_________方法。

27. 配置过滤器的方法有两种：一种是在项目文件__________中进行配置，另一种是在过滤器源文件中添加___________进行配置。

28. 配置文件 web.xml 中配置过滤器时，____________标签组用来关联过滤器与 Java 类，而_____________标签组用来关联过滤器与过滤范围。

29. 要在 Eclipse 中某项目中新建一个过滤器类文件需要在 Eclipse 主界面左侧的 Package Explorer 视图中右击项目名称，选择 New→_________命令。

30. 在 Eclipse 中创建的过滤器源文件后缀为_________，存放在 Eclipse 的工作空间中项目文件夹中的_________子文件夹中。

31. 在 Eclipse 中创建过滤器过程中，有两种配置过滤范围的方式：一种是________方式，另一种是______________方式。

32. 为过滤器配置初始化参数可以在___________文件中完成指定过滤器的配置并在该过滤器的配置标签组<filter>中添加子标签组_________。

33. 读取过滤器初始化参数需要用到_________类对象的________________方法。

34. 在实际应用中，经常会存在几个过滤器对同一个 Web 应用都进行过滤操作的情况，此时这些过滤器会形成一个__________。

35. 过滤器 1 和过滤器 2 对同一个 Web 应用程序的起过滤作用，如果希望过滤器 1 先于过滤器 2 起过滤作用，则在 web.xml 文件中对两个过滤器进行配置时，必须将过滤器 1 的配置代码放在过滤器 2 配置代码之_________。

36. 如果两个过滤器均对 main.jsp 起过滤作用，过滤器类分别命名为 Afilter 和 Bfilter，如果这两个过滤器均采用注解语句进行配置，则在访问 main.jsp 时过滤器_________先进行过滤操作。

二、选择题

1. 下列关于 Servlet 和 JSP 文件说法正确的是(　　)。

A. Servlet 的源代码可以包括 HTML 代码和 Java 代码

B. 无论是 JSP 源文件还是 Servlet 的源文件都需要编译成字节码文件后才能运行

C. 可以将 JSP 和 Servlet 的源文件直接部署在 Web 服务器中

D. JSP 和 Servlet 源文件的编译都是由 JSP 容器自动完成的

2. 下列关于 Servlet 的生命周期说法错误的是(　　)。

A. 客户端的一次请求就会在服务器中创建一个 Servlet 实例

B. Servlet 容器会根据需求和 Servlet 的生命状态自动调用 Servlet 中的方法

C. Servlet 在创建后会常驻内存，直到 Servlet 容器关闭时才会销毁 Servlet 对象

D. 调用 Servlet 的 destroy()方法不可以销毁 Servlet 实例

3. 当客户端通过链接请求 Servlet 时，将自动调用 Servlet 对象的(　　)。

A. init 方法　　B. doPost 方法　　C. doGet 方法　　D. destroy 方法

4. 当客户端以 POST 方式将表单提交到 Servlet 时，将自动调用 Servlet 对象的(　　)。

A. init 方法　　B. doPost 方法　　C. doGet 方法　　D. destroy 方法

5. 以下关于注解语句说法正确的是(　　)。

A. 注解语句可以放置在 Servlet 类文件的任意位置，但一般放在 Servlet 类定义之前

B. 在 Servlet 的任意版本中都能使用注解语句来配置 Servlet

C. 含有注解语句的 Servlet 类不能在 Tomcat7.0 服务器中被正常访问

D. 使用注解语句需要在 Servlet 类中导入 javax.servlet.annotation.WebServlet 类

6. Servlet 源文件的后缀是(　　)。

A. .java　　B. .class　　C. .jsp　　D. .html

7. 编译指定的 Servlet 源文件需要在控制窗口使用 dos 的(　　)命令。

A. 盘符:　　B. cd　　C. javac　　D. java

8. 完成了 Servlet 源文件的编译后，如果 Servlet 类属于 servlet 包，那么我们需要将该字节码文件部署在(　　)路径下。

A. %项目文件夹%\WebContent\servlet

B. %项目文件夹%\WEB-INF\servlet\

C. %项目文件夹%\src\servlet\

D. %项目文件夹%\WEB-INF\classes\servlet\

9. 在 Eclipse 中创建 Servlet 时若要为创建的 Servlet 设置其访问 URL 则需要在“创建 Servlet——部署描述”界面中设置(　　)的值。

A. Name　　B. Description　　C. Initialization parameters　　D. URL mappings

10. 以下关于 Servlet 说法正确的是(　　)。

A. 在 Eclipse 中每次部署 Servlet 都需要使用专门的“Build”命令

B. 只要在 Eclipse 中勾选“Build Automatically” 命令则 Eclipse 会自动部署 Servlet

C. 如果在项目中没有 web.xml 文件，Eclipse 就会自动在 Servlet 源文件中使用注解语

句来配置当前 Servlet 的访问 URL

D. 如果在项目中没有 web.xml 文件，Eclipse 会自动生成一个 web.xml 文件，并在该文件中添加配置当前 Servlet 的标签组。

11. 在 Servlet 中创建 session 对象的语句的是(　　)。

A. HttpSession session = request.getSession();

B. HttpSession session = response.getSession();

C. HttpSession session = this.getSession();

D. HttpSession session = new HttpSession ();

12. 以下关于 Servlet 中内置对象的说法错误的是(　　)。

A. 在 Servlet 中不存在内置对象

B. request 对象可通过 doGet()或 doPost()方法传入的参数来获取

C. config 对象可通过 doGet()或 doPost()方法传入的参数来获取

D. 在 Servlet 中无需创建 page 对象，而是使用 this 来替代 page

13. 若使用语句“PageContext pageContext = fac.getPageContext(this, request, response, error.jsp, true, PageContext.DEFAULT_BUFFER, true);”创建 pageContext 对象，则下列说法错误的是(　　)。

A. 请求当前 Servlet 错误后跳转到 error.jsp

B. 无需将当前 Servlet 放入会话中

C. 为当前 Servlet 分配缓冲区大小为默认值

D. 如果缓冲区溢出时将缓冲区内容自动刷新到输出流

14. 在 Servlet 中使用语句“response.sendRedirect("test/main.jsp");”实现页面重定向时，如果当前 Servlet 位于为本机项目的 test 的子目录 test 中，则实际重定向的页面 URL 为(　　)。

A. http://localhost:8080/main.jsp　　B. http://localhost:8080/test/main.jsp

C. http://localhost:8080/test/test/main.jsp　　D. http://localhost:8080/test/test/test/main.jsp

15. 在 Servlet 中使用语句“response.sendRedirect("/test/main.jsp");”实现页面重定向时，如果当前 Servlet 位于为本机项目的 test 的子目录 test 中，则实际重定向的页面 URL 为(　　)。

A. http://localhost:8080/main.jsp　　B. http://localhost:8080/test/main.jsp

C. http://localhost:8080/test/test/main.jsp　　D. http://localhost:8080/test/test/test/main.jsp

16. 若在项目 test 中的 Servlet 中创建 getRequestDispatcher 对象，以下语句的是(　　)。

A. RequestDispatcher rd = request.getRequestDispatcher("main.jsp");

B. RequestDispatcher rd = request.getRequestDispatcher("/test/main.jsp");

C. RequestDispatcher rd = application.getRequestDispatcher("main.jsp");

D. RequestDispatcher rd = application.getRequestDispatcher("/test /main.jsp");

17. 以下关于在 Servlet 中实现页面包含的说法正确的是(　　)。

A. 在 Servlet 中只能包含 Servlet 文件

B. 被包含文件的 URL 可以使用相对路径

C. 被包含文件的 URL 只能使用不含根目录的绝对路径

D. 被包含文件的 URL 可以使用包含根目录的绝对路径

18. 以下关于在 Servlet 中实现页面包含或跳转的说法正确的是(　　)。

A. forward()方法调用前，如果使用 out.flush()语句，则 forward()方法的功能无法实现

B. forward()方法调用前，如果使用 out.flush()语句，则客户端不能收到响应结果

C. include()方法调用前，如果使用 out.flush()语句，则 include()方法的功能无法实现

D. include()方法调用前，如果使用 out.flush()语句，则客户端不能收到响应结果

19. 在 Servlet 中读取上下文初始化参数 name 可使用(　　)。

A. config.getInitParameter("name")　　B. this.getInitParameter("name")

C. application.getInitParameter("name")　　D. session.getInitParameter("name")

20. 在项目配置文件 web.xml 中配置上下文参数需要在(　　)标签组中使用子标签组<param-name>和<param-value>。

A. <init-param>　　B. <welcome-file-list>

C. <context-param>　　D. <web-app>

21. 以下关于配置上下文初始化参数说法错误的是(　　)。

A. 在 web.xml 文件中配置的参数值均为字符串

B. 一个<context-param>标签组只能配置一个上下文初始化参数

C. 在 web.xml 文件中可以配置多个上下文初始化参数

D. 在 web.xml 文件中只能配置一个上下文初始化参数

22. 以下关于配置 Servlet 初始化参数说法错误的是(　　)。

A. 使用注解配置时如果修改了 Servlet 初始化参数就必须重新编译 Servlet 源文件

B. 只能在 Servlet3.0 及以上版本中配置和使用 Servlet 初始化参数

C. 在 web.xml 文件中配置 Servlet 初始化参数后需要重启服务器

D. 一个 Servlet 可以配置多个 Servlet 初始化参数

23. 在过滤器的整个生命周期中能多次被 Web 服务器自动调用的方法是(　　)。

A. init　　B. doFilter

C. doPost　　D. destroy

24. 以下关于过滤器说法错误的是(　　)。

A. 过滤器是在 Servlet 3.0 之后增加的新功能

B. 过滤器不能单独访问

C. 过滤器是以组件的形式插入客户端与 Web 应用程序之间的

D. 过滤器的本质是一个对象，因此存在自己的生命周期

25. 以下关于过滤器说法正确的是(　　)。

A. 过滤器在 web 服务器启动后会马上创建

B. 过滤器在客户端访问其过滤范围内的某个目标文件时创建

C. 过滤器在客户端访问其过滤范围内的某个目标文件结束后消亡

D. 当前 Web 服务器调用 destroy 方法后过滤器消亡

26. 在配置文件 web.xml 中配置过滤器时如果要配置过滤范围需要用到的标签的是(　　)。

A. <filter-name>　　B. <filter>

C. <url-pattern>　　D. <filter-class>

27. 如果过滤器要对项目 test 下 main.jsp 进行过滤，则应将过滤范围配置为(　　)。

A. test/main.jsp　　B. /test/main.jsp

C. main.jsp　　D. /main.jsp

28. 以下关于过滤器说法错误的是(　　)。

A. 可以直接访问过滤器来验证过滤效果

B. 部署过滤器需要先编译过滤器类，然后将字节码文件放置在指定位置下

C. 使用注解配置的过滤器仅在 Tomcat7.0 及以上的 Tomcat 服务器中才能被正常访问

D. 配置过滤器的注解语句必须放在过滤器类定义之前

29. 在 Eclipse 中创建过滤器时，可以指定过滤器对资源的多种调用方式进行过滤处理，若一项都不选，则默认为为(　　)。

A. REQUEST　　B. INCLUDE

C. FORWARD　　D. ERROR

30. 以下关于“创建 Filter——修饰符、接口和方法描述”界面的说法错误的是(　　)。

A. 过滤器类的修饰符必须设置为公共的、非抽象的

B. javax.servlet.Filter 接口是过滤器类必须要实现的接口，因此是不能删除的

C. 可根据需要在过滤器类的实现接口列表中添加过滤器类的实现接口

D. 可根据需要勾选或取消过滤器类的候选方法列表中的方法

三、简答题

1. 请简述 Servlet 处理 HTTP 请求的过程。

2. 请简述当客户端第一次对 Servlet 提出请求时 Servlet 容器对 Servlet 的操作流程。

3. 开发 Servlet 程序来实现 Web 应用需求需要经过哪些阶段？

4. 如果使用 Eclipse 开发 Servlet，当完成 Servlet 源文件的编写后，单击工具栏图标访问当前 Servlet，在自动打开的浏览器中显示 404 错误，则可能的错误是什么？如何解决？

5. 请简述单个过滤器处理请求和响应信息的工作流程。

6. 设置过滤器的过滤范围有哪些表示形式？

四、读程序填空

1. 如果要配置 Servlet 类 FirstServlet(类所在包为 myservlet)的访问 URL 为/FirstServlet，初始化参数 name 的值为 Lily，以及上下文初始化参数 copyRight 的值为 CQCET，请将以下配置文件 web.xml 的代码填写完全。

```
<?xml version="1.0" encoding="UTF-8"?>
<web-app xmlns:xsi="http://www.w3.org/2001/XMLSchema-instance"
xmlns="http://xmlns.jcp.org/xml/ns/javaee" xsi:schemaLocation="http://xmlns.jcp.org/xml/ns/javaee
http://xmlns.jcp.org/xml/ns/javaee/web-app_3_1.xsd" version="3.1">
  <servlet>
    <servlet-name>FirstServlet</servlet-name>
  <servlet-class>______________________</servlet-class>
```

```
    <init-param>
      <param-name>____________</param-name>
      <param-value>____________</param-value>
    </init-param>
  </servlet>
  <servlet-mapping>
    <servlet-name>_____________</servlet-name>
<url-pattern>______________</url-pattern>
</servlet-mapping>
<context-param>
    <param-name>____________</param-name>
    <param-value>____________</param-value>
</context-param>
</web-app>
```

2. 以下代码是一个输出数组元素及其累加和的 Servlet 类，请将代码补充完全。

```
package servlet;

import java.io.*;
import javax.servlet.ServletException;
import javax.servlet.annotation.WebServlet;
import javax.servlet.http.*;

___________________________//配置 Servlet 访问 URL 为"/FirstServlet"
public class FirstServlet extends_________________{
    public void doGet(HttpServletRequest request, HttpServletResponse response)
                throws ServletException, IOException {
        int[] a = { 1, 2, 3, 4, 5 };
        int sum = 0;

        ________________________("text/html;charset=UTF-8"); // 设置页面内容类型
        _____________out = response._____________;

        out.println("<html>");
        out.println("<body>");
        out.println("<h2>数组元素有：");
        for (int i = 0; i < a.length; i++) {
            sum +=_______________;
            out.println(a[i] + "  ");
```

```
        }
        out.println("</h2>");
        out.println("<h2>数组元素累加和为：" +__________+ "</h2>");
        out.println("</body>");
        out.println("</html>");
    }
}
```

3. 以下代码是一个输出指定信息的 Servlet 类，该 Servlet 使用注解配置初始化参数，参数名称为 name，值为 Lily，请将代码补充完全。

```
package servlet;

import java.io.*;
import javax.servlet.*;
import javax.servlet.annotation.*;
import javax.servlet.http.*;

@WebServlet( urlPatterns = { "/SecondServlet " },
initParams = { @WebInitParam(name = __________, value =___________)})
public class SecondServlet extends HttpServlet {
    private static final long serialVersionUID = 1L;

    protected void doGet(HttpServletRequest request, HttpServletResponse response)
            throws ServletException, IOException {
        response.setContentType("text/html;charset=UTF-8");
        PrintWriter out = response.getWriter();
        out.println("<html>");
        out.println("<body>");
        out.println("<h2>"__________________________________"，欢迎你！</h2>");
        out.println("</body>");
        out.println("</html>");
    }
}
```

4. 如果要配置过滤器类 FirstFilter(类所在包为 myfilter)的作用范围为项目文件夹下子文件 student 中的所有文件，初始化参数 age 的值为 18，请将以下配置文件 web.xml 的代码填写完全。

```
<?xml version="1.0" encoding="UTF-8"?>
<web-app xmlns:xsi="http://www.w3.org/2001/XMLSchema-instance"
xmlns="http://xmlns.jcp.org/xml/ns/javaee" xsi:schemaLocation="http://xmlns.jcp.org/xml/ns/javaee
```

```
http://xmlns.jcp.org/xml/ns/javaee/web-app_3_1.xsd" version="3.1">
    <filter>
      <filter-name>FirstFilter</filter-name>
   <filter-class>______________________</filter-class>
      <init-param>
       <param-name>___________</param-name>
       <param-value>___________</param-value>
      </init-param>
    </filter>
    <filter-mapping>
      <filter-name>______________</filter-name>
  <url-pattern>______________</url-pattern>
  </filter-mapping>
  </web-app>
```

5. 以下代码是一个过滤器类，其功能是在访问其作用范围内的 Web 应用前读取过滤器初始化参数的值并存入会话中，该过滤器使用注解配置，作用范围为项目文件夹下子文件 student 中的所有文件，初始化参数名称为 age，值为 18，请将代码补充完全。

```
package filters;

import java.io.IOException;
import javax.servlet.*;
import javax.servlet.annotation.*;
import javax.servlet.http.*;

_______________(urlPatterns = {_______________}, initParams = {
        ________________(name = "age", value = "18", description = "年龄") })
public class FirstFilter implements Filter {
    private______________;

    public void destroy() {        }

    public void doFilter(ServletRequest request, ServletResponse response, FilterChain chain) throws
IOException, ServletException {
        HttpSession session = ((HttpServletRequest) request).getSession();
  session.setAttribute("age", age);// 将成员变量 age 的值存入会话变量 age
        ___________________(request, response);
    }
```

```
    public void init(FilterConfig fConfig) throws ServletException {
            // 读取过滤器初始化参数 age
age = Integer.parseInt(_______________________________);
    }
}
```

五、编程题

1. 编写一个显示“九九乘法表”的 Servlet，运行结果如图 7-6 所示。

图 7-6　题 1 的运行结果

2. 编写程序实现对圆形或正方形面积和周长的计算，要求：

(1) 编写输入数据页 input.html，页面访问效果如图 7-7(a)所示，其功能是通过页面显示的表单来收集用户输入的数据及选择的图形，其中“请选择几何图形”选项中“圆形”为默认选中。单击“确定”按钮后表单将提交信息到 DataHandleServlet，单击“重置”按钮将已输入的表单信息清空。

(2) 编写 Servlet 源文件 DataHandleServlet.java，该 Servlet 的功能是对 input.html 提交的数据进行处理：如果输入数据为非数值，则显示如图 7-7(b)所示结果，如果输入数据合法，则判断要计算的几何图形，如果是圆形就将页面转发到 CircleServlet，如果是正方形就将页面转发到 SquareServlet。

(3) 编写 Servlet 源文件 CircleServlet.java，该 Servlet 的功能是根据用户输入的数据计算并输出圆的周长和面积，计算结果所需 π 值由 Servlet 初始化参数设置，页面显示结果如图 7-7(c)所示。

(4) 编写 Servlet 源文件 SquareServlet.java，该 Servlet 的功能是根据用户输入的数据计算并输出正方形的周长和面积，页面显示结果如图 7-7(d)所示。

(5) 编写 Servlet 源文件 AttachServlet.java，该 Servlet 的功能是显示返回输入数据页 input.html 的超链接以及当前服务器时间，时间显示格式字符串(yyyy-MM-dd HH:mm:ss)需通过读取上下文初始化参数得到，该文件作为 DataHandleServlet、

CircleServlet 和 SquareServlet 的共有文件被包含在这三个 Servlet 之中。(要求在 web.xml 中配置该 Servlet)

(a) 输入数据页　　(b) 错误处理页

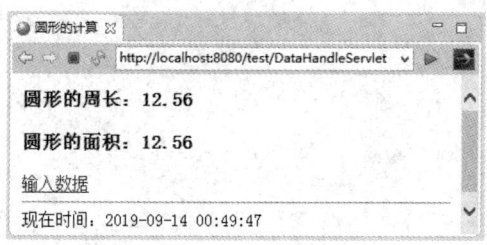

(c) 圆形处理页　　(d) 正方形处理页

图 7-7　题 2 的运行结果

3. 在第 2 题的基础上编写过滤器 SetSharingInfoFilter 并根据需要修改第 2 题中已编写好的各文件代码。过滤器 SetSharingInfoFilter 对 DataHandleServlet、CircleServlet 和 SquareServlet 起过滤作用，其功能包括：

(1) 设置其作用范围内所有页面的页面内容类型，

(2) 在其作用范围内所有页面中包含附加页。

参 考 文 献

[1] 高翔，李志浩. Java Web 开发与实践. 北京：人民邮电出版社，2014.
[2] 宁云智，刘志成. JSP 程序设计案例教程. 北京：高等教育出版社，2015.
[3] 郭克华，奎晓燕. Java Web 程序设计. 2 版. 北京：清华大学出版社，2016.
[4] 黑马程序员. Java Web 程序设计任务教程. 北京：人民邮电出版社，2017.
[5] 千锋教育高教产品研发部. Java Web 开发实战. 北京：清华大学出版社，2018.